《中国伦理学年鉴》2018卷得到中国人民大学2021年度“中央高校建设世界一流大学（学科）和特色发展引导专项资金”支持。

中国社会科学年鉴

教育部人文社会科学重点研究基地
中国人民大学伦理学与道德建设研究中心 主办

中国伦理学年鉴 2018

CHINESE ETHICS ALMANAC

郭清香 主编

中国社会科学出版社

图书在版编目（CIP）数据

中国伦理学年鉴．2018／郭清香主编．—北京：中国社会科学出版社，2022.6
ISBN 978-7-5227-0356-5

Ⅰ.①中…　Ⅱ.①郭…　Ⅲ.①伦理学—中国—2018—年鉴　Ⅳ.①B82-54

中国版本图书馆CIP数据核字(2022)第106479号

出 版 人　赵剑英
责任编辑　张靖晗
责任校对　李　惠
责任印制　张雪娇

出　　版　中国社会科学出版社
社　　址　北京鼓楼西大街甲158号
邮　　编　100720
网　　址　http://www.csspw.cn
发 行 部　010-84083685
门 市 部　010-84029450
经　　销　新华书店及其他书店

印刷装订　三河市东方印刷有限公司
版　　次　2022年6月第1版
印　　次　2022年6月第1次印刷

开　　本　787×1092　1/16
印　　张　25.75
插　　页　2
字　　数　532千字
定　　价　218.00元

《中国伦理学年鉴》2018卷编写委员会

委员会主任　曹　刚

委员会成员　（按姓氏拼音排序）

曹　刚　龚　群　郭清香　焦国成
李茂森　刘　玮　王福玲　肖群忠
杨伟清　姚新中　张　霄

主　　　编　郭清香

编写人员　（按姓氏拼音排序）

陈伟功　陈雪春　霍艳云　李慧琳
李茂森　刘　玮　刘武阳　潘麒羽
苏　静　王　瑜　杨伟清　张留青
张伟东　朱　雷

英文目录　李明明　郭清香

编辑说明

《中国伦理学年鉴》是由教育部重点研究基地“中国人民大学伦理学与道德建设研究中心”主办的大型文献资料性学术工具书。秉承学术性、权威性、客观性、前沿性的宗旨，力求反映中国伦理学学术研究和道德实践的年度总貌。

《中国伦理学年鉴》的编纂始于2011年，至今已出版7卷，其中前4卷由九州出版社出版，自2015卷起改由中国社会科学出版社出版。

《中国伦理学年鉴》2018卷的栏目及内容如下：

特载：国家在社会道德建设方面的行动、举措与成就。

研究报告：对国内学者伦理学研究成果的综述。

论文荟萃：精选优质的伦理学论文。

著作选介：精选并简介优质的伦理学著作。

学术动态：对伦理学会议、课题、博士论文的介绍。

目　　录

特　载

研究报告

论文荟萃

著作选介

学术动态

Main Contents

Special Column

Research Reports

Selected Digestions of Research Articles

Selected Introductions of New Books

Academic Activities

特　　载

2018年社会道德建设评述

李茂森*

一　概说

习近平总书记在党的十九大报告中指出："带领人民创造美好生活，是我们党始终不渝的奋斗目标。"随着中国特色社会主义进入新时代，我国社会主要矛盾已经转化为人民日益增长的美好生活需要和不平衡不充分的发展之间的矛盾。这是关系全局的历史性变化，需要我们深刻把握"美好生活"的丰富内涵，把人民对美好生活的向往作为奋斗目标，在继续推动发展的基础上，着力解决好发展不平衡不充分问题，更好满足人民在经济、政治、文化、社会、生态等方面日益增长的需要，努力创造新时代属于人民的美好生活。对美好生活的向往是千百年来人们矢志不渝的愿景。从"理想国"到"乌托邦"，从"大同社会"到"世外桃源"，从不同侧面反映了不同时代、不同国度的人们的执着追求。可以说，正是人们对美好生活充满向往和期待，才促使人类文明不断发展、人类社会不断进步。勤劳、勇敢、智慧的中国人民始终热爱生活，一直在为实现美好生活这个目标而不懈奋斗。因此，人民对美好生活的向往，始终是中国共产党人的奋斗目标。在中国共产党的领导下，中国人民推翻了帝国主义、封建主义、官僚资本主义的反动统治，建立了中华人民共和国，实现了从几千年封建专制政治向人民民主的伟大飞跃，为人民争取美好生活提供了根本前提；在中国共产党的领导下，我们完成了社会主义革命，确立了人民当家作主的社会主义制度，进行全面的大规模的社会主义建设，完成了中华民族有史以来最为广泛而深刻的社会变革，为人民创造自己的美好生活奠定了制度基础和物质基础；在中国共产党的领导下，我们进行改革开放新的伟大革命，极大激发了广大人民群众的创造性，极大解放和发展了社会生产力，极大增强了社会发展活力。现在，我们比历史上任何时期都更接近、更有信心和能力实现中华民族伟大复兴的目标，中国人民比历史上任何时

* 作者简介：李茂森，1964年生，山东泰安人，中国人民大学伦理学与道德建设研究中心研究员暨哲学院副教授，研究方向为伦理学。

候都更有条件实现美好生活目标。距离奋斗目标越接近，我们越需要坚定奋斗目标不动摇。进入新时代，人民期盼有更好的教育、更稳定的工作、更满意的收入、更可靠的社会保障、更高水平的医疗卫生服务、更舒适的居住条件、更优美的环境，期盼着孩子们能成长得更好、工作得更好、生活得更好。新时代我们党的初心和使命，从根本上说就是要在不断为中国人民谋幸福、为中华民族谋复兴的历史进程中带领人民创造属于自己的美好生活。

2018 年是我国改革开放 40 周年。40 年前，党的十一届三中全会确立了“解放思想，实事求是”的思想路线，作出了实施改革开放的重大战略决策。40 年来，全国各地高举中国特色社会主义伟大旗帜，在党和政府的领导下，始终坚持“两手抓、两手都要硬”的方针不动摇，不忘初心、砥砺奋进，物质文明和精神文明齐头并进。特别是近年来，各地坚持以习近平新时代中国特色社会主义思想为指导，以培育和践行社会主义核心价值观为主线，以全国文明城市创建为龙头，大力加强公民思想道德建设，广泛开展群众性精神文明创建活动。社会道德建设是新时代文明实践的中心，要着眼于凝聚群众、引导群众，以文化人、成风化俗，调动各方力量，整合各种资源，创新方式方法，用中国特色社会主义文化和社会主义思想道德，深入实施市民公共文明素质提升行动计划，市民文明素质和城市文明程度显著提升；牢牢占领农村思想文化阵地，动员和激励广大农村群众积极投身社会主义现代化建设。

在社会道德建设方面，国家层面的政策和举措具有重要的指导意义。

2018 年 1 月 3—4 日，全国宣传部长会议在京召开。中共中央政治局常委、中央书记处书记王沪宁出席会议并讲话。他表示，要坚持以习近平新时代中国特色社会主义思想为指导，增强政治意识、大局意识、核心意识、看齐意识，紧紧围绕学习宣传贯彻党的十九大精神这条主线，扎实做好宣传思想文化工作，为在新的历史起点上进行伟大斗争、建设伟大工程、推进伟大事业、实现伟大梦想提供坚强思想保证和强大精神力量。

1 月 4 日，全国文明办主任会议在京召开。会议认真学习贯彻党的十九大精神，以习近平新时代中国特色社会主义思想为指导，贯彻落实全国精神文明建设表彰大会和全国宣传部长会议精神，回顾总结党的十八大以来社会主义精神文明建设成就，研究部署 2018 年精神文明建设工作。

1 月 5 日，中共中央宣传部、中央文明办印发通知，部署学习贯彻习近平总书记在江苏徐州市考察时对农村精神文明建设工作的重要指示精神，进一步加强农村精神文明建设，提升农民精神风貌。通知指出，习近平总书记的重要指示，充分体现了以习近平同志为核心的党中央对农村精神文明建设的高度重视，对亿万农民群众的深情关怀，是做好新时代农村精神文明建设工作的根本遵循。要深刻领会其中蕴含的物质文明和精神文明之间的辩证关系，深刻认识农村精神文明建设在实施乡村振兴战略中的重要地位，准确把握做好新时代农村精神文明建设的基本任务和要求，大力加强农村精神文明建设，切实提升农民精神风貌，为全面建成小康社会提供坚强的思想保证、强大的精神力量、丰润的道德滋养、良好的文化条件。

6月11—13日，中共中央政治局委员、中宣部部长黄坤明在河南调研时强调，要坚持以习近平新时代中国特色社会主义思想为指导，深入学习贯彻党的十九大精神，坚持以人民为中心，走好群众路线，把握新时代新要求，着力加强和创新基层宣传思想文化工作，更好地宣传群众、凝聚群众、服务群众，以新作为、新成效增强人们的道路自信、理论自信、制度自信、文化自信。黄坤明强调，推动习近平新时代中国特色社会主义思想深入人心、落地生根，是做好新时代宣传思想文化工作的重中之重。要切实增强政治责任感和时代使命感，推进理论武装、新闻出版、文艺创作、思想政治教育、精神文明创建等各方面工作协同发力，让党的创新理论更加深入有效地走进基层、走进群众。要积极探索新时代文明传习中心建设，坚持联系实际、效果优先，把准普通百姓关切点，抓住社会发展关键点，激发思想情感共鸣点，用群众的语言、喜闻乐见的形式宣传科学理论、阐释方针政策、传播主流价值，大力培养时代新人、弘扬时代新风。

8月21—22日，全国宣传思想工作会议在北京召开。中共中央总书记、国家主席、中央军委主席习近平出席会议并发表重要讲话，强调完成新形势下宣传思想工作的使命任务，必须以新时代中国特色社会主义思想和党的十九大精神为指导，增强“四个意识”、坚定“四个自信”，自觉承担起举旗帜、聚民心、育新人、兴文化、展形象的使命任务，坚持正确政治方向，在基础性、战略性工作上下功夫，在关键处、要害处下功夫，在工作质量和水平上下功夫，推动宣传思想工作不断强起来，促进全体人民在理想信念、价值理念、道德观念上紧紧团结在一起，为服务党和国家事业全局作出更大贡献。

9月21日，中宣部在京举办第十三届中国公民道德论坛。此次论坛的主要任务是，深入学习贯彻习近平新时代中国特色社会主义思想和党的十九大精神，贯彻落实全国宣传思想工作会议精神，以“培养时代新人、弘扬时代新风”为主题，探讨新时代公民道德建设的现实意义和使命任务，推动开创新时代公民道德建设新局面。大家一致认为，党的十八大以来，习近平总书记站在党和国家事业发展全局的高度，就社会主义核心价值观建设和公民道德建设提出一系列新思想、新观点、新论断，构成了习近平新时代中国特色社会主义思想的“道德篇”，深刻回答了培养什么样的人、怎样培养人等一系列带有方向性、根本性的重大问题，为新时代公民道德建设指明了前进方向，提供了根本遵循。

10月12日，中央宣传部、中央文明办在京召开建设新时代文明实践中心试点工作专题会议。中共中央政治局委员、中宣部部长黄坤明出席会议并讲话，强调要深入学习贯彻习近平新时代中国特色社会主义思想和党的十九大精神，贯彻落实全国宣传思想工作会议精神，着眼凝聚群众、引导群众，以文化人、成风化俗，扎实推进新时代文明实践中心试点工作，让党的宣传思想工作在基层实起来、强起来。

11月13日，在庆祝改革开放40周年之际，中共中央总书记、国家主席、中央军委主席习近平前往国家博物馆，参观“伟大的变革——庆祝改革开放40周年大型展览”。他强调，改革开放40年来，在中国共产党坚强领导下，中国人民艰苦奋斗、顽强拼搏，用双手书写了国家和民族发展的壮丽史诗，中华大地发生了感天动地的伟大变革。党的十九大描绘了中国发展的宏伟蓝图，只要我们坚持以新时代中国特色社会主义思想为指导，全面贯彻落实党中央决策部署，坚定不移全面深化改革、扩大对外开放，中国特色社会主义一定会迎来更加美好的明天。要通过展览，教育引导广大干部群众更加深刻地认识到中国共产党、中国人民和中国特色社会主义的伟大力量，更加深刻地认识到我们党的理论是正确的、党中央确定的改革开放路线方针是正确的、改革开放的一系列战略部署是正确的，更加深刻地认识到改革开放和社会主义现代化建设的光明前景，统一思想、凝聚共识、鼓舞斗志、团结奋斗，坚定跟党走中国特色社会主义道路、改革开放道路的信心和决心。

全国各地根据自身的特点提出了2018年精神文明建设的具体任务，坚持文明创建的目的是为民惠民，不断扩大覆盖面，增强实效性，广泛开展文明城市、文明单位、文明村镇、文明家庭、文明校园创建活动，全面深化学雷锋志愿服务活动，推进新时代文明实践中心试点建设工作，有力推动了社会文明进步。

作为首善之区的北京，在道德建设方面发挥着标杆的作用。2018年3月28日，首都精神文明建设工作大会召开，会议深入学习贯彻习近平新时代中国特色社会主义思想和党的十九大精神，深入贯彻习总书记对北京重要讲话精神，总结部署首都精神文明建设工作。中共中央政治局委员、市委书记、首都文明委主任蔡奇强调，要深入学习贯彻习近平总书记关于社会主义精神文明建设的重要思想，切实增强责任担当和行动自觉，围绕建设国际一流和谐宜居之都目标，更好发挥全国文化中心示范引领作用，坚持首善标准，坚持问题导向，突出文明创建、文化惠民、改革创新，努力使北京成为城市文明形象、社会道德风尚、市民文明素质的首善之区。会议决定，2018年还将不断推进首都精神文明建设工作载体和方法手段创新发展。一是突出“龙头工程”。深化文明城区创建，修改完善首都各项创建测评体系和管理办法，积极形成与新版北京城市总体规划相协调的精神文明创建体系和实践路径，切实开展重点难点问题集中整治，推动各区结合自身定位，结合城市精细化管理要求，大力创建优美环境、优良秩序和优质服务。同时注重创建过程，强化动态管理。二是夯实“基础工程”。抓好文明村镇、文明单位、文明家庭、文明校园创建。深化拓展各种群众性精神文明创建活动，持续加强“美丽乡村”新风尚建设，持续开展文明单位内强素质、外树形象活动，大力弘扬爱国爱家、相亲相爱、向上向善的优良家风，强化教书育人、管理育人、环境育人的校园文化建设。配合实施乡村振兴战略，开展移风易俗、破除陈规陋习、传播文明理念、涵育文明乡风行动，推动农村精神文明建设深入发展。探索把创建活动推进到新经济组织、新社会组织，深入“新市民”群体，扩大共建共享成果。三是做实“惠民工程”。加大背街小巷和城乡接合部环境整治力度，巩固拓展“十无五好”背街小巷和文明商户创建活动，切实推广“门前三包”“便利店进社区”等好做法，深入开展“文明礼让斑马线”“空调调高一度”等专项创建活动，扎扎实实推动解决一批群众关心的实事。强化问题导向，聚焦交通、旅游、环境、观赏、网络等领域与群众生产生活密切相关的难点、痛点问题，总结“共享单车文明停放”“快递小哥礼让斑马线”等经验做法，充分依靠群众，吸引群众参与，探索运用互联网思维开展精神文明创建的新载体，以新手段解决新问题。

从城乡地域划分的角度上看，不断提高乡村社会文明程度，仍然是社会道德建设的重要方面。2018 年的中央一号文件提出，要培育文明乡风、良好家风、淳朴民风，不断提高乡村社会文明程度。文明乡风是乡村振兴的重要内容和有力保障。当前，一些乡村仍存在“留不住乡情、记不住乡愁”、环境污染严重、自然生态退化等问题，严重制约了乡村振兴。这就要求各地加大力度提高乡村社会文明程度，以文明乡风助力乡村振兴，工作重点是加强思想引领、倡导文明新风、强化实践养成和开展环境整治。

无论是在城市还是在农村，道德要和法律结合已经成为人们的共识。“人民有信仰，民族有希望，国家有力量”。社会主义核心价值观全面融入法律法规立改废释的全过程，着眼点是弘扬法治精神，树立社会正气，引导人们自觉践行社会主义核心价值观；通过与法治融为一体、形成合力，社会主义核心价值观可以更好地为全国各族人民不断前进提供坚强的思想保证、强大的精神力量、丰润的道德滋养，从而牢筑中华民族伟大复兴的价值基石。

二 深化文明城市创建

2018 年 2 月 14 日，中央文明办印发《关于确定 2018—2020 年创建周期全国文明城市提名城市名单的通报》，确定北京市怀柔区等 391 个城市、直辖市城区和县为 2018—2020 年创建周期全国文明城市提名城市。按照文明城市创建的要求，城市要促进经济建设、政治建设、文化建设、社会建设、生态文明建设和党的建设全面发展，要精神文明建设成绩显著，市民文明素质和社会文明程度较高，是培育和践行社会主义核心价值观的排头兵。创建文明城市是群众性精神文明创建的龙头工程，在各种创建活动中居于主导地位，标志性强、荣誉度高，社会普遍关注。各地以全国文明城市提名城市为重点，加大推进力度，开展省级文明城市、文明城区、文明县城、文明社区测评及评选表彰，不断提升创建水平。

2017 年北京市民公共行为文明指数于 2018 年 7 月 30 日发布，与 2016 年相比，该指数值提升 1.5 个分值，这表明首都公共文明建设有新的跃升。新的测评显示出多个特点：五大指标均有提升，其中公共交往、公共观赏、公共参与指数大幅上升；“示范路口”助推公共秩序提升，实地观测“闯红灯”发生率明显下降；“最美街巷”有望推动公共卫生进一步提升；协同京津冀三地文明建设大有可为；随地吐痰或擤鼻涕、过马路时闯红灯、不进行垃圾分类是市民最为不齿的三项不文明行为。

这是中国人民大学北京市民公共行为文明指数研究基地连续组织开展并发布的第12个年度“北京市民公共行为文明指数”测评结果。2017年度的“文明指数测评指标体系”是在保持测评内容稳定性与科学性的基础上，结合首都“四个中心”的战略定位、“京津冀协同发展”战略、非首都功能疏解、“治理大城市病”等中央及市委、市政府部署的重大战略和专项行动等内容，适度更新和微调了考察项内容，以适应新形势下首都功能定位与发展要求。在测评方式方面分别采取“问卷调查”“实地观测”两种相互印证、相互补充的方式展开。测评内容包括五大指标，即“公共卫生、公共秩序、公共交往、公共观赏、公共参与”。问卷测评和实地观测范围涵盖全市16个区，2017年问卷测评工作共完成有效问卷10016份，实地观测工作累计观测时长达700余小时。

2018年，中共中央政治局委员、市委书记、首都文明委主任蔡奇对深入学习贯彻习近平总书记关于社会主义精神文明建设的重要思想，全面提升首都精神文明建设水平提出明确要求。

一是深入学习贯彻习近平总书记关于社会主义精神文明建设的重要思想，切实增强做好首都精神文明建设工作的责任担当和行动自觉。要聚焦深入学习贯彻习近平新时代中国特色社会主义思想和党的十九大精神这条主线，围绕建设国际一流的和谐宜居之都这个目标，更好发挥全国文化中心示范引领作用，坚持首善标准，坚持问题导向，突出文明创建，突出文化惠民，突出改革创新，以更有力的举措加强精神文明建设，努力使北京成为城市文明形象、社会道德风尚、市民文明素质最好的城市，更好地为推动首都新发展凝魂聚力。

二是着力抓好重点工作，全面提升首都精神文明建设水平。要把深入学习贯彻习近平新时代中国特色社会主义思想和党的十九大精神作为首要政治任务；要把理想信念教育放在重要位置；要积极培育和践行社会主义核心价值观；要广泛开展公共文明引导行动；要持续深化先进人物学习宣传；要持续扩大文化惠民成效。

三是以文明城区创建为重要抓手，推动首都精神文明建设落地见效。要深化文明城区创建工作。东城、西城、朝阳、海淀区要以疏解非首都功能、治理“大城市病”为切入点，以更高的标准拓展文明城区创建成果，提升城市文明水平。通州区要按照核心区标准，着力提高精细化管理水平。石景山、顺义、怀柔、延庆四区要立足功能定位、突出区域特色，深入开展创城工作。其他各区也要抓好群众性精神文明创建。文明村镇、文明单位、文明家庭、文明校园创建活动也都要全面深化，夯实文明创建的基层基础。要以背街小巷环境整治提升巩固创建成果。以核心区为重点，按照三年行动计划部署，注重整治提升一体谋划。盯住私搭乱建、开墙打洞、乱停车、占道经营等痼疾顽症不放，确定的任务要坚定有序推进。同时，注重“留白增绿”“见缝插绿”，保护胡同肌理，提升街巷文化，重塑街区生态，尤其要补充完善群众生活必需的公共服务设施，不断增强市民群众的获得感。要健全文明城区创建的长效机制。首都文明办与市城管委齐抓共管的机制要继续坚持。要加强督促检查，坚持每周一通报，加强问题研究，健全工作机制。

四是切实加强组织领导，进一步形成首都精神文明建设的合力。要加强统筹协调，要加强精神文明工作队伍建设，要广泛动员各方参与，形成合力推进首都精神文明建设的生动局面。

实际上，党的十八大以来，在以习近平同志为核心的党中央坚强领导下，各地以培育和践行社会主义核心价值观为根本，从经济、政治、文化、社会、生态文明建设和党的建设各方面全面推进创建文明城市工作，着力提升市民文明素质、城市文明程度、城市文化品位和群众生活质量，努力建设崇德向善、文化厚重、和谐宜居的文明城市，涌现出一批工作基础扎实、创建成效突出、群众高度认可、在全国具有示范作用的先进典型。为展示文明城市创建活动的丰硕成果，激励各地认真贯彻落实党的十九大精神，以习近平新时代中国特色社会主义思想为指导，不断深化创建文明城市工作，提高全社会文明程度，中央文明委 2017 年 11 月评选表彰第五届全国文明城市，并对往届全国文明城市进行复查。第五届全国文明城市名单（89 个）中有 5 个省会城市，即山东省济南市、海南省海口市、河北省石家庄市、新疆维吾尔自治区乌鲁木齐市、青海省西宁市。

石家庄市在 2017 年成功获得“全国文明城市”光荣称号后写出了这样的总结：回顾创城经历，总结创城经验，提炼创城启示，对更好地贯彻落实习近平新时代中国特色社会主义思想和党的十九大精神，更好地推动全市精神文明建设向更深层次迈进，实现“经济强市、现代省会”建设目标意义重大。创建全国文明城市的目标是在 2003 年提出的。他们十五年坚持不懈，十五年砥砺前行，强调的是突出价值引领，铸就城市之魂，具体指导思想是：（一）追根溯源，在弘扬优秀文化中铸就城市之魂。创建过程中，石家庄注重把优秀传统文化和精神作为涵养社会主义核心价值观、提炼城市灵魂的重要源泉，认真汲取其思想精华和道德精髓，深入挖掘和阐发优秀传统文化讲仁爱、重民本、守诚信、崇正义、尚和合、求大同的时代价值，着力打造高品位、高素质的石家庄城市文化，形成了“忠勇仁厚、悲歌慷慨”的文化底色，对外展现良好形象，对内增强文化凝聚力，不断丰富和发展城市文化内涵，为创城提供了不竭动力。（二）薪火相传，在传承红色基因中铸就城市之魂。在石家庄这片红色土地上，红色基因代代相传，以“两个务必”为核心的“赶考”精神已经融入这座城市血脉，激励着一代代石家庄人在“赶考”路上砥砺奋进。回首十五年的创城路，既是一次奋斗路，也是一次“赶考”路。从 2003 年开始参加全国文明城市评比，历经艰苦付出，几经挫折磨难，始终执着追求、一以贯之，最终取得优异成绩。站在新的历史起点上，“赶考”精神必将再一次奏响时代最强音，继续引领着石家庄在新时代破浪前行。（三）榜样先行，在引领社会风尚中铸就城市之魂。道德榜样是道德实践、文明传承的鲜明印记。多年来，石家庄注重用群众身边的道德榜样来引领社会风尚，“感动省城十大人物评选”活动已举办12届；“石家庄市道德模范”评选举办5届；2人获全国道德模范，4人获全国道德模范提名奖，16人获河北省道德模范，59人被评为中国好人。道德模范、身边好人、最美人物、感动人物、时代楷模、凡人善举等选树工作，引领越来越多的普通人从中汲取养分、倡导主流价值，营造了崇德向善的良好风尚。一个榜样，一面旗帜；一群好人，满城春风。今天的石家庄，一股朝气蓬勃、向上向善的新风扑面而来，成为创建全国文明城市的亮丽底色。

他们的具体做法是多域多维发力，提升创建实效。近年来，石家庄市着眼创建文明城，坚持全面创建、全域创建、全民创建、常态创建，一个崇德向善、文化厚重、和谐宜居的文明城市正在逐步建成。（一）提高站位，加强顶层设计。石家庄将“创建全国文明城市”写入市党代会报告，把“文明程度高”列为现代省会、经济强市的重要标志之一。实行市领导创建责任制，成立创建指挥部，省委常委、石家庄市委书记邢国辉担任政委，市长邓沛然担任总指挥，10位市领导牵头10个创建工作部，各级各部门一把手负总责，指挥严密高效、机制科学规范，政令畅通、一抓到底。在创城过程中，秉承以人民为中心的创城理念，站在全市经济社会发展全局的高度，从经济、政治、文化、社会、生态文明建设和党的建设多个领域谋划和思考工作，把创建的过程作为提升城市综合实力的过程，作为为民办实事、百姓得实惠的过程。（二）凝聚共识，激发创建动力。创建让城市更美丽，已经成为大家的共识，创建让大家凝心聚力，体现出空前的热情、空前的干劲、空前的团结，创出了精神，创出了作风，创出了民心。各级领导身先士卒、深入一线，广大基层干部顶烈日、冒酷暑、战严寒，在社区拆除私搭乱建、清理垃圾、清除小广告，在街道清理占道经营、清除违章建筑，在路口整治不文明交通行为……一个个创城感人画面在石家庄各个角落随处可见。全市上下齐心，创建成果逐步显现，城市管理秩序、交通秩序明显好转，老旧小区环境明显改善，人民群众对创建工作的满意率明显提升。（三）建章立制，长效常态抓创。石家庄着眼于常态化创建、常态化管理，彻底改变“运动性思维”，坚持一手抓创建达标、一手抓长效机制，把创建工作不断推向经常化、制度化、规范化。出台《关于推进全国文明城市创建工作常态化的实施意见》《创建全国文明城市工作考评办法》《深化文明城市创建活动实施方案》，推出最严交规和重点举措“双20条”、“石家庄市民文明10条”等，推动“建设文明石家庄、做文明石家庄人”“亲邻行动”等群众性精神文明创建活动常态化；推广“路长制”“小巷管家”等典型经验，加强文明诚信示范街建设，为创城和巩固创城成果提供了可靠保障。

回顾石家庄市创建全国文明城市历程，有许多经验值得总结。这可以概括为：

（一）必须坚持思想先行、凝神铸魂。回顾创建历程，之所以能够成功，根本在于坚持用习近平总书记关于精神文明建设和创建文明城市工作的重要论述引领创建工作，并用以武装头脑、指导实践、推动工作，为夺取创城胜利奠定了最根本的思想基础。实践证明，只有充分发挥党的创新理论的指引作用，才能真正把思想和认识统一起来，把智慧和力量凝聚起来，推动各项工作沿着正确方向深入扎实开展，不断取得新成绩。（二）必须坚持以上率下、群策群力。在创城工作中，石家庄各级领导干部，强化担当精神、开拓意识，坚持以上率下、身体力行，团结带领广大干部群众一心一意地干、直面问题地干、只争朝夕地干。广大市民主动投入、积极奉献，到处涌动着"创城"的热潮，展现了石家庄人合力创城信心和决心。实践证明，只有最大限度地提升群众参与度，才能让人民群众感受创建关乎每个人，自觉提升文明素养，为城市文明创建尽心尽力。（三）必须坚持为民惠民、共建共享。石家庄市瞄准民生问题持续发力，把创建全国文明城市与保障和改善民生紧密结合，既要"牌子"，更要"里子"，切实解决了一大批群众反映强烈、事关群众切身利益的问题，为群众带来了更多实惠，得到了市民的广泛认可和充分肯定。实践证明，只有始终坚持以人民为中心、为人民谋福祉，才能真正调动人民的积极性、主动性和创造性，夯实推进中国特色社会主义事业发展的民意基础。（四）必须坚持锲而不舍、久久为功。石家庄市靠着敢想敢干、苦干实干的拼劲和不达目的誓不罢休的韧劲，凭着舍我其谁的勇气和坚定不移的毅力，历经数届市委、市政府的持续努力，坚持打基础、利长远、求实效，推动创建工作步入制度化、规范化、常态化轨道，经过全市人民 15 年的艰苦奋斗，终于让梦想照进了现实。实践证明，只有始终着眼可持续、能久远，坚持在"常""长"二字上下功夫，才能蹄疾步稳、行稳致远。

可以说，像石家庄市这样的精神文明城市创建的过程，就是形成积极向善的道德文化的过程。在这个过程中，各职能部门和人民群众坚持在难题面前敢闯敢试，在矛盾面前敢抓敢管，在风险面前敢作敢为，在砥砺奋进中开启新时代精神文明建设新征程，不断巩固提升全国文明城市创建成果，向着现代化、国际化省会城市迈进。

三 深化文明村镇创建

2017 年 12 月 12—13 日，中共中央总书记、国家主席、中央军委主席习近平在江苏徐州市考察。1 月 5 日，中共中央宣传部、中央文明办印发通知，部署学习贯彻习近平总书记在江苏徐州市考察时对农村精神文明建设工作的重要指示精神，进一步加强农村精神文明建设，提升农民精神风貌。在农村精神文明建设中，以下这几个方面一直是重点。

（1）加强思想引领。党的十九大的一个重大历史贡献，就是把习近平新时代中国特色社会主义思想确立为我们党必须长期坚持的指导思想。要把习近平新时代中国特色社会主义思想作为实施乡村振兴战略、建设文明乡风的思想引领，持续推动党的十九大精神进农村、入人心。紧紧围绕打赢脱贫攻坚战、推进绿色发展、打造共建共治共享社会治理格局等农民关心的热点问题，既讲怎么看，又讲怎么办，解疑释惑、凝聚共识。加强党的“三农”政策宣传，讲清楚巩固和完善农村基本经营制度、深化农村土地制度改革、完善承包地“三权”分置制度等一系列政策安排，特别是大力宣传保持土地承包关系稳定并长久不变、第二轮土地承包到期后再延长30年等重大举措，引导农村干部群众坚定信心、鼓足干劲，自觉投身乡村振兴实践。

（2）倡导文明新风。铺张浪费、厚葬薄养、人情攀比等陈规陋习，败坏农村社会风气，引起广大农民强烈反感。应着眼文明素质养成，通过组织“三下乡”等多种形式活动，积极传播科学健康生活方式，移风易俗、敦风化俗，引导农民摒弃落后习俗，过上现代文明生活。大力推动村民议事会、道德评议会、红白理事会等村民组织加强自身建设，开展乡风评议，建立道德激励约束机制，形成健康向上的民间舆论。坚持立破并举，把自治、法治、德治结合起来，大力整治“黄赌毒”、封建迷信等突出问题，打击黑恶势力和涉农犯罪，把不良风气压下去，把良好风尚立起来。

（3）强化实践养成。形成文明乡风，既要靠宣传倡导，又要靠实践养成。应深入开展精神文明创建活动，将县级文明城市和文明村镇创建作为乡村振兴的抓手，分类推进、层层落实，使文明创建的过程成为培育和践行社会主义核心价值观的过程。中华民族历来注重家庭、家教、家风，要适应农村家庭结构的深刻变化，切实加强农村家庭文明建设。围绕勤劳致富、崇德向善、诚实守信、遵纪守法等内容开展“星级文明农户”“五好文明家庭”等评选活动，激发农民的家庭责任感和荣誉感。以农村社区为依托，以关爱农村留守儿童、留守妇女、留守老人为重点，广泛开展农村志愿服务活动。

（4）开展环境整治。良好的生态环境既是传统乡土文化的重要内容，也是乡村振兴的重要方面。坚持人与自然和谐共生，牢固树立和认真践行“绿水青山就是金山银山”的理念，以建设美丽宜居村庄为导向，加大农村人居环境整治力度；以农村垃圾污水治理和村容村貌提升为主攻方向，推进农村厕所革命，大力改善农民生产生活条件，加快补齐农村人居环境短板。加强生态文明宣传教育，引导广大农民树立社会主义生态文明观，强化人与自然和谐共生理念，尊重自然、顺应自然、保护自然，把生态文明建设落实到乡村振兴全过程，让青山常在、绿水长流、空气清新。

2018年的中央一号文件《中共中央 国务院关于实施乡村振兴战略的意见》提出，要培育文明乡风、良好家风、淳朴民风，不断提高乡村社会文明程度。文明乡风是乡村振兴的重要内容和有力保障。一些乡村仍存在“留不住乡情、记不住乡愁”、环境污染严重、自然生态退化等问题，严重制约了乡村振兴。这就要求各地加大力度提高乡村社会文明程度，以文明乡风助力乡村振兴，工作重点是加强思想引领、倡导文明新风、强化实践养成和开展环境整治。在全面深化农村精神文明建设的过程中，“乡村振兴”成为重要的一环。这一年有以下三个大事记。

1 月 19 日，中宣部、中央文明办在甘肃省两当县举办全国文化科技卫生“三下乡”集中示范活动。与此同时，元旦春节期间全国文化科技卫生“三下乡”活动全面展开。全国持续开展“三下乡”活动，专家和志愿者走村入户，把文化服务、科普宣传、法律咨询、健康检查等送到群众身边。2018 年的文化科技卫生“三下乡”活动，紧紧围绕宣传贯彻党的十九大精神、习近平新时代中国特色社会主义思想，深入实施乡村振兴战略，助力精准扶贫，补齐“精神短板”；明确中央各有关部门分别牵头开展的集中示范活动安排在有关省（区、市）的贫困地区和贫困县开展，“三下乡”活动的资金、项目和服务等都要向扶贫领域倾斜。

7 月 5 日，中共中央总书记、国家主席、中央军委主席习近平近日对实施乡村振兴战略作出重要指示强调，实施乡村振兴战略，是党的十九大作出的重大决策部署，是新时代做好“三农”工作的总抓手。各地区各部门要充分认识实施乡村振兴战略的重大意义，把实施乡村振兴战略摆在优先位置，坚持五级书记抓乡村振兴，让乡村振兴成为全党全社会的共同行动。

12 月 16 日，中央宣传部、中央文明办、国家发展改革委、教育部等联合下发通知，要求以习近平新时代中国特色社会主义思想为指导，深入贯彻落实党的十九大精神，广泛开展文化科技卫生“三下乡”活动，调动亿万农民的积极性、主动性、创造性，进一步动员社会各方力量积极参与新时代“三农”工作，营造全社会关注农业、关心农村、关爱农民的浓厚氛围，推动全面实施乡村振兴战略、打赢脱贫攻坚战、加快推进农业农村现代化。

各地在推进乡村振兴战略的实践中，出台了很多具有自身特色的方案。例如，《中共浙江省委 浙江省人民政府关于印发〈全面实施乡村振兴战略高水平推进农业农村现代化行动计划（2018—2022 年）〉的通知》（浙委发〔2018〕16 号），紧接着《中共杭州市委 杭州市人民政府关于推进乡村振兴战略的实施意见》（市委〔2018〕8 号），都认为加强农村精神文明建设，实现乡风文明是关系乡村振兴精气神和农村未来发展方向的关键环节，因此要求进一步提升乡村规划管理水平，强化城乡规划在乡村振兴中的重要引领作用。杭州市的实施意见，按照中央“产业兴旺、生态宜居、乡风文明、治理有效、生活富裕”的总要求，打造新时代美丽乡村、创造新时代美好生活，加快推进乡村全面振兴、建设乡村振兴示范区；并根据城乡规划法律法规和省、市农村住房建设管理办法相关规定，结合杭州实际，现就加强全市乡村规划管理工作提出具体的指导意见。

（1）坚持开展移风易俗专项行动。杭州市在乡村积极鼓励修订完善村规民约，设置村民议事会、道德评议会等村民自治组织，发挥乡村和事佬、乡贤理事会、村情直通车等群众组织的作用，抵制陈规陋习，褒扬社会新风，提升农村社会文明程度和农民群众道德素养。持续推进“家风家训”建设，营造注重家庭、注重家教、注重家风的良好氛围，倡导勤俭节约，引导农村群众抵制婚丧嫁娶大操大办、人情攀比等陈规陋习。

（2）坚持开展乡村文化平台建设。杭州市以农村文化礼堂为抓手，推进乡村综合文化服务中心建设，实现乡村两级公共文化服务全覆盖。2012 年，杭州以临安为试点，率先在全国开展农村文化礼堂建设，并在全省得到推广。在农村文化礼堂，文艺演出、民俗表演等一项项文化遗产和技艺的展示，丰富了农民朋友的业余生活。截至目前，杭州市已建设农村文化礼堂 1055 个。与此同时，杭州市努力构建完善的基层公共文化服务设施网络，全市已建成乡镇公共图书馆 191 个、乡镇综合站 191 个，村级文化活动场所、农家书屋、村广播室覆盖率达到 100%。

（3）坚持开展乡村文化惠民活动。杭州市持续开展“到人民中去，向人民学习，为人民服务”文艺志愿服务活动，2018 年已组织文艺轻骑兵广泛开展送书画、送演出等活动 106 场（次）。利用“你点我演”群文配送平台，每年向乡镇（街道）、村（社区）配送文艺演出 320 场，向乡村文化礼堂配送 150 场。持续推进面向山区、农村、经济欠发达地区的文化支贫文艺免费培训，开展各门类艺术培训活动。持续开展农村电影放映活动，每年放映农村电影约 2.6 万场。

（4）坚持开展乡村环境面貌整治。杭州出台了小城镇环境综合整治长效管理指导意见，进一步加快建立现代城镇管理体系，努力将小城镇打造成“宜居、宜游、宜业”的美丽家园。截至目前，杭州市共有 131 个乡镇（街道）、1727 个行政村建设了农村生活污水处理设施，建设完成并投入运行的设施终端 8863 个，总受益农户约 60 万户。全面推进农村“厕所革命”，2018 年农村厕所改造目标任务 4120 座，已完成 3168 座。在不久前浙江省小城镇环境综合整治“年中考”中，杭州 10 个小城镇全部高分通过，其中 5 个被列入省级样板。

其他省市也总结了自己的工作经验。例如，江苏省泰兴市坚持以全国文明村镇创建为载体，把加强农村精神文明建设作为实施乡村振兴战略和推进高水平全面建成小康社会建设的重要内容，紧扣农民思想建设、农村风尚建设、文明村镇创建三大工作重点，乡风文明呈现出积极、健康、向上的良好态势。全市建成全国文明镇 3 个、全国文明村 2 个，省文明乡镇 6 个、省文明村 17 个，文明乡镇占比超过 60%，文明村占比达 45%。他们的做法是：

（1）以价值引领为根本，突出农民思想建设，让农民脑袋富起来。农民是农村精神文明建设的主体。坚持把培育和践行社会主义核心价值观作为农民思想建设的根本任务，推动核心价值观进村入户、落地生根，凝聚思想共识、增进价值认同。这需要一是强化理论宣讲，提高农民思想素质。他们组建“百姓名嘴”宣讲团、文艺骨干宣传队，运用“三送下乡”“送理论到基层、送党课到支部”“十九大精神进基层”等群众喜闻乐见的形式，传唱发展新理念、展现农村新景象，年均开展各类宣讲活动6000多场次。“广电主播宣讲活动”、分界镇的“板凳学习会”等经验做法在《新华日报》《江苏新时空》得到了专题报道。二是拓展道德实践，提升农民道德修养。16个乡镇（街道）、298个建制村实现道德讲堂全覆盖。广泛开展“好婆媳”“十佳孝星”等评选活动，将当选典型请进道德讲堂，以身边人讲身边事、用身边事教身边人。近年来，全市共有2人获全国道德模范提名奖，17人当选中国好人，22人当选江苏好人，70余人获泰州及以上“感动江苏（泰州）十大人物”“最美人物”等各类荣誉称号。三是培育乡土文化，丰富农民精神家园。他们注重培育农村本土文艺骨干，组建乡村艺术团，通过富有“家常味”“泥土气”的戏剧歌舞，延续乡村文化根脉、守护乡村文化生态。全市60多支特色文化团队活跃在农村、社区文艺舞台上，每年开展群众文化活动四五百场次。黄桥好声音、民俗文化旅游节、桃花节、“经典诵读·经典歌曲大家唱”等一系列各具特色的文化活动，为广大群众送上了一道道精神大餐。

（2）以移风易俗为重点，突出农村风尚建设，让农村风气好起来。农村风尚要聚焦重点难点，坚持把移风易俗作为农村精神文明建设的重要内容，坚持常抓不懈，放在心上、抓在手里，扎实深入地开展各种活动，取得了明显成效。这需要：一是弘扬乡贤文化，营造文明乡风。他们坚持传颂“古贤”与挖掘“今贤”并举，组织市历史文化研究会等社会力量，深入挖掘乡贤精神内涵，在放大黄桥第一孝子顾昕、地质之父丁文江等“老乡贤”育人效应的基础上，选树优秀基层党组织书记金雨祥、创业典型丁雪其、中国好人徐亚福等一批“新乡贤”，并通过“举乡贤、颂乡贤、学乡贤”系列活动，宣讲古今乡贤故事，凝聚正能量，培育新乡风。二是完善村规民约，涵养淳朴民风。他们坚持自治、法治、德治“三治”合一，规范为人处世准则，细化红白事规范，引导农民摒弃陋习，营造崇尚道德、崇尚文明的良好氛围。分界镇开绿村建设惠民吉庆会所，推动村民“崇尚节俭、文明办事”，得到农民好评。宣堡镇崇头庄村设置的党群议事堂、根思乡老叶村推行的村民理事会等，聘请“老娘舅”，组建“监察队”，引导广大群众由“要我文明”向“我要文明”逐步转变。三是创建文明家庭，培育优良家风。他们注重家庭、家教、家风建设，广泛开展“星级文明户”“文明家庭”等评选，系列化推进“传承一条家训、立下一个家规、传递一份家书、开展一次讨论、讲述一个故事”“五个一”活动，并汇聚泰兴尹氏、张氏等本土名门望族的优秀家风家训，编撰成100余万字的《泰兴家风》系列丛书。泰兴的何氏家族家规，被录入清华大学教案，专题片《何氏家范》被国家级媒体和网络客户端推送。

（3）以惠民利民为导向，突出文明村镇创建，让村庄环境美起来。推动文明村镇创建是农村精神文明建设的主要抓手。紧扣以民为本、为民服务的发展理念，谋划构建“一村一品、一村一景”的发展格局，优化改造环境，促进乡村质态向更美跃升。这需要：一是推动创业富民，厚植文明村镇创建根基。2014年以来，泰兴市每年举办一次创业富民大赛，先后选树创业标兵40多名，挖掘农村创业项目20多项，营造了敢于创新、勇于创业的浓厚氛围，农村经济发展持续向好，物质文明程度大幅提升。二是强化特色建设，激发文明村镇创建活力。以创建全国文明城市为契机，坚持“文化、文明”并重方针，深入推进“四个一”乡村文化建设和“十个一”文明创建细胞工程，全力打造美丽乡村、宜居乡村、活力乡村，先后建成省最美乡村4个、泰州最美乡村8个，黄桥镇祁巷村成功入围省首批特色田园乡村试点村。三是加强环境整治，优化文明村镇创建生态。建立健全农村“六位一体”长效管护机制，不断完善生活垃圾分类收集处理模式，加强村庄活水工程建设，推进生态文明建设示范镇创建，农村生态环境明显改善。此外，组织21家省级文明单位与21个省定黄桥老区经济薄弱村结对帮扶，量化投入目标，确立帮扶内容，重点在改善村庄硬环境的同时，不断推进村庄软环境建设。

四　深化文明单位创建

各地都在根据新时代新要求修订完善《全国文明单位测评体系》，开展全国文明单位暗访督查，召开全国创建文明单位工作经验交流会，推动经济条件较好、具备帮扶能力的全国文明单位发挥自身优势、助力脱贫攻坚，切实发挥示范表率作用。

以山东省为例。山东省为进一步规范省级文明单位推荐、评选和考核工作，加强对全省各级文明单位的管理，推进群众性精神文明创建活动深入开展，根据《全国文明单位测评体系（试行）》和《山东省文明单位建设管理条例（修订稿）》有关精神制定了2018年版的《山东省文明单位考核标准》，设置和量化了组织领导、道德建设、业务工作、文体活动、科学管理、环境卫生、创建活动、特色指标等8个测评项目，共26条测评内容，满分为100分。

<table>
<tr><th>项目</th><th>考核内容</th><th>考核标准</th><th>计分</th></tr>
<tr><td rowspan="6">Ⅰ-1
组织领导
（17分）</td><td rowspan="4">Ⅱ-1
加强理论学习</td><td>1）把学习贯彻习近平新时代中国特色社会主义思想作为单位一项长期政治任务，组织干部群众全面深入学习</td><td>2</td></tr>
<tr><td>2）扎实推进学习型党组织建设，有常态化的活动载体</td><td>1</td></tr>
<tr><td rowspan="2">3）加强中国特色社会主义和中国梦学习宣传教育，学习教育和主题实践系统化、长期化</td><td>1</td></tr>
<tr><td>4</td></tr>
<tr><td rowspan="2">Ⅱ-2
贯彻落实
民主集中制</td><td>1）领导班子团结协作、作风民主，建立健全民主管理、科学决策相关制度</td><td>1</td></tr>
<tr><td>2）重大问题和重要事项按照有关规定集体研究决定</td><td>1</td></tr>
</table>

续表

项目	考核内容	考核标准	计分
Ⅰ-1 组织领导 （17分）	Ⅱ-3 加强党风 廉政建设	1）加强党风廉政建设，反腐败教育经常化、制度化	1
		2）积极开展廉政建设及反腐败教育活动	3
	Ⅱ-4 加强创建 机制建设	1）把文明单位创建纳入单位总体工作规划	1
		2）主要负责同志带头履职尽责，加强对创建工作的领导	1
		3）有健全的工作制度和具体的保障措施，目标明确、措施具体、责任落实	1
Ⅰ-2 道德建设 （30分）	Ⅱ-5 培育和践行社会主义核心价值观	1）落实中办《关于培育和践行社会主义核心价值观的意见》和中宣部、中央文明办《培育和践行社会主义核心价值观行动方案》，制订年度工作实施方案	1
		2）推广普及社会主义核心价值观，开展宣讲解读	4
	Ⅱ-6 加强思想道德 教育阵地建设	能够经常开展集中性的思想道德宣传教育活动，效果良好	2
	Ⅱ-7 开展先进典型 选树活动	1）开展道德模范评选表彰和“我推荐、我评议身边好人”活动	1
		2）开展最美人物、时代楷模、凡人善举等学习宣传活动	1
		3）开展道德模范、身边好人事迹巡讲等学习宣传活动	3
	Ⅱ-8 开展“讲文明， 树新风”活动	1）积极宣传倡导文明出行，干部职工外出时自觉遵守交通法规	2
		2）开展网上“讲文明，树新风”活动，建立健全网络文明传播志愿者队伍，加强业务培训	1
		3）注重文明礼仪教育，职工有良好的行为修养	1
	Ⅱ-9 开展学雷锋、 志愿服务活动	1）大力倡导“学习雷锋、关爱他人、提升自己”的理念，将岗位学雷锋活动情况纳入单位和员工个人考核内容	1
		2）有常态化的志愿服务制度，加强对活动的组织协调和管理指导	1
		3）大力弘扬“奉献、友爱、互助、进步”志愿精神，单位有学雷锋志愿服务队，经常开展志愿服务活动	4
		4）积极组织干部职工开展助人为乐、扶贫济困等社会公益活动，有具体措施，有参与人数，有活动效果	2
	Ⅱ-10 弘扬优秀传统 文化	1）弘扬中华优秀传统文化，形成浓厚的道德文化氛围	1
		2）经常开展道德经典诵读或交流比赛活动	2
		3）深入推进“我们的节日”主题活动	1
			2

续表

项目	考核内容	考核标准	计分
1-3 业务工作 （9分）	Ⅱ-11 加强业务培训	1）建立健全各项培训制度	1
		2）对干部职工进行科学文化知识、业务技能培训	2
	Ⅱ-12 规范业务管理	1）各项管理制度健全完善	1
		2）干部职工职责明确，责任落实到位	1
	Ⅱ-13 提升业务实绩	1）工作成绩突出、成果丰硕，居部门行业领先水平	2
		2）按照工作实绩对单位干部职工进行考核奖惩	2
Ⅰ-4 文体活动 （4分）	Ⅱ-14 开展文体活动	1）注重文体基础设施建设，有图书阅览室、文体活动室，设施完备，使用经常	2
		2）组织开展经常性的文体活动	2
Ⅰ-5 科学管理 （11分）	Ⅱ-15 落实厂务、政务公开	1）有厂务或政务公开制度	1
		2）厂务公开或政务公开制度落实，干部职工知情权得到保障	2
	Ⅱ-16 加强思想政治工作	1）有思想政治工作制度，有专职机构和人员	1
		2）思想政治工作规范化、制度化，成效显著	1
	Ⅱ-17 营造和谐、稳定的发展环境	1）民主法治宣传教育经常化、制度化、规范化	2
		2）积极参加平安建设，社会治安综合治理措施落实	1
		3）安全教育和安全生产或管理责任制落实	1
		4）关心职工工作、学习、生活和身心健康，单位人际关系和谐，党群、干群关系融洽	2
Ⅰ-6 环境卫生 （12分）	Ⅱ-18 单位内外环境整洁	1）注重单位内部环境治理，严格执行卫生管理制度	2
		2）环境整洁有序，绿化美化，无脏、乱、差现象	3
	Ⅱ-19 开展节约型单位建设和环境保护工作	1）开展节水、节电、节约用纸等活动，积极建设节约型单位	1
		2）开展环境保护主题活动，宣传生态文明理念	1
			2
	Ⅱ-20 厉行勤俭节约	1）开展节俭养德全民节约行动	1
		2）开展“艰苦奋斗，勤俭节约”宣传教育，在单位所属餐厅、食堂、宾馆、饭店实施“文明餐桌行动”	2

续表

项目	考核内容	考核标准	计分
Ⅰ－7 创建活动 （14分）	Ⅱ－21 活动深入扎实	1）高度重视文明单位创建活动，计划周密、目标明确、措施具体、责任落实	2
		2）深入扎实开展文明单位、文明行业、文明处室（班组）、文明窗口等创建活动，员工参与面广、成效显著	2
	Ⅱ－22 营造浓厚氛围	设有文明单位创建专题专栏，利用多种形式宣传展示创建内容	2
	Ⅱ－23 参与帮扶共建活动	1）积极参与城乡帮扶共建活动，支援美丽乡村建设	1
		2）发挥自身优势，帮助共建单位谋求发展、解决问题，促进共建共赢，取得良好社会成效	2
	Ⅱ－24 打造良好社会形象	自觉接受相关部门和新闻舆论、社会公众监督，投诉处理机制运转高效，社会声誉好	2
	Ⅱ－25 参与精神文明建设	积极参与本地区或本行业系统精神文明建设，各市、有关企业、省直机关、省管企业文明办安排部署的工作任务得到落实	3
Ⅰ－8 特色指标 （3分）	Ⅱ－26 工作创新	文明创建工作经验被省委宣传部、省文明办推广或在省级媒体集中宣传，入选精神文明建设工作案例或文明创建工作会议上作典型发言、书面交流	3

评选表彰年度内单位出现下列问题之一的，在总分中扣除10分：

（1）领导班子成员发生严重违纪和违法；

（2）干部职工发生刑事案件或重大治安案件；

（3）发生重大安全生产和食品安全事故；

（4）人员违反国家计划生育政策；

（5）发生重大群体性事件。

五　深化文明家庭创建

家庭是社会的基本细胞，文明家庭创建是系列文明创建的关键，是全国文明城市创建的基础和支撑。深化家庭文明建设，有利于推动社会主义核心价值观在家庭里生根，做到日常、经常、平常，做到落细、落小、落实；有利于传承弘扬优良家风，以无数家庭的好家风支撑起好的社会风气；有利于提高公民素质和社会文明程度。

各地在深化文明家庭创建方面，积极研究制定全国文明家庭长效管理办法，集中抓好新一轮“星级文明户”创建，深化“五好家庭”“最美家庭”创建，举办家庭文明建设巡礼活动，组织开展“家风评议”、网上家风交流展示活动，推动形成爱国爱家、相亲相爱、向上向善、共建共享的社会主义家庭文明新风尚。各地在开展“文明家庭”的评选活动中，一般遵循以下评选标准。

（1）爱国守法。家庭成员拥护中国共产党领导，爱国爱社会主义，维护国家利益和民族尊严。自觉遵循党和国家的方针政策，学法、尊法、守法、用法，遵守各项规章制度、行业规范、市民守则、村规民约，自觉履行法定义务、社会责任和家庭责任。

（2）遵德守礼。家庭成员注重社会公德、职业道德、家庭美德、个人品德养成。乐观豁达、待人宽容，关心他人、助人为乐。维护公共卫生，爱护公共环境，遵守公共秩序和规则，在工作生活、社会交往、公共场所、网络空间、旅游出行等各个方面崇德尚礼、知行统一。奉行科学文明健康的生活理念、生活态度、生活方式，养成良好行为习惯。

（3）平等和谐。家庭成员之间民主平等、相互尊重，理解信任、沟通顺畅、感情深厚、亲情陪伴。父母与子女之间长幼有序、孝老爱亲、传承孝道。夫妻之间忠诚恩爱、包容接纳、责任共担。亲属之间、邻里之间友善和睦、共同分享、守望相助。家庭成员日常生活温馨乐观、彼此扶助、相濡以沫，特殊困难不离不弃、舍己为家、尽心尽责。家庭成员民族团结意识强，理解和尊重少数民族的风俗习惯，尊重差异、包容多样。

（4）敬业诚信。家庭成员爱岗敬业、忠于职守，勤勉为民、甘于奉献。诚实劳动、勤劳致富，合法经营、公平交易。重信用、守承诺，真诚做人、守信做事。树立尚德守法、以义取利的义利观。传承以信笃行、以诚兴业的优良品德。遵守政务诚信、商务诚信、社会诚信和司法公信等准则，立足岗位践行诚信规范。

（5）家教良好。父母尊师重教、言传身教，用正确行动、正确思想、正确方法教育引导子女。注重子女思想品德、行为习惯和良好个性的培养，引导子女形成正确的世界观、人生观、价值观。家庭成员树立终身学习理念，养成良好阅读习惯，学习氛围浓厚。

（6）家风淳朴。弘扬家和万事兴、忠厚传家久、百善孝为先等中华优秀传统美德，注重为人处世、修身劝学、理家育子、和亲睦邻之道。廉洁修身、廉洁齐家。传承好家训，提醒引导、感染熏陶家庭成员。有体现传统美德、符合生活实际的新时代家规，以好家规规范家庭成员的言行。家庭成员积极参与读家书、谈家教、倡家健、秀家宝等各类家庭文化体育活动，自觉树立良好家风。

（7）绿色节俭。家庭环境干净整洁。家庭成员生态意识和环保理念强，自觉进行垃圾分类，注重资源再利用。勤劳节俭、厉行节约，注重节约水、电、纸张等各类资源能源，杜绝浪费。积极宣传和践行绿色生活方式，坚持绿色出行，采用绿色家装，使用绿色产品。做到文明餐饮，传播健康理念。生活量入为出、适度消费，婚丧嫁娶操办从俭、不铺张奢华。

（8）热心公益。家庭成员积极参加社会公共事务。积极参加慈善捐助、义务劳动、无偿献血、捐献造血干细胞、社区服务等公益活动。积极参加邻里守望、扶贫济困、生态环保、养老助残、法律援助、文化体育等各类学雷锋志愿服务活动。热情关心特殊困难人员，参加结对帮扶等活动，为他们排忧解难。

同时规定，凡家庭成员有违法违纪等一票否决情形的，不得参评文明家庭。

（1）家庭成员违法违纪或近三年受到相关部门通报处理；

（2）家庭成员非法参与重大群体性上访事件；

（3）家庭成员关系参与“黄、赌、毒”；

（4）家庭成员参与封建迷信和非法宗教及邪教活动；

（5）家庭成员在文明、诚信等方面有不良记录；

（6）家庭成员关系不和谐、发生家庭暴力事件；

（7）违反国家计划生育政策；

（8）对未成年子女监护主体责任落实不力；

（9）家庭主要成员没有参加过志愿服务、扶贫帮困活动；

（10）家庭成员放弃中华人民共和国国籍；

（11）家庭成员有违反社会公德、职业道德、家庭美德、个人品德的其他行为。

良好的亲子关系，在深化文明家庭创建中起着重要的作用。河北省承德市在广大未成年人中开展了“传承好家风·争当新时代好少年”主题教育活动，让中华传统美德入脑入心，让“扣好人生第一粒扣子”主题教育落细落实。他们的具体做法是：

（1）学校“传”家风。以“传承好家风”为主题，让“道德模范”“承德好人”“最美家庭”“好婆婆”“好儿媳”“孝顺儿女”走进校园，讲家风故事，谈家规家教，引导广大未成年人向善向美。以“鸿雁传书”的方式开展“最美家书”征集评选表彰活动，发动广大中小学生书写家书，表达感恩父母、孝敬老人、发愤图强、立志成长的感情。

（2）家庭“颂”家风。依托社区家长学校、四点钟课堂、学校课后延时社团等，围绕勤俭持家、邻里相处、生态保护、绿色生活等主题开展亲子讲座、知识问答、互动游戏、讲好家风故事等活动，让未成年人在谈体会、讲故事、写心得、做游戏中感悟亲情，感知好人好事，感受家庭温暖。市妇联、关工委、教育工委相继开设“微信家长学校”“心灵鸡汤”“家风学苑”“亲子教育”心理沙龙等微信、微博平台，引导家长从家庭做起，教育孩子怀善心、尽善责、行善举。

（3）实践“育”家风。以“小手拉大手，文明齐步走”为主题，举办家长社团志愿服务活动，组织同小区、同年级的家长参加“红领巾花坛认领”、“文明传递社区行”、“文明交通引领”、不文明行为劝阻、家长义工岗等活动，引导广大未成年人从自己做起、从身边小事做起、从家人做起，摒弃陋习，争当“文明有礼承德人”。以“善美家风·立德树人”为主题，全市100多个市直单位与72个社区结对共建家长学校，组织机关干部、企事业单位员工与社区家长学校学生一起参加“重阳节敬老”“孝心夏令营”“文明家庭我先行”“文明家园你我共建”等道德实践活动，培养未成年人遵德守礼、诚信经营、绿色生活、重亲情、尊老人、互敬互爱的意识。

现在人们越来越深刻地认识到，公务员作为政风之代表，需注重家庭、注重家教、注重家风，做弘扬家庭美德的表率。家庭成员之间互敬互爱、互谅互慰，有助于公务员减少后顾之忧，不为家长里短所绊，全身心地投入工作。家人及时提醒和关爱，有助于公务员抵制社会上的一些消极腐败和不正之风。广大公务员积极构建和谐家庭，争做文明家庭，公务员群体和谐向上的好家风，足以支撑起全社会的好风气。公务员弘扬家庭美德的一个重要方面，就是要大力倡导清廉家风，知廉明耻、廉洁自律，不徇私情、不谋私利，清白做人、干净做事，管住自己和家人，不因亲情而忘却党纪国法，正确处理自身及家人与广大人民群众的关系，不搞特殊化，把清廉家风牢固树立起来。2018年11月1日起，《中华人民共和国公务员法（修订草案）》开始征求意见。修订草案增加了“违反国家的民族和宗教政策，破坏民族团结和社会稳定”“不担当不作为”“违反家庭美德”等禁止性纪律规定。公务员法修订草案新增“违反家庭美德”这条禁止性纪律规定，彰显了公务员涵养家风、弘扬家庭美德的极端重要性，提醒公务员治国先齐家，治国勿忘齐家，在社会上立起良好家风的风向标。

六　深化文明校园创建

在深化文明校园创建方面，各地积极研究出台进一步加强未成年人思想道德建设工作的指导性文件，召开未成年人思想道德建设工作会议，加强文明校园常态化考核管理，组织“扣好人生第一粒扣子”主题教育实践活动，开展“新时代好少年”学习宣传，探索在社区开展未成年人思想道德建设的有效途径，建好用好乡村学校少年宫，培养德智体美全面发展的社会主义事业建设者和接班人。

2018年5月2日，中共中央总书记、国家主席、中央军委主席习近平考察北京大学同师生座谈时发表的重要讲话，再给广大青年提出几点希望：

> 一是要爱国，忠于祖国，忠于人民。爱国，是人世间最深层、最持久的情感，是一个人立德之源、立功之本。孙中山先生说，做人最大的事情“就是要知道怎么样爱国”。我们常讲，做人要有气节、要有人格。气节也好，人格也好，爱国是第一位的。我们是中华儿女，要了解中华民族历史，秉承中华文化基因，有民族自豪感和文化自信心。要时时想到国家，处处想到人民，做到“利于国者爱之，害于国者恶之”。爱国，不能停留在口号上，而是要把自己的理想

同祖国的前途、把自己的人生同民族的命运紧密联系在一起，扎根人民，奉献国家。

二是要励志，立鸿鹄志，做奋斗者。苏轼说："古之立大事者，不惟有超世之才，亦必有坚忍不拔之志。"王守仁说："志不立，天下无可成之事。"可见，立志对一个人的一生具有多么重要的意义。广大青年要培养奋斗精神，做到理想坚定，信念执着，不怕困难，勇于开拓，顽强拼搏，永不气馁。幸福都是奋斗出来的，奋斗本身就是一种幸福。1939 年 5 月，毛泽东同志在延安庆贺模范青年大会上说："中国的青年运动有很好的革命传统，这个传统就是'永久奋斗'。我们共产党是继承这个传统的，现在传下来了，以后更要继续传下去。"为实现中华民族伟大复兴的中国梦而奋斗，是我们人生难得的际遇。每个青年都应该珍惜这个伟大时代，做新时代的奋斗者。

三是要求真，求真学问，练真本领。"玉不琢，不成器；人不学，不知道。"知识是每个人成才的基石，在学习阶段一定要把基石打深、打牢。学习就必须求真学问，求真理、悟道理、明事理，不能满足于碎片化的信息、快餐化的知识。要通过学习知识，掌握事物发展规律，通晓天下道理，丰富学识，增长见识。人的潜力是无限的，只有在不断学习、不断实践中才能充分发掘出来。建设社会主义现代化强国，发展是第一要务，创新是第一动力，人才是第一资源。希望广大青年珍惜大好学习时光，求真学问，练真本领，更好为国争光、为民造福。

四是要力行，知行合一，做实干家。"纸上得来终觉浅，绝知此事要躬行。"学到的东西，不能停留在书本上，不能只装在脑袋里，而应该落实到行动上，做到知行合一、以知促行、以行求知，正所谓"知者行之始，行者知之成"。每一项事业，不论大小，都是靠脚踏实地、一点一滴干出来的。"道虽迩，不行不至；事虽小，不为不成。"这是永恒的道理。做人做事，最怕的就是只说不做，眼高手低。不论学习还是工作，都要面向实际、深入实践，实践出真知；都要严谨务实，一分耕耘一分收获，苦干实干。广大青年要努力成为有理想、有学问、有才干的实干家，在新时代干出一番事业。我在长期工作中最深切的体会就是：社会主义是干出来的。

5 月 22 日，中央文明办、财政部、教育部在河南洛阳召开全国乡村学校少年宫项目建设工作推进会。会议强调，要切实用习近平新时代中国特色社会主义思想武装头脑指导工作，准确把握乡村学校少年宫项目"立足示范引领、承担课外教育、服务乡村振兴"的发展定位，推动乡村学校少年宫项目展现新气象、新作为。会议指出，乡村学校少年宫项目在加强农村未成年人思想道德建设、丰富农村学生课外文化生活、提升他们的综合素质方面进一步发挥了重要作用。据了解，中央文明办、财政部、教育部实施乡村学校少年宫项目 8 年来，累计投入中央专项彩票公益金 55 亿多元，支持建设乡村学校少年宫 16536 所。

5 月 22 日，“六一”国际儿童节前夕，中央文明办、教育部、共青团中央、全国妇联、中国关心下一代工作委员会在河南洛阳举办“新时代好少年”先进事迹发布活动，宣传发布刁兴宇、谢伊、陈籽蓬等 10 名优秀青少年的先进事迹。这些少年儿童积极培育践行社会主义核心价值观，展现了新时代青少年乐观进取、向上向善的亮丽风采，为广大未成年人树立了学习榜样。

10 月 16—18 日，全国爱国主义教育示范基地工作培训班在遵义成功举办。全国各省、自治区、直辖市和新疆生产建设兵团党委宣传部相关处室负责人，全国爱国主义教育示范基地主要负责人，部分地市党委宣传部主要负责人共 474 人参加培训班。开班仪式上，中宣部宣教局相关领导传达学习了习近平总书记关于爱教基地工作的重要指示精神和中央近年来印发关于爱国主义教育工作的重要文件精神，指出此次培训班的举办，体现了中央对爱教基地工作的重视，肯定了贵州省近年来爱国主义教育基地建设管理使用工作，认为贵州爱教基地工作有历史厚度，有站位高度，有工作力度。

10 月 30—31 日，全国未成年人心理健康辅导工作培训班在四川成都举办。强调新时代对未成年人心理健康辅导工作提出了新的要求，全国各地要深入贯彻落实习近平新时代中国特色社会主义思想和党的十九大精神，贯彻落实全国宣传思想工作会议精神，找准未成年人心理健康辅导工作着力点，着力培养担当民族复兴大任的时代新人。

12 月 25 日，中央文明办、教育部、共青团中央、全国妇联、中国关工委等五部门在中央广播电视总台联合发布 2018 年第二批“新时代好少年”先进事迹。发布活动围绕“从小扣好人生第一粒扣子：长大担当民族复兴大任”主题，通过播放视频短片、互动访谈等方式，生动讲述了赵思颖、林奕轩、周洲、李东蔓、樊秋亮、张嘉麟、罗逸涵、孙东海、李端林、周丹彤 10 名优秀青少年的感人故事。这些青少年从身边做起、从小事做起，积极培育践行社会主义核心价值观，有的好学上进、自立自强，有的助人为乐、孝老爱亲，有的热爱钻研、潜心环保，体现了对家庭、对他人、对社会的责任和担当，凸显了新时代青少年朝气蓬勃、奋发向上、乐于奉献的精神风貌。

学校的本质是教育，是培育心灵的工作。河北省承德市以落实党的十九大提出的“培养担当民族复兴大任的时代新人”为根本，以推动“扣好人生第一粒扣子”系列活动落细、落小、落实为重点，实施新时代好少年培养工程——“八心”行动，促进全市未成年人思想道德建设工作再上新台阶。这八个方面是：

（1）德育教育——润心行动。把深化中国梦、社会主义核心价值观教育融入课堂教学、团队活动、校园文化的各个环节；把“小手拉大手、文明齐步走”“文明伴我成长”“践行塞罕坝精神，争当新时代好少年”“文明承德，志愿有我”等教育融入道德实践活动的全过程，推动德育教育常态化、长效化。

（2）主题活动——信心行动。举办中国梦主题班会、征文、故事会及诗文书画创作等活动；利用春节、清明、端午、中秋、重阳等传统节日和建党、抗战胜利、建国及国家公祭日等纪念日举办“我们的节日”“清明网上祭英烈”“童心向党”“我和国旗合个影”“向国旗敬礼”等教育活动，引导未成年人铭记历史、崇尚革命英雄、继承革命事业，传承革命文化和优良传统，不忘本色，延续根脉。

（3）传统文化——善心行动。以弘扬优秀传统文化为重点，用优秀传统文化装点校园，营造具有爱国精神、民族气节、传统美德的校园文化。开展中华经典诵读，戏曲进校园、高雅音乐进校园、中华武术进校园、孝心夏令营、优秀童谣征集传唱、“家训家风伴我成长”、非物质文化艺术展演等系列活动，让广大青少年心存善念、播种善行。

（4）社会实践——慧心行动。依托企业、场馆、景区景点等社会教育资源，建设一百家未成年人校外实践基地。以“劳动美”为主题，开展爱国教育、法制宣传、文化传承、科技探秘、劳动体验、保护环境、素质拓展、应急自救等实践活动，拓宽未成年人校外活动阵地，活跃课外文化生活，提高综合素质。

（5）志愿服务——爱心行动。以“劳动美”为主题在校园周边开展捡拾烟头、擦洗护栏、清理小广告等活动，推动“劳动光荣”的观念入脑入心；组织学生参与校内卫生保洁、护理花草、打扫会议室、餐厅等力所能及的校园劳动实践活动，让学生感受劳动的艰辛与快乐，树立“幸福都是奋斗出来的”的思想；组织学生到就近社区、博物馆、文化馆、图书馆、敬老院、福利院及村镇开展义务清洁、慰问老人、亲情陪护等活动，引导学生奉献爱心、感恩他人，树立向善向好的价值理念。

（6）示范引领——聚心行动。组织开展道德模范、新时代好少年、最美承德人、身边好人和“百场儿童剧圆梦”进校园活动，通过报告、巡讲、座谈等形式，讲述亲身经历，分享人生感悟，传递道德力量。

（7）心理辅导——知心行动。建立卫计委、民政局、教育工委、关工委、团市委、妇联与三级未成年人心理健康辅导站（点）共建机制，充实设备，完善服务功能，常年长效开展心理健康辅导和心理知识培训活动，塑造未成年人坚忍不拔的意志品质。依托爱国主义教育基地和乡村学校少年宫开展心理素质拓展训练活动。各中小学校举办心理健康活动课、心理主题班会，编排校园心理剧，培育学生自尊自信、理性平和、积极向上的心态。

（8）优化环境——净心行动。整治校园周边重点场所，清理违规停放车辆、治理不卫生餐馆、取缔不健康的书报摊点和音像制品销售点。强化中小学、幼儿园的安全保卫工作，坚决严厉打击侵害师生安全的违法犯罪活动。突出抓好“违法违规网吧及电子游戏厅”“淫秽图书音像制品及电子和网络出版物”“互联网及手机低俗有害信息”整治工作。协调市内主要媒体及网站开设未成年人专题专栏，加大未成年人相关内容的宣传报道力度，刊播面向未成年人的公益广告，为未成年人健康成长创造良好社会环境。

社会各方面都能认识到，青少年是祖国的未来，是中国特色社会主义事业的接班人，培养担当民族复兴大任的时代新人必须从娃娃抓起。只有加强和改进未成年人思想道德建设，健全学校、家庭、社会各负其责又密切配合的教育网络，营造有利于青少年健康成长的思想文化环境，担当民族复兴大任的时代新人才能一茬接一茬不断成长。

七　开展弘扬时代新风行动

党的十九大报告中提出：弘扬科学精神，普及科学知识，开展移风易俗、弘扬时代新风行动，抵制腐朽落后文化侵蚀。在2018年开展弘扬时代新风行动，就是按照新时代要有新样子、新素质的要求，大力普及文明礼仪规范，持续推进公益广告宣传，持续推进移风易俗，持续推进文明交通行动，持续推进文明旅游行动，深入推进德治和法治相结合，善于运用法治方式助推文明习惯的养成，引导人们讲文明、有公德、守秩序、树新风。

各地各级文明办不断创新形式、深化载体，多措并举助推文明习惯养成、涵养时代新人。他们的做法通常是：

一是推进公益广告常态刊播。各地各部门要贯彻落实《广告法》《公益广告促进和管理暂行办法》，健全公益广告刊播机制，保障公益广告宣传持续健康发展，把公益广告宣传做精、做优、做强。要加强公益广告作品库建设，联合省新闻出版广电局、省工商局开展原创公益广告征集评选活动，省委文明办将新制作推出“践行‘八不’行为规范，争当文明公民”系列公益广告，不断提高公益广告宣传质量和水平。

二是推进文明行为实践养成。大力普及文明交通、文明出行、文明用餐、文明礼仪、文明上网等行为规范。各地要深入推进德治和法治相结合，运用法治方式助推文明习惯的养成。2018年11月15日，公安部、中央网信办、中央文明办、教育部、司法部、交通运输部、应急管理部、共青团中央联合下发通知，决定自即日起至12月底，共同组织开展“全国交通安全日”主题活动。

三是推进文明旅游专项行动。要深入贯彻《中央文明委关于进一步加强文明旅游工作的意见》，落实不文明行为记录、旅游红黑榜发布、导游领队一岗双责、签订承诺书和文明督导员等制度，抓住行前教育、预先提醒、行中劝导等关键环节，突出旅游集散中心（门店），候车候机候船场站、码头，游客服务中心，核心景区等重点场所和区域，严格把好“六关”，重点抓好春节、“五一”和“十一”期间文明旅游宣传引导，营造文明旅游的浓厚氛围。结合第九个“中国旅游日”宣传推介活动，开展文明导游、文明游客等网络评选活动，培育一批文明旅游先进典型。

四是推进诚信建设制度化。认真贯彻落实国务院《社会信用体系建设规划纲要》、中央文明委《关于推进诚信建设制度化》，不断强化群众的规则意识，不断健全完善“红黑榜”发布制度，健全多部门、跨区域、跨行业的守信联合激励和失信联合惩戒的联动机制。针对电信网络诈骗、金融信用缺失等社会热点难点问题，开展专项治理，建构不敢失信、不能失信、不愿失信的社会环境。持续开展“诚信经营示范一条街”主题活动，不断总结经验，宣传推广，增强民众的诚信观念。

五是推进“我们的节日”主题活动。利用春节、元宵、清明、端午、七夕、中秋、重阳传统节庆节点，广泛开展“我们的节日”主题活动，深入挖掘、宣传、展示优秀传统节日文化，并融入时代要求、当代价值和时代新风，让群众节日生活更红火更精彩。

在具体实践中，中国文明网曾经在 2018 年 6 月 4 日报道宣城市文明委部署“移风易俗弘扬时代新风行动”。安徽省宣城市文明委印发《关于在全市开展移风易俗、弘扬时代新风的实施意见》，开展“五大行动”，有效遏制婚丧喜事大操大办、奢侈浪费、盲目攀比等不良风气；切实杜绝巧立名目收礼敛财、天价彩礼等增大群众负担的行为；坚决打击邪教迷信、聚众赌博等影响社会稳定的违法活动。他们的具体做法是：

（1）开展主题教育引导行动。发动群众开展讨论、征集意见，自觉破除陈规陋习，形成社会共识。以民主讨论的方式，在村规民约、社区居民公约增加不大操大办婚丧喜庆等内容。打造移风易俗示范街，绘制核心价值观、倡树新风的文化墙。丰富全民阅读活动，依托宣城市民学校、道德讲堂、农民文化乐园等阵地，融入节庆民俗、传统美德、科技知识、法律知识、反邪教常识等教育内容，提高群众文化素养。选树新乡贤，采取乡贤立村规民约、乡贤促敦风化俗、乡贤传家风家训等方式，让乡贤精神涵养乡风。组建移风易俗志愿服务队，在居（村）民操办婚丧喜庆事宜期间，合理劝导违反规定燃放烟花爆竹、搭设灵堂大吹丧响、随意随地画圈烧纸等不文明行为。以“倡导绿色生活，反对铺张浪费”为主题，在全社会开展厉行节约、文明餐桌行动，营造“勤俭持家，节约惜福”的浓厚氛围。创作编排戏剧、小品等文艺节目，在社区广场、乡村文化站等展示展演，丰富群众精神文化生活。

（2）开展喜事新办行动。实施“喜事新办”倡导计划，提倡婚事新办、其他喜事小办或不办。鼓励广大青年群体引领婚庆新风，举行集体婚礼、植树婚礼、爱心婚礼、慈善婚礼等新式婚礼，各县（市、区）每年至少举办一场集体婚礼。坚持从简操办婚礼，倡导婚礼车队规模不超过 8 辆，婚礼宴席不超过 10 桌，菜金标准不超过 1000 元/桌，随礼金额不超过 200 元/人。抵制高价彩礼、大操大办、恶俗闹婚、鞭炮齐鸣等不良现象，摒弃搞攀比、讲排场的不良风气。利用 QQ 群、微信朋友圈、微博等互联网媒体，为广大青年搭建交友平台和社交网络。满月周岁、升学入伍、乔迁新居、开业店庆等喜庆事宜，提倡不办或简办，倡导以一束鲜花、一句问候、一条信息等方式表达贺意。

（3）开展丧事简办、文明祭祀行动。引导丧户简化治丧仪式，缩短治丧时间，控制花圈数量，严控大烧纸钱。推进殡仪服务场所建设，制定相关丧事简办程序，提供文明治丧、吊唁、守灵等殡仪服务，引导城区群众改小区里办丧为殡仪馆办丧。结合美丽乡村建设，开展公益性公墓建设，努力实现到2020年每个乡镇至少建设一座农村公益性公墓。坚决抵制占用耕地修建豪华坟墓。倡导文明、低碳祭奠新风，提倡通过家庭追思会、鲜花祭奠、网络祭奠等形式缅怀逝去的亲人，破除在交通干道、街头路口、生活小区随意焚烧丧葬祭祀用品和燃放鞭炮等陋习。宣城市区各生活小区在清明、中元节、冬至期间，统一设立祭祀区，引导文明有序祭奠。各县（市、区）选择一个社区（村）试点建设祭祀集中焚烧点，免费提供给居（村）民使用，减少地面和大气污染，防止烟灰乱飞、祭祀烧山。严厉打击各种封建迷信活动，打击邪教活动以及“黄、赌、毒”等丑恶现象。

（4）开展党员干部示范引领行动。党员干部和公职人员，要以身作则、率先垂范，发挥先锋模范作用，在办理婚丧喜庆事宜中，严格遵守中央八项规定及实施细则精神，切实做到带头宣传和落实上级关于移风易俗的政策及各项要求。严禁大操大办，从严控制规模，简化办理流程，缩减办理时间，自觉抵制讲排场、比阔气等不良风气；严禁借操办婚丧喜庆之机敛财；严禁邀请管理和服务对象参加；严禁收受管理和服务对象的礼金礼品；严禁在小区内搭设灵堂；严禁沿街游丧、抛撒焚烧冥币；严禁在禁放区燃放鞭炮；严禁组织或参与违反公序良俗的活动；严禁因操办婚丧喜庆侵犯国家、集体和人民的合法利益。严格落实操办婚丧喜庆事宜备案制度，事前（后）要主动向纪检监察机关、组织部门或本单位党委（党组）备案。对违反规定的，严格依法依纪追究责任。

（5）开展完善群众自治组织行动。各村、居等基层自治组织要组织群众，修订村规民约，完善村（居）民议事会、道德评议会、禁赌禁毒会、红白理事会等组织，发挥“一约四会”作用。各地要以乡镇（街道）为单位，每个乡镇（街道）至少抓一个试点村（居），在试点村（居）指导成立红白理事会，制定活动章程、明确人员分工，确定婚丧事宜规定、办事程序、酒宴标准和奖惩办法等，纳入村规民约或居民公约并公示上墙，逐步推广至宣城市各村（社区）。发挥道德评议会作用，对婚丧事宜、孝老爱亲、诚实守信等民间风气进行定期评议，引导群众遵守道德规范。各县（市、区）、乡镇（街道）要加强指导，分类对“四会”负责人和成员进行教育管理和业务培训。村（居）民委员会“两委”要加强监督和管理，建立移风易俗重大事宜公示制度，设立宣传公示栏，将移风易俗执行情况置于广大群众和社会的监督之下。

八　深化道德模范学习宣传

深化道德模范学习宣传，要求创新形式，注重实效，讲好模范故事，努力塑造有血有肉、“接地气”、有温度的鲜活形象；践行模范精神，引导人们以更高的道德标准对待社会、对待他人、对待工作、对待家庭、对待自己；树立价值导向，推动道德模范关爱帮扶常态化、经常化。2018 年深化道德模范学习宣传的活动得到普遍实施。以下是具有社会普遍影响的重大事件。

1 月 24 日，中央文明办印发《关于在 2018 年春节期间广泛开展学雷锋志愿服务活动的通知》，决定 2018 年春节期间在全国城乡广泛开展学雷锋志愿服务活动。活动主题是以讲文明、有公德、守秩序、树新风为主题，坚持贴近实际、贴近生活、贴近群众，以助力春运、亲情关爱、文化服务、生态保护、平安建设、弘扬时代新风等为主要内容，组织动员志愿者和志愿服务组织广泛开展形式多样的学雷锋志愿服务活动，营造欢乐喜庆、文明祥和、温馨和谐的节日氛围，在全国上下形成红红火火过大年的喜人景象。活动项目包括开展助力春运志愿服务、亲情关爱志愿服务、文化服务志愿服务、生态保护志愿服务、平安建设志愿服务、开展弘扬时代新风志愿服务等活动。

1 月 25 日，中央宣传部向全社会公开发布航天员群体的先进事迹，授予他们“时代楷模”荣誉称号。中国人民解放军航天员大队是一支担负特殊任务的英雄部队，航天员群体是伴随着我国航天事业发展成长的英雄群体。航天员大队组建 20 年来，全体航天员始终牢记党和人民的期望重托，胸怀中国梦强军梦，矢志献身航天事业，精研苦训掌握飞天技能，锐意进取实现创新跨越，先后圆满完成 6 次载人航天飞行任务，为我国载人航天事业发展作出了卓越贡献，11 人被党中央、国务院、中央军委授予“航天英雄”“英雄航天员”荣誉称号，1 人被授予“八一勋章”。2017 年“八一”前夕，中央军委主席习近平签署通令给中国人民解放军航天员大队记一等功。

1 月 31 日上午，中央文明办在湖南省长沙市发布 2018 年 1 月“中国好人榜”，举办全国道德模范与身边好人现场交流活动。经广大网友推荐、评议，1 月共有 108 位助人为乐、见义勇为、诚实守信、敬业奉献、孝老爱亲的身边好人入选“中国好人榜”。本月活动共收到网民推荐的好人好事线索 230 万余件，网友点赞评议 889 万次，活动页面浏览量超过 4170 万人次。

2 月 15 日，中宣部、中央文明办组织开展慰问帮扶全国道德模范活动，慰问组分赴 26 个省（区、市），登门看望慰问全国道德模范，把党和政府的关怀及社会各界的关心送到他们身边。善行天下，德者有得。2007 年以来，中宣部、中央文明办等 6 部门联合开展了 6 届全国道德模范评选表彰活动，共评选出 333 名全国道德模范。中宣部、中央文明办先后出资 1700 多万元，帮扶全国道德模范 191 人次。按照中宣部、中央文明办要求，各地也对本地区的各类道德模范开展走访慰问，采取有效举措，解决实际困难，通过政策保障、资金支持、志愿服务等方式，落实关爱帮扶措施，引导人们关心关爱、崇尚学习道德模范。

3 月 1 日，中共中央在人民大会堂举行座谈会，纪念周恩来同志诞辰 120 周年。中共中央总书记、国家主席、中央军委主席习近平发表重要讲话指出，周恩来同志身上展现出来的不忘初心、坚守信仰，对党忠诚、维护大局，热爱人民、勤政为民，自我革命、永远奋斗，勇于担当、鞠躬尽瘁，严于律己、清正廉洁的崇高精神、高尚品德、伟大风范，感召和哺育着一代又一代中国共产党人。

3 月 2 日，中宣部命名第四批 50 个全国学雷锋活动示范点和 50 名全国岗位学雷锋标兵。此次命名的全国学雷锋活动示范点和岗位学雷锋标兵，是全社会模范传承雷锋精神、带头践行社会主义核心价值观的突出代表，他们或以无私的奉献，或以平凡的感动，或以正义的力量，或以执着的坚守，续写雷锋故事，光大雷锋精神，一次次温暖人心，一次次感动社会，照亮了新时代的道德星空。

3 月 29 日，全国道德模范与身边好人“中国好医生、中国好护士”现场交流活动在广州举行，为 2018 年第一季度评选出的 31 名优秀个人和 2 个优秀团队颁奖。该活动由中央文明办、国家卫生健康委员会主办，旨在发掘宣传卫生系统优秀医护工作者的先进典型事迹，在全社会营造尊医重卫的良好氛围。该活动定期举办“中国好医生好护士”发布仪式。活动自 2017 年 6 月推出以来，全国已有 96 位医务工作者和 7 支优秀团队入选月度人物。

3 月 30 日，中央文明办在河南省商丘市发布 2018 年 3 月“中国好人榜”，举办全国道德模范与身边好人现场交流活动。经广大网友推荐、评议，3 月共有 104 位助人为乐、见义勇为、诚实守信、敬业奉献、孝老爱亲的身边好人入选“中国好人榜”。本月，中国文明网“我推荐我评议身边好人”活动平台共收到网民举荐的好人好事线索 149 万余件，网友点赞评议 571 万次，活动页面浏览量超过 3979 万人次。

4 月 17 日，中央宣传部向全社会宣传发布吕建江的先进事迹，追授他“时代楷模”称号。吕建江生前系河北省石家庄市公安局桥西分局安建桥综合警务服务站主任，他由部队转业从警 13 年来，始终牢记使命，忠诚担当，无论在哪个岗位都认真履职尽责，模范践行共产党员的初心和使命；他扎根基层一线，将群众的冷暖安危放在心头，为民解忧止纷，守护平安；他坚持求实创新，积极探索创建网上服务平台，便捷警民沟通，在平凡的岗位上干出了不平凡的业绩，赢得了人民群众的信任和赞誉。

4 月 25 日，在“五一”国际劳动节来临之际，中央宣传部、全国总工会在中国文明网向全社会公开发布常年工作在基层生产第一线，作出突出贡献的技术工人和群体，孙丽、林鸣、徐州、谭文波、王俊堂、李杰、冯世毅、梁庆莲、郭玉全、杨发英

10名个人和贵州乌江水电开发有限责任公司构皮滩发电厂保护班的先进事迹，他们作为辛勤劳动、诚实劳动，刻苦钻研、追求卓越的新时代产业工人的代表，用自己的实际行动模范践行社会主义核心价值观，弘扬伟大的创造精神、奋斗精神、团结精神和梦想精神，倡导劳动光荣、创造伟大的社会风尚和精益求精、埋头苦干的敬业风气，展现了中国工人阶级的时代风采，不愧为新时代的“最美职工”。

6月14日，为深入学习贯彻习近平总书记在两院院士大会上的重要讲话精神，激励广大科技工作者抢占先机、迎难而上，肩负起建设世界科技强国的历史重任，近日，中央宣传部、科技部、中国科协在北京向全社会公开发布张弥曼、多吉、倪光南、严纯华、邹学校、李贺军、李兴钢、蔚保国、秦川、王杜娟10位“最美科技工作者”的先进事迹。

6月下旬，由中央文明办、中国文联主办，中国曲协承办的第六届全国道德模范故事汇基层巡演启动仪式暨首场演出在中国铁路文工团二七剧场举行。首场演出后，巡演团队将分3轮组织30场示范演出和20场小分队演出。

8月2日，中宣部在北京向全社会公开发布海军海口舰的先进事迹，授予他们“时代楷模”称号。

8月6日，中共中央总书记、国家主席、中央军委主席习近平近日对王继才同志先进事迹作出重要指示强调，王继才同志守岛卫国32年，用无怨无悔的坚守和付出，在平凡的岗位上书写了不平凡的人生华章。我们要大力倡导这种爱国奉献精神，使之成为新时代奋斗者的价值追求。王继才生前是江苏省灌云县开山岛民兵哨所所长。7月27日，在执勤时突发疾病，经抢救无效去世，年仅58岁。9月12日，中宣部、中央军委政治工作部、江苏省委共同在京举办了学习宣传王继才同志先进事迹座谈会。

8月27日，中宣部向全社会发布杨雪峰先进事迹，追授他“时代楷模”称号。

9月7日，中宣部在北京向全社会公开发布张玉滚的先进事迹，授予他“时代楷模”称号。

10月19日，为深入学习贯彻习近平总书记给西藏自治区山南市隆子县玉麦乡牧民卓嘎、央宗姐妹重要回信精神，在回信发表一周年之际，中央宣传部向全社会宣传发布卓嘎、央宗姐妹的先进事迹，授予她们“时代楷模”称号。卓嘎、央宗姐妹成长生活的隆子县玉麦乡，地处祖国西南边陲。20世纪60年代以来很长一段时间，仅有父亲桑杰曲巴和卓嘎、央宗姐妹一户人家，被外界称作“三人乡”。她们在父亲桑杰曲巴的影响和带领下，始终秉持“家是玉麦，国是中国，放牧守边是职责”的坚定信念，几十年如一日，守护着祖国的领土，谱写了爱国守边的动人故事和时代赞歌。

11月9日，根据中央关于推荐改革开放杰出贡献表彰人选的有关要求，经层层推荐、广泛听取意见、充分酝酿、中央宣传部部务会研究，将中宣部报送中央的推荐人选李雪健同志及其主要业绩予以公示。2018 年是我国改革开放 40 周年，党中央决定，表彰一批为改革开放作出杰出贡献的个人。

11 月 10 日，为深入贯彻习近平总书记关于退役军人工作的重要指示精神，落实全国宣传思想工作会议部署要求，讲好退役军人故事，激发广大退役军人不忘初心、牢记使命，不断增强自豪感、荣誉感、责任感，中央宣传部、退役军人事务部在北京向全社会公开发布王启荣、王明礼、王贵武、甘露、刘传健、李志强、吴洪甫、吴惠芳、沈汝波（已故）、宋玺、张东堂、张保国、陈堃源、林上斗、周晓东、郑璐、胡晨（已故）、徐文涛、徐申权、谢彬蓉 20 位 2018 年“最美退役军人”的先进事迹。

11 月 16 日，中央宣传部向全社会公开发布王逸平的先进事迹，追授他“时代楷模”称号。生前系中国科学院上海药物研究所研究员王逸平不忘初心、胸怀大爱，始终把解除人民群众病痛作为人生追求，研发现代中药丹参多酚酸盐，造福 2000 多万名患者；追求卓越、锐意创新，先后完成 50 多项新药药效学评价，构建了完整的心血管药物研发平台和体系；坚忍执着、奋发忘我，以顽强的毅力和乐观的精神，25 年与病魔不懈抗争，默默无闻投身科研，谱写了感人至深的中药现代化奋进者之歌的先进事迹感动了千千万万的广大干部群众和业界人士。

11 月 23 日，纪念刘少奇同志诞辰 120 周年座谈会在北京人民大会堂举行。中共中央总书记、国家主席、中央军委主席习近平发表重要讲话，指出，刘少奇同志是伟大的马克思主义者，伟大的无产阶级革命家、政治家、理论家，党和国家主要领导人之一，中华人民共和国开国元勋，是党的第一代中央领导集体的重要成员。刘少奇同志的英名，同中国人民、中国共产党、中华人民共和国波澜壮阔的奋斗历史紧密相连。他为中国革命和建设事业殚精竭虑、呕心沥血，在经济、政治、军事、文化、教育、外交和党的建设等领域都建立了卓著功勋，受到全党全军全国各族人民衷心爱戴。习近平总书记指出，刘少奇同志是不忘初心、对党忠诚的光辉榜样，是坚持真理、实事求是的光辉榜样，是敢于担当、勇于创造的光辉榜样，是勤于学习、知行合一的光辉榜样，是心系人民、廉洁奉公的光辉榜样。

九　推进诚信建设制度化

诚信既是道德信条，也是法律精神；既是道德规范，也是法律规则。诚信是民法的基本原则，是现代法治社会的一项基本法律规则。近年来，诚信的缺失，已经成为和谐社会关系、健康经济秩序和正常政治生活的凶恶“杀手”；已经成为影响官民关系、银企关系、医患关系等的毒瘤；已经成为全民日常生活缺乏放心感、安全感的主要原因。

《社会信用体系建设规划纲要（2014—2020 年）》的目标是：“到 2020 年，社会信用基础性法律法规和标准体系基本建立，以信用信息资源共享为基础的覆盖全社会的征信系统基本建成，信用监管体制基本健全，信用服务市场体系比较完善，守信激励和失信惩戒机制全面发挥作用。政务诚信、商务诚信、社会诚信和司法公信建设取得明显进展，市场和社会满意度大幅提高。全社会诚信意识普遍增强，经济社会发展信用环境明显改善，经济社会秩序显著好转。”在2018年推进诚信建设制度化的过程中，各地认真贯彻国务院《社会信用体系建设规划纲要》和中央文明委《关于推进诚信建设制度化的意见》，会同有关部门加快推进诚信体系建设，健全守信联合激励和失信联合惩戒的联动机制，开展诚信行业、诚信单位、诚信示范街区、诚信经营示范店、诚信网店等主题实践活动，努力进一步提高全社会诚信水平。

我国的诚信建设具有社会联动的机制，社会各界加强诚信宣传教育，组织“诚信建设万里行”主题宣传，加强诚信理念教育和风险意识教育，开展诚信主题实践活动，学习宣传诚实守信道德模范，开展诚信公益广告宣传，把诚信建设作为群众性精神文明创建活动的重要内容，把诚信要求融入社会规范，引导人们将诚信价值准则内化于心、外化于行。

6月29日，由中共中央宣传部主持的“诚信建设万里行”主题宣传活动启动仪式在国家公共信用信息中心举行。中宣部、中央文明办等13部门负责同志以及19家中央新闻单位负责同志和骨干编辑记者共100余人参加了启动仪式。

7月5日，由中央网信办主办的第四届全国网络诚信宣传日活动在全国范围内举办，本届活动主题为“强化诚信责任，杜绝虚假信息”，围绕诚信制度建设、行业诚信自律、诚信文化宣传、网民权益保护等方面，启动了丰富多彩的线上线下活动。活动期间发布了网络诚信公益宣传片，还推出“你诚我信大家谈”专家系列访谈活动，邀请经济、文化、法律、传媒等不同领域专家畅谈网络诚信话题，就网络诚信建设与广大网民进行沟通交流。

7月8日起，新华社开设并推出“诚信建设万里行”栏目，集中推出一批稿件，反映我国社会信用体系建设的进展和成就，曝光一批失信典型案例，持续深入在全社会大力营造“知信、用信、守信”的良好氛围，为经济社会发展提供有力道德支撑和信用体系保障。

7月12日，人社部向全社会公布了2018年第一批拖欠农民工工资“黑名单”，共涉及重庆市中强建筑劳务有限公司、来宾市万顺房地产开发有限公司等14家违法企业和刘玉海、王镇等6名违法人员，中央文明办、人社部、国家发改委、中国人民银行、住建部等30个部门和单位将对违法企业和个人实施联合惩戒。

7月31日，中央文明委印发《关于集中治理诚信缺失突出问题提升全社会诚信水平的工作方案》，组织中央文明委有关成员单位，针对人民群众普遍关注的诚信缺失问题，针对经济社会领域出现的失信突出问题，集中开展19项专项治理行动。这次集中治理行动，包括电信网络诈骗专项治理，互联网虚假信息、造谣传谣专项治理，涉金融领域失信问题专项治理和互联网金融风险专项整治，生态环境保护失信行为专项治理，扶贫脱贫失信问题专项治理，无证行医、非法医疗问题专项治理，假药问题专项治理，拖欠工资问题专项治理，“不合理低价游”专项治理，逃税骗税和“假发票”问题专项治理，法院判决不执行问题专项治理，交通运输失信问题专项治理，论文造假、考试作弊专项治理，骗取保险问题专项治理，非法社会组织专项治理，慈善捐助失信问题专项治理，营业性演出市场虚假宣传及炒票问题专项治理，“假彩票”问题专项治理，假球黑哨、使用兴奋剂问题专项治理等 19 项治理工作。要求每项专项治理工作均明确牵头单位和参与单位，并提出具体举措，确保落到实处、取得实效。

11 月 9 日，国家发改委、中国人民银行、科技部、中央文明办等 41 个部门联合印发的《关于对科研领域相关失信责任主体实施联合惩戒的合作备忘录》正式公布。其中列举了联合惩戒措施多达 43 项，联合惩戒实施方式是：（1）科技部通过全国信用信息共享平台定期向签署该备忘录的相关部门提供科研领域联合惩戒对象的相关信息。同时，在“信用中国”网站、科技部政府网站、国家企业信用信息公示系统等向社会公布。其他部门和单位通过全国信用信息共享平台联合奖惩子系统获取科研领域联合惩戒对象信息，按照该备忘录约定内容，依法依规实施惩戒。（2）建立惩戒效果定期通报机制，根据实际情况相关部门可定期将联合惩戒措施的实施情况通过全国信用信息共享平台联合奖惩子系统反馈至国家发展改革委和科技部。该备忘录旨在“加强科研诚信体系建设，建立健全科研领域失信联合惩戒机制，构筑诚实守信的科技创新环境”。

11 月 29 日，为深入贯彻习近平总书记关于诚信建设的重要指示精神，充分发挥先进典型的引领作用，不断深化诚信宣传教育，推动诚实守信成为全社会共同的价值追求和自觉行动，中央宣传部、国家发展改革委近日在北京公开发布“诚信之星”先进事迹。吴松航、蔺发儒、丁山华、毛师花、崔万志、王长义、王长信、万其珍、刘萌刚、廖良开和中国石化润滑油有限公司等个人和单位，他们有的信守承诺、甘于奉献，以数十年的凡人善举书写了传奇人生；有的以人为本、诚信经营，舍利取义，守护契约精神；有的不图小利、信义为先，靠诚信二字走上致富道路；有的坚持品质至上、感恩回馈社会，以工匠精神铸就诚信金字招牌……这些“诚信之星”以实际行动诠释了“一诺千金”的价值准则，展现了新时代中国人重信守诺、信誉至上的精神风貌，是社会主义核心价值观的模范践行者。

多地打出诚信建设“组合拳”，构建建信用体系。从近几年的社会实际情况看，当事人不守诚信、规避执行是判决执行难的重要原因。2013 年，最高人民法院建立失信被执行人名单制度，采用各种手段转移、隐匿财产，逃避、规避、抗拒执行的被执行人都被列入“黑名单”，向社会公开并予以惩戒。2014 年，最高人民法院联合中央文明办等八部门对失信被执行人进行信用惩戒，实现了对失信被执行人乘坐飞机、高铁的自动比对、自动拦截。2016 年，由国家发改委牵头，44 个部门共同签署对失信被执行人联合信用惩戒备忘录，共推出八大类55项惩戒措施，在30多个重点领域对失信被执行人进行信用惩戒，联合信用惩戒的工作大格局初步构建。多部委形成对失信被执行人信用惩戒的工作制度。如中组部将失信信息纳入干部人事档案，把失信信息作为党代表、人大代表、政协委员及干部晋升的考核内容；中编办限制失信被执行人担任事业单位法定代表人；中央文明办将失信作为评选全国文明单位的“一票否决”指标；中央军委将失信情况作为入伍服役和军官评优评先、晋级晋职的重要参考；财政部、国家发改委限制失信被执行人参加招投标；司法部限制失信被执行人报名参加法律职业资格考试；教育部限制失信被执行人子女就读高收费私立学校。

为落实《关于加快推进失信被执行人信用监督、警示和惩戒机制建设的意见》要求，2016年以来，最高人民法院与国家发改委等59家单位签署文件，采取惩戒措施150项，对失信被执行人担任公职、党代表、人大代表、政协委员、企业高管，以及出行、购房、旅游、投资、招投标、市场准入、从业资质、授信和荣誉等经济社会生活的方方面面进行限制，不断压缩失信被执行人的生存空间，让失信人一处失信、处处受限，迫使其主动履行义务。从2013年10月至2018年6月30日，全国法院累计发布失信被执行人名单1123万例；限制1222万人次购买机票，限制458万人次购买动车、高铁票。限制失信被执行人担任企业法定代表人及高管28万人。其中，仅中国工商银行一家就拒绝失信被执行人申请贷款、办理信用卡160万余次，涉及资金达到107亿元。随着联合惩戒作用日益凸显，失信被执行人自动履行率提高，失信被执行人名单呈减少趋势。到2018年秋季，处于发布中的失信被执行人共789万例，涉及失信被执行人440万个，全国280万失信被执行人迫于信用惩戒压力自动履行了义务。

信用惩戒体系的构建只是一个新的起点，各有关部门要不断完善现有体制机制，为人民群众生产生活保驾护航。在成熟的诚信体系中，必然是守信者受益、失信者难行。这意味着，没有信用，就没有立足之地；没有信义，就没有立世之本。如果那些失信者不受到应有的限制、惩罚，那么，对于不诚信的行径，无疑就是一种鼓励；对于坚守诚信为本的人们，无疑就是一种损害；对于整个社会风气，无疑就是一种破坏。以制度的力量，逐步培育出诚信自觉，正在成为人们的共识与期盼。以法律法规为武器，让制假售假、商业欺诈、逃债骗贷、学术不端等恶行无所遁形；同时，让履约践诺、诚实守信的行为得到褒扬，是中国的社会信用体系建设的必需，这逐渐成为全社会的共识。

十 推进学雷锋志愿服务制度化

志愿服务是现代社会文明进步的重要标志。开展志愿服务，是创新社会治理的有效途径，是培育和践行社会主义核心价值观的有力抓手，是加强新形势下群众性精神文明建设的生动实践。习近平总书记在党的十九大报告中明确指出，要推进志愿服务制度化。《志愿服务条例》作为我国首部志愿服务行政法规，自2017年12月1日起正式施行，为我国志愿服务事业健康发展提供了基本遵循和重要保证，标志着我国志愿服务事业进入了法制化运行的阶段。这在全面建成小康社会进入决胜阶段和我国志愿服务逐步走向规范化、制度化的关键时期，具有重大意义。因此，在2018年推进学雷锋志愿服务制度化的过程中，该条例成为我们工作的主要依据；各地积极推进重大志愿服务项目化，健全完善志愿服务嘉许激励机制，进一步加强志愿服务信息平台建设，积极培育志愿服务文化，不断增强人们的社会责任意识和奉献意识。

《志愿服务条例》立足我国志愿服务发展实际，科学把握新形势下志愿服务工作的特点和规律，用6章44条对志愿服务的总体规定、志愿者和志愿服务组织、志愿服务活动、促进措施、法律责任等内容作出了规定，解决了志愿服务工作中的根本性、全局性和长期性问题。

《志愿服务条例》首次以法规形式明确了志愿服务发展的方向和原则，开宗明义将立法宗旨规定为"保障志愿者、志愿服务组织、志愿服务对象的合法权益，鼓励和规范志愿服务，发展志愿服务事业，培育和践行社会主义核心价值观，促进社会文明进步"，指明了志愿服务发展的目标和方向。明确志愿服务是指"志愿者、志愿服务组织和其他组织自愿、无偿向社会或者他人提供的公益服务"，"开展志愿服务，应当遵循自愿、无偿、平等、诚信、合法的原则"，并将这些要求贯穿于各项规定之中，从而对志愿服务与市场行为作了清晰区分，确保了志愿服务的公益属性。明确鼓励公众参与志愿服务，支持志愿服务组织规范开展志愿服务，鲜明地体现了党和政府对志愿服务的态度，为保障和促进志愿服务发展注入了强大动力。

《志愿服务条例》首次以法规形式确立了志愿服务的管理体制。《志愿服务条例》确立了党委领导、政府主导、社会协同、公众参与的志愿服务管理体制，规定国家和地方精神文明建设指导机构要建立志愿服务工作协调机制，加强对志愿服务工作的统筹规划、协调指导、督促检查和经验推广，同时规定志愿服务组织要根据党章规定设立党的组织，开展党的活动，确保党对志愿服务工作的领导。规定各级民政部门负责志愿服务行政管理工作，县级以上人民政府有关部门按照各自职责负责与志愿服务有关的工作，发挥政府在志愿服务工作中的主导作用。明确工会、共青团、妇联等有关人民团体和群众团体在各自工作范围内要做好相应的志愿服务工作，着力发挥有关各方的积极性、主动性。明确志愿服务组织可以依法成立行业组织，反映行业诉求，推动行业交流；任何组织和个人发现志愿服务组织有违法行为均可向有关部门投诉、举报，构建起了全方位多元化的志愿服务监管体系。

《志愿服务条例》首次以法规形式保障了志愿服务有关主体的合法权益，将妥善保护志愿服务相关各方合法权益作为重要内容，确立了志愿者实名注册、志愿服务记录与证明等基本制度，明确了志愿服务组织要为志愿者安排合适的服务并提供必要条件，保障志愿者自主、便捷地参与志愿服务。明确志愿服务组织可以依法登记、成立行业组织、承接政府购买服务项目，可以招募志愿者开展志愿服务、依法享受税收优惠、得到政府及有关部门的指导帮助，保障志愿服务组织健康发展并充分发挥作用。明确了志愿服务对象无偿享受志愿服务、人格尊严和个人隐私受保护等权利。《志愿服务条例》通过强化志愿服务各方权益保障，解除志愿服务主体后顾之忧，为志愿服务事业发展提供有力支撑。

《志愿服务条例》全面构建了促进志愿服务发展的政策体系和支持措施。《志愿服务条例》总则规定："县级以上人民政府应当将志愿服务事业纳入国民经济和社会发展规划，合理安排志愿服务所需资金。"《志愿服务条例》专门设置了"促进措施"一章，从政府促进和社会支持等多个角度构建了多元化的政策措施体系。明确提出政府要制定促进措施、提供指导帮助、落实税收优惠、建立统计发布制度，并可以通过购买服务、表彰奖励、将志愿服务情况纳入公务员与事业单位招考的考察范围、鼓励公共服务机构给予优待等方式促进志愿服务事业。要求学校、家庭和社会培养青少年的志愿服务意识和能力，要求各类媒体开展志愿服务宣传活动。鼓励各类单位组织为开展志愿服务提供场所和其他便利条件、同等条件下优先招用有良好服务记录的志愿者等。这些促进措施有利于统筹用好行政资源、用活社会资源、挖掘市场资源，构建多层次、立体化的推进志愿服务发展的长效机制。

在 2018 年推进学雷锋志愿服务制度化的过程中，有以下大事记。

4 月 3 日，中央宣传部、中央文明办在北京召开全国学雷锋志愿服务工作推进会，强调要深入贯彻落实习近平新时代中国特色社会主义思想和党的十九大精神，认真贯彻落实《志愿服务条例》，坚持以人民为中心的发展思想，坚持培育和践行社会主义核心价值观，坚持把培养担当民族复兴大任的时代新人、弘扬共筑美好生活梦想的时代新风作为出发点和落脚点，大力推进志愿服务制度化、常态化，着力强化社会的责任意识和奉献意识，着力培育社会公德、职业道德、家庭美德、个人品德，努力为提高人民思想觉悟、道德水准、文明素养和全社会文明程度作出新的贡献。会议强调，2018 年是贯彻落实党的十九大精神的开局之年，也是毛泽东等老一辈革命家号召向雷锋同志学习 55 周年；要推动学雷锋志愿服务更好融入思想道德建设、精神文明"五大创建"、时代新风弘扬等社会主义精神文明建设全过程和各方面，更好服务精准脱贫攻坚战、美丽中国建设、乡村振兴等国家重大战略，更好走进城乡社区、广大家庭和人们视野，形成弘扬志愿精神的生活情景和社会氛围。要加强组织领导、褒奖激励、运行管理、工作创新等机制建设，促进志愿服务事业持续健康发展。会上公布了 2017 年学雷锋志愿服务最美志愿者、最佳志愿服务组织、最佳志愿服务项目和最美志愿服务社区"四个 100"先进典型名单。

7 月 6 日，被中央文明委列入年度工作计划的"全国志愿助残阳光行动主题日"系列活动在中国盲文图书馆举办。中国残联副主席吕世明在讲话中指出，"志愿助残阳光行动”进入第八个年头，多年来，全国各地的助残志愿者积极努力实施“志愿助残阳光行动”，切实把关心关爱残疾人落到了实处，倡导树立“阳光助残志愿服务”品牌，营造了扶残助残社会文明氛围。

9月19日，中共中央宣传部、中央文明办、民政部等联合发出通知，为深入贯彻落实习近平新时代中国特色社会主义思想和党的十九大精神，积极培育和践行社会主义核心价值观，大力弘扬奉献友爱互助进步的志愿精神，进一步推动学雷锋志愿服务制度化、常态化，中央有关部门和单位共同组织开展2018年宣传推选学雷锋志愿服务“四个100”先进典型活动，即宣传推选出100个最美志愿者、100个最佳志愿服务组织、100个最佳志愿服务项目和100个最美志愿服务社区。

11月6日，中央文明办、中国文联和中央广播电视总台联合下发通知，决定共同组织开展学雷锋志愿服务主题歌曲征集传唱活动。为深入贯彻落实习近平新时代中国特色社会主义思想和党的十九大精神，积极培育和践行社会主义核心价值观，大力弘扬奉献友爱互助进步的志愿精神，进一步推动学雷锋志愿服务制度化、常态化。

各地推进学雷锋志愿服务制度化的过程不断创新，例如京津冀成立了“志愿服务联盟”。2018年3月4日，北京市委宣传部、首都文明办、团市委、市志愿服务联合会等单位联合举办“京津冀志愿服务联盟”启动仪式暨“爱满京城”——2018年首都学雷锋志愿服务主题推动日活动。活动以“爱满京城”为主题，集中展示2017年全市志愿服务重点工作，2017年北京市十大“最美志愿者”、十大“最佳志愿服务组织”、十大“最佳志愿服务项目”和十大“最美志愿服务社区”风采。活动设置清洁空气、节水护水、垃圾分类、文明出行、背街小巷治理“五大青年行动”展区，以及应急志愿服务、国际志愿服务、助残志愿服务、志愿服务支持机构、志愿服务终端平台等10个专题交流区。在志愿服务综合发布区，首都文明办、天津市文明办、河北省文明办共同启动成立“京津冀志愿服务联盟”，签署志愿服务战略合作协议，发布了2018年志愿行动计划——“蓝天”志愿服务行动、“清水”志愿服务行动和“冬奥”志愿服务行动。京津冀志愿服务联盟将紧密结合首都城市规划建设管理和京津冀协同发展实际，将志愿服务与实施“京津冀一体化”战略相融合，与相关区域规划发展相适应，以“携手志愿，共建文明”为主题，聚焦政府关注、社会需要、民众关心的热点、难点问题，每年发布一次志愿行动计划，每次发布1—3个志愿服务项目，组织动员机关党员干部、青年学生、社会志愿服务组织和广大志愿者等开展相关宣传实践活动。同时在工作机制、人才培养、项目培育、课题研究、典型选树、文化推广等方面务实合作，力求实现资源共建共享、信息互联互通，推进区域精神文明协同发展。

在这次发布会上，首都文明委命名了第三批首都学雷锋志愿服务站（岗）、示范站（岗）。“北京医院学雷锋志愿服务站”等297个志愿服务站被认定为首都学雷锋志愿服务示范站，“首都图书馆‘童沐书香’学雷锋志愿服务岗”等241个志愿服务岗被认定为首都学雷锋志愿服务示范岗；“北京京港地铁志愿者服务站”等765个志愿服务站被认定为首都学雷锋志愿服务站，“首都的士雷锋车队志愿服务岗”等969个志愿服务岗被认定为首都学雷锋志愿服务岗；北京市志愿服务联合会发布《北京志愿服务指南2018》，并认定丁兆梅等640名志愿者为北京市第四批五星级志愿者，全市认定五星级志愿者已达2172名。随后，在发布现场，市应急办、团市委相关领导和负责同志对71名优秀应急志愿者、23支优秀应急志愿服务团队和16个优秀应急志愿服务项目进行了表彰。

十一　推进网络文明建设

当今时代，互联网已成为人们生活中不可或缺的一部分，购物、订餐、出行、娱乐、购房等无不体现互联网与人们生活的密切关系，网络也逐渐成为人们互动、发声的一个平台，提升网民素质，加强网络文明建设至关重要。在推进网络文明建设的过程中，各地主动适应互联网时代的大趋势、大潮流，坚持正能量是总要求、管得住是硬道理，修好堤坝再蓄水，依法加强网络空间治理，加强网络内容建设，做强网上正面宣传，发展积极向上的网络文化。深入实施网德工程，广泛开展网络公益活动，倡导文明办网、文明上网，让网络空间清朗起来。坚持“责任在网站，特色在文明，优势在合力”，建好用好文明网，不断提升自身实力、发展潜力和综合影响力。

第一，我们要认识到，人类社会历经农业革命、工业革命，正在经历信息革命。每一次产业革命，都极大地增强人类的生存能力，带来经济、政治等全方位变革。习近平总书记指出：“信息化为中华民族带来了千载难逢的机遇。”我们必须抓住这次宝贵机遇，着力推动信息网络技术和实体经济特别是制造业深度融合，坚持以智能制造作为两化融合的主攻方向，发挥制造大国和网络大国的双重优势，推动工业经济向数据驱动型创新体系和发展模式转变。大幅提升网络设施支撑能力、核心技术创新能力、产业融合引领能力、网络空间防护能力和依法管网治网能力，推动互联网、大数据、人工智能等信息网络技术与制造业深度融合，前瞻布局工业互联网，大力发展智能融合型产业，打造一批具有生态控制力的平台型企业，构筑形成网络化、智能化、服务化、协同化的数字经济新形态。信息化将为决胜全面建成小康社会、夺取新时代中国特色社会主义伟大胜利、实现中华民族伟大复兴的中国梦注入澎湃动能。

第二，我们要看到新时代为网信事业带来无与伦比的历史成就。截至2017年年底，我国网民规模达7.72亿，全年共计新增网民4074万人。网络基础设施建设加快，固定宽带家庭普及率达到72%，4G用户规模达9.97亿，信息进村入户工程全面实施；数字经济活跃，规模已达27.2万亿元，同比增长20.3%，占GDP的比重达32.9%；核心技术进步明显，5G网络技术研发、测试和验证取得重要突破，华为公司提出的NB—IOT技术方案获得3GPP批准，成为国际标准；IPv6全面演进升级提速，中国电信建成全球首个覆盖最广的商用窄带物联网、全网 31 万个基站同步升级；信息惠民成效突出，统筹推进网络覆盖、农村电商、网络扶智、信息服务、网络公益五大工程，推进精准扶贫、精准脱贫；与“一带一路”相关 12 个国家建成 34 条跨境陆缆和多条国际海缆，中国—东盟信息港建设、中阿网上丝绸之路经济合作试验区建设率先启动，一大批优秀企业积极走出国门，在宽带信息基础设施、大数据、跨境电商、智慧城市等新兴产业领域，为“一带一路”共建国家提供了高质量的信息产品和技术服务，为“一带一路”共建国家数字经济发展贡献了中国智慧。

第三，针对网络中出现的道德和法律问题，人们已经认识到网络空间不是“法外之地”。网络空间是虚拟的，但运用网络空间的主体是现实的，大家都应该遵守法律，明确各方权利和义务。要加强网络伦理、网络文明建设，发挥道德教化引导作用，用人类文明优秀成果滋养网络空间、修复网络生态。网络空间是亿万民众共同的精神家园。网络空间天朗气清、生态良好，符合人民利益。网络空间乌烟瘴气、生态恶化，不符合人民利益。谁都不愿生活在一个充斥着虚假、诈骗、攻击、谩骂、恐怖、色情、暴力的空间。2018 年 4 月 9 日，新华社发布消息，为推进“净网 2018”“护苗 2018”“秋风 2018”等专项行动深入开展，全国“扫黄打非”办公室近日作出专门部署，要求各地各部门即日起至 2018 年 11 月，围绕打击非法有害出版活动、淫秽色情低俗信息、新闻“三假”和侵权盗版等重点任务重拳出击，持续净化社会文化环境。全国“扫黄打非”办公室强调，“净网 2018”将集中力量专项整治问题多发的五个领域：严厉打击利用云盘、App 应用商店传播有害信息的活动，及时处置相关有害信息、淫秽色情低俗信息；查处违法违规网络直播平台，及时取缔地下网络直播平台，从严打击传播淫秽色情信息的平台和违法直播聚合软件；规范整治违法违规网络游戏，坚决下架未经审批上线运营的网络游戏，处置含有害和不良信息内容的网络游戏，打击淫秽色情、赌博类等网络游戏；大力整顿非法网络群组，严打通过群组贩卖色情信息的不法分子，对相关案件一查到底，摧毁整个犯罪网络；深入清理非法弹窗广告，严查登载含淫秽色情等有害内容广告的网站，严惩为淫秽色情网站提供资金或费用结算服务的网络联盟，斩断淫秽色情信息传播利益链条。

第四，为倡导文明健康网络生活，全面提升网络文明素养，弘扬网络正能量，推动网络绿色、健康发展，各地职能部门积极强化网络阵地，打造网络发声平台，有以下具体做法。

（1）运用新媒体打造网络文明。各地职能部门在工作中不断强化网络思维，积极探索精神文明建设与互联网、新媒体的契合点，从而提升网民素质。这主要是通过微信、微博平台，同时与专业传媒公司合作，不断提升“微传播”功能，细化“微关爱”“微公益”等个性化服务，用新媒体形式加强精神文明网络建设。

（2）创建绿色健康网络环境。网络越来越成为人们生活的重要组成部分，大家在通过网络发声、交流、信息共享等享受网络带来便捷的同时，随之而来也会面临一些问题。网络谣言甚嚣尘上，以及通过网络攻击、诽谤他人已成为许多人的困扰，并且也是目前网络平台亟待解决的问题。各职能部门着力解决网络空间所存在的“不文明、不理性、不负责任”等问题，从而为广大市民创建一个文明、绿色、健康的网络环境。

（3）实现网络文明新突破。各地通过开展一系列网络活动，让更多的群众通过网络活动参与到精神文明建设中来，营造了浓厚的文明氛围，从而打造网络文明，弘扬社会主旋律，激发正能量。各地发挥文明信息网站及微信公众号、微博官方账号发布及时、反应迅速、信息量大的特点，聚焦培育和践行社会主义核心价值观、学校“六大创建”（文明宿舍、文明班级、放心食堂、卫生厕所、绿色校园、平安校园）、思想道德、诚信建设、志愿服务、文明旅游以及好人评选等重点工作，在舆论导向、活动策划、专题报道、栏目建设上积极构思选题，策划各类活动专题，推动各类网上创建活动开展。

（4）加强网络安全宣传教育。各地网信办每年开展以“网络安全为人民，网络安全靠人民”为主题的国家网络安全周活动，重点开展“教育日”“电信日”“青少年日”“个人信息保护日”等主题活动，推进网络安全宣传进机关、进校园、进社区、进企业、进网站，采取播放微视频、发布公益广告、组织有奖答题等方式，发放宣传资料，发送网络安全短信，提升了全民网络安全意识。针对专业技术问题，各地加强网站监管，对于在检查过程中发现的部分部门（单位）网站、商业网站存在的黑链、密码重置、源代码泄露等网络安全漏洞问题进行通报，并要求及时整改。同时提醒广大市民，在进行网银、支付宝操作时，要确保使用安全的浏览器和登录正确的网址，不随意打开陌生链接，尽可能不要在网站上以全部明文方式公开自己的姓名、电话号码和家庭住址等信息，以防止个人信息泄露。

总之，科技进步改变了人们的生活，让人们生活得越来越好，这才是互联网发展的题中应有之义。互联网的发展，紧紧围绕“人”这一核心，通过技术革新，不断提高人的生产效率、沟通效率和生产生活方面的各种体验，增强技术进步带来的获得感，体现了人们对美好生活的向往和追求。正如习近平总书记所指出的，网信事业代表着新的生产力和新的发展方向，应该在践行新发展理念上先行一步，围绕建设现代化经济体系、实现高质量发展。要发展数字经济，不断催生新产业、新业态、新模式，用新动能推动新发展。要推动产业数字化，利用互联网新技术新应用对传统产业进行全方位、全角度、全链条的改造，释放数字对经济发展的放大、叠加、倍增作用。要运用信息化手段推进政务公开、党务公开，加快推进电子政务，构建全流程一体化在线服务平台，更好解决企业和群众反映强烈的办事难、办事慢、办事繁的问题。网络的便利由大家共享，网络文明应由大家共创。

十二 结语

道德建设应该具有常态机制，道德建设的过程就是人们逐步享有文明社会的过程。道德建设的整体规划和布局非常重要，例如在深化文明城市创建的活动中，各地根据党的十九大的新部署新要求，修订完善《全国文明城市测评体系》，开展暗访督查，加强业务培训，组织年度测评，强化动态管理，推进全域创建，着力提高市民文明素质、城市文明程度、城市文化品位、群众生活品质，努力建设崇德向善、文化厚重、和谐宜居的文明城市；在深化文明村镇创建的活动中，各地围绕党的十九大提出的乡村振兴战略，按照产业兴旺、生态宜居、乡风文明、治理有效、生活富裕的总要求，研究制定进一步加强农村精神文明建设工作意见，在精准扶贫、精准脱贫中补齐"精神短板"，以"厕所革命"助推城乡文明建设，召开全国农村精神文明建设工作经验交流会，修订完善《全国文明村镇测评体系》，突出抓好农村乡风民风、人居环境和文化生活建设，不断深化农村精神文明建设；在深化文明单位创建的活动中，各地根据新时代新要求修订完善《全国文明单位测评体系》，开展全国文明单位暗访督查，召开全国创建文明单位工作经验交流会，推动经济条件较好、具备帮扶能力的全国文明单位发挥自身优势、助力脱贫攻坚，切实发挥示范表率作用。

在具体实践和工作中，各地都注重以下原则。

（1）提倡文明和价值引导。社会主义核心价值观是社会主义核心价值体系的内核，传承着中国优秀传统文化的基因，寄托着近代以来中国人民上下求索、历经千辛万苦确立的理想和信念，也承载着我们每个人的美好愿景，应当成为中国特色社会主义法律体系的道德之基、文明之根、精神之魂。2018 年 5 月初，中共中央印发了《社会主义核心价值观融入法治建设立法修法规划》（简称《规划》），要求各地区各部门结合实际认真贯彻落实。《规划》强调，要以习近平新时代中国特色社会主义思想为指导，坚持全面依法治国，坚持社会主义核心价值体系，着力把社会主义核心价值观融入法律法规的立改废释全过程，确保各项立法导向更加鲜明、要求更加明确、措施更加有力，力争经过 5—10 年时间，推动社会主义核心价值观全面融入中国特色社会主义法律体系，筑牢全国各族人民团结奋斗的共同思想道德基础，为决胜全面建成小康社会、夺取新时代中国特色社会主义伟大胜利、实现中华民族伟大复兴的中国梦、实现人民对美好生活的向往，提供坚实制度保障。《规划》指出，推动社会主义核心价值观入法入规，必须遵循的原则是：坚持党的领导，坚持价值引领，坚持立法为民，坚持问题导向，坚持统筹推进。

（2）追求美好的生活。美好生活是一个总体概念，它不仅包括物质生活层面，还包括人的精神生活层面和社会生活层面。新时代的美好生活是人民对经济、政治、文化、社会、生态等方面综合要求的反映，是各个领域高水平生活的总和，它与全面建成社会主义现代化强国的目标息息相关，与“五位一体”总体布局紧密相连，与社会主义核心价值观的内在要求一以贯之，充分体现了人的全面发展与社会全面进步的高度统一。新时代的美好生活，表现在人民的精神文化需求能得到充分满足，中华优秀传统文化得到传承和发展，人人自觉遵守和践行社会主义核心价值观，人们的价值判断力和道德责任感明显增强，道德水平不断提高，道德境界显著提升；表现在无愧于我们这个伟大民族、伟大时代的优秀作品不断涌现，新形式、新特点、新形态、新类型的文艺作品成为社会主义文艺的重要组成部分，走进人们丰富多彩的生活，充实的精神、健康的体魄将成为我们美好生活的重要特征。同时，在精神文化领域，我们决不允许西方腐朽思想的渗透和侵蚀，决不允许拜金主义、享乐主义、极端个人主义等腐朽没落的东西藏身。

（3）强化规则意识和法制观念。“三令五申”的故事留下了一个道理“不知者不罪”，要遵守规矩，首先就要知道规矩。规则意识的淡漠或者说缺失，不仅是关乎个人素质的问题，实际上还是阻碍社会文明进步的硬伤，没有被广泛认知和接受的规则意识，公共精神就不可能成为社会主流，没有公共精神何谈文明。规则意识当成为现代文明的通行证，每个人都将置身其中，成为规则意识的操练者、受益者。坚持依法治国和以德治国相结合的必然要求。“徒善不足以为政，徒法不足以自行。”改革开放以来，我们党在深刻总结历史经验教训的基础上，探索出了一条具有中国特色的社会主义法治道路，其最鲜明的特点就是坚持依法治国和以德治国相结合。法治和德治犹如车之两轮、鸟之双翼，缺一不可，共同在规范社会行为、调节社会关系、维护社会秩序中发挥着不可替代的作用。历史进入开启全面依法治国新征程的新时代，只有坚持厚德重法，德法并济，统筹推进以德治为基础的法治建设和以法治为保障的德治建设，才能汇聚起推动社会前行的强大力量，有效推进国家治理体系和治理能力现代化。

（4）增加广泛的宣传的教育。各地区各部门坚持把培育和践行社会主义核心价值观作为新时代坚持和发展中国特色社会主义的重大任务，按照全覆盖普及、全媒体宣传、全方位融入的要求，通过媒体宣传、公益广告、文艺演出、社会活动等多种方式，积极运用法治思维和法治方式，推动24字社会主义核心价值观建设深入人心，各方面工作呈现向上向好的发展态势。但同时我们也要看到，要真正使社会主义核心价值观入脑入心，融化在血液里，落实在行动上，还有大量艰苦细致的工作要做。比如，在落细上，对社会主义核心价值观的认知度上还存在行业、阶层间的差异，分众化教育亟待加强；在落小上，还缺乏吸引力、渗透力强的有效载体、创新招法还不够多；在落实上，还存在地域、行业以及体制内外之间工作发展还不够平衡等问题。各地在中央文明办的严格要求和大力推动下，全市公益广告数量爆发性增长，覆盖全市大街小巷、公园广场、机场车站等场所，与城市景观、与市民日常生活紧密结合，把社会主义核心价值观送进大家心里，形成了文明声场的强大氛围。教育的方式载体不断创新、文明行为的内容不断细化，大量的宣传提示让文明的背景音始终回荡在市民生活的一行一驻、时时处处。

（5）彰显各行各业的榜样引领。2018年，各地围绕学习宣传贯彻党的十九大精神关于社会主义精神文明建设的新思想、新论述、新要求和全国精神文明建设表彰大会精神，大力弘扬社会主义核心价值观，充分发挥道德引领、鼓舞、凝聚人的积极作用，不断提高全体市民的思想觉悟、道德水准和文明素养，以更新更实的举措扎实推进道德风尚高地建设。榜样的力量是无穷的，一个好的榜样能够带动一群人。推选道德榜样是一项重要的活动，他们注重选树那些事迹突出、精神崇高、影响力大、更具典型代表意义的凡人善举、凡人壮举，把群众公认、经得起历史和时间检验的好人推向文明这支大军的前排，努力塑造有血有肉、接地气、有温度的鲜活形象。他们扎实推动“好人工程”往深里做、往实里做，最大限度激发市民群众的情感共鸣和效仿意愿，他们把这些榜样的先进事迹被拍成微电影、编成舞台剧、绘成宣传画、编成小故事，在媒体上、在舞台上、在社区中被广泛地传播和传唱。

（6）让人们珍惜和维护良好的环境。良好的环境对于道德习惯的养成至关重要。各地坚持将文明创建作为不断改善城市面貌的过程；始终坚持以群众呼声为第一信号，以群众需求为第一目标，以群众满意为第一要求，深入推进城市基础设施建设，整治环境卫生，完善城市公共服务功能。各地不断完善城乡联动、军民共建、媒体推进、广大市民积极参与的工作机制。许多市委、市政府将文明城市创建工作纳入全市经济社会发展总体规划和领导干部工作实绩考核；市文明办定期开展城区和窗口行业文明程度指数测评，每个创建周期实地测评广场、公园、街巷等几十类数万个（次）点位，实施测评项目几十万项，拍摄实景照片几十万张；把文明城市创建从群众性活动拓展到城市管理建设的方方面面，从建成区改善升级拓展到全域协调发展，文明城市创建成为调动全市各方面力量的有效载体，物质文明与精神文明协调发展、市民文明素质和城市文明程度不断提升。

（7）重视人们在社区和家庭生活中的习惯。改革开放的历程中，家属楼的院墙渐渐消去，但是人们心中那份“远亲不如近邻”的善良未有褪色。文明城市创建的重心已经从广场大街的整齐鲜亮，延伸到背街小巷的舒适惬意，延伸到邻里生活的亲切和谐。家，无疑是一个人接触最多、养成作用最大的地方。培育好家风，培育良好的家文化，对于不断提升市民文明素质有着非常显著的作用。各地深入开展“写家训、晒家规、助成长”活动和家文化建设广泛开展，推动社会主义核心价值观的时代内涵融入家庭教育，推动中华优秀传统美德在家庭血脉中涌动传承，引导广大家长以身作则、言传身教，引导广大未成年人养成文明礼貌、乐善好施、孝老敬亲、信守承诺、勤俭节约等优良品行，在未成年人中推动形成文明有礼见贤思齐，诚实守信，奋发向上的浓厚氛围，助力未成年人“扣好人生第一粒扣子”。

（8）鼓励人们参与社会道德实践。新时代的美好生活，必然建立在公共安全和社会稳定的环境中，社会公平正义得到有力的保障，改革发展的成果更多、更公平地惠及全体人民，人民获得感、幸福感、安全感更加充实、更有保障、更可持续。共建共治共享的社会治理格局逐步形成，社会治理的社会化、法治化、智能化、专业化水平明显提升，居民自治与政府治理、社会调节实现良性互动。群众性精神文明创建活动是人民群众群策群力、共建共享、改造社会、建设美好生活的创举。各地始终把开展群众性精神文明创建活动作为提升市民素质和社会文明程度的有效途径，让思想的进步通过行为表现出来，让精神文明建设的成果在市民文明行为的变化中展现出来。有的城市创建了市民大学，并分别在建设行业、出租车行业、商贸行业建立市民大学分院，从基本文明素养、基本行为规范的教育抓起，广泛组织开展市民文明道德宣传和教育实践活动，让广大群众在参与中接受教育、在实践中提升素质。市民，不仅是创建文明城市的参与者、监督者，更是城市文明形象的塑造者、维护者和社会文明新风的倡导者、传播者。

总之，全国各地的道德建设坚持创建为民、创建惠民、共建共享的理念，在系统工程的基础上聚焦政府关注、社会需要、民众关心的热点、难点问题，为推进社会的文明进步作出了贡献。习近平总书记指出：“新时代属于每一个人，每一个人都是新时代的见证者、开创者、建设者。只要精诚团结、共同奋斗，就没有任何力量能够阻挡中国人民实现梦想的步伐！”我们必须深刻认识我国社会主要矛盾变化，深刻认识我国基本国情和国际地位，在继续推动发展的基础上，着力解决好发展不平衡不充分问题，以更好满足人民美好生活需要，在有效应对重大挑战、抵御重大风险、克服重大阻力、解决重大矛盾的过程中，不断夺取具有许多新的历史特点的伟大斗争的新胜利。我们必须自觉增强道路自信、理论自信、制度自信、文化自信。我们生活在伟大的祖国和伟大的时代，要努力建设更美好的社会，追求更美好的生活。

研究报告

2018年伦理学专题研究报告

陈伟功*

一　伦理学理论形态

（一）学科体系

伦理学总是在回答现实问题的过程中得到新的发展，在重要的历史阶段，不仅其知识材料获得极大的丰富，而且其学科体系也会产生明显的变化和更新。学者们普遍认为，当前中国伦理学面对新时代的伟大实践成果，而世界哲学格局依然以西方学术话语为主导，是到了应当再写中国伦理学、构建具有中国特色的伦理学话语体系的时候了。

朱贻庭教授认为，长期以来，伦理学界将"伦理"与"道德"视为"相近相通"，并"互相替用"。然史实并非如此。在古希腊"伦理"与"道德"就有区别，黑格尔更将两者"严格分开"；在中国古代，早有"伦理"与"道德"这两个用词。"伦理"是既亲亲又尊尊的客观人际"关系"，"道德"是由"伦理"关系所规定的角色个体的义务，并通过修养内化为德性。"伦理"正则道德兴，"伦理"乱则道德衰，所谓"道德失范"，原因正在于"伦理失序"。辨析"伦理"与"道德"的区别与联系，具有重要的理论价值和实践意义：既是总结古典中国伦理学的前提和切入点，也为论述"天人合一""心性之辨""义利之辨""和同之辨"等道德哲学提供逻辑的和经验的根据；通过批判的继承，又能为当代中国伦理学找准研究的对象，因而也是再写中国伦理学的一个不可或缺的理论前提，从而可为道德建设提供学理性的理论依据。"'伦理''道德'之辨"是再写中国伦理学的一个重要的"理论范

---

* 作者简介：陈伟功，1972年生，山西太原人，北京第二外国语学院研究生院及文化传播学院兼职讲师，研究方向为哲学伦理学。

式"。①

有学者针对朱贻庭教授的《中国传统道德哲学6辨》，认为其基于当今中国现实，究天人之际，明古今通理，察源辨流，举纲张目，勾勒出现代"中国伦理学"轮廓体系。"中国伦理学"是立足中国历史与现实，用中华民族的语言，提出具有普遍性的问题，用特殊的概念、义理逻辑、话语体系所表达的具有普遍意义的学说体系。"中国伦理学"似乎"说"的是中国"事"与"话"，实乃是从"中国"的角度"说"人类大家庭的普遍之"事"与"理"。"中国伦理学"不是单数的，而是复数的。富有个性的精神活动，百花齐放、百家争鸣，是"中国伦理学"繁荣昌盛的光明大道。② 进而主张，"中国伦理学"是一文化特殊性概念，它立足中华民族的生活世界，以中华民族的运思与认知方式，用中华民族的语言概念，围绕普遍问题，揭示普遍之理。今天要努力探究与揭示的"古今通理"，一定不是宗法等级礼制秩序的，而是当今人类文明主潮流的。没有统一的"中国伦理学"，它是复数的。百花齐放、百家争鸣、富有个性地书写；站在时代的高度，基于自身历史现实，当今"中国伦理学"才会有属于这个时代的自己的"话语体系"。书写有生命力的当今中国伦理学理论应坚持区分"实然"与"应然"，坚持道德价值标准的客观确定性，坚持"伦理"与"道德"、心灵秩序与生活秩序的统一，坚持既有中国问题意识又有人类情怀。③

有学者认为，思考"再写'中国伦理学'"这一问题，还需要对改革开放以来伦理学恢复和发展中许多重要问题的争论进行回顾和总结。有些问题是绕不过去的，这其中就包括"伦理学到底是否可以等同于道德科学"这个在20世纪70年代末至90年代引发不同意见的问题。伦理学是否可等同于"道德科学"，不仅涉及伦理学的学科归属和地位，而且是"再写'中国伦理学'"所绕不开的问题。伦理学界的三位前辈，在这一问题上有不同意见，周原冰明确坚持"道德科学"说。周辅成、冯契等人则对此说持"保留"态度，并且就如何理解伦理学与哲学的关系、如何构建中国特色的伦理学等重大问题各自提出了独到的见解。通过对这一争论的梳理，期望对今天我们"再写'中国伦理学'"有所裨益。④ 有学者认为，伦理学的学科定位是所有伦理学问题的核心和关键。长期以来，学界对于这个问题并没有给予充分的关注，以至于将伦理学定位为一门科学成为一种习惯和常态，科学形象作为伦理学的学科形象被学界广泛接纳和认可。从康德著名的"反思判断"与"规定判断"的区分入手，

---

① 朱贻庭：《"伦理"与"道德"之辨——关于"再写中国伦理学"的一点思考》，《华东师范大学学报（哲学社会科学版）》2018年第1期。

② 高兆明：《再写"中国伦理学"——读朱贻庭教授〈中国传统道德哲学6辨〉》，《伦理学研究》2018年第1期。

③ 高兆明：《伦理学与话语体系——如何再写"中国伦理学"》，《华东师范大学学报（哲学社会科学版）》2018年第1期。

④ 赵修义：《伦理学就是道德科学吗?》，《华东师范大学学报（哲学社会科学版）》2018年第6期。

可以证明，伦理学和科学代表着人类把握世界的两种不同方式，属于两种截然不同的学科，伦理学不必且不能将科学确定为自己的学科形象。作为关注人生的伦理学，必然远离科学主义和规范主义，走进艺术，走向美学。①

有学者认为，中国特色社会主义伦理学是有别于中国传统伦理学、苏联模式的马克思主义伦理学，是具有中国特色、中国风格和中国气派，适合中国社会主义发展道路的伦理学新形态。从发展逻辑而言，马克思主义伦理学实现的革命性变革及其中国化影响是中国特色社会主义伦理学的理论基点，马克思主义的“深层结构”构成中国特色社会主义伦理学建设的内在逻辑。建设中国特色社会主义伦理学是一个系统工程，需要从理论指导、伦理资源整合、实践“问题集”求解、“学术体系、学科体系和话语体系”共建等方面实现“立体推进”。学术体系、学科体系和话语体系共同支撑作为体系或系统存在的思想理论体系。思想理论体系是以有序结构将思想内容的各种要素、成分、因素及其相互联系组合起来的整体，它既表现思想的整体状态和层次属性，也反映不同思想内容、性质及发展机制。从此角度而言，我们应该把中国特色社会主义伦理学看作具有实践性、开放性、科学性、富有生命力的伦理思想系统，它必将在中国特色社会主义建设的实践场域中得到贯彻、展开、丰富和发展。中国特色社会主义伦理学对马克思主义伦理学的时代创新的意义就不在于完满体系的追求，而在于实践精神和实践效果的不断展现。中国特色社会主义伦理学建设不是一个纯粹的理论问题，而是一个重要的实践问题。②

有学者主张，在对新时代文化自信进行学术论证时，把文化和道德作为不同于经济、政治之观念形态的小文化观和小伦理观具有强于意识形态明快性和文化与道德建设实践性的优点；把文化作为文明本质的大文化观和把道德作为文化本质的大伦理观则更有利于论证文化自信是更基础、更广泛、更深厚的自信。因此，若构建新时代中国特色伦理学话语体系，必须努力实现小文化观与大文化观、小伦理观与大伦理观的相辅相成和互补融通。在构建新时代中国特色伦理学话语体系时必须实现小伦理观和大伦理观统一的阐发，主要是基于其形式结构关系，强调双方的缺一不可，就实质价值关系而言，实现小伦理观和大伦理观的相辅相成和互补融通，就是要实现社会主义时代精神与伟大中华民族精神之水乳交融。小伦理观的相关学术论证仍然是新时代伦理学话语体系的政治和意识形态框架，必须坚持、发展和完善。在此基础上，还应更重视和充分发挥大伦理观对历久弥新的伟大中华民族精神的论证能力。③

---

① 戴茂堂、王涛：《伦理学是科学吗？——试论伦理学的学科形象》，《湖北大学学报（哲学社会科学版）》2018 年第 3 期。

② 李建华、肖祥：《中国特色社会主义伦理学：理论命题、发展逻辑与建设路径》，《求索》2018 年第 6 期。

③ 陈泽环：《文化自信中的文化观与伦理学——三论新时代伦理学话语体系的构建》，《东南大学学报（哲学社会科学版）》2018 年第 4 期。

有学者则试图融会贯通古今中外伦理学思想，创造一种新的话语体系，从而将今日西方大体上处于相互排斥的元伦理学、规范伦理学和美德伦理学结合为一门科学，目的是科学地解析亚里士多德以来一系列至今仍然令人困惑不解的难题，最终使伦理学成为一种公理化体系。元伦理学主要通过研究“是与应该”的关系，从而解决如何才能确证道德价值判断之真理、如何才能制定与道德价值相符的优良道德：元伦理学是关于优良道德制定方法的科学。规范伦理学主要通过道德最终目的，从行为事实如何的客观本性中推导出行为应该如何的优良道德规范：规范伦理学是关于优良道德规范制定过程的科学。美德伦理学是关于优良道德实现途径的伦理学。如此不但使斯宾诺莎以来伦理学公理化的尝试和追求变成了科学，使伦理学终于成为一种如同物理学一样客观必然、严密精确、可以操作的公理化体系；而且将当代西方大体上处于相互排斥的元伦理学、规范伦理学和美德伦理学结合为一门科学。[①] 李泽厚以中国传统伦理思想为主，吸收康德、休谟、黑格尔等哲学家的伦理思想，致力于一种本土化的伦理学建构。就其伦理学的基本架构而言，他所确定的“情本体”并不以情为绝对中心，仍是以理性为主导的；同时，在动物性的“情绪”与人类性的“情感”之间做出根本性的区分。就其伦理学的要点而言，主要有三点：其一，伦理与道德之分殊；其二，两德论（“传统宗教性道德”与“现代社会性道德”）；其三，道德要素三分说（观念、意志和情感）。[②]

（二）美德伦理学

当代西方美德伦理的复兴是学界非常关注的一个重点问题，专家学者们对此从许多角度展开了讨论。关于其复兴的原因，多数学者认为是源于对规范伦理的批判，尤其是对功利主义的批判。也有学者认为，元伦理学同样是导致当代西方美德伦理复兴的重要原因，通过对美德伦理复兴最重要的奠基人安斯库姆进行研究，从她对道德心理学、自然主义谬误、道德语言等方面的观点着手，进而尝试更加清晰地刻画出当代美德伦理复兴的历史线索。学界同样认为西方道德理论有其自身的历史，而这也就意味着它们有着内在的起承转合与千丝万缕的联系。西方美德伦理学的复兴应被视为对现代元伦理学的一种扬弃，无视元伦理学，就难以明晰当代西方美德伦理学的研究成果。正是元伦理学中的重要议题促使安斯库姆反思规范伦理与元伦理学的不足，并试图寻求新的出路。而她之所以能够形成自己这种独特的评价现代道德哲学的方式，主要基于她所秉持的天主教信仰，抑或她的亚里士多德—托马斯·阿奎那主义的深层立场。安斯库姆找到了现代道德哲学的弊病，并开始了美德伦理复兴之路。麦金太尔的

---

① 王海明：《〈新伦理学〉话语体系之新》，《华侨大学学报（哲学社会科学版）》2018 年第 5 期。

② 李泽厚、刘悦笛：《伦理学杂谈——李泽厚、刘悦笛 2018 年对谈录》，《湖南师范大学社会科学学报》2018 年第 5 期。

思想就深受安斯库姆的影响。[①] 有学者认为，麦金太尔通过对当代西方道德的诸多争论的考察与批判，从基于现实语境与生活叙事的角度，以实践性与宗教审美性的视点剖析了道德的本质与特性。最终，他将“美德”的考察转向尼采、亚里士多德、托洛茨基与本尼迪克特。麦金太尔指出，道德理论应转向一种共同体的“善的目的”的实践，并以此为宗教性信仰。当前中国社会正处于经济发展与转型的新时期，经济的飞速发展导致新旧道德规范处于交替状态，麦金太尔的美德理论对构建有利于社会经济良性发展的道德理论有深刻的启示。[②]

随着美德伦理学最近几十年在英语世界的复兴，从事比较哲学的学者纷纷在自己的哲学传统中挖掘美德伦理学的资源。有学者认为，这样的比较研究大多以西方美德伦理学的某种历史形态，特别是亚里士多德的伦理学为范例，通过观察这样的美德伦理有哪些主要特征，再来看研究者所关心的传统是否有这些特征，进而断定此传统是否是一种美德伦理。与此相反，有学者先说明什么是美德伦理学的理想形态，然后以此为标准分别考察亚里士多德和朱熹的伦理学，进而指出：真正符合理想形态的美德伦理学的伦理学家，不是前者而是后者。其理由在于，作为一种理想形态，美德伦理学之所以不同于道义论和后果论就在于它肯定美德在其伦理体系中的首要性，而美德在亚里士多德的伦理学中并不是首要的，亚里士多德的伦理学中首要的是幸福、繁荣、活得好。虽然亚里士多德认为即使美德不会导致更有价值的东西，我们还是要追求它，这是因为，事实上美德会导致幸福，所以我们追求美德不只是为了美德本身，而且是为了幸福。因此，亚里士多德伦理学不是一种理想意义上的或者严格意义上的美德伦理学。在朱熹那里最高的善就是要过一种为人所特有的生活，即体现仁义礼智之美德或“明德”的生活，因此，朱熹的伦理学是纯粹的、彻底的、以行为主体为基础的美德伦理学。[③] 有学者将中国传统美德思想与环境伦理学结合起来进行研究，认为环境美德伦理以行为者的德性品质和行为者所在共同体的美好习俗、优良律法为基本视角，探索复杂多变环境问题的伦理应对。德性的判定标准和应用伦理的本质内涵，共同要求当前我国环境美德伦理研究必须建构起独具特色的中国式话语体系，必须以社会发展的重大现实问题为理论导向，同时重视吸收传统伦理中尊德尚贤的思想精髓。在环境保护中，传统的道德语言作为日常彝伦观念的反映应该得到现代性的转化，传统知足节俭的生活习惯和草偃风从的教化方式应该被更好地继承。[④]

认知科学的发展在为伦理研究带来一系列重要机遇的同时，也为伦理学的传统研究和某些伦理观点带来了挑战。20 世纪 20 年代以来，社会心理学和个性心理学中的境况主义实验就被认为消解了品格概念；最近 20 年，某些哲学家更试图利用认知科

① 陶涛：《当代西方美德伦理复兴的缘起：一种元伦理学的视角》，《伦理学研究》2018 年第 3 期。
② 刘庆红：《麦金太尔的美德转向及其对解决当代道德困境的启示》，《江西社会科学》2018 年第 5 期。
③ 黄勇：《理想类型的美德伦理学家：亚里士多德还是朱熹?》，《哲学动态》2018 年第 9 期。
④ 陈庆超：《环境美德伦理的中国式话语体系建构》，《学术研究》2018 年第 2 期。

学的有关研究成果进一步表明，将品格作为核心基础的美德伦理学在经验上是不适当的。有学者认为，无论是从经验研究还是哲学反思的角度看，这种主张都不是结论性的；亚里士多德式的美德伦理学有思想资源回答境况主义者提出的挑战。① 有学者认为，亚里士多德主义美德伦理学特别注重道德行为者的心理基础的建构。其中，知觉处于十分重要的位置。作为一种基本心理机制和心理现象，知觉具有具体性、整体性、分析性和直接性等特征。通过对当下情境事实的直接洞察和整体把握，知觉构成实践思维的起点。在进一步的推理（慎思）过程中，知觉所提供的事实“激活”行为者的实践目的或欲望倾向，促成具体的行动目标作为实践推理的大前提，帮助行为者发现有效的途径或手段作为小前提。凭借习俗的教化和经验的积累，行为者知觉的迅捷程度将大大提升，以至于呈现为直觉。作为知觉的特殊形态，直觉是实践推理的加速器和强心针。只有当知觉达到直觉的程度，行为者的实践理性才能臻于卓越而堪称实践智慧。②

学者们还对马克思伦理学与美德伦理学的关系进行了研究。有学者在此问题域中先介绍了艾伦·伍德与乔治·G. 布伦克特的争论：艾伦·伍德认为马克思没有道德理论，并批判乔治·G. 布伦克特的道德范围过分宽泛。布伦克特反驳了伍德的观点，他构建了马克思伦理学。首先，他重释了历史唯物主义与伦理学之间的关系，认为马克思拥有一种建立在“自由”之上的美德伦理学；其次，他将马克思的自由观区别于资本主义自由观，认为前者是对后者的扬弃；再次，他强调马克思的“自由”既是手段，又是自身的目的，具有本体论意义和超越性，能够提供一种超文化标准——人和社会的自我发展程度，以此来评判一切社会的发展程度。进而认为，布伦克特正确地揭示了马克思批判规则伦理学，但是他误解了马克思的历史唯物主义，马克思持有的是与历史唯物主义相容的美德伦理学，马克思的“自由”与“幸福”内在一致。③ 马克思对待道德的态度貌似矛盾，他一方面猛烈地抨击现代道德，并视其为一种虚假意识；另一方面，在批判资本主义的过程中却诉诸大量的道德判断。通过考察伦理思想史，我们发现，“道德”一词最初是在西方文化演进的过程作为“伦理”一词的互译词而具有与“伦理”一词相同的内涵。随着历史的发展和现代文化的变迁，“道德”一词逐渐脱离了奠基于美德的“伦理”之内涵，由古希腊时期的“伦常”向现代的“法则”流变。马克思之所以批判道德并加以拒斥，是因为作为“法则”的道德在现代社会具有意识形态的性质，并着眼于统治阶级的利益。马克思的道德批判充分揭示了其伦理旨趣，即从“现代道德”回归“古代伦理”，通过创造一个理想的居留空间，使生活于其中的个体充分发挥其潜能

① 陈玮、徐向东：《境况主义挑战与美德伦理》，《哲学研究》2018 年第 5 期。

② 李义天：《知觉为什么重要——基于亚里士多德主义美德伦理学的解释》，《学术月刊》2018 年第 1 期。

③ 李星、莫小丽：《马克思的美德伦理学建构何以可能——一种“人类自由”的视角》，《宁夏社会科学》2018 年第 4 期。

并实现作为人之现实本质的美德。①

近代规范伦理的盛行，以及现代美德伦理的复兴所引发的美德论与规范论之争，是关系着当代社会道德发展趋势及其道德建设路径选择的重要理论与实践问题。有学者认为，当代社会既不是规范伦理主宰的时代，也不是美德伦理复兴的时代，而是规范伦理与美德伦理互济共治的时代。美德论、义务论、契约论、功利论都只是解决了道德的某一方面问题，任何道德理论都难以一统天下；不同道德群落道德旨趣的差异性需要美德论、义务论、契约论、功利论给予个性化的针对性满足；社会活动领域行为属性不同则需要美德论、义务论、契约论、功利论价值原则的分而导之。在社会道德治理中，需要树立道德融贯的思维方式，既发挥义务论、契约论、功利论道德原则的导向性、道德行为的评价性，也要培育、引导社会成员追求美德论倡导的优良品质。② 还有学者对美德的相容性问题进行了研究，认为这个问题是美德间关系问题的一个重要维度，对美德伦理学来说具有极为重要的道德意蕴。在美德间是否相容这一问题上，苏格拉底、柏拉图、亚里士多德等传统哲人持有的是一种绝对的肯定态度，而部分现代学者则给出否定性的回答，两者间在这一问题上似形成一种论争的局面。从中可以得到这样的启示：一是在美德的相容性问题讨论中，需要将美德自身间的相容与现实美德间的相容分辨开来，既要避免以抽象思辨罔顾经验现实，同时也要避免以经验现实僭越抽象思辨；二是如欲使美德的相容性学说得到人们更好的接纳，既需要有一种恰当的美德观念，同时也需要在美德相容性的证成问题上作出创新性的努力。③

（三）功利主义

功利主义作为伦理学研究的一种经典范式，依然是学者们重点研究的问题，在此方面取得了一些新的成果。

功利主义的内涵非常丰富，有的内涵得到了新的扩展，学者们从不同的角度进行了探讨。有学者在西学东渐的大背景下，展开对西方“功利主义”概念内涵在中国语境中的变迁研究。针对 Utilitarianism 汉语译词的变化及厘定过程，查证了该词 1869 年与中文的首次接触；梳理了 Utilitarianism 在日本的译词确定过程并对核心译词进行了溯源；澄清了历史上严复、梁启超在传播“功利主义”过程中的作用；确定了“功利主义”译词在中国被厘定的关键节点。根据该词曲折的传播过程，可以理解“功利主义”概念的内涵在中国语境下的变迁，特别是在当下社会的表达与边沁、穆勒的 Utilitarianism 的原初理论所存在的差异以及最终中国民众所接受的思想概念的核

---

① 符海平：《论马克思的道德批判及其伦理旨趣》，《云南师范大学学报（哲学社会科学版）》2018 年第 4 期。

② 王淑芹、武林杰：《美德论与规范论的互济共治》，《哲学动态》2018 年第 7 期。

③ 黎良华：《美德的相容性：辩护、责难及启示》，《江汉论坛》2018 年第 4 期。

心内容。①

相关学者对功利主义在权利方面尤其是从平等、正义的角度进行了探讨。有学者认为，功利主义与“平等”之间的传统联系主要是平等待人，即在计算整体效用时，每一个个体只被视为一个单位而得到考虑。如今分配正义问题的研究扩展了传统平等待人理念的内涵，使其逐渐包含一种平等份额要求。因此，功利主义的分配方式被批评为没有能够实现人与人之间在结果上的平等分配。因此要放弃功利主义传统上所强调的“（整体）效用”概念，转而从“边际效用”概念入手建立功利主义与“平等”之间两种新的联系。② 有学者认为，功利主义权利论是近代以来影响广泛的权利理论流派。然而，它遭到了罗尔斯的严厉批判。罗尔斯系统揭示了功利主义及其权利论在基本理论立场、论证方法与哲学观上的内在缺陷，从而终结了功利主义权利理论的霸权地位。此前关于罗尔斯对功利主义批判的研究大多集中在道德哲学与政治哲学领域内，而对法哲学权利领域影响的研究则比较缺乏。通过分析罗尔斯批判功利主义及其权利理论的内在逻辑，有助于深入理解功利主义权利论的内在局限性，以及现代权利话语以保障人的尊严为基本语法规则的内在机理。③ 有学者认为，罗尔斯通过间接的和直接的方式非难功利主义，并从多个方面指出人们接受作为公平的正义原则而不接受功利原则的原因。黑尔从整体上对作为公平的正义原则的直觉主义本质进行了分析，提出依据于逻辑与事实的功利主义观点，以此来回应罗尔斯对功利主义的非难。该理论为解决功利主义的“平等化—最大化”难题提供了更好的方案和思路，在很大程度上融合了功利主义与正义之间的关系。④

相关学者对功利主义与个人的完整性、道德动机之间的关系问题进行了讨论。有学者研究了威廉斯的功利主义理论，威廉斯认为只要认可并尊重以个人筹划或承诺来定义的个人完整性，必然会发现功利主义将造成对个人完整性的破坏：对于友谊、家庭关系、值得赞赏的倾向乃至人生意义来说，功利主义所采取的后果主义化约的方式或者对其构成直接的破坏，或者对其做出扭曲的解释。针对这一批评，功利主义的支持者又提出了种种回应，但是，从威廉斯的观点来看，无论是以压制个人完整性为代价来维护功利主义原则的思路，还是各种调和功利主义与个人完整性冲突的尝试，都不可能成功。⑤ 有学者研究了密尔与戴维斯在道德动机方面的争论，密尔认为行为的

---

① 李青：《论“功利主义”概念内涵在中国语境中的变迁——兼论 utilitarianism 汉语译词的变化及厘定》，《同济大学学报（社会科学版）》2018 年第 1 期。

② 李晓冬：《功利主义、平等待人与理性选择》，《自然辩证法通讯》2018 年第 1 期。

③ 张伟涛：《功利主义权利论的局限——以罗尔斯的批判为中心的考察》，《青海社会科学》2018 年第 4 期。

④ 吴映平：《黑尔功利主义与罗尔斯正义理论的争论评析》，《上海师范大学学报（哲学社会科学版）》2018 年第 2 期。

⑤ 刘佳宝：《功利主义与个人完整性是否相容——论威廉斯对功利主义的批评》，《华中科技大学学报（社会科学版）》2018 年第 6 期。

道德属性与动机无关，而这一观点遭到戴维斯的质疑。密尔批评戴维斯混淆了动机和意图，并断言行为的道德性完全取决于意图。有学者认为这与对其理论的后果主义解读相抵牾。通过分析密尔这一断言所处的文本语境，澄清了动机与意图的关系，进而认为，密尔的功利主义最好被理解为一种规则后果主义，这样不仅更加符合其本意，也能更好地容纳道德直觉。[①]

学者们对马克思主义与功利主义思想的联系进行了研究。有学者认为，近来很多西方学者认为马克思和边沁一样是一位古典功利主义论者，这种论断实际上无法成立的。从总体上看，马克思认为古典功利主义是一种为资本主义社会进行辩护的保守性学说，但密尔式精致的古典功利主义论者则争辩说，古典功利主义是对资本主义社会弊端提出尖锐批评的激进学说。针对密尔式精致的古典功利主义的这一回复，马克思则认为，精致古典功利主义的批评仍然只是建立于资本主义社会基础上对自身的批评，它实际上并没有超出资本主义去反思它自身存在的问题。[②] 有学者研究了毛泽东革命功利主义伦理思想，认为其基本特征体现在理论形式和价值内容两个方面。在伦理理论表达之形式上，它扬弃并兼具道义论、后果论、德性论的话语方式之优长，表现出一种全面性理论的特性。在价值选择之内容中，它是向人自身、向社会自身的完全的复归，表现出一种指向生活实践的积极性特质。毛泽东的功利主义思想，因其革命性理论品格而超越了中国传统功利主义和资产阶级的功利主义在道德功能论上的非道德主义的狭隘性以及泛道德主义的空洞性。[③]

学者们还对中国传统伦理思想中的功利主义进行了研究，比如，学术界关于荀子的伦理学是功利主义还是德性伦理存在争议。有学者认为，荀子所说的“快乐”并不限于物质范畴，而是兼重情感方面的快乐，因此，荀子的功利主义伦理学是属于密尔类型的广义功利主义伦理学。荀子的伦理学在内在德性、道德人格两个要点上也符合德性伦理学的基本要求。对于荀子而言，功利主义与德性伦理并非绝对不能兼容。二者之所以能够兼容，是基于其经验主义与理性主义糅合的知识论。[④] 有学者还讨论了陈亮的功利主义政治思想，认为他并不是对儒家传统道德哲学的背叛，而是通过思维起点反思和思维方式跃迁，使天理的必然性在思维的逻辑中得以继续，让政治生活的道德法则在功利的追求中得以保留。陈亮批判朱熹理学“不免于二”的命定分裂，揭露出“理一”和“气异”的逻辑矛盾，展示出形上天理作为至善尺度的消极边界；用“体一”代替“理一”，使有限绝对的天理获得了整体性超越，实现了道学逻辑起点的更替；以“定”为中介将分殊组织为“体一”，达成了思维方式从两极向中介的

① 方菲：《动机、意图与功利主义的阐释——从密尔的一则脚注说起》，《道德与文明》2018 年第 4 期。

② 张继亮、黄铄：《马克思对古典功利主义的批评：一场虚拟对话》，《新视野》2018 年第 3 期。

③ 赵伟力、艾强：《论毛泽东革命功利主义伦理思想的特征》，《西北大学学报（哲学社会科学版）》2018 年第 1 期。

④ 毛朝晖：《荀子的广义功利主义伦理学及其知识论基础》，《道德与文明》2018 年第 2 期。

转变。陈亮重新发现人在公共生活中的自我规定，使道德和功利在政治生活中得到和解，在公利中使道义政治得以重塑。①

二 伦理学基本问题

（一）道德直觉

根据什么标准才能够作出正确的、合理的道德判断，这是伦理学研究的一个根本问题。围绕理性标准和直觉标准问题，学者们进行了研究。

道德直觉主义是元伦理学中的重要流派。古典的道德直觉主义主张基本道德命题是自我明证的，无须依靠证据和理由而仅凭直觉就能获得确证，在知识论上表现为基础主义。古典直觉主义遭受诸多挑战和质疑，如道德直觉概念的单薄与含混、道德分歧广泛而持久的存续、自我明证之说的独断论品格等，这是导致道德直觉主义走向衰落的重要原因。当代新直觉主义者在许多方面做出了必要的调整和改进，弱化了其基础主义立场，使得道德直觉主义焕发新的活力。② 有学者从社会直觉主义的“直觉”和“社会”两个层面进行了分析，认为在“直觉”方面，提出理性主义式的个人推理和反思只是在直觉较为模糊或者彼此冲突时，才能发挥作用；在“社会”方面，社会直觉主义认为理性主义式的个人推理和反思不是日常道德认知的主要形态，道德推理和反思更多地发生在跨主体的社会互动中。③

就直觉问题，有学者还从知觉出发对直觉做了深入的剖析，认为作为一种基本心理机制和心理现象，知觉具有具体性、整体性、分析性和直接性等特征。通过对当下情境事实的直接洞察和整体把握，知觉构成实践思维的起点。在进一步的推理过程中，知觉所提供的事实“激活”行为者的实践目的或欲望倾向，促成具体的行动目标作为实践推理的大前提，帮助行为者发现有效的途径或手段作为小前提。凭借习俗的教化和经验的积累，行为者知觉的迅捷程度将大大提升，以至于呈现为直觉。作为知觉的特殊形态，直觉是实践推理的加速器和强心针。只有当知觉达到直觉的程度，行为者的实践理性才能臻于卓越而堪称实践智慧。④ 有学者对国外道德判断机制的实证研究做了译介，认为人们对某种行为的道德判断受到了先行对于行为者作出行为时是否自由的直觉判断的影响，并且这个过程表现出了一种非对称性。首先，存在一种“初始道德判断”，它影响了人们对行为者是否有其他开放性选择的直觉判断。其次，

---

① 允春喜、金田野：《道义政治的公利重塑——陈亮功利主义政治哲学新论》，《道德与文明》2018 年第 2 期。

② 王奇琦：《道德直觉主义的知识论基础》，《天津社会科学》2018 年第 5 期。

③ 王觅泉、姚新中：《理性主义道德心理学批判——乔纳森·海特与社会直觉主义》，《学术交流》2018 年第 11 期。

④ 李义天：《知觉为什么重要——基于亚里士多德主义美德伦理学的解释》，《学术月刊》2018 年第 5 期。

这个直觉判断又会影响人们关于行为者是否是自由行动的直觉判断。最后，这一直觉判断又会影响道德判断，这个过程同样也表现出了一种非对称性。①

在司法实践中，有学者认为，一个可靠的判决推理需要有“直觉”的价值判断及其推理的支持。即主张将规范的推理奠基于价值的直觉之上，将二者有机地结合起来，真正做到“以事实为依据”，并主张将价值推理的现实必要性与法律规范确定性的理想要求统一，实现“合理的”判决推理。② 也有学者指出，在后启蒙时代的背景下，人权的“普遍性”问题和西方学界的理性主义批判融合在了一起。理性主义的式微使人权无法在哲学上被论证为“普遍性”的，同时道德直觉论承担了人权实践的解释和补充作用。近三十年来，西方学界兴起的建构论开始批评道德直觉论的不足，并提出了人权的“主观普遍性”理论。为了避免产生过于激进的人权观念，德沃金和哈贝马斯分别从司法传统和共识的角度，对“主观性”的人权理论提出了规范性的要求。③

（二）道德思维

对道德实践中的思维规律进行探讨一直是学者们的研究重点，学者们从不同的角度对道德思维和道德推理进行了探讨。有学者对道德思维的逻辑结构进行了研究，认为道德思维的逻辑结构让我们能够在思考道德问题时，首先从对人的本真图景出发，以对人的本质属性、现实需要和价值地位的认知为开端，本着这样一种前提条件，在尊重人的意志自由的基础上来建构和遵循道德规范的内容。④ 有学者指出，有两种主要的道德推理方式：一是用普遍原则判断特殊事例的道德推理，二是通过判断细节而不依赖普遍原则的道德推理。其中第二种方法是在挑战第一种方法的过程中逐步形成的，美德伦理学和特殊主义在挑战过程中扮演了重要的角色。现在这两种方法都是道德推理的成熟形式。⑤

关于道德判断，有学者认为，它与行为具有高度的文化敏感性，来自不同文化背景、具有不同文化经历的个体，对于同一道德现象的理解与建构存在显著差异。基于文化心理学的视角，可以从文化间变异、文化内变异和多元文化三个方面梳理和评述不同文化因素如何影响个体的道德判断与行为，进一步探索文化变迁背景下中国人的

---

① J. 菲利普斯、J. 诺布、朱兆丰：《道德判断与关于自由的直觉判断》，《当代中国价值观研究》2018 年第 3 期。

② 陈灼灼、陈伟功：《论实质价值伦理学与司法实践——对哈贝马斯关于价值与规范对立命题的反思》，《贵州警官职业学院学报》2018 年第 2 期。

③ 李秋祺：《后启蒙时代的普遍人权论证——从道德直觉论到建构论》，《道德与文明》2018 年第 3 期。

④ 甘绍平：《道德思维的逻辑结构》，《伦理学研究》2018 年第 1 期。

⑤ ［美］曼纽尔·韦拉斯贝斯、张霄：《商业伦理学中的道德推理：观念、理论与方法》，《江海学刊》2018 年第 2 期。

道德心理和价值体系的演变过程。[①] 有学者研究了塞拉斯的道德判断思想，塞拉斯认为道德意识是一种“我们”意识，他的解析和建构基于其独特的实践推理框架。在他看来，道德判断是定言合理的主体间意向。道德判断是一种意向，依靠决断与行动建立逻辑必然联系；道德判断是主体间的意向，即我们意向，因此有真与假；道德判断的定言合理性来自内在合理的目的意向，正是靠这个目的意向才产生道德共同体，其中各成员从这个共同体的视角意向和行动，这个视角即道德视角；支持道德视角的是无私的爱，不是自爱和仁慈。因此，道德意识表现为道德共同体各成员以道德视角进行道德思想和道德行动。这个论断指向康德的目的王国，其中人人将被视为目的本身，而非只是手段。[②]

道德推理不同于理论推理，这种观点在中外伦理思想中都有出处。有学者研究了亚里士多德在《尼各马可伦理学》中的推理思想，认为第六卷和第七卷中论述的将实践推理形式排除在审思之外是不恰当的，事实上跟第三卷的所谓“手段—目的”样式一样，亚里士多德在第六卷和第七卷中所谓“规则—案例”样式同样在讨论审思的形式。第六卷、第七卷中亚里士多德将实践理性的审思称为关于实践行动的推理，但是它完全不同于理论三段论，称之为实践三段论有误导之嫌。区别于理论推理，实践推理的大前提都跟人的善好、规范性的“应当”、欲望有关，而人的善好和幸福这个领域并不是理论思考的范围。实践理性所关涉的，无论是理论还是对象，都不是固定不变的，会出现欲望和大前提冲突、大前提之间相互冲突的情况。一个真正有实践智慧的人，会在具体的情境中，通过努斯觉察到具体的道德特征，从而把握到适用的大前提。[③] 还有学者认为中国古代道德推理是一种面向生活的论辩推理和实践推理，其目的在于“说服”特定对象“相信”一个具体的道德判断，以形成某种道德信念。这种基于道德实践目的的广义论辩推理不能直接借助于常规演绎三段论的方式进行构造，依休谟的“相信”学说，譬喻是建构一个道德信念的恰当方法。道德信念的形成过程是从“言事”转向“言道”的过程，在其深层结构中，遵循的是类同原则。要把握道德推理的效度问题，就需要引入主体及其信念因素，由此得出评判中国古代道德推理的两重标准即优劣标准与信念效度标准。因此，基于理性主义立场来批评中国传统道德说理方式是不恰当的。要对其进行合理评判，取决于对“信念”本身的深入研究，取决于对人类相信行为的逻辑研究。[④]

人工智能的道德推理形式也是学者们探讨的热点问题，有学者认为，欲使人工智能体具备道德决策能力，一种可设想的工作是基于形式伦理，即把伦理原则或规则形

① 胡晓檬、喻丰、彭凯平：《文化如何影响道德？——文化间变异、文化内变异与多元文化的视角》，《心理科学进展》2018 年第 11 期。

② 王玮、吴楼平：《塞拉斯对道德意识的解析与建构》，《道德与文明》2018 年第 4 期。

③ 朱清华：《亚里士多德的实践推理再思考》，《道德与文明》2018 年第 6 期。

④ 张燚：《信念视角下中国古代道德推理的“有效性”》，《甘肃社会科学》2018 年第 5 期。

式化。形式伦理学的初衷并不是面向人工智能，但其做法却适用于人工智能。伦理规范的形式表达必须基于某种逻辑语言及其推理规则，经典逻辑是不够的，所以有必要发展与道德、行动相关的逻辑来适应人工智能道德决策的需求。道义逻辑为形式伦理提供了一定的基础，应该把它与心智逻辑结合起来。从人工智能体实施行动的过程来看，能动性逻辑是表达机器的道德行动与推理比较有前景的逻辑。① 有学者认为，对人工智能进行道德判断需要区分两个问题：其一是人工智能本身的道德评价问题；其二是人工智能研发与应用后果的善恶评价问题。二者既存在差别，又紧密相连。前者解决的关键在于人工智能道德判断的前提性规定，即人工智能是不是真正意义上的人格实体与道德主体问题的讨论；而后者解决的关键仍在于人类自身，只有在人类与人工智能的关系等进行批判性反思的基础上才能对上述问题作出道德判断。具体而言，当前对人工智能应采取以下审慎态度：一是在大力研发和使用“弱人工智能”的同时，应适当限制“强人工智能和超强人工智能”的研发和使用，尤其是应当限制甚至禁止“杀人机器人”的研发与使用；二是国际社会、行业协会等应为不同发展阶段人工智能的研发与应用制定公约，确立行业发展伦理标准，并敦促相关法律法规出台，通过道德调整与法律规制引导人工智能健康发展；三是通过道德教育培养科技人员的道德自觉意识与社会责任意识。科技人员应当遵守科技伦理与职业道德，履行“通告和预防义务”。②

（三）道德情感

道德情感对于道德思维与道德行动均具有重要的影响，学者们对此进行了探讨。有学者从道德情感论与道德理性论的分歧谈起，把道德情感界定为德性的重要组成部分，分析其特征，阐明在道德推理的过程中，虽然道德情感看似不在场，但对道德推理产生着深刻的影响。道德情感中的情绪性因素会对道德推理的进行产生一定的冲击，而其中相对稳定的社会性因素会对道德推理产生正向的稳定的作用。道德情感是道德推理的固化，是道德推理成果的体现。道德情感又对道德推理起到推动作用。③

有学者认为，以休谟为代表的近代英国道德情感主义理论沿着“心理描述”和“语义分析”两种进路/方法“分化”发展，分别形成基于情感（德性）的规范伦理学和元伦理学。现代情感（表达）主义元伦理学是近代道德情感主义理论“异化”发展形态，它运用语义分析的方法揭示出道德语言的实践本性，其实是对规范伦理学之实践本性的反面论证。以斯洛特为代表的当代关怀主义（德性）伦理学自觉体现了方法论上的“扬弃”精神，使“心理描述”和“语义分析”两种方法获得了新的

---

① 王淑庆：《面向人工智能的形式伦理及其逻辑基础》，《伦理学研究》2018 年第 4 期。

② 王银春：《人工智能的道德判断及其伦理建议》，《南京师大学报（社会科学版）》2018 年第 4 期。

③ 杨宗元：《略论道德情感在道德推理中的作用》，《伦理学研究》2018 年第 6 期。

统一。斯洛特通过吸收和改造中国"阴/阳"哲学概念，为解决元伦理学长期以来的"应该/态度/价值"与"是/信念/事实"之间的二元对立问题提供了一种新思路，为当代中西方道德哲学的协同创新研究开拓了新局面。① 有学者具体讨论了迈克尔·斯洛特的"移情"说，认为斯洛特旨在以道德情感主义的方式建构美德理论，因而特别重视"移情"在美德伦理体系中的功能。移情促使行为者实施合乎美德的正确行为，作出合乎美德的恰当评价。然而，移情既不是美德行动或评价的必要条件，也不是它们的充分条件。移情的成功至少还依赖于行为者的优良品质、准确判断以及行为者之间的社会关系。但是，这并不意味着移情的不真实或不可能，也不意味着移情在美德伦理学中毫无价值。从亚里士多德主义的视角看，美德伦理无须排斥移情，而应当将之纳入实践理性的合适环节之中。②

学者们还对道德情感的"先天"因素进行了探讨。有学者指出，迈克尔·斯洛特是美国当代规范道德情感主义和德性伦理学的代表人物，他所创立的道德情感主义既不属于传统经验主义，也不属于传统理性主义，而是融合了经验主义和理性主义并具有独立身份的情感哲学的一个分支，集中体现了西方传统道德情感主义在当代哲学语境中的创新性发展。之所以能做到这点，关键原因在于斯洛特给道德情感主义注入了"先天"成分。若无"先天"，传统英国道德情感主义就不会在当代得到复兴，更不会在复兴过程中把自身理论建设推向前所未有的历史新高度。③ 有学者指出，西方伦理学发端于古希腊，自肇始之日起，就陷入了理性主义与情感主义两大传统之争中。理性主义将理性视为道德的基础和来源，把人的情感当作主观的东西排除在伦理认识之外。情感主义虽然认为情感才是道德行为发生的基础，试图扭转情感与理性在伦理学中的建基地位，但是对"情感"的理解带有自然主义的痕迹。舍勒"面向具体情感本身"，通过现象学考察，来发掘情感的本质，揭示出"心有其理"。一方面，由强调"情感先天"，突出"情感"的伦理学意义，舍勒实现了对以康德伦理学为代表的理性主义传统的超越；另一方面，由释解"情感"非自然主义的内涵，指出情感的在体性，实现了对以休谟为代表的情感主义传统的超越。④ 与此相关，有学者追溯到霍布斯的人性论那里，认为霍布斯明确主张从人性自身来探讨道德和人类社会的政治。其中，对人性的分析是他的重要理论贡献之一，而情感正是其人性观的组成要素和道德善恶的基础。尽管出于理论需要，霍布斯强调了情感利己的一面，但他对情感利他的一面也有所论及。前者被曼德维尔所延续和发展，而后者则被情感主义者所

---

① 方德志：《西方道德情感哲学的发展进程——从近代到现当代的逻辑勾连》，《道德与文明》2018 年第 6 期。

② 李义天：《移情是美德伦理的充要条件吗——对迈克尔·斯洛特道德情感主义的分析与批评》，《道德与文明》2018 年第 2 期。

③ 李家莲：《论斯洛特道德情感理论中的"先天"》，《伦理学研究》2018 年第 6 期。

④ 汤波兰、戴茂堂：《为"情感"正名——论舍勒对西方伦理学传统的超越》，《伦理学研究》2018 年第 5 期。

强调。情感主义者根据自身理论需要，发展出了各具特色的情感学说，从而开辟了一个伦理学的新天地。从某种程度而言，他们的思想都可以从霍布斯那里找到一定的理论联系。①

学者们还对作为道德情感之具体表现的“爱”在不同领域的含义进行了分析。有学者比较了康德、黑格尔与克尔凯郭尔的婚姻观后认为，康德的婚姻——契约论的主旨是把性关系纳入法的范畴，以抵消在性关系中把他人之人格物化为手段的倾向，康德婚姻观的合理性在于突出“尊重”；在黑格尔那里，婚姻的本质是“具有权利性质的伦理的爱”，并且强调爱是现代婚姻里“唯一重要的因素”；克尔凯郭尔与黑格尔构成了捍卫伦理生活的同盟，强调婚姻之爱是作为义务的爱，克尔凯郭尔寻求康德与黑格尔之间的合题，美之于婚姻的重要性是：尊重他人为目的本身。② 有学者则对古罗马的社会救助伦理经历了从传统的“公民友爱”到基督教的“兄弟之爱”的发展过程进行了梳理并认为，在传统伦理下，人生目的在于追求幸福，幸福、美德与善是不可分的。善行意在实现美德，体现的是友爱，遵循对等、互惠、正义的原则。它以城邦及其土地占有制度为基础，以公民为对象。随着这些基础的消失，这种伦理观念及其所依附的善行代救济的救助机制也逐渐被抛弃在基督教的伦理中，人生目的在永生的救赎，信仰与爱不可分割。善行体现的是对神的信仰和爱，以救济贫困为目的。它以所有人为对象，展示的是兄弟之爱，其社会基础是帝国体制。③

（四）自由意志

自由意志属于“伦理学的基础”问题，是伦理学的根本内涵，在伦理思想史上对这个问题具有不同的致思路径。

学者们对古希腊的“自由意志”问题进行了讨论。有学者指出，自从巴门尼德区分“真理”与“意见”，追求“真知识”就成了希腊哲学自觉而坚定的努力，以致知识甚至成了伦理学的基础。这种以知识为基础的伦理学在理论上把伦理学的基本问题推进到了获得解决的临界点。但是，由于“自由意志”的缺场，希腊伦理学始终未能突破这个临界点。奥古斯丁在“绝对一元论”视野下，使恶的问题被转换为罪的问题，而罪总是包含着审判与惩罚。对这种审判与惩罚的正当性的追问，使“自由意志”进入思想现场，启动了更替伦理学基础并突破希腊伦理学所达到的临界点的进程。④ 也有学者进而认为，考察与意志概念相关的行为道德责任，特别是亚里

① 李薇：《试论霍布斯的情感学说与近代情感主义伦理学的理论关联》，《世界哲学》2018 年第 5 期。

② 陆心宇：《论婚姻中尊重与爱的关系——以康德、黑格尔与克尔凯郭尔为参照》，《复旦学报（社会科学版）》2018 年第 5 期。

③ 刘林海：《从“公民友爱”到“兄弟之爱”——古罗马社会救助伦理的发展》，《北京师范大学学报（社会科学版）》2018 年第 6 期。

④ 黄裕生：《“自由意志”的出场与伦理学基础的更替》，《江苏行政学院学报》2018 年第 1 期。

士多德的自愿与不自愿概念，可以发现欲望和理性二元结构是古典希腊道德心理学解释行为道德责任的主要思想资源，而在这样一个结构中意志概念是缺席的。赖尔与威廉斯等人所代表的极端观点认为，没有意志概念的古希腊道德心理学比有意志概念的现代道德心理学在解释与说明人的行为上可能更为成功。然而，这种观点值得商榷。意志概念不是一个心理官能和心理活动的概念，而是同行为的主体性相关。古典希腊道德心理学在根本上是一种自然主义行为心理学，它所根本缺失的恰恰是行为的道德责任概念。①

学者们也对近代与自由意志有关的问题进行了讨论。有学者指出，奥古斯丁提出自由意志概念并将其确立为行为归责的最终根据后，便在西方哲学史上开启了意志与行为法则之间关系问题的讨论。在卢梭之前，外在关系说主导着对于这一问题的思考。但是无论是把法则视作来自意志之上的神，还是视作来自意志之外的理性或情感，都会使得自由意志成为一个自相矛盾的概念。而卢梭对“普遍意志”及其与法则的关系的发现，则使得意志成为万法之源，从而与法则内在地关联在了一起。卢梭的这一开创性工作，为康德进一步完成道德领域的三大突破奠定了基础。② 有学者对文艺复兴时期的“介入伦理”进行了讨论，认为文艺复兴主体反对在任何时候将他者完全作为“亟待被施救的”非主体对象看待，而是要在尊重自由意志的基础上完成相对平等的向外介入。文艺复兴时期的“介入伦理”突出强调由力量与能力导致的主体性向他者施加影响的品质。“存在者之间”的本体论对“介入”能力的强调告别了之前中世纪流行的对道德品质的固定看法，转而重视主体自身在具体改变他者与世界走向方面的动态功能。以费奇诺为代表的新柏拉图主义“爱的伦理学”提倡最大幅度地向外“介入”，同时注重保留与维护他者主体性生成的必要自由空间。③

学者们还对当代科技条件下的自由意志问题进行了研究，有学者认为，由于受到西方主流哲学有关自由与必然二元对立架构的误导，西方某些科学家对于神经科学和量子力学方面的最新研究成果作出了片面扭曲的解释，结果在探讨自由意志的问题时陷入了逻辑矛盾和自败悖论，其中的失误和教训值得我们认真反思和吸取。这些关于自由意志的新异见解要么建立在割裂了整体性因果链条的片面事实之上，要么不符合他们自己拥有求知欲或好奇心的日常体验，所以并不见得就比哲学家们的抽象思辨或高谈阔论更富于实证性的可信度。我们有必要一方面提防哲学方面根深蒂固的先入之见的严重误导，另一方面避免自然科学方面缺乏充分实证基础的片面扭曲。④ 有学者

① 聂敏里：《意志的缺席——对古典希腊道德心理学的批评》，《哲学研究》2018 年第 12 期。

② 黄裕生：《论意志与法则——卢梭与康德在道德领域的突破》，《哲学研究》2018 年第 8 期。

③ 徐艳东：《存在“之间”与“介入”伦理——以意大利文艺复兴为思考范例》，《哲学分析》2018 年第 6 期。

④ 刘清平：《自然科学视野下的自由意志问题》，《安徽师范大学学报（人文社会科学版）》2018 年第 6 期。

指出，自由意志和决定论的争论由来已久，尤其是神经科学领域里贝特实验及其后续各种翻版实验证明自由意志是一种错觉之后，争论变得更加激烈。而持有一种相容性观点不失为一种明智的选择：既肯定了决定论，又保留了自由意志的合理存在意义。这里不仅要为自由意志做辩护，而且认为自由意志的作用更胜于决定论的影响，并基于神经科学研究和人文精神需要的视角上作出说明。①

（五）个人与社会

随着历史的发展，全球化、后工业化意味着人类正在走进一个新阶段，学者们对人的存在以及个体与社会的关系等伦理问题进行了研究。

有学者指出，人们应该重新思考社会以及社会治理建构的出发点和前提问题。人的存在可以区分为物理存在、精神存在和道德存在三重内容。从人的道德存在出发去进行理论思考，呈现的是一种不同于工业社会的社会以及社会治理建构方向。人的道德存在在后工业社会中将会因为人的共生共在的观念的确立而获得发育和成长的肥沃土壤，反过来，人的道德存在又会成为道德制度得以建构的前提和基础。② 有学者对个人同一性问题进行了研究，认为个人同一性是哲学史上极具争议的一个核心概念，贯穿形而上学、心灵哲学、行动哲学和道德哲学的历史，其中的实在主义观点和怀疑主义观点最为突出。两者以个人同一性意指一种心理或者物理实在为前提，前者肯定其事实存在，而后者则质疑其事实存在。根据功能主义的理解，个人同一性意指一个行动者所具有的某种能力，比如理性思考、指认自我或者道德判断能力，而不再意指一个给定的心理或者物理事实。这种转变可以帮助我们克服实在主义和怀疑主义两个路径之间的对立关系，深入研究个人同一性概念在其他层面的实现。③

以个体为中心还是以社会为中心，对伦理学的理论研究与实践意义有重大的影响。有学者指出，近代以来的社会以及社会治理建构，是基于原子化的个人及其人权进行的。原子化的个人是一种抽象，而人权则是一种假设。通过抽象而获得的原子化个人以及通过假设而设定的人权对于人类文明的贡献是巨大的，造就了一个伟大的工业文明。④ 也有学者认为，人权是人类文明与进步的象征，是国际社会的普遍共识，是人类基本利益与需求的保障。作为一种普遍性的底线原则和行为规范，人权为道德体系和伦理学的建构提供了坚实的论证基础和价值依归。⑤ 有学者指出，为了使得生来就主要关心自己的个体，能够过上一种合宜的社会性生活，自然法和道德哲学从人

---

① 王永青、王振华、弓晓星：《自由意志的辩护——基于神经科学和人文精神的解释》，《河南科技大学学报（社会科学版）》2018 年第 2 期。

② 张康之：《基于人的三重存在理解人的利己与利他》，《江海学刊》2018 年第 1 期。

③ 田洁：《个人同一性的实在主义、怀疑主义和功能主义解读》，《江苏社会科学》2018 年第 6 期。

④ 张康之：《基于人的三重存在理解人的利己与利他》，《江海学刊》2018 年第 1 期。

⑤ 胡楠：《人权何以能够进入道德语境——“第六届全国人权与伦理学论坛”述要》，《道德与文明》2018 年第 1 期。

类天性出发，构建了一整套理论体系并提出了一系列有利于维护人类“社会性”的基本原则，这些原则构成了现代市场经济的人文基础和逻辑前提。西方社会历经数百年的工业化进程和现代市场经济的发展完善，且在此之前更有数百年的思想上和理论上的准备，以西方发达经济体为现实背景的现代经济学对现代市场经济人文基础的忽略，本身具有一定的合理性，因为它在很大程度上已经成为一种无须讨论的默识。中国则不同，如果缺乏对现代市场经济人文基础的深入探讨，我们就很难完整地理解现代市场经济。①

学者们还从社会治理的角度探讨人的共同存在问题。有学者认为，审视社会治理，人际标识主要包括身份、角色与行动。历史地看，中国传统农业社会的社会治理以纲常伦理精神为指导，人际标识主要是等级身份。近代以来，随着人的存在境况由“神人同在”转变为个人本原的“非此即彼”，契约伦理成为工业社会典型化的伦理精神。等级身份分化为身份与角色两种因素，社会治理活动更多呈现为具有一定流动性的组织化的角色扮演。在当前全球化、后工业化进程中，人的存在境况不再是个人本原的非此即彼，而是人的共生共在，一种新的合作伦理将取代契约伦理为社会治理的合作行动提供道德支撑。合作行动成为主要的人际标识，在具体治理场景中的每一个人都是合作行动体系中自觉的行动者，通过具体的合作行动来定义自己并证明自己的角色扮演。② 有学者认为，任何一种社会运行的模式都受到所处政治文化语境的深刻影响，又刻画、改变着政治文化。要准确把握我国社会治理的政治哲学内涵，就必须细致考察社会治理的政治文化。政治文化是人们在社会治理中角色定位的重要标志，深刻影响着社会治理价值目标的设定，引导着社会治理参与，牵引着人们治理参与的行为选择，是社会治理能力的重要组成部分。社会治理有助于改变政治权威文化，有益于公民文化的构建，有利于凝练新型民主文化。把握社会治理机遇，发展政治文化的要点在于以社会治理为抓手引领传统政治文化的现代转型，以社会治理为切入点建构现代政治文化话语体系，以社会治理为平台拓展政治文化的现代视野。③

三　道德范畴研究

（一）善与恶

“善”是伦理学最重要的核心概念之一，界定善的内涵，明确善恶判断的标准，是伦理学的重要任务之一。

① 胡怀国：《现代市场经济的人文基础与逻辑前提——基于自然法和道德哲学的政治经济学分析》，《学习与探索》2018 年第 12 期。

② 龙啸天：《社会治理中人际标识的伦理解读：身份、角色与行动》，《伦理学研究》2018 年第 6 期。

③ 周谨平：《政治伦理文化与社会治理》，《伦理学研究》2018 年第 6 期。

有学者认为，善是善和善的事物的统一。善和善的事物的关系在哲学上即为一般与个别的关系。一般指的是共性，个别反映的是个性。一般与个别有差异和对立，但并不是彼此分立、相互脱离。一般寓于个别之中，没有个别就没有一般。个别又同一般相联结，个别体现着一般。善的标准具有历史性、阶级性，是相对性和绝对性的统一。科学、准确地认识善和善恶评价标准，不断提高我们的认识能力、分析能力、人生社会阅历，在实践中我们就能对动机进行客观准确的分析，对行为善恶作出公正客观的评价。① 有学者认为，经验主义与理性主义是关于善的讨论的两种方法论，它们是在实践慎思中被极致抽象化的两个面向，代表了实践慎思中的两种起点和两种不同的思维方式，是在同一自我中不同观念冲突的一种体现。现代讨论往往在纯思辨的层面上，在这两种方法论及其结论之间陷入激烈争论，希望有一种“绝对正确”的观点脱颖而出。这种争论是毫无意义的：它既不改变自我观念冲突的根本事实，也无法在复杂的现实面前交出一份令人信服的答卷，只是“躲进小楼成一统”的自我洁净。一个可行的解决方案是，跳出现代讨论非此即彼的思维定式，结合实际决策过程，发展出一种旨在解决“表面价值冲突”的方案。这个方案将有别于现有的各种融合观点，也有别于实用主义的调和方案：它一方面紧密结合了自我观念冲突的根本事实；另一方面将两种思维方式紧密嵌合到具有人格一致性的整体决策过程中，尝试从根本上解决现代道德讨论的梦呓。②

道德上的“善”与“恶”是中国伦理思想研究中的根本问题。

关于“善”，有学者认为，孟子将“善”纳入人性论，通过明确人本原的自发的道德倾向，“性善”成了道德所以可能的基础。在“性善”观念中，“善”的含义就是“道德善”，它是人类共同体秩序和道德的表达，因此道德的含义就是人自然的道德倾向与人类“共同善”之间的统一。以“向善”的共同趋向为基础，人类的“基本善”就是一种实存的价值，“公义”也因此成为可能。基于此，建立一个“善的”人间秩序不仅是可欲的，而且是可行的。③ 有学者还研究了《太上感应篇》，认为其中的行善去恶论所包含的传统道德智慧，对我们加强当代道德建设具有重要启发意义，就是要我们用理性自觉、价值信仰和好的制度安排与道德法律化去促进人们行善去恶，这是促进中国社会道德进步的动力与保障机制。④ 有学者还研究了盛行于晚明清初的通俗劝善书“功过格”，认为功过格的流布，引发了一场关于劝善理念的争论。推行功过格的士人宣扬善恶报应、行善求福，其在吸引普通民众的同时，遭遇了正统儒士的批驳，他们反对功过格的功利色彩，强调善本当行、改过迁善。这两种劝善理念的差异既反映出士人群体不同的道德教化立场，也凸显了世俗功利主义与道德

① 吴西亮、葛晨虹：《论“无人为恶”与动机善》，《齐鲁学刊》2018 年第 2 期。
② 陈岗：《从内在善理论到实践中的关切》，《现代哲学》2018 年第 2 期。
③ 李国斌：《孟子对“善”观念的改造与重建》，《道德与文明》2018 年第 6 期。
④ 肖群忠：《行善去恶论：〈太上感应篇〉的传统道德智慧》，《船山学刊》2018 年第 1 期。

理想主义之间的价值张力：其一，在道德劝善上，推行功过格的士人主张善恶报应，更多的是面向一般民众的方便教化，正统儒士坚持善本当行，主要是勉励学道之人修身成德；其二，在德福观念上，普通民众深信善恶报应，希望积德行善能获得世俗福报，精英士人则基于良知自觉，以礼义为福，追求道德人格的完成。①

关于道德上的“恶”，有学者对儒家为何没有“绝对恶”与“根本恶”这个问题进行了探讨，并以中西比较伦理的“消极情性”为视角，对于中西方论“恶”进行哲学比较。认为“绝对恶”的出场，证明西方思想有将恶加以“本体化”的倾向，而中国从来没有如此的思想取向。就思维方式而言，西方探究“恶”之本源与中国的“向善”而生，分别来自西方的“两个世界”观与中国的“一个世界”观。② 有学者对孟子“四端说”中“羞恶之心”之“恶”进行了讨论，认为旧注多读其为wù，如此则所羞、所恶之内容乃甚含糊而不知其所指，与孟子意旨不相契合。主张此处应读为“羞恶（è）之心”，此“恶”（è）乃所羞之对象。如果说“四端”之“不忍恻隐之心”表现了人心对善的肯定性一面，那么“羞恶之心”或羞耻心则表现了人心对非性之恶的排拒与否定性一面。统合此两者，才能全面把握儒家“性本善”理论的完整内涵。③ 有学者探讨了张载的“善反”观点，张载认为现实社会中的人之所以有恶行，是因其不知善反、不知存养善性，因此不能开显人生在世的价值。“性于人无不善，系其善反不善反而已”。人之为人在于追寻天地之性与太虚之善，实现人生的价值。在价值实现理路中，人应该通过寡欲、为学、行实等手段去消解自身的消极因素，如是，不仅为“立心”创造条件，而且可以使自我无限地接近太虚之善，进而实现理想人格与价值超越。其中，“寡欲”是成就“善反”的道德修养工夫，“为学”是打通“善反”之路的关键，“行实”则是实现“善反”之价值目标的落脚点。④

（二）应当

对“应当”概念的界定是伦理学中最基本的工作之一。大卫·休谟在《人性论》中提出了著名的“是”与“应当”的两分：不能从一个“是”陈述推出一个“应当”陈述，这个两分成为持久的伦理学话题。有学者指出，当代的马克·纳尔逊和约翰·瑟尔为解决这个两分提出了各自的形式主义尝试；罗莎琳德·赫斯特豪斯的亚里士多德主义尝试则更具实质性。这种尝试从一种客观的对于人性的描述开始，带来

---

① 方圆：《善恶报应与善本当行——从功过格看晚明清初士人劝善理念之差异》，《道德与文明》2018年第3期。

② 刘悦笛：《儒家何以无“绝对恶”与“根本恶”——中西比较伦理的“消极情性”视角》，《探索与争鸣》2018年第9期。

③ 李景林、马晓慧：《论人性本善及其自我捍卫机》，《哲学动态》2018年第1期。

④ 王传林：《复归天地之性与太虚之善——张载“善反”的价值向度与旨归》，《道德与文明》2018年第3期。

了一个事实陈述，然后从这个事实陈述推出了一个应然陈述：一个伦理上健全的、没有缺陷的人应该是怎样的。但这些尝试都是不成功的。而朱熹对人性的解释为我们提供了一个更有可能成功的方案。由于朱熹的人性说是以一个客观的描述性陈述表达的，而他关于人应该如何的规范性陈述又基于那个客观的事实陈述之上，因此认为朱熹成功地从事实陈述推出了应然陈述。① 有学者在休谟问题的论域中对权威的规范性问题进行了探讨，认为规范性是指“休谟法则”中“应然”的广阔领域，将规范性和行动联结起来的关键点就是理由，而理由有着不同的类型。权威试图给予行动主体理由来指引行动，但是这面临着权威悖论的问题。权威悖论可以通过规范性间隙得到解决，权威的规范性间隙包括从事实权力到事实权威的间隙以及从事实权威到合法权威的间隙。规范性间隙影响行动主体的实践推理，一端是基于审慎原则的推理，另一端是基于理由的推理，只有后者具有规范性。对于既存的制度性权威，需要通过增进其道德性获得规范性。②

有学者对西季威克的“应当”概念进行了研究，认为西季威克通过对常识的反思以及对两种自然主义伦理观点的反驳，否定了把“应当”还原为一种欲望的作用的观点，而认为该概念在根本上表达了一种理性的要求和命令，并认为这是一个不可被进一步还原分解的简单概念，只能凭直觉把握。西季威克对“应当”概念的这一理解具有一种义务论的特征，使他在根本上区别于边沁、密尔等功利主义思想家。而通过西季威克对密尔的功利主义证明的反驳让我们看到，这种义务论特征实际上是西季威克为证明功利主义理论的必然选择。③ 有学者还介绍了彼得·辛格的有关“应当”的思想，彼得·辛格为富裕国家的民众应当给远在千里之外发生饥荒的难民提供援助进行道德辩护，并提出了强的道德原则：如果我们有能力阻止非常不好的事情发生，并且不会因此而牺牲任何具有道德价值的东西，那么我们在道德上就应当去做。然后在修正传统道德概念图式的基础上，对“责任与慈善”进行重新区分，并论证了此种援助是义务行为而非超义务行为。同时从功利主义的角度出发，为“在无须牺牲具有同等道德价值的东西的前提下，我们应当尽最大努力阻止苦难的发生”这一道德原则进行了有力辩护，解决了富裕国家的民众应当捐赠多少的问题，即捐赠额不超过边际效应点——“捐赠者将给其自身及其家属带来严重的痛苦”即可。最后，对不捐赠的两个重要理由——“私人捐赠会纵容政府及该社会中未捐赠的成员逃避他们的责任”；“除非存在有效的人口控制，否则饥荒救援仅仅是在推迟饥荒的发生”——进行了有力反驳，主张富裕国家的民众应当通过“饥荒救助或者人口控制的方法，或者两种方法都采取”的方式缓解贫困国家的饥荒问题。④

① 黄勇、段素革：《如何从实然推出应然——朱熹的儒家解决方案》，《道德与文明》2018年第1期。
② 金韬：《权威的规范性间隙》，《道德与文明》2018年第2期。
③ 余建滨：《论西季威克对“应当”的界定》，《宜宾学院学报》2018年第2期。
④ ［美］彼得·辛格、王银春：《饥荒，富裕与道德》，《云梦学刊》2018年第1期。

（三）平等

作为一种规范性价值范畴，平等具有多种形态，在伦理思想史上具有重要意义。有学者对古希腊罗马的平等观念进行了研究，认为其虽然古老，处于平等观念发展的初始阶段，但它们是现代平等观念的源头，对现代平等观念的形成与发展具有奠基性的意义。根据马克思的历史唯物主义，平等（equality）观念是一种社会意识，是对社会经济关系以及由其决定的政治关系的反映。由此说来，平等观念是随着人类社会出现阶级并进而形成处于不同政治地位的社会群体而产生的。仔细考察西方古代思想史的文献我们可以发现，平等观念早在古希腊罗马时期就已出现在诸多思想家的论著中，并对当时的社会历史发展产生了重要影响。①

当代平等主义最重要的代表是罗尔斯。对于这种平等主义，罗尔斯本人把它称为“民主的平等”。有学者认为，从“什么的平等”的观点看，应该把它称为“基本善的平等”。对这种平等观的讨论包含三个问题：首先，分析基本善观念本身，解释其具体含义以及与正义原则的关系；其次，揭示基本善观念存在的一些困难，其中包括两个主要问题，第一个涉及基本善的客观性，第二个是基本善的性质；最后，探讨平等主义中的个人责任问题，从基本善的视角来看，民主的平等在这个方面存在明显的缺点。② 有学者认为，在康德和罗尔斯的平等主义思想之间有着明显的扬弃关系。罗尔斯追随康德，把人之平等的基础归于人的道德能力。康德对公民追求幸福的手段施加正当性限制，罗尔斯将此发展为正当对善的优先性原则，此一进路保障了公民权利的平等。与康德拒绝给予缺乏财产的臣民政治自由恰成对比，罗尔斯主张保障公民平等的政治自由的公平价值。康德的机会平等原则否定出身阶层和特权之间的联系，罗尔斯主张进一步消解自然禀赋和家庭环境等因素对人们生活前景的影响。关于背景正义的考虑使得罗尔斯比康德对经济不平等施加更多限制。③

有学者认为，平等既可以反映在主体或事务维度上，亦可以同时反映在两者之上，因此平等既可以是有限的群体在所有事务上的开放性平等，可以是所有人在有限事务上的普遍性平等，还可以是所有人在一切事务上的综合平等。上述三种平等涵盖了平等的所有可能形态，每一种对应一种特殊的主体建构方式，可以说平等的形态与主体的建构方式是一体两面的。基于不同的主体建构产生了关于平等的不同理解，而不同的平等形态反过来反映了主体建构之间的差异。根据平等形态的不同，可以说平等在西方历史和认识中经历了两次范式转移，即古希腊平等到基督教平等以及基督教平等到平等主义。与此相应，主体建构形式也发生了两次根本变化。这些变化在马克

① 段忠桥：《古希腊罗马时期的平等观念》，《哲学动态》2018 年第 10 期。

② 姚大志：《民主的平等：从基本善的视角看》，《四川大学学报（哲学社会科学版）》2018 年第 1 期。

③ 汪志坚：《平等：从康德到罗尔斯》，《道德与文明》2018 年第 6 期。

思看来都不够彻底。马克思认为过去的平等要么没有满足广度条件（古希腊城邦政治），要么没有满足深度条件（基督教和平等主义），而马克思的综合平等是否具有稳固的社会基础则取决于他对主体的认识是否成立，即取决于对于一般人性的研究。这种对主体的研究可以看作马克思对自身理论提出的自我要求。[①] 有学者认为，在当代马克思主义伦理学的研究中，许多西方学者倾向于运用规范伦理学的研究范式来解读和重建马克思的道德理论，道义论便是其中一种路径。英美分析学派的主要代表人物科亨、杰拉斯与佩弗都将平等主义的分配即分配正义问题视为马克思道德理论的核心，并将正义原则的正当性基础归因于自然权利，按照对马克思道德理论建构的自觉程度区分，三人被认为是不同程度上的混合道义论者。混合道义论在一定程度上阐明并发展了马克思的道德理论，但从本质上看仍然是非马克思主义的。[②]

有学者认为，平等与不平等处于一个充满内在张力的反题结构中。在描述性范畴内，人们在有些方面是平等的，而在另外一些方面则是不平等的，因而往往存在身份悖论。在规范性范畴内，不平等具有重要的伦理价值，并对平等的规范性主张形成有力制约。审慎的平等主张都是有节制的，需要对平等和不平等进行审慎权衡。平等不是终极价值、终极目的，而只是达致其他更高目的的手段。不论赞同平等的理由多么充分，平等本身并不是一种“至上的美德”或终极的价值，一切为平等而平等的做法都是没有根据的，对平等的评断必须根据其所达成的成就来进行。如果人们把平等看作对过度差别的矫正、对恶的限制，那么人们就能理解平等应该有所节制，不能因为追求平等造成新的、更大的恶，平等的目标能够也应该与其他目标、其他价值达成妥协，尤其是与由差异和不平等来保障的其他价值达成妥协。[③]

（四）正义

罗尔斯全球正义理论的提出，在政治哲学领域引起巨大反响。有学者认为，罗尔斯吸收并改造了康德的定言命令理论，提出了一个“合理而理性的行动者在原初状态中的一致同意”的命题，作为社会正义原则的基础。他认定康德的理论有一些致命的缺陷，并且试图把定言命令的三条公式联合在他的原初状态之中，以便克服这些缺陷。同时，罗尔斯还认为，在关于社会正义原则的慎思中，一些合理的经验性的条件必须得到保留。因此，他用无知之幕取代康德的目的公式，以削弱后者过于严苛的限制。[④] 有学者进而指出，罗尔斯的正义理论内容主要包括两个部分：一是全球正义的理想理论；二是全球正义对现实妥协后的可行性原则，亦即非理想理论。理想理论主要是罗尔斯对完备性理论和理性多元主义问题的回答，而非理想理论则主要是对全

---

① 汤云：《平等的形态及其主体建构》，《社会科学辑刊》2018 年第 4 期。

② 张彦、顾青青：《混合道义论的马克思道德理论辨析》，《哲学动态》2018 年第 2 期。

③ 王元亮：《论平等与不平等之间的张力》《伦理学研究》2018 年第 2 期。

④ 李科政：《罗尔斯原初状态的康德式诠释》，《道德与文明》2018 年第 1 期。

球平等主义、世界主义的批判。从哲学基础来看，罗尔斯的全球正义理论是对康德全球正义思想进行了一次当代政治哲学的重铸。从具体内容来看，罗尔斯的全球正义理论在概念界定、对全球贫富差距和全球分配的理解以及协调完备性理论和理性多元之间矛盾等方面都存在问题。①

与此相关，学者们对马克思是否追求正义这个问题进行了探讨。有学者认为，对这个问题的相关争论形成了“塔克—伍德命题”及其反对派，但“塔克—伍德命题”存在理论症结，而尼尔森提出的语境主义则是对其的破解。尼尔森主张历史唯物主义与正义是兼容的，正义有法权正义与人类正义之分，“人类命运共同体”在本质上追求的是人类正义，马克思的人类意义上的正义、自由与平等内在一致，它们作为整体也都是“人类命运共同体”的应有之义。马克思将自由自觉的活动看作人类的类本质，“人类命运共同体”维护人类整体利益，追求人类的尊严和幸福，是对被遮蔽的人类本质的复归。② 有学者也指出，构建人类命运共同体，其根本的准则是正义准则。当代世界正义涉及国际正义、普遍正义（全球正义）与环境正义三个层面。国际正义涉及国际交往的正义和经济秩序的正义。民族国家不论大小，其主权权力或权利平等，是处理国际政治事务和经济事务的根本准则。世界正义还有着全球个人层面的正义。在当代世界中，最为重要的是全球所有人口的最基本生存权和最基本生存需要的满足问题。以正义准则对待环境和保护环境，是人类命运共同体在这个星球上赖以生存的条件。③

（五）孝道

孝道是中国文化的一个核心价值范畴，学者们从不同角度对此进行了研究。有学者从思想史的角度对孝进行了讨论，认为孟子继承孔子论舜之孝，说“大孝终身慕父母”，同时提示我们将视角从“天子”转回到“人”与“子”这样更根本的身份意识中来，宋儒罗豫章则揭示出“天下无不是底父母”，除了自我身份意识，父母本身的意义也被凸显。其后如朱子、王船山论孝，便无不本于此义。正因为父母“无不是”，孝子才可能由衷地“终身慕父母”并要求“得乎亲”。但所谓“无不是”又并非愚孝，相反，人子须从此出发肯定自己，尽力成就父母之所赐而“践形”。④ 有学者对儒家伦理中亲情与公义之间的张力问题进行了研究，认为在过去十多年关于父子相隐与儒家伦理的论战中，孟子论舜的两个故事即“封象有庳”和“窃负而逃”被论战双方视为亲亲相隐的典型，成为双方激烈争辩的一个焦点。一方认为舜的行为

① 陈晓：《论罗尔斯全球正义理论》，《理论学刊》2018 年第 1 期。

② 李星：《“人类命运共同体”：一种人类正义的新秩序——从“语境主义”化解马克思正义难题引入》，《河南大学学报（社会科学版）》2018 年第 6 期。

③ 龚群：《人类命运共同体及其正义维度》，《哲学分析》2018 年第 1 期。

④ 莫天成：《大孝终身慕父母——孟子论舜之孝以及儒学史上的诠释》，《道德与文明》2018 年第 1 期。

表现了儒家“爱有差等”的原则，孟子论舜并无不当之处；另一方认为舜的做法是无可否认的腐败行为，孟子论舜是不加掩饰的腐败宣言。双方尽管立场对立，但是都把孟子视为狭隘的亲情主义者，都认为儒家主张亲情高于法律。但是，对历史资料的考察和对相关文本的分析表明，舜“封象有庳”并非徇情枉法，乃是宽恕与尊法兼备，“窃负而逃”并非以私害公，而是正义与孝亲双全。孟子论舜既非主张血缘亲情至上，亦非称赞坏法乱纪之举。其思想根据一则在于孝悌与正义皆源自不可违反的人性；二则在于仁义道德乃是超越名利地位以至生死的善。[①]

有学者则认为，在激变的近代中国，固有的孝道丧失其核心地位，日渐边缘。趋新时人从中西、公私、新旧的新眼光审视孝道，使其缩变为中国过去的象征，成为民族国家的障碍。新文化运动前后，孝从核心伦理规范一变为奴隶道德，并与个人人格相对立。习染此风气，新青年改变了对孝道的态度，而这在社会层面产生的影响是具体和深远的。这意味着反传统不仅涉及抽象层面与固有文化的决裂，也意味着生活方式、情感表达与传统深深的决裂。不过，非孝论也遭到不少批评和质疑。[②] 还有学者从市民社会的角度探讨儒家孝治思想的现代意义，认为《孝经》主张基于人的尊严、遵循人的天性、顺应人民自生自发需求等孝治思想，与现代市民社会自治与理性化的思路一致，可以转化为促进行业及社会自治的重要资源。从黑格尔、涂尔干重视从宗教、道德、习俗等传统资源来实现市民社会自我管理这一思路看，儒家孝治天下的治道思想，同样有助于如今中国市民社会的自治与理性化发展。[③]

随着城乡经济一体化的发展，中国农村发生了翻天覆地的变化，社会的变迁与发展使得农村养老面临严峻挑战并由此引发了一系列道德问题。有学者认为，制度建设的不完善，不仅逐渐瓦解了中国农村的孝文化传承，也不能有效保障广大农民群众的生活。相应地，在与人民生存发展密切相关的社会养老保障方面，无论是政府还是社会，都应积极架构并完善体系，不只是做到为农村老年人提供丰富的物质生活资料，而且要重点加强提供丰富的伦理资源，通过多种形式探索构建农村养老的道德体系。新形势下，我们应以养老保障的道德性为切入点对中国农村养老保障存在的道德问题进行探讨，争取立足于弘扬中华民族优秀的孝文化传统，构建农村养老保障的核心道德理念，从伦理道德的角度提出切实有效解决我国农村养老保障问题的建设路径。[④]

---

① 黄启祥：《不可弃的亲情与不可犯的公义——论“封象有庳”和“窃负而逃”的伦理意蕴》，《浙江学刊》2018 年第 4 期。

② 赵妍杰：《近代中国非孝论反思》，《社会科学研究》2018 年第 1 期。

③ 方朝晖：《孝治与社会自治——以〈孝经〉为例》，《哲学研究》2018 年第 11 期。

④ 张静：《当代中国农村养老保障的道德研究》，《伦理学研究》2018 年第 2 期。

四 社会道德问题

（一）文化自信

党的十九大报告提出坚定文化自信，推动社会主义文化繁荣兴盛，进一步强调提高国家文化软实力。有学者指出，中华传统伦理文化源远流长、博大精深，其优秀伦理文化深刻影响和教育着中华民族，培育和铸造了中华民族特有的精神和性格，在中华民族的发展历程中显示其伟大的文化力量。在今天，决胜全面建成小康社会，夺取新时代中国特色社会主义伟大胜利，建设中国特色社会主义现代化的重要时期，学习中华优秀传统伦理文化中的上下求“道”、以德治国，以民为本、仁爱百姓，修德养性、仁善成人，中和有度、礼义兴邦，承教继志、睦邻和亲，忠恕待人、诚信立身，道义相规、宽不容恶，志存高远、经邦济世，自强不息、刚毅进取，公正无私、舍利取义，公忠体国、御辱图强等思想，仍然有着重要的理论意义和现实价值，有利于发扬中华民族文化的精神力量，夯实国家文化软实力的根基。① 有学者还认为，道德文化自信是文化自信的核心，道德文化自信是指主体对自身道德价值观及其生命力的充分认同、积极肯定、坚定信念和切实践履。按照性质来看，道德文化自信有相对于整个人类的一般道德文化自信即类自信和相对于特定群体或个体的特殊道德文化自信即殊自信；按照主体来看，殊自信又可分为群体自信和个体自信。当下中华民族既不能自负，也不能自卑，而要确立道德文化自信，因为它是道德文化自负和道德文化自卑两极之间的中道，是中华民族消解道德文化自负、克服道德文化自卑、增强软实力创新道德文化的精神之源。②

有学者也认为，中华民族的伟大复兴内在地包含并强烈地呼唤中华文明的伟大复兴。中华文明的伟大复兴，是一个拥有五千年文明传统的伟大国家精神、民族意志和伦理品质的全面复兴，而其所彰显的伦理蕴含、道德气度必将呈现历久而弥新、“致广大而尽精微，极高明而道中庸”及健全自我而又协和万邦的文明特质。中华文明的伟大复兴不是如同福山所言的历史的终结或文明的终结，而是中华文明与其他文明并辉以及人类诸文明真正进入一个和而不同、共同发展的新时代。中华文明的发展本质上是在“等闲识得东风面，万紫千红总是春”的境况和气韵中不断实现自己的创造性发展和形态更新的。③ 有学者指出，当代中国道德建设走过了一条不平凡的发展道路，充满辩证的否定和扬弃：从抛弃传统道德到传统道德回归再到扬弃传统道德；

① 刘建荣：《以传统优秀伦理文化夯实国家文化软实力根基》，《伦理学研究》2018 年第 3 期。

② 龚天平、袁家三：《论道德文化自信》，《伦理学研究》2018 年第 1 期。

③ 王泽应：《中华文明伟大复兴的伦理蕴含和道德气度》，《湖北大学学报（哲学社会科学版）》2018 年第 1 期。

从批判西方道德到肯定西方道德再到当代中国道德建设创新；从一元化道德到多元化道德再到把握文化领导权；从重视道德治国到重视法制治国再到德治法治相结合；从重视集体利益到重视个人利益再到两者兼顾；从追求崇高到走上低俗再到构建核心价值观；从重视思想道德建设到重视科学文化建设再到全面发展；从崇尚道义到崇尚利益再到义利统一和互利共赢。①

（二）道德治理

有学者认为，在加强和创新社会治理的宏大背景下，将道德问题的整治纳入治国理政的范畴，进而提出了“道德治理”的理念。政府主导、多元主体、互动协作的治理理论为道德建设提供了总体性方法论，为走出道德教育实效低迷的困境提供了新的思路。在实施上，道德治理应立足于我国的现实，把公平正义的制度安排作为基石，把公德治理作为核心，把社会主义核心价值观的引领作为指导原则。②

在国家治理现代化进程中，道德话语的价值不容低估。有学者认为，历史唯物主义关于思想上层建筑与政治上层建筑的关系理论，很好地诠释了道德话语在国家治理现代化中的作用。国家治理体系中的制度信用离不开诚信的道德价值基础；制度公正有赖于公平正义的道德价值标尺；制度权威的树立取决于制度的感召力和国家精神健康。为此，我们应打破现阶段国家治理中道德话语边缘化的窘境，致力于其整合与创新：其一是在国家治理现代化中确立国民的道德共同价值；其二是在国家治理现代化中坚守道德高地。权威是需要维护的。为了保障国家治理现代化中道德话语的权威性，还须在治理实践中推动道德话语介入决策咨询机制；协同以德治国与依法治国的“双翼”；鞭策公职人员率先垂范修为养德。③ 还有学者对乡村文化的道德治理功能进行了研究，认为乡村文化是乡村社会建设的重要内容，也是乡村社会治理的基本工具。在乡村社会治理中，乡村文化具有凝聚村民价值共识、化解乡村社会矛盾、规范村民行为、构建村民精神家园等道德治理功能。随着乡村社会的变迁，乡村文化的道德治理功能正在弱化，表现在民间信仰的衰落、家族宗族影响的弱化、村规民约的失范和乡贤人才的流失等。必须大力加强乡村文化建设，积极传播当代价值观念，培育现代公民；打造有价值的乡村文化品牌，努力展示乡村文化的独特魅力；增强乡村文化公共产品的制度供给；加快乡村文化的现代转型，从而促进乡村社会治理走向善治。④

---

① 吴灿新：《当代中国道德建设之路的回溯与总结》，《伦理学研究》2018 年第 6 期。

② 杨超：《我国道德治理的现实背景及实施原则》，《道德与文明》2018 年第 5 期。

③ 陈桂蓉：《论国家治理现代化中的道德话语》，《福建师范大学学报（哲学社会科学版）》2018 年第 5 期。

④ 何建华：《乡村文化的道德治理功能》，《伦理学研究》2018 年第 4 期。

（三）道德教育

道德教育是伦理学的实践载体，伦理学是道德教育的理论依据。有学者认为，道德教育最终能否为人们所接受，关键在于其是否建立在合理的哲学基础之上，即能否发挥不同伦理学理论攻关的合力。伦理学的对象与使命是辨识与通达不同伦理学主张的首要问题，也是考察与分析道德教育缺效的学理致因。合适定位伦理学不同理论在道德教育中的应有角色，是提升道德教育有效性的可能理路。① 道德健康重要性的凸显，使得道德健康教育应运而生。道德健康教育研究是一项理论课题，也是一项社会实践课题，同时也是德育谋求学科发展、应对现实挑战，促进人自身全面而自由的发展的一个重点、难点问题。有学者认为，综观国内外关于道德健康教育的研究现状，无论是就学理层面还是应用层面而言，目前学界对道德健康教育的研究都只能说处于起步阶段，有必要借鉴国内外关于道德健康教育的研究成果，对道德健康进行系统、深入的分析，以促进德育理论的创新和德育实效性的增强。②

中华优秀传统文化博大而精深，为建设中国特色社会主义文化提供了丰富的德育资源。有学者指出，中国传统修身文化以人性学说为理论基础，以严于律己为主要模式，以道德境界为理想目标，形成了一个完善的文化体系。在新时代弘扬中华优秀传统修身文化，建设中国特色社会主义文化，要坚守中华文化立场，在实践创造中推动优秀中华传统文化创造性转化、创新性发展，不断铸就中华文化新辉煌。③ 有学者对家风建设方面进行了探讨，认为中华优秀传统家风是一个主要由家训、家规、家教、家族活动仪式、家族居所环境等多种元素构成的有机统一整体，而家训、家规为家族成员的人格养成、道德建构和家族的兴旺和谐提供理念指导与行为规约。家族活动仪式的设计和立意，使家族成员在活动实践的体验中逐步把家族的价值理念和道德规约内化为家族成员的行为遵循家族居所环境中体现的德性意蕴，使家族成员在无形中受到浸润和熏陶。④ 有学者对儒家友道方面进行研究，认为它蕴含深厚的德育意蕴，强调朋友在个人品德的形成与发展中具有不可替代的重要作用，是道德教育有效开展的重要影响因素，以“未有不须友以成”为德育理念；以朋友互相增益和成就彼此的德性与人格，共同推进“道”的弘扬，促进道德理想、社会理想的实现为德育目标；以朋友共同讲议道德学问，以善道相责相勉为主要的德育方法。⑤

有学者认为，现代社会与古代社会的最大差别，是在家庭和国家之间出现了一个

① 王艳：《道德教育缺效的伦理学释解——兼论伦理学的对象与使命》，《齐鲁学刊》2018 年第 2 期。

② 肖霞：《国内外道德健康教育研究综述》，《伦理学研究》2018 年第 1 期。

③ 曹德本、倪博闻：《弘扬优秀中国传统修身文化建设中国特色社会主义文化》，《清华大学学报（哲学社会科学版）》2018 年第 2 期。

④ 吴潜涛、刘函池：《中华优秀传统家风的主要表征及其当代转换与发展》，《中国高校社会科学》2018 年第 1 期。

⑤ 揭芳：《论儒家友道的德育意蕴》，《云南社会科学》2018 年第 6 期。

不是基于血缘纽带的巨大空间——市民社会，其由经济实体、社会团体和公共领域等构成。市民社会的自治和理性化是现代社会健康发展的基本条件。古典儒家修、齐、治、平的个人成长设计，由于在家和国之间缺少“社会”这个环节而面临挑战。应当通过对中华传统美德的历史考察，揭示中华传统美德的历史变迁背后所反映的历史和社会需要。① 有学者指出，历史上儒学的发展既有义理的创制，也有制度、礼俗的建设，儒家的价值理想落实到社会生活当中，离不开儒者对民生、制度、礼俗的思考与实践。孟子在思考王道时就认识到“养生丧死”等民众切实的需求与仁政落实的关系，历史上的儒者在推行儒家教化时，也重视民生，强调制度设计、礼俗重建，尤其是文化转型期的儒者，其思考和实践具有很强的“社会性”。今天面临传统文化的创造性转化与创新性发展，如何在当今社会结构中安顿儒家伦理，创新思考儒家伦理的实践方式，是我们不得不思考的问题。如果儒家不能为解决当今中国社会的人伦生活、精神追求等问题提供切实有效的方案，我们或许要重估儒学在当代复兴的价值。在这一背景下，我们可以重视社会儒学这一概念，重回孟子王道与伦理的思考，立足当下中国的社会实际，提供儒家方案，开展儒家实践，以期“重建儒家和中国人生活的联系”，服务当代中国社会发展。②

（四）科技伦理

近年来，纳米技术、基因工程、人工智能等新兴科技迅猛发展，引起了科技界与学术界的广泛关注和讨论。新兴科技为人类的幸福生活提供了可能，但是也将人类带向了不可控的未来。正是因为它关乎人类主体的整全、人的尊严和人在自然界的地位，由此引发学界对生命伦理与法律、生命价值与全人类命运的深度思考和争论。③

人工智能的迅速发展给人们生产生活带来极大便利，同时也引发了诸多哲学争论，特别是关于人工智能主体地位的争论最为激烈。有学者认为，哲学争论的背后是人工智能所带来的伦理问题与挑战，诸如道德决策风险、社会伦理问题、主体人存在与发展的伦理问题等。而应对人工智能所带来的伦理问题，须以马克思科技史观为指导，正确处理人与人工智能的关系，并从伦理制度建设、人工智能监督等方面着手介入。④ 有学者指出，随着人工智能科技的快速发展，“人工智能威胁论”引起人们的广泛关注。考虑到人工智能可能产生的深远影响，并根据道德哲学中责任主体的确定条件，从事人工智能研究的科技人员承担着沉重的道德责任，特别是前瞻性道德责

① 高海波：《从中华传统美德的历史发展看传统道德的“创造性转化、创新性发展”》，《中国哲学史》2018 年第 4 期。

② 赵金刚：《儒家伦理与社会儒学——儒学义理与中国社会的互动》，《道德与文明》2018 年第 5 期。

③ 韩大元、孙周兴、赵汀阳、何怀宏、王国豫、段伟文：《新生命哲学：新兴科技与开放的伦理建构》，《探索与争鸣》2018 年第 12 期。

④ 王军：《人工智能的伦理问题：挑战与应对》，《伦理学研究》2018 年第 4 期。

任。科技人员需要在科研活动中贯彻执行预防原则，并通过培养道德想象力、加强技术评估、开展行为研究等多种方式来履行前瞻性道德责任。① 有学者认为，人工智能的发展应当以人类价值为基础，以人类福祉为目标，这就要求必须给人工智能一颗“良芯（良心）”。这意味着人工智能伦理研究应围绕“机芯”和“人心”两个维度来展开。“机芯”研究主要是指人工智能道德算法研究，旨在使人工智能拥有“良芯”，使之成为道德的人工智能或道德的机器。“人心”是指人工智能研发者和应用者应当具有“良心”，使人工智能的设计合乎道德，避免恶意设计，并确保人工智能的善用，使之造福人类社会，即“人心”研究涵盖人工智能设计伦理和社会伦理研究。“机芯”和“人心”研究存在诸多基础性问题，需要在道德哲学层面做出回应。因此，人工智能伦理研究包括人工智能道德哲学、人工智能道德算法、人工智能设计伦理和人工智能社会伦理四个维度。②

有学者对人工智能是否会挑战人类社会秩序进而带来伦理问题进行分析，主张应通过完善相关立法、加大对相关技术与产品的管理力度以及提升群众的认知素养来进行规避。③ 有学者指出，人类必须与人工智能机器人融突和合，才能真正造福人类，为此，需要人生机生，并育并长。类人机器人、克隆人，唯有在不违反伦理道德的前提下，人运机运，共建美好。在人机命运联通、人机一体化中共建人机命运共同体的美好前景。若类人机器人作为公民，就可与人类共造、共享平等权利。人类应以“天地万物本吾一体”的胸怀，“四海之内皆兄弟”的精神，尊重类人机器人的权利，构建互利合作的人机共同体。④ 有学者认为，未来的伦理学需要将人与智能机器的关系纳入其考虑范围，主要是因为人赖以获得对其他所有自然物的支配优势的智能，将可能被机器超越。关于人机关系的伦理思考，一种思路是倾向于做减法而非做加法，即优先和集中地考虑规范智能机器的手段和限制其能力，而不是考虑如何设定和培养机器对人类友好的价值判断，亦即尽量将智能机器的发展限制在专门化、小型化，尤其是尽可能的非暴力的范围之内。⑤

（五）信息伦理

与科技伦理主要从“硬件”方面研究有所区别，信息伦理则主要在“软件”方面进行研究。学者们对大数据应用所带来的可能的伦理问题从宏观和微观、正面和负面、社会与个人等层面进行了探讨，并提出了一些对策建议。

---

① 杜严勇：《论人工智能研究中的前瞻性道德责任》，《上海师范大学学报（哲学社会科学版）》2018 年第 4 期。

② 李伦、孙保学：《给人工智能一颗“良芯（良心）”——人工智能伦理研究的四个维度》，《教学与研究》2018 年第 8 期。

③ 郭建伟、王文卓：《如何规避人工智能带来的伦理问题》，《人民论坛》2018 年第 31 期。

④ 张立文：《和合人生价值论——以中国传统文化解读机器人》，《伦理学研究》2018 年第 4 期。

⑤ 何怀宏：《人物、人际与人机关系——从伦理角度看人工智能》，《探索与争鸣》2018 年第 7 期。

有学者认为，随着信息技术的广泛应用，非规模化成为社会主要的发展态势，自主劳动成为社会主要劳动方式，社会需求和技术变革越来越快地成为社会常态。非规模化状态下道德出现新的问题，道德关系从稳定性走向自主性，组织内部道德权威由强盛走向衰落，个体道德理性从社会契约走向去抑制。解决信息技术带来的非规模化道德问题，要以法律、技术等硬性规制确保社会道德底线，以动态媒体矩阵为依托营造社会道德氛围，以微化、互联为导向建设能够引领人类自我实现的信息社会伦理学。① 有学者进而认为，大数据在生产、储存、传播和使用过程中伦理失范的原因主要有大数据自身技术缺陷、制度失位导致管理无序和信息异化与伦理意识弱化三大方面。针对大数据伦理的困境："数字鸿沟"、数据身份、个人隐私、大数据伦理规范等，要坚持以人为本、无害、同意和安全责任四项原则，采取道德教化、舆论引导、健全法律、技术创新、社会监督五方面措施加以应对。②

有学者认为，大数据时代，由于数字身份主体对身份数据化风险感知不足与自身的网络言行缺乏约束、大数据技术发展的负面效应以及其他社会环境等主客观因素，大数据技术构建的个人数字身份在为当前社会经济发展提供极大便利的同时，也存在着数字身份被盗用、数字身份易追溯和数字身份认同等伦理问题。这既危害了公民个人的信息安全，也不利于网络社会的发展，造成现代技术与人的自由全面发展的悖逆。为此，必须从网络技术的负责任创新、社会规制的系统完善、网络素养的有效提升等方面加以克服和控制。③ 有学者具体讨论了数据共享的伦理问题，根据人体生物样本数据库的性质、定义、特色、社会价值和概念模型，以及在此领域评价决策的标准，认为其应该包括效用、知情同意、保密、公平可及、透明和共济，并讨论了数据共享引起的关切和影响数据可及的可能障碍，以及如何在保护隐私与数据之间保持平衡，并发挥伦理委员会可能在其中所起的作用。④ 还有学者具体讨论了记忆伦理的问题，认为当数据成为记忆的一种样式，且以一种更为本源的形式进入记忆的产生与构成之中时，记忆伦理的探究就必然与数据相关联。这种关联性不仅表现为数据作为一种技术对记忆伦理所产生的影响，也表现为数据的伦理属性与记忆伦理之间的羁绊以及数据相关的伦理问题与记忆伦理之间的羁绊。这些影响与羁绊正是记忆伦理的新面相。从技术伦理学的视角看，当其介入记忆时，会引发一些记忆伦理问题，同时也会解决一些记忆伦理问题；从记忆伦理学的视角来看，记忆与技术的深度关联使得对记忆伦理的考察必将技术纳入其中。⑤

① 李扬、孙伟平：《非规模化·道德问题·应对策略》，《理论探索》2018 年第 6 期。
② 田维琳：《大数据伦理失范问题的成因与防范研究》，《思想教育研究》2018 年第 8 期。
③ 董军、程昊：《大数据时代个人的数字身份及其伦理问题》，《自然辩证法研究》2018 年第 12 期。
④ 雷瑞鹏、邱仁宗：《数据共享是道德律令》，《自然辩证法研究》2018 年第 1 期。
⑤ 闫宏秀：《数据与记忆伦理的新面相》，《道德与文明》2018 年第 4 期。

（六）工程伦理

工程伦理即工程活动如何实现公共善也是学者们所关注的应用伦理学领域的一个热点问题。有学者认为，由于工程产品是依靠公共力量与资源来实现的，公共权力的介入乃至“政治性诱致”就不可避免。现实生活中的“政绩工程”造成了工程成本与收益之间的紧张关系，这不仅损害了公共利益，而且破坏了社会正义原则，造成了一定程度的合法性危机。因此，仅仅从伦理学角度强调工程师所担负的伦理责任固然重要，但从政治学的角度探讨工程活动中的权力因素与政治机理同样不可或缺。因此，从相对成熟的工程伦理学走向隐而未发的工程政治学，为缓解工程与社会正义之间的紧张关系提供了新的思路。①

我国工程伦理研究晚于欧美，对欧美工程伦理思想的研究与借鉴具有重要意义。有学者认为，欧美工程伦理呈现出三条进路：工程师职业伦理研究进路；内在主义工程伦理研究进路；宏观视角下的工程伦理研究进路。欧美工程伦理研究进路的演化过程对我国工程伦理的研究与发展具有重要启示：要有效解决工程伦理问题就要进一步扩展研究视野，从只关注工程师个体伦理责任的“个体主义工程伦理”转向研究工程共同体整体伦理责任的“整体主义工程伦理”，只有将工程共同体由技术共同体、经济共同体转变为道德共同体，才能创造出善的工程。② 有学者研究了美国工程伦理规范的历史，认为美国工程伦理规范经过百余年发展，始终以工程职业自治为目标，围绕个体自主、商业利益、技术效率追求与公众安全和环境保护等利益与价值冲突为主题，形成了工程伦理规范生成、调整与发展的内在动力与运行机制。主张研究美国工程伦理规范发展历程与经验、揭示工程职业自治的文化与制度因素，有利于推进我国工程伦理规范的制定和现代工程职业的形成、培养工程职业精神，推动创新创造发展。③

工程伦理教育是工程教育中不可或缺的重要一环，已经成为许多哲学学者、工程教育工作者的共识。有学者通过对 CNKI 和 WOS 数据库中工程伦理教育研究文献关键词的共词分析，梳理了国内外工程伦理教育研究特点与趋势，发现目前国内研究具有“以工程教育改革为动力”“德育与工程伦理教育混淆”“理论研究的分散性”三个特点。并提出三点建议：紧跟国际前沿，致力于本土化研究注重教育实践，大胆尝试创新推进跨学科融合，转变研究范式。④ 有学者认为，道德敏感性作为关于伦理知识、道德意识、伦理论证能力、职业责任的综合体，已成为工程伦理教育中提升工程

---

① 张云龙：《工程与社会正义——开启工程研究的政治学之维》，《自然辩证法通讯》2018 年第 10 期。

② 万舒全、文成伟：《欧美工程伦理研究的三条进路及启示》，《科学技术哲学研究》2018 年第 6 期。

③ 张恒力、王昊、许沐轩：《美国工程伦理规范的历史进路》，《自然辩证法通讯》2018 年第 1 期。

④ 罗欣、范春萍：《中外工程伦理教育研究述评——基于 CNKI 和 WOS 数据库文献的共词分析》，《中国科技论坛》2018 年第 2 期。

伦理教学效果和工程类学生职业责任感的重要内容。基于定性方法，结合问卷法、访谈法和数据统计等定量方法对工程类学生道德敏感性进行实证测度，结果表明，工程伦理教学内容与方法相互配合共同提升了工程伦理教学效果，同时道德敏感性也得到了显著提升。[①] 有学者还对美国工程伦理教育进行了研究，认为其既重视工程专业知识和实践能力，又重视职业道德和社会责任感，旨在培养多学科视角和高社会责任感的 21 世纪工程型人才。美国工程伦理教育在具体教学实践中探索出了独立课程模式、跨课程模式、工程伦理和非技术课程的结合模式等课程模式以及团队教学法、案例教学法、基于社区的服务学习法等教学方法。然而，面对现代工程活动自然和社会影响日趋复杂深远的社会情境，美国工程伦理教育还需要从教学的内容、方法、对象和评价等方面谋求发展变革。

① 张恒力、许沐轩、王昊：《工程伦理中“道德敏感性”的评价与测度》，《大连理工大学学报（社会科学版）》2018 年第 1 期。

2018年马克思主义伦理学研究报告

李慧琳*

近年来，马克思主义伦理学研究一直保持活跃的态势，渐渐成为伦理学研究中一个显著的学术生长点。总体上看，马克思主义伦理学大致有三个研究方向：一是对马克思主义伦理学知识合法性问题的讨论，二是在马克思主义的理论框架内对一些核心伦理学概念的讨论，三是运用马克思主义伦理学的立场、观点和方法研究理论与现实问题。2018年的马克思主义伦理学研究在这三个方面均有高质量的研究成果。

一 马克思主义与伦理学的内在关联

唐凯麟、周强强在《马克思主义伦理学的几个基本问题》① 中指出，通过对马克思主义伦理学概念的反思，马克思主义伦理学本身蕴藉着一种富有特色的伦理学理论体系，其理论体系的终极目标是人的解放。由田在《马克思伦理学的"哥白尼式革命"》中指出，马克思的道德观并非以"个体的人"为基础的抽象的人道主义，而是以历史唯物主义为基础的多元综合的伦理学反思。马克思通过对社会历史科学和政治经济学的批判，建立了一种富有特色的制度伦理，从而实现了从个体本位的抽象人道主义伦理学向社会关系本位的社会批判伦理学的转变。马克思实现了这种伦理学上的根本变革，堪称伦理学研究领域的哥白尼式革命。这一革命为共产主义的人类自由和解放的价值旨归提供了具有历史唯物主义特色的伦理学原理。但马克思的伦理学思想并非一种伦理中心主义，更多的是以历史唯物主义的社会科学和政治经济学规律为基础的制度伦理学。②

---

* 作者简介：李慧琳，1992年生，石家庄人，河北医科大学马克思主义学院讲师，研究方向为医学伦理学和医学人文。

① 唐凯麟、周强强：《马克思主义伦理学的几个基本问题》，《齐鲁学刊》2018年第5期。

② 由田：《马克思伦理学的"哥白尼式革命"》，《道德与文明》2018年第4期。

周启杰认为，马克思构建了四种道德理念的范式：劳动伦理、制度伦理、日常生活伦理和科技伦理。劳动伦理解决的是人类对自身劳动伦理关系的道德评价问题，也是马克思伦理道德批判的核心道德价值诉求。制度伦理是任何社会组织关系赖以维系的价值基础，包括个体伦理、家庭伦理、氏族伦理、阶级伦理、民族伦理、国家伦理和国际伦理。日常生活伦理表现为对日常生活实践中的具体问题作出道德上的合理审查。科技伦理从科技观入手说明生产、交往关系、环境和生态问题，从而说明生产、制度及社会生活伦理的合理性所在。①

李梅敬认为，马克思的伦理学有三个层次：第一层次是对人的生存发展的道德关切；第二层次是唯物史观建构下的道德遮蔽；第三层次是追求人类幸福的共产主义道德理想的未来实现。马克思的伦理学还包括三重语境：一是日常生活层面的道德语言；二是资本主义生产方式下的道德批判；三是人的自由全面发展的道德维度。正是通过在这些不同层次和不同语境中的调试，马克思的道德理论才出现了或明或暗、或显或隐的变动性，这一变动性还体现在马克思道德思想的理论层次跃迁，以及马克思对不同层次道德的不同态度上，从理论层次视角研究马克思的道德思想会发现一个丰富的马克思道德世界。②

曲红梅在《从“分析的观点”到“历史的观点”：当代马克思道德理论解读方式的转变》一文中指出，西方学界对于马克思道德理论研究的主流是以“分析的观点”审视和框定马克思主义思想中的道德内容。一批亲欧陆哲学的学者认为，“分析的观点”不能理解马克思的伦理思想的真实内涵，主张回到黑格尔哲学的框架中重新理解马克思。理解马克思的道德理论，既需要“分析的观点”也需要“历史的观点”。马克思找到了解决唯物主义与人道主义之间矛盾的方法，为我们展现了他哲学中全新的人道主义基础。马克思所表达的人道主义已不再关注“人的本质”的抽象和普遍的特征，而是关注人在社会生活中的存在状态。这是一种在深刻认识了人的存在特征的基础上对人的生存利益和生存价值的关注、反思和追问，实现了对“人道的尺度”的认识上的飞跃，并同时摆脱了以科学理性设定“人的本质”的形而上学的虚幻。③

张霄在《马克思、恩格斯的道德观：历史唯物主义、价值规律与研究类型》一文中认为，马克思主义把道德在阶级社会中的功能看作道德的本质。这意味着，道德没有自己的独立本质和历史，因此，道德也就没有所谓的本体论和形而上学。马克思主义的道德观应该建立在道德社会学的基础上，但道德社会学不能涵盖马克思主义伦理学的全部，作为一种规范性理论，它还应当包含道德哲学，特别是德国

① 周启杰：《论马克思道德哲学建构的多重维度》，《道德与文明》2018 年第 1 期。

② 李梅敬：《马克思道德思想的层次跃迁以及语境分析》，《伦理学研究》2018 年第 1 期。

③ 曲红梅：《从“分析的观点”到“历史的观点”：当代马克思道德理论解读方式的转变》，《齐鲁学刊》2018 年第 4 期。

古典哲学的法哲学内容。完整意义上的马克思主义伦理学应该是这些研究类型的有机融合。①

二 马克思主义伦理学研究的基本问题

（一）事实—价值关系

杨松在《马克思主义实践观的视角："事实"何以推出"价值"》中认为，马克思在从"事实"推导出"价值"的过程中，基本的演绎逻辑是从劳动、消费、语言等社会实证出发，据此判断人类历史的发展走向。因此，只有在长期的实践积累中，人们才能真正实现从事实判断到价值判断的直接过渡。价值判断源自人类从日常需要出发衍生的活动，主要是人类为了满足需要从事的生产实践活动。事实判断是在创造价值和确认价值的过程中同步进行的。正是通过对这两种判断方式的反复实践，人们才体证到事实应当以何种方式满足物质需要，并以何种方式反映精神境界。这便构成了马克思主义伦理学对于事实判断与价值判断的研究视角。② 黎昔柒在《事实与价值的辩证统一：马克思的研究方法探析》一文中指出，马克思主要从两个向度对资本主义展开批判：一是从"是"出发，通过剖析资本主义发展的历史趋势，引申出价值判断的必然性依据；二是从"应该"出发，通过对资本主义政治经济制度的发展要求出发，探索价值批判的可行性。由此可知，事实判断与价值判断有内在的关联性，而这种关联性构成了马克思主义伦理学的范式。③

（二）个体与共同体关系

李培超、周强强认为，通过考察马克思文本中关于道德、伦理和共同体这三个概念的内涵，马克思不仅揭示了道德的本质及其局限性，而且还将关于道德的理念建立于共同体思想之中。马克思通过对西方近代启蒙思想家道德观的比较，指出道德应以人的现实物质活动和社会交往为前提。马克思始终致力于人的自由全面发展，并将这种理想与"共同体"的建构密切联系在一起。④ 刘睿在博士学位论文《批判与建构——马克思共同体思想研究》中认为，马克思对于资本主义的批判中内在地蕴含着共同体思想的动态发展趋势。马克思的共同体思想的发展经历了人道主义影响下的

① 张霄：《马克思、恩格斯的道德观：历史唯物主义、价值规律与研究类型》，《湖南师范大学社会科学学报》2018 年第 1 期。

② 杨松：《马克思主义实践观的视角："事实"何以推出"价值"》，《中国人民大学学报》2018 年第 3 期。

③ 黎昔柒：《事实与价值的辩证统一：马克思的研究方法探析》，《湖南社会科学》2018 年第 6 期。

④ 李培超、周强强：《道德、伦理和共同体——解读马克思伦理思想的一种思路》，《伦理学研究》2018 年第 2 期。

抽象论述、唯物史观指引下的具体论述和政治经济学批判中的科学论述三个阶段。从具体内容来说，现实的资本主义社会长期积累和高度发展的生产力为自身奠定了物质基础。在一定社会历史条件下，从事不同生产实践活动的现实的个人是其逻辑前提，而体现个人原则与社会原则的一致性的自由人联合体是其具体的实现形式。所以只有通过现实的革命运动才得以实现的人的全面解放与自由发展。从实现机制来说，自由时间的获得不仅延长了人的生命长度，而且拓展了人的发展空间。自由个性的生成则使人既摆脱了对人的依赖，又打破了物的束缚，从而自主创造并支配自己的所有社会联系。①

三　马克思主义伦理学研究的核心概念

正义、自由、平等这些伦理学与政治哲学研究中的核心概念也是马克思主义伦理学与政治哲学的研究对象。近年来，随着伦理学与政治哲学研究的复兴，正义、自由、平等这些概念也成了马克思主义伦理学和政治哲学研究的焦点。

（一）正义

李义天在《认真对待“塔克—伍德命题”——论马克思正义概念的双重结构》一文中指出，“塔克—伍德命题”内部的复杂性、坚固性和启发性仍需认真对待。因为，关于这种立场背后的理由，塔克和伍德的看法存在明显差异。在面对反对者关于交换正义、分配正义以及正义标准适用性的批评时，“塔克—伍德命题”也进行了顽强的反击。同时，该命题所引发的长期争论也说明，必须重新思考正义概念的社会功能和实践意义，重新思考正义概念结构中关于正义观念与正义主张的区分。“塔克—伍德命题”的真正症结，不在于它对马克思的拒斥，也不在于它对正义概念的否决，而在于它对马克思正义观及其所产生的社会背景设定了一种未经反思的排他性论述。②

郑元叶在《马克思社会正义思想的主题》一文中认为，马克思通过对黑格尔的批判发起了对资本主义生产方式的批评，并对共产主义生产方式进行了伦理学建构：第一，马克思主张变革资本主义生产方式下的正义观思想，指出这种正义观是以资本剥削和驱使人力为动机的不合理诉求。第二，马克思提出以共产主义的生产方式为正义观的主要内容，建构以生产资料公有制、劳动过程的民主参与制和劳动产品按需分配为主要内容的生产模式。马克思社会正义思想的主题告诉我们，在构建当代中国正

---

① 刘睿：《批判与建构——马克思共同体思想研究》，博士学位论文，吉林大学，2018 年。

② 李义天：《认真对待“塔克—伍德命题”——论马克思正义概念的双重结构》，《中国人民大学学报》2018 年第 1 期。

义观的过程中，既要淡化以资本逻辑为视角的财产权，使之与精神需求、文化传统等因素关联；还要淡化资本的决策、支配和驱使他人劳动的权力，使之转化为以人为核心的生产与运作的权力结构，最终使劳动者的潜能和个性得以充分地激发。①

李旸在《马克思论述正义问题的双重维度》一文中认为，马克思既在历史维度上揭示了正义的社会经济基础，又在规范维度上谈论正义的价值内涵。前者是关于正义的社会历史分析，后者构成正义的实质规范性内容。这两种维度在本质上是并行不悖的，既没有对立关系，也没有包含关系。所以，如果将马克思对社会历史分析定义为正义观念产生的绝对标准，或是将历史唯物主义的理论逻辑固化为正义观念的唯一途径，这都是对马克思主义正义理论的遮蔽。只有明确区分马克思对于正义问题的论述，才能切实推进当代马克思主义正义观的发展脉络，并且从本质上建构典型的马克思主义伦理学的研究范式。②

林进平在《再论马克思为何拒斥、批判正义》一文中指出，马克思对于“正义”这一概念的使用，并不完全代表马克思对“正义”的绝对认可。因为在马克思的著作中，马克思对于正义的论述主要集中在三个方面：首先，马克思将正义诉求的出现视为社会有机体存在亟待诊治的症候，并将这些症候的出现归结于社会生产方式的深层缺陷。其次，马克思曾将主义视为一种与宗教思想相关的产物，而这种将正义视为意识形态的表述模式，恰恰是马克思基于历史唯物主义视角的思维理路。最后，马克思曾将正义视为一种意识形态，因此马克思并未以某种正义观批判资本主义的不合理性，或直接指认资本主义为不正义。这恰恰是马克思基于历史唯物主义视角的深刻洞察和独特之处。③

李翔在《正义的张力：马克思与阿马蒂亚·森》一文中指出，马克思和阿马蒂亚·森的正义思想有相通之处。第一，他们以现实个人和社会正义为逻辑起点，通过批判抽象正义，把人的发展确立为共同的价值旨归。第二，阿马蒂亚·森丰富和拓展了马克思的正义观，对马克思正义观的研究视域、思维路径以及自由与发展的关系作了新的诠释。第三，阿马蒂亚·森的正义观存在一些明显的局限和不足。森对正义的诉求局限在表层，缺乏对于人类历史发展历程的思考维度。④

（二）自由

吴向东在《马克思对自由主义价值观的批判及当代意义》一文中指出，在《论犹太人问题》中，马克思讨论了人的权利、公民权利以及政治解放的局限性，并对自由、平等、私有财产进行了分析。在《德意志意识形态》中，马克思又对自由主

---

① 郑元叶：《马克思社会正义思想的主题》，《道德与文明》2018 年第 11 期。

② 李旸：《马克思论述正义问题的双重维度》，《南京大学学报》2018 年第 6 期。

③ 林进平：《再论马克思为何拒斥、批判正义》，《学术研究》2018 年第 1 期。

④ 李翔：《正义的张力：马克思与阿马蒂亚·森》，《社会科学辑刊》2018 年第 1 期。

义价值观进行了意识形态批判，并基于实践观点重构了个人与社会关系的解释模式，消解了自由主义价值观的哲学基础。在《资本论》及其手稿中，马克思立足于资本主义经济关系和生产方式，分析了自由、平等、所有权等价值理念与资本主义生产、交换、流通等之间的内在关系，对自由主义价值理念进行了政治经济学批判基础上的内在综合批判。马克思的批判揭示了自由主义价值观的实质以及它的内在缺陷，为我们科学认识当代自由主义、把握现代性的内在矛盾以及可能的发展前景提供了理论基础。①

李义天在《马克思的平等概念：质疑与重构》一文中认为，马克思的平等观念，不是指每个人在资源分配的过程中都能获得等量的物资，而是指每一位具有主体性的个人在能力验证方面可以获得同等的被认可的权利，并在评定标准上获得一种自由而全面发展的准入资质，据此使每个人都能基于需要的满足充分地实现自我、解放自我，收获一种关于生存状态的质的平等。因此，马克思的需要概念应被合理地理解为一种经过限定的个体偏好，从而更加接近能力平等和福利平等的价值指向。②

高广旭在《“伦理正义”的解释力——马克思正义观研究的思想背景和可能视角》一文中认为，“伦理正义”是研究马克思主义正义观的思想背景和可能视角。首先，伦理正义是古典政治哲学研究的重要范畴，体现了古希腊城邦生活中个体与共同体的关系。其次，伦理正义是对法权正义的超越，从而个体理性通过主体间承认所生成的伦理精神。最后，马克思通过对资本主义生产方式的科学考察，揭示了资本与劳动之间的辩证关系，完成了资本批判和劳动解放的双重任务。马克思政治经济学批判内蕴的从异化劳动到自由劳动的人类解放逻辑，既是对现代性“法权正义”的根本批判，更是对正义的伦理意蕴的理论重构。③

鲁芳、黄秋妹在《马克思恩格斯日常生活理论的伦理向度》一文中认为，在马克思、恩格斯看来，日常生活是人类历史的世俗基础，人对于生存需要的满足始终是人类历史的核心和主题。日常生活的解放应当以人的解放为根本价值目标，人类历史的发展应以改善人的生存状况为基本目标，这当中涉及人与自然、人与人、人与人自身精神活动的三重维度建构。日常生活的解放应当从对于日常生活的批判中展开，据此批判资本主义社会日常生活的非人化、工具化、同质化、个体化等现象。自由在经验世界中并不能绝对独立，马克思的自由观是建立在此岸世界的物质实践基础上的。如果只是把它看作抽象的思想或某个范导性的理念，那就不是马克思的自由观。因此，要实现人的彻底解放，就必须注意深入日常生活领域，对日常生活进行系统的

① 吴向东：《马克思对自由主义价值观的批判及当代意义》，《世界哲学》2018 年第 1 期。

② 李义天：《马克思的平等概念：质疑与重构》，《湖南师范大学社会科学学报》2018 年第 1 期。

③ 高广旭：《“伦理正义”的解释力——马克思正义观研究的思想背景和可能视角》，《道德与文明》2018 年第 6 期。

反思。①

（三）友善

高炳亮在《马克思恩格斯的友善思想及其当代价值》一文中认为，马克思、恩格斯的友善思想以唯物史观为基础，是一种以现实的个人为逻辑起点，并且具有鲜明的价值指向和理论特质的人文精神。马克思、恩格斯友善思想是道义性与科学性的集合。这主要体现在其友善思想的实践养成、亲诚惠容、情感认同和集体主义四重维度上，这些观照维度以现实的人为逻辑起点和出发点，以唯物史观为理论基础，凸显对无产阶级和人民大众的友善与关怀，致力于实现全人类的解放。它可以为践行社会主义核心价值观提供理论指导，为构建人类命运共同体凝心聚力。②

（四）共享

刘洋在《马克思共享思想的伦理特质》一文中认为，马克思主义意义上的共享思想是建立在扬弃私有制的基础之上的，其宗旨在于维护每个人的权益。在共享的前提下强调责任共担与成果共建，在共享的内容上突出共同富裕、权利平等与精神自由，在共享的保障上注重制度公正与共享精神的发扬，在共享的旨归上追求人的自由全面发展。通过对马克思共享思想蕴含的伦理特质进行充分挖掘，可以帮助我们理解共享作为一种发展理念的精神本质，更能明晰中国特色社会主义的共享实践在制度安排上需遵循的价值准则。③

四　马克思主义伦理学研究与当代中国

马克思主义伦理学是中国特色社会主义思想理论体系的重要组成部分。马克思主义伦理学的繁荣与复兴对丰富和发展中国特色社会主义思想道德体系和道德建设体系具有重要的理论价值和现实意义，具有中国特色的马克思主义伦理学研究则是当代马克思主义伦理学的一个重要代表。

（一）马克思主义伦理学的当代特色

王泽应在《当代中国马克思主义伦理思想的精神特质论》一文中指出，当代中国马克思主义伦理思想应当具有四个基本特征：第一，遵循道德生活规律与坚持人民主体地位的有机统一；第二，弘扬民族伦理精神与荟萃时代伦理精华的辩证结合；第

① 鲁芳、黄秋妹：《马克思恩格斯日常生活理论的伦理向度》，《云梦学刊》2018 年第 1 期。
② 高炳亮：《马克思恩格斯的友善思想及其当代价值》，《道德与文明》2018 年第 4 期。
③ 刘洋：《马克思共享思想的伦理特质》，《伦理学研究》2018 年第 1 期。

三，立足中国的本土意识与面向世界的开放意识相互兼容；第四，扎根传统的继承性与面向未来的创新性相互涵容。[①] 同时王泽应在其专著《马克思主义伦理思想中国化最新成果研究》中指出，马克思主义伦理思想是一种与中国改革开放和社会主义现代化建设具体道德实践相结合、与中华民族优良传统伦理文化相结合的产物；通过对社会主义现代化建设过程中一系列重大伦理道德问题的理性思考和科学解答，表述了以毛泽东、邓小平、习近平等人为主要代表的中国共产党人的道德智慧和对人类伦理文明发展规律、社会主义道德建设规律、中国特色社会主义伦理文明建设规律等的深刻认识和科学把握。[②]

任丑在《马克思主义伦理思想的特征》一文中认为，马克思在反思人类伦理思想史并且直面社会现实的基础上，建构了以批判精神为武器、以自由精神为灵魂、以实践精神为目的的伦理思想。第一，在批判精神方面，马克思主张批判性地汲取伦理观念，拒斥独断的道德命令或伦理教条，致力于把伦理思想建立在共产主义运动的实践基础上；第二，在自由精神方面，马克思主张通过劳动、自由时间与自由主体三个层面实现自身的完满性，最终使个体自由发展与一切人自由发展在自由联合体中完美统一；第三，在实践精神方面，马克思通过人与人、人与自然、人与科学的实践活动汲取伦理精神，据此促成人类解放之伦理目的。综上所述，秉持马克思伦理思想的特质，应当统筹伦理问题的普遍性与特殊性，据此构建新时代马克思主义伦理学。[③]

（二）马克思主义与应用伦理学

柴艳萍、陈晓彤在《马克思循环经济思想及其伦理价值》一文中认为，马克思在批判资本主义生产所造成的各种污染和生态破坏的基础上，指出了在生产过程中应该采用排泄物再利用、减少废料、清洁生产等相对环保的生产形式。这实际上已经映射了现代循环经济思想的核心，即资源再利用、废物减量化、清洁生产等生态理念。因此，马克思循环经济思想具有重大的伦理价值，并明确了人类社会经济增长方式的新转向，即发展循环经济有利于兼顾经济、生态、社会等多重效益；而循环经济内在地要求社会制度的根本改变，这预示着共产主义社会的到来，体现了对人的终极关怀，有利于愈合人与自然物质变换过程中产生的巨大裂缝，实现人与自然的真正和解。[④]

陆雪飞、鹿红英在《马克思主义生态学的历史逻辑与理论问题域》一文中分析了生态社会主义产生的历程和生态危机产生的根源，并指出克思主义生态学思想

---

① 王泽应：《当代中国马克思主义伦理思想的精神特质论》，《道德与文明》2018 年第 5 期。

② 王泽应：《马克思主义伦理思想中国化最新成果研究》，中国人民大学出版社 2018 年版。

③ 任丑：《马克思主义伦理思想的特征》，《理论学刊》2018 年第 5 期。

④ 柴艳萍、陈晓彤：《马克思循环经济思想及其伦理价值》，《道德与文明》2018 年第 5 期。

的特质表现在五个方面：其一，人与自然、社会与自然的方法与马克思对资本主义社会的批判密切相关，为历史唯物主义提供了分析当代生态危机和社会转型的独特视域。其二，马克思主义阵营的分裂集中体现在辩证法对自然界的适用性以及马克思和恩格斯在这一问题上的不同立场。其三，马克思立足资本积累展开了资本主义生产的生态批判，同时《资本论》还可以被理解为生态经济学批判。其四，空间的边界乃是福斯特提出的人类安全空间问题，这是对马克思新陈代谢断裂理论思想的推进。其五，要在人与自然的持续和谐相处中，积极推进全球绿色发展、构建人类命运共同体。此外，还从现代人类中心主义、全面发展的生活方式、可持续发展观、价值理性诉求四个角度讨论了消除当前生态危机的可靠途径，并以此来构建生态文明社会。①

方熹、汤书波在《马克思生态思想的伦理精义及现代价值》一文中指出，马克思生态思想的伦理精义可概括为三点：其一，对人与自然伦理关系的理性思考。人类是自然界的直接产物，人类源于自然界，人类的生存和生产条件亦源于自然界。其二，人类中心主义必须具有一种历史唯物主义的视角，尤其需要重视价值观所依存的社会历史条件和社会制度。其三，对资本主义唯利是图的深刻批判。马克思以异化劳动理论为依据，对资本主义制度及其生产方式进行生态批判，指出了资本主义社会的生产是为了获得更大的利润，而并不是为了满足人类基本的需求，从而揭示了资本主义唯利是图的深刻本质。②

王淼在《货币的伦理反思与社会批判——马克思货币哲学思想解析》一文中指出，马克思对货币在现代生活世界中的地位、功能、价值和效应进行了伦理反思与社会批判，从而形成了自己独特的货币哲学思想。在马克思看来，货币在本质上作为社会关系的体现，既颠倒了现实生活世界的价值秩序，又造成了现实生活世界的抽象化。在此种情况下，财富积累的数量异化成为衡量一个人水平和能力高低的标准，生活的意义就在于对财富的追逐，其一切行为都聚焦金钱，结果导致了拜金主义、利己主义等思想的泛滥。因此，马克思的货币哲学思想对于认识与剖析现今人们在货币化世界中的生存状态仍然具有极其重要的理论价值和现实意义。③

李志雄、阳国光在《马克思主义宗教伦理观：宗教中国化方向的一种指引》一文中指出，马克思主义宗教伦理观是马克思主义宗教观的组成部分，蕴含了马克思主义关于宗教伦理的起源、性质和功用的探讨。马克思主义认为宗教伦理起源于人类的生产实践，其创造主体是没有进行彻底革命实践批判的人，其演变根源在于人类社会历史的曲折发展。其性质折射了人的社会本性，是以超人间的力量的形式来反映人的

---

① 陆雪飞、鹿红英：《马克思主义生态学的历史逻辑与理论问题域》，《世界哲学》2018 年第 6 期。

② 方熹、汤书波：《马克思生态思想的伦理精义及现代价值》，《伦理学研究》2018 年第 6 期。

③ 王淼：《货币的伦理反思与社会批判——马克思货币哲学思想解析》，《吉林大学社会科学学报》2018 年第 7 期。

力量的一种幻想。由于马克思主义宗教伦理的现实对象紧密围绕着社会的人，马克思主义认为它有助于人与人、人与社会以及人与自然的协调，其积极作用与消极作用的区别，关键在于对人的现实关怀。马克思主义宗教伦理观是对宗教中国化方向的一种指引，宗教中国化是现实处境，中国化方向是包括信徒在内的中国人民的行动方向，是对中国最根本利益的追求趋向。①

① 李志雄、阳国光：《马克思主义宗教伦理观：宗教中国化方向的一种指引》，《世界宗教研究》2018 年第 2 期。

2018年中国伦理思想基本问题与范畴研究

霍艳云*

2018年中国伦理思想的研究，在对相关传统问题继续深化研究的同时，一些学者还采用新的视角、研究思路、方法对中国传统伦理问题进行了审视，不仅拓宽了原有的研究领域，还为一些伦理问题的研究提供了新的思路，在一定程度上推动了伦理学学科的发展，提升了学界的研究水平。

一　传统伦理的总论性研究

所谓传统伦理的总论性研究，是指针对中国传统伦理思想的整体性时代特征、发展变化趋势、当代价值及当今所面临的困境等宏大命题所作的研究。2018年，考察概括中国传统伦理的整体性时代特征，将之进行创造性转化与建构，使之与当代社会发展相适应，以实现中国传统伦理的当代价值，明晰其所面临的困境，是学者们研究的重点。而从中国传统伦理尤其是儒家伦理中汲取有益的思想，并结合新的时代条件继承创新，可以为当代的道德建设提供有益的启迪，为解决人类面临的难题提供有益的参考与借鉴。

首先，学者们对中国传统伦理思想的整体性时代特征这一问题进行了回溯与总结，以期从整体上考察中国传统伦理道德，为当代道德建设提供借鉴。吴灿新指出，当代中国道德建设、发展之路充满辩证的否定和扬弃：从抛弃传统道德到传统道德回归再到扬弃传统道德；从批判西方道德到肯定西方道德再到当代中国道德建设创新；从一元化道德到多元化道德再到把握文化领导权；从重视道德治国到重视法制治国再到德治、法治相结合；从重视集体利益到重视个人利益再到两者兼顾；从追求崇高到走向低俗再到构建核心价值观；从重视思想道德建设到重视科学文化建设再到全面发

* 作者简介：霍艳云，1992年生，山西文水人，中国人民大学哲学博士研究生，研究方向为中国伦理学。

展；从崇尚道义到崇尚利益再到义利统一和互利共赢。[①] 张伟指出，在跨越两个世纪近三十年的研究过程中，关于中华传统美德的研究进入了一个全新时期，不同学科的学者从不同视角对传统美德给予了持续性关注。就整体性研究而言，学界的议题主要集中在传统美德的内涵、性质、继承、现代价值、转化路径、传承现状等方面，而学者们对传统美德的整体性研究主要呈现为以下四个基本特征：一、有关传统美德的研究逐渐从学术研究舞台边缘步入了中心；二、有关传统美德的研究呈现多元化的基本态势；三、有关传统美德的研究最显著的特征是从主义之争演变为问题意识凸显；四、从理论阐释到田野调查，即以田野调查为依托的实证研究陆续出现在传统美德的相关研究中。[②]

其次，一些学者就中华伦理道德的变迁与发展做了论述。高海波分别考察了自先秦、汉代至宋元明清时期，美德体系的历史变迁与发展，接下来又论述了梁启超、孙中山、张岱年等人对中国传统道德所进行的“创造性转化、创新性发展”，以期通过对中华传统美德的历史考察，来揭示中华传统美德的历史变迁，以及这些变迁背后所反映的历史和社会需要，以为我们今天进行道德建设提供有益的滋养和借鉴。[③]

再次，中国伦理道德体系的建构问题。王子廓、郭淑新指出，儒家道德大体经历了：先秦的初步构想、汉唐的制度化创制、明理学家形上学的提升、清代朴学家的经典诠释体系和方法论构建、现代新儒家接续及返本开新这样一系列社会化过程，同时又探究了儒家道德的多种社会化传播路径，最后指出儒家道德的一些具体内容与传播路径已经跟不上时代发展的要求，有必要进行当代转型：一、重建当代社会道德教化机制；二、从儒家道德教化方法中吸取养分；三、构建新的伦理共同体；四、在社会主义核心价值观引领下，实现儒家道德社会化路径的当代转型。[④] 樊浩认为，造就现代文明的“中国精神哲学形态”，需满足三大精神哲学期待：守望“伦理”、回归“精神”、建构“伦理精神”的文化自立的理念与概念系统。其中，守望“伦理”必须“学会伦理地思考”；回归“精神”不仅应当扬弃“理性”对“精神”的僭越，而且必须回归中国的“精神”传统；中国精神哲学形态是“伦理精神形态”，它与宗教文化背景下精神哲学的“理性主义形态”相辉映，其文化自立期待关于中西方文化关系的一种“新的评判态度”，建构“文明自生—精神生态—伦理共和”的理念和概念系统。[⑤] 赵浩认为，回到“道德生活”，即将对理论的抽象讨论与形上建构转移到对生活世界中道德经验的关注上，将给以儒家伦理为核心的中国伦理学提供参与当

---

① 吴灿新：《当代中国道德建设之路的回溯与总结》，《伦理学研究》2018 年第 6 期。

② 张伟：《中华传统美德整体性研究三十年述评》，《伦理学研究》2018 年第 1 期。

③ 高海波：《从中华传统美德的历史发展看传统道德的“创造性转化、创新性发展”》，《中国哲学史》2018 年第 4 期。

④ 王子廓、郭淑新：《儒家道德社会化路径及其当代转型》，《北京师范大学学报（社会科学版）》2018 年第 2 期。

⑤ 樊浩：《伦理道德：如何造就现代文明的“中国精神哲学形态”》，《江海学刊》2018 年第 5 期。

代伦理学理论形态建构的主体机遇，推动西方伦理学理论的本土化与中国伦理学理论的全球化。① 陈泽环、李艳峰认为，坚持以习近平新时代中国特色社会主义思想为指导，融通马克思主义、中华优秀传统文化和国外哲学社会科学三种资源，使伦理学在指导思想、学科体系、学术体系、话语体系等方面进一步体现中国特色、中国风格和中国气派，是构建新时代中国特色伦理学话语体系的正确方向。宏大叙事与专业研究相反相济、指导思想与文化立场互补融通、政治引领与道德共识相辅相成，实现意识形态与学科逻辑的辩证统一，是构建新时代伦理学话语体系的合理路径。② 李建华、肖祥指出，中国特色社会主义伦理学建设首先需要对"自我镜像"进行辨识，通过价值独断主义批判、中国优秀传统伦理价值的内蕴力转化、中国特色社会主义"主题价值"的活力激发，实现价值坚守；其次，通过对价值相对主义和价值自由主义"幻象"的批判、价值解放的主体塑造、价值自由的张力释放等，实现在价值坚守基础之上的价值解放。实现价值坚守与价值解放的融通，是中国特色社会主义伦理学走向价值自由并最终实现价值自信和价值自强的必由之路。③ 同时，李建华还指出，新时代所面临的伦理挑战，主要有：伦理主体日益被解构、伦理关系日益复杂化、伦理整合日益弱化、伦理预期日益模糊等。这就需要在新时代构建一种适应社会全面转型发展的伦理大思路，完善中国特色社会主义的伦理道德规范体系，提供中国伦理精神和中国伦理价值，构建具有中国特色、中国气派、中国风格的伦理学。④ 高兆明指出，构建、书写有生命力的当今中国伦理学理论应：坚持区分"实然"与"应然"；坚持道德价值标准的客观确定性；坚持"伦理"与"道德"、心灵秩序与生活秩序的统一；坚持既有中国问题意识又有人类情怀。⑤

最后，中国传统伦理道德的当代价值和贡献问题。儒家伦理道德是中国传统伦理道德的核心，因此如何从中国传统伦理尤其是儒家伦理中汲取有益的思想，挖掘其现代价值，仍是学者们研究的重点。黄勇论述了古代儒家思想对当代美德伦理的发展所作出的独特贡献，包括：帮助美德伦理回应来自各方面，特别是康德主义伦理学的批评，帮助美德伦理处理其自身存在的一些理论问题和帮助美德伦理对当代的伦理学及其相邻学科作出贡献。⑥ 更多学者以点带面，从一个问题出发说明传统伦理思想的现代价值。谭培文论述了先秦儒家道德自由的思想及其当代价值。他指出，中国并不缺

---

① 赵浩：《回到"道德生活"：当代伦理学研究的主题变奏》，《道德与文明》2018 年第 4 期。

② 陈泽环、李艳峰：《意识形态与学科逻辑的辩证统一——再论新时代伦理学话语体系的构建》，《道德与文明》2018 年第 4 期。

③ 李建华、肖祥：《中国特色社会主义伦理学的价值坚守与价值解放》，《当代世界与社会主义》2018 年第 3 期。

④ 李建华：《新时代的中国伦理学使命》，《中南大学学报（社会科学版）》2018 年第 1 期。

⑤ 高兆明：《伦理学与话语体系——如何再写"中国伦理学"》，《华东师范大学学报（哲学社会科学版）》2018 年第 1 期。

⑥ 黄勇：《当代美德伦理——古代儒家的贡献》，《四川大学学报（哲学社会科学版）》2018 年第 6 期。

乏自由意志道德自由的思想观念。先秦儒家自由思想的核心命题是“从心所欲不逾矩”，其“从心所欲”即自由意志的道德自由。先秦儒家自由思想的当代价值与启示是：要探索“从心所欲不逾矩”的文化内涵，明确自由与限制的辩证关系；要重视“欲”的人性基础，探索市场经济“不逾矩”的自由实现路径；探索“从心所欲不逾矩”与仁的关系，明确自由意志道德自由的三种境界，处理好社会主义自由的现实与理想的关系。① 郭友兵则论述了儒家立志说的伦理内涵与时代价值，并指出立志说在儒学中有重要地位，形成了一以贯之的传统。在一种现象还原的视角上，儒家立志是对人类自然个体与自然群体的双重德性安顿，旨在造就道德的人与伦理的社会而实现人类自由，在世界观与方法论上体现出精神、自由、人本、尽心四大特征。作为对人生社会的系统安顿，儒家立志说对克服普遍弥漫于当今的精神世界之虚无主义、生活世界之物质主义、伦理世界之原子主义的时代症候具有一定的理论与现实意义。② 黎昕论述了朱子文化的时代新价值，认为朱子文化作为中华优秀传统文化的重要组成部分，蕴含着丰富的哲学思想、人文精神、教化思想、道德理念，经过创造性转化、创新性发展，可以为培育社会主义核心价值观提供丰厚滋养。③

二 传统伦理范畴的阐释研究

中国传统伦理学的基本范畴是一种具有高度概括性、稳定性的概念，反映着一定时段里人们的思维特点和认知特点，是指导人们研究传统伦理思想的基本框架和路径。2018 年，学者们对基本范畴的研究是丰富的，涉及仁、义、礼、智、诚、恕、智、耻等德目，亦对义利、德福、公私等范畴间的关系进行了探讨。

（一）仁

仁是儒家伦理思想的重要范畴之一，2018 年，学者们对仁的范畴研究、解读较多，首先集中在对孔子仁思想的研究。石超认为《说文解字》中“仁”字的另外两种构形，即从“𡰥”到“忎”的演变，揭示了仁这一概念由外在、形下之容礼修养技术向内在、形上之完美君子人格演变的提升历程。他认为这一历程肇端于孔门扬弃前代君子“即貌言仁”之传统而以内在真情判分“仁者”与“乡愿”的学术讨论，立基于孔门对作为礼乐之本的内在真实与爱人之心的发现以及以“内自省”为特点的这一为仁新取径。④ 王浩批判性地考察了杨伯峻、冯友兰等学者对孔子之“仁”的解读，对“仁”的内涵进行了再辩证。他认为，孔子所谓的“仁”即“直”和“礼”

---

① 谭培文：《先秦儒家道德自由思想的当代价值》，《伦理学研究》2018 年第 6 期。

② 郭友兵：《儒家立志说的伦理内涵与时代价值》，《天府新论》2018 年第 3 期。

③ 黎昕：《试论朱子文化的时代新价值》，《福建论坛》（人文社会科学版）2018 年第 12 期。

④ 石超：《“仁”之古文“忎“：文质彬彬与身心互摄》，《学术交流》2018 年第 3 期。

的“中庸”。[①] 石中英论述了孔子仁的思想及其在当代的教育意义，认为孔子对“仁”的论述的最核心要义是“爱人”、“己所不欲，勿施于人”以及“己欲立而立人，己欲达而达人”。此外，他还论述了孔子对践“仁”的若干建议，最后指出孔子“仁”的哲学思想及其相关行动建议，对于当代的中国教育有着非常重要的意义，能够启迪教育者重新思考教育的人性基础、价值取向以及道德情感包括同情心在道德教育和人的形成中的重要性。[②] 张沛指出，在清代儒者焦循看来，唯有借助伏羲设卦的“旁通”规则，方能真切了悟孔子“仁”之本义。所谓“旁通”，是指六爻阴阳截然相反的两卦遵循“应位”原则、以“升降”形式进行“之正”的过程。焦循从“旁通”这一象数体例切入，揭示出“仁”的双重内涵：一是对不同学术观点给予充分尊重，二是谋求自我与他人情欲的契合双彰。[③]

此外，还有一些学者对儒家仁的思想进行了整体性的梳理和现代性的反思，并以“仁”为切入点，对仁的本体性特征、天命普遍性对仁个体的意义以及应当如何确认自己的仁性进行了考察。彭玲指出将儒家所言的“仁”当作本体是有重要根据的，“仁本体”是人之所以为人、人与世界圆融一体的终极根据，具有创生性、非现成性和关系性等特征。首先，“仁本体”是宇宙生生不息、大化流行的始源，具有创生性；其次，“仁本体”生生不息，健动不止，与自我创造、自我更新、自我精进的人生进程紧密关联，要通过锲而不舍的人生实践去澄明开显，具有非现成性；最后，“仁本体”是宇宙万物共生的整体，指涉着人与他人、人与自然的一体关系，具有关系性。[④] 冯晨基于对仁发生的个体性的探讨，说明了天命的基本内涵和其普遍性产生的原因，从而阐发了天命对仁的发生所产生的积极意义，即虽然应重视仁的道德主体性，但也不能忽视作为社会道德普遍原则的天命在仁的实现中所产生的引导与规范作用，否则会造成道德意志的任意性，忽视对社会价值的追求。[⑤] 杨泽波指出，人有一种内觉（内省和反求）的能力，人的道德根据在发动的过程中，内心有一种能力可以对其有所觉知，从而觉察到自己的道德根据，人通过“当下呈现和自我觉知这两个‘内觉’的步骤，可以确认自己的仁性”[⑥]。

（二）义

“义”是儒家提出的五常之一，在中国伦理道德体系中占有重要的位置，是儒家最高的道德标准之一，也是评价人的思想和行为的准则和规范。

---

① 王浩：《“直”和“礼”的“中庸”——孔子之“仁”再辨证》，《中国文化研究》2018 年第 2 期。

② 石中英：《孔子“仁”的思想及其当代教育意义》，《教育研究》2018 年第 4 期。

③ 张沛：《焦循易学的旁通说及其仁学意蕴》，《周易研究》2018 年第 4 期。

④ 彭玲：《仁本体及其特点研究》，《北京师范大学学报（社会科学版）》2018 年第 4 期。

⑤ 冯晨：《天命的普遍性对仁个体发生的意义》，《孔子研究》2018 年第 5 期。

⑥ 杨泽波：《我们应当如何确认自己的仁性？——关于儒家生生伦理学逻辑起点的思考之三》，《复旦学报（社会科学版）》2018 年第 1 期。

一些学者对儒家主要代表人物孔、孟“义”的思想进行了研究。臧宏指出，孔子讲“义”时，总是和“君子”“上”“知”“德”“学”“至善”等观念相联结，由此他认为，“义”不是一般的观念，具有形而上的本体性质，且具有“具体性”和“当下性”的特点。换言之，“义”是“天之德”，即天意、良知落入人世间，或反过来说，在最具体事物中包藏的天心或道心，就是“义”。最后，他指出，孔子所说的“义”与西方人所说的“正义”“公义”有本质区别，这对理解中国特色社会主义核心价值观具有重要参考价值。① 周海春、荣光汉对孟子“义”的思想展开了论述，他们认为，孟子的“义”由性所发，是以“羞恶之心”为开端的；“义”作为“人路”，是围绕性善之动能而展开的，既表现为对善的思、求，也表现为对恶的自然抵制。义路的终点最终又回归到“性”“心”上来，当义路得以完成的时候，就是圣人成就之时。②

有学者进一步对儒家“义”的思想进行了整体性的梳理。陈清春指出，“义”有原理正义、原则正义、选择正义和行动正义四重伦理内涵，其中处于中心地位的是选择正义，即意志在伦理实践中的目的、目标和方法三个环节的选择正确性。目的选择的正确性是“仁”的道德体现，是根据自爱原理选择仁爱作为实践的目的；目标选择的正确性是“义”的道德体现，是根据忠恕原则选择适当的他人价值作为实践的目标；方法选择的正确性是“智”的道德体现，是根据最大效用原则选择最有效的技术手段作为实践的方法。在总体上而言，每一个环节的选择正确性都是“仁”“义”“智”的道德体现。③ 李保强、陈海岩细举了“义”伦理思想从孔子、孟子、荀子、董仲舒、“二程”、朱熹至王夫之的变迁与传承，并且指出儒家“义”伦理思想对强化公平正义的法治精神、重建讲信明义的社会秩序以及提升自律慎独的个人修为大有裨益。④

（三）礼

“礼”是中国伦理思想中的重要范畴之一。就国家社会层面而言，“礼”是治国安邦、维系社会秩序的制度、准则、规范和礼节仪式；就个人层面而言，“礼”可以提高人的道德修养，也是处理人际关系的行为规范和准则，是个人安身立命的根本。

一些学者对先秦儒家之“礼”进行了分析和解读。祝东从符号学的角度切入孔子面对礼崩乐坏的社会现实时所提出的复礼主张。他指出，礼乐的分节对应着身份秩序的分层，礼乐文化系统其实是建构的一套等级符号体系，孔子倡导复礼，其实是为

---

① 臧宏：《说〈论语〉中的“义”》，《安徽师范大学学报（人文社会科学版）》2018年第1期。

② 周海春、荣光汉：《论孟子之“义”》，《哲学研究》2018年第8期。

③ 陈清春：《说“义”——儒家伦理的选择正义》，《哲学动态》2018年第12期。

④ 李保强、陈海岩：《儒家“义”伦理思想的历史传承及其当代教育价值》，《学校党建与思想教育》2018年第20期。

了重新捋顺礼乐与政治名分之间的指谓关系。① 李国斌认为，荀子重建了“礼”的道德基础：通过建构人间社会的人性—政治结构消除了德性的自然主义观念和态度的影响之后，荀子成功地将儒家政治观念中“自然的支配”转化为“德性的统治”，支配和统治关系的正当性也从“权威与等级”转化为“道德与理性”。在此基础上，“礼”的含义和形式也发生了根本性的转变，从早期作为仪轨和秩序表征的人文形式转化为具有正当权威的规则与规范。在“学以成圣”的普遍道德要求下，“礼”展现出了强烈的理性主义取向，它是对儒家“修己以治人”的教义更具现实性的解释和重建。② 周先进、许莲青提出，荀子的礼教思想一方面继承了传统儒家关于“礼乐教化”的理论，另一方面又带有鲜明的礼治色彩。从礼教的起源来看，荀子以“天人相分—性伪之分—性伪之合—化性起伪—明分使群”的逻辑主线将礼教产生的理论背景、存在之必要性与依据、作用范围进行了详尽论述。从其价值层面来看，荀子分别从“个体—社会”两元视野出发，将“礼”从带有他律性和硬约束力的“礼制”转化为带有自律性和软约束力的“礼义”，树立礼教权威与民众认同，为其“礼治”扫清了障碍。③ 王正将荀子的礼与法家的法进行了比较，他认为二者看似接近，实则非常不同。他指出，荀子的礼治仍是在孔子的思路上，即礼治是按照周朝的制度遗存进行改良，而且其礼学的关注点是普遍的人，所以更具有普遍性的意义。法家的法治则认为周朝的礼制已经不适合新的政治形势，所以要用君主集权的法治来统治社会，所以更具有特殊的时代价值。④

杨静就朱熹礼学的思想进行了挖掘，她指出，在朱熹看来，礼是沟通人与天、行与心的必要桥梁，礼的实现是心与礼的相合，心与礼的相合实现了礼的内化，激活了礼的内在生命力，并以此开辟了天人合一的礼学路径，对后世产生了深远影响。⑤

此外，侯巧红、刘俊娟以“仁”“和”“忠”“孝”“心”等礼文化的核心价值观为例，阐述了中国礼文化在日本的传播过程及发展特点，进而探索了礼文化对日本人的文化认同与建构中所产生的重大影响。⑥

（四）其他范畴

一些学者还探讨了诸如诚信、忠、智、耻、武德等中国伦理学基本范畴。周先进、周文宇指出，荀子诚信思想体系是在“人性恶”的哲学基础和道德假设上建构起来的，围绕个人修养、行业规范、社会安定和国家治理四个维度展开，其诚信思想

---

① 祝东：《复礼与正名：孔子思想的一个符号学视角》，《孔子研究》2018 年第 6 期。

② 李国斌：《论荀子对“礼”之道德基础的重建》，《社会科学战线》2018 年第 10 期。

③ 周先进、许莲青：《荀子礼教思想的合理性价值》，《教育研究与实验》2018 年第 6 期。

④ 王正：《礼与法——荀子与法家的根本差异》，《中国哲学史》2018 年第 4 期。

⑤ 杨静：《心与礼的相合——朱熹礼学内化的厘清》，《北京社会科学》2018 年第 4 期。

⑥ 侯巧红、刘俊娟：《中国礼文化在日本的传播、影响与认同建构》，《郑州大学学报（哲学社会科学版）》2018 年第 3 期。

在当代依然具有重要的现实价值和借鉴意义。[①] 王成、张力舵指出荀子“忠”的思想主要包含忠信、忠顺、忠君三个方面的内容，这三方面归结为一点就是引导人们去忠君，围绕“君”之事进行定向思考，换言之，就是以忠君为体，以忠道为用，忠道是为了更好地忠君。[②] 马永康指出，康有为将“智”作为“人道进化”的动力予以系统提升，彰显了“智”的认知创制作用。他从“人道”发展的角度确立了人禽之辨在智，进而重整了传统的儒学德目，反对宋明儒学的“仁统四端”，提出仁智并举，以仁为价值目标，以智为“人道进化”动力的主张。[③] 刘佳宝指出，孟子不仅将“耻”理解为已做错事之后的情感反应，还进一步认为“耻”就其是“有所不为”的稳定倾向而言是一种美德。他指出，一个具备廉耻之心的人，在他人不在场的情况下也会警觉到自己的不足或举止不当，羞耻感不一定取决于他者的真实在场，也不一定屈从于其当时大众舆论的压力。君子的荣辱观正是建立在对于自己固有的高贵的善性的体认之上，从而以修成仁义之德为荣。另外，孟子还表达了一种因不如圣人而有的“耻”，它激励人日新其德，以圣人为理想进行持续一生的自我转化。[④] 杨传召、赵敏俐论述了孟子的“武德”思想及其现代价值，所谓武德思想是指中华民族所特有的将武力的使用纳入道德规范之中的思想成果。孟子的武德思想，是以“仁者无敌”为中心的，强调“仁”压倒暴力的绝对力量，是对孔子武德思想的继承与发展。[⑤]

（五）范畴间关系研究

对义利观的研究。谢桃坊论述了苏洵的义利观，《周易》乾卦《文言》之“利者义之和”的命题对义利关系含有新的见解，苏洵对此进行了阐释，以为义乃圣人戕天下之器，提出了“徒义”与“徒利”的概念，认为对片面的、孤立的义与利都应予以否定，得出义必有利而和的结论。[⑥] 邹啸宇则探讨了张栻的义利观，指出张栻的义利之辨，旨在指引人们克除不当利欲从而尽心知性、成就人道。张栻的义利观紧扣人的道德心性，立足于应然的层面及心性论和工夫论的双重视角，注重从人的内在动机上，以顺性之无所为者与逆性之有所为者界定和分判“义”“利”，由此凸显二者的紧张与冲突，并为“敬”（存养本心）“恕”（推扩本心）双修，反己与外推相结合的守义制利的工夫实践奠立根基。在张栻那里，“利”特指与理义相对的负面价值取向，但他并未否定人的一切利欲，而是充分肯定了合理利欲的正当性，并认为一切

① 周先进、周文宇：《荀子诚信思想的价值取向》，《当代教育论坛》2018 年第 4 期。

② 王成、张力舵：《“忠君”：荀子“忠”思想的内核与逻辑指归》，《湖南大学学报（社会科学版）》2018 年第 6 期。

③ 马永康：《智与“人道进化”——论康有为对智的提升》，《人文杂志》2018 年第 11 期。

④ 刘佳宝：《孟子的羞耻观念》，《道德与文明》2018 年第 6 期。

⑤ 杨传召、赵敏俐：《孟子武德思想及其现代价值》，《齐鲁学刊》2018 年第 6 期。

⑥ 谢桃坊：《苏洵对“利者义之和”的阐释及朱熹的批评》，《中华文化论坛》2018 年第 12 期。

合理的利欲都是理义本身的发用和表现。就此而言，张栻也有义利统一、义利交融的思想。[①]

对德福关系的研究。陈晨捷借孔子的天命观探讨了孔子对德福关系的看法。他指出，孔子相信天命对于人事具有主宰意义，认为德由天赋，天人之间存在良性互动，人通过德性可以致福，其理论本质为德命或德福一致说，但孔子落寞一生的遭遇，使其晚年难免对“德命观”产生怀疑，即现实中人的德性善恶与其命运臧否之间并无必然关联。由此这导致了孔子之后的儒家天命观发生了重大转变，即由原来肯认德福一致的“德命观”转而为坚持德福未必一致的“时命观”。[②] 孙伟探讨了荀子的德福观，以及其德福观对早期儒家德福观的补充与完善。荀子相信人能够通过自己的德性修养而获得幸福，但幸福的来源分为物质和精神两个层面，就物质层面而言，荀子承接了《尚书》中的德福观；就精神层面而言，荀子承接了自孔孟以来的先秦儒家德福观。他认为人能够获得物质幸福都是通过人的德性努力，并充分利用一切可以利用的外在机遇才能实现。在这个过程中，如果缺乏了任何一项因素，都有可能不会实现幸福。另外，荀子又延续了孔孟所认为的人的德性修养会得到精神性回馈的思想。[③] 桑东辉探讨了魏晋南北朝时期士大夫的德福观。他指出，《颜氏家训》集中反映了魏晋南北朝时期士大夫对德福关系的看法，这一时期士大夫的德福观是矛盾和复杂的，其主要特点表现为：坚持修德致福的德本论，但亦有道德退化的彷徨；认同诚信正直、求福不回的主观能动性，亦不乏天命和福报的宿命论倾向。[④] 周浩翔论述了牟宗三的德福观，他指出，牟宗三肯定人有智的直觉，以孟子本心为根基，借鉴康德形上学之架构，沟通了道德与存在，试图以此构建儒家的道德形上学。在其道德形上学架构中，他以道德涵摄存在，以德摄福，认为德与福的关系是一种诡谲的相即关系，即德与福不是互相分离的，而是一种不即不离的关系，德离不开福，福亦离不开德；同时，德与福的关系不能直接地看，而应该转化地看、诡谲地看。[⑤]

任春强讨论了儒道佛三家为克服道德与幸福之间的同一性难题所做的努力。他指出，儒家将全体（一切存在）理解为价值性或善的存在，道德以至善为基准，幸福被道德化，由此实现的德福同一性是至善幸福；道家的道是自然（全体）之道，德即得之于道，道包含一切祸福及其辩证转化关系，因此德福的同一性在于与道合一，超越祸福之辨；佛教通过因果报应规律的必然性力量来保证德福同一，道德是善道，幸福是极乐，唯有通过善念善行才能将苦海转化为极乐世界，对此善恶借助因果报应

① 邹啸宇：《义利互斥，还是义利交融——张栻义利之辨重探》，《道德与文明》2018 年第 5 期。
② 陈晨捷：《“德命”与“时命”：孔子天命观新论》，《东岳论丛》2018 年第 2 期。
③ 孙伟：《德福如何一致？——荀子对儒家德福观的反思与进展》，《广西社会科学》2018 年第 2 期。
④ 桑东辉：《魏晋南北朝时期士大夫德福观管窥——以〈颜氏家训〉为例》，《孔子研究》2018 年第 6 期。
⑤ 周浩翔：《以德摄福：牟宗三对康德圆善论的儒学诠释》，《道德与文明》2018 年第 1 期。

而成为善恶业报规律。①

三 人性论问题

"人性"一直是中国伦理思想研究的核心问题之一，综观 2018 年的研究成果，人性论问题在中国伦理思想研究层面仍占有较大的比重。从问题上来看，既包括总体性的研究，又包括具体性的研究；从具体的研究对象上来看，以孟子、荀子的人性论思想为主，以宋明时期儒家的伦理思想为辅。

（一）总体性研究

所谓总体性研究，是指把"人性"问题作为一个涉及整个中国哲学思想史的大问题来进行研究。在 2018 年对人性问题的总体性研究中，学者的学术观点意在突出人性论思想在中国哲学史上的总体性特征、不同阶段的不同特征，以及"人性"与"情"的关系问题。

郭小军对儒家的人性论思想所蕴含的维度进行了整体性的分析。他认为，儒学作为一种为己之学和成人之道，其人性论思想中蕴含着四个不同的维度：一、天人合一、继善成性的理论架构指向着天成性的维度（作为儒家人性论主旨的性善论思想，其论证方式主要基于天人合一的理论框架，即承认性善的天成性，人具备天赋的仁心善性，通过尽心尽性的工夫，可日臻完善与超越的境界）；二、显体、学以成人的工夫进路蕴藏了生成性的维度（儒家所理解的"性"是能动的、可转化的、有待完成的，始终处于不断的生成与完善之中，没有止境与上限，这使得修养的工夫成为终生的需要）；三、仁礼并重、内圣外王的价值系统展现了构成性的维度；四、德性的完成、人格的完善必然是个体与整个生存共同体一起转化的过程，儒学人性论由此展开了其圆成性的维度。②

沈顺福认为，在儒家发展史的早期，儒家哲学包含两个不同的甚至是常常相互冲突的传统，即以孟子为代表的性本论传统和以荀子为代表的人本论传统。性本论传统的主要立场有两点：其一，以自然人性为本源；其二，率性自然，率性即扩充本心、善性。即主张以善性为本，倡导顺其自然，扩充本心、善性。人本论传统的基本立场也有两点：其一，它将人文教化看作成人之本；其二，强调学习、教化与规范，即教化、学习、规范是成人的基础，是本，这便是人本论。而到了宋代，儒学家们用体用论模式重新处理了二者的关系，即将性本论归为体部分，将人本论归入用的部分，由

① 任春强：《道德与幸福同一性的儒道佛形态》，《江海学刊》2018 年第 6 期。
② 郭小军：《论儒学人性论的四个维度》，《社会科学》2018 年第 10 期。

此统一了性本论与人本论，使二者成为和谐的整体，并发展出新儒学。[①] 冀晋才认为，宋代以前儒家人性论主要特点是“以情欲论性”，即从情感和欲望中去提炼人性，其不足在于无法确认人性孰善孰恶及善性、恶性之根源的问题。及至宋代，理学家们创新性地提出了“以理气论性”的新思路，将“情”和“欲”及善恶的争论纳入“气”的范畴，将“性”归到“理”的范畴。他们将人性定义为“仁义礼智信”，此时，“性”不再可善可恶，而是绝对至善，由此，从本体论和形上学高度分析了人性之本源与实质，彻底地解决了“性善恶难辨”的问题，创立了以学习圣贤遗教、以圣贤遗教去修养身心、学习如何做圣贤为奋斗目标的“循性”修养方法论，并进一步认为宋明理学家们在人性论上的突破和创新，对当下中华优秀传统文化创造性转化和创新性发展有极大的借鉴意义。[②]

（二）孟、荀人性论研究

许多学者对孟子性善论的思想进行了补充性的研究。李景林认为，以往对儒家人性论尤其是孟子人性论的讨论，多着眼于人性之善的肯定性，即人性向善或人性本善一面，但这是不全面的。他指出，“人性本善说”中的性本善，包括肯定和否定两个方面，即对善的肯定和对非善的排拒，换句话说，如果“四端”之“不忍恻隐之心”表现了人性对善的肯定性一面，那么“羞恶之心”或羞耻心则表现了人性对非性之恶的排拒与否定性一面。也就是说，肯定善、排拒恶的人心，实为一体两面，两者共同构成了人性的总体。只有统合此两者，才能全面把握儒家“性本善”理论的完整内涵。[③] 云龙也认为，学界多侧重于将本源性的道德情感归结为肯定性的仁爱之心或“恻隐之心”，而缺乏对否定性的羞耻心的必要探讨。因此，他通过结合孟子性善论研究试图对“羞恶之心”的对象性质、感受实质及运行机制进行考察，力图论证：在同“恻隐之心”具有内在关联性的基础上，“羞恶之心”作为人性善的自我捍卫机制，同“恻隐之心”一道，共同构成了儒家本源性道德情感的一体两面，在孟子性善论体系的建构中起着不可或缺的重要作用。[④] 李春颖则致力于跳出宋明性体情用的模式，重新解读孟子的恻隐之心。她认为恻隐之心是一种具有实存性和普遍性特点的对他者苦难感到哀痛的情感，这种恻隐之心是一种原初性的情感，并不等同于对某些基本情感进行抽象和反思的同情心，并进而以此恻隐之心入手来分析孟子的人性论。[⑤] 李璐楠认为，郭店竹简《性自命出》等儒家文献的问世，为思考儒学传统持续与变迁的契机提供了新的思路。她认为，孔子的“仁”说与郭店竹简心性论可以看

---

① 沈顺福：《论儒家哲学的两个传统》，《周易研究》2018 年第 1 期。

② 冀晋才：《“以情欲论性”到“以理气论性”的转变》，《浙江社会科学》2018 年第 12 期。

③ 李景林、马晓慧：《论人性本善及其自我捍卫机制》，《哲学动态》2018 年第 1 期。

④ 云龙：《“羞恶之心”与道德之源——兼论孟子人性善的自我捍卫机制》，《孔子研究》2018 年第 2 期。

⑤ 李春颖：《孟子恻隐之心中的情感与德性》，《中国哲学史》2018 年第 3 期。

作孟子心性论的前史，而孟子性善论的兴起与发展与之存在内在的联系与承继关系。①

此外，一些学者从新的研究角度、人物入手对孟子的人性论思想进行了分析。李景林聚焦孟子论才三章（《告子上》第六、七、八章），围绕孟子所提出的“才”这一概念，对孟子人性本善论的理论内容进行了分析。他认为，孟子论才三章所言之“才”，是在“与人相近”的好恶之情上呈现人的“良心”或“仁义之心”。良心以“好恶”迎拒事物，随具体情况而显现为当下性的种种“端”，并进一步通过对“端”的分析论证，得出结论：孟子所谓的性善是一种具有存在必然性的本善，而非仅具某种可能性的向善。② 张捷指出，日本江户时代初期的儒者、兵学家山鹿素行晚年对《孟子》人性论的诠释与程朱理学有较大的不同，以此着重分析了山鹿素行对孟子性善论的理解与诠释。③

关于荀子的人性论思想，一些学者也提出了新的看法。刘亮认为，《荀子》的人性观是“性朴”或“性恶”论，学界对《荀子》“性朴”说、“性恶”说的论争，源于现存《荀子》文本中内在的矛盾，因此，他对性朴、性恶二说的性质、本质差别进行了辨别。他认为，《礼论》主张人性“本始材朴”，提出“非道德”的人性观，认为人性无固定的道德方向；《性恶》则试图论证人性为“不道德”的。《礼论》之性朴说背后的善恶评判，将人类行为分为善的、恶的、善恶之外的三类；《性恶》的人性说则建立在一种非善即恶的二元评判上。④ 李巍认为，在荀子看来，性善论之所以不可被接受，在于孟子不应该以性论善，进一步讲，荀子所否定的不是以人性说明道德上的善（善德），而是不能以人性说明政治上的善（善治）。李巍认为，荀子对孟子的性善论思想存在误读，即把孟子那里本为道德理论的性善论当作政治理论来看，但这种误读仍有不可忽视的深刻性，因为荀子借此划出了性善论在解释效力上不可逾越的界限，即政治领域的善绝不能诉诸人性概念得到解释。⑤ 王楷采取一种元伦理学的进路，在荀子本人“共名与别名”的逻辑架构之下，内在于荀子哲学的固有脉络考察和分析了荀子“性”概念的多重意涵，揭示了荀子人性理论的多层次性，进而在道德主体的理论层面探讨了荀子人性观念的语境、意义及其哲学重构的可能性。⑥

（三）宋明清人性论研究

先秦以后，对人性论思想的研究多集中于宋明清时期。关素华梳理了王安石人性

① 李璐楠：《孟子性善论的兴起及其内在结构》，《烟台大学学报（哲学社会科学版）》2018 年第 1 期。

② 李景林：《从论才三章看孟子的性善论》，《北京师范大学学报（社会科学版）》2018 年第 6 期。

③ 张捷：《山鹿素行对〈孟子〉人性论的诠释》，《哲学动态》2018 年第 9 期。

④ 刘亮：《〈荀子〉“性朴”“性恶”续辨》，《道德与文明》2018 年第 1 期。

⑤ 李巍：《性伪之分：荀子为什么反对人性善》，《学术研究》2018 年第 12 期。

⑥ 王楷：《荀子“性”概念的元伦理学考察》，《中国哲学史》2018 年第 4 期。

论思想的发展阶段与内容，并指出了其人性论本身所存在的理论缺陷与不足。她指出，王安石对儒家人性论的思考，经历了性善论、性有善有恶论、性无善无恶论三个阶段，虽几经变化，但终究没有形成一套完整的理论体系。① 江求流指出，朱熹为了回应佛教性空论的挑战，通过四端之情的呈现对人性的实在性展开了论证，这一论证思路被朱熹的学生称为“因情以知性”。② 陈明指出，王船山为回应晚明尚情思潮，针对朱子以四端为情的观点，建基于其对性情所作的分辨，提出了四端为性而非情的观点。王船山认为对于儒家性善之说的理解，不应局限于直觉中的良知善念，指出只有将为善的初衷与动机在实践中落实为恰当的善行，方能彰显儒家性善之义。③ 陈屹指出，王船山从气本原论出发，分别通过气、气化生物和气质而论天道、继善和成性，其中“道”指天道，天道发用流行始生人物之际就是“继之者善”，由继善而凝成于气质性身体的人性即“成之者性”。其次，从气的存在方式的变迁说明人性渊源于“天道—继善—成性”的相续相生关系，认为天地人物处在健动不息、日新富有的气化之流中，这个气化之流的实质就是阴阳相继的相续相生。阴阳相继的“继之功”成就了天道的生生不息，成就了天人相续的继善成性，成就了有生之后人性的日生日成。最后，王船山区分了继善之功在天道、天人之际和人自身三个层面的作用，并通过与形始之性和形而有之性的区别，将成之者性界定为善性相近的气质中之性。④ 皮迷迷指出，康有为从汉代《春秋》学尤其是董仲舒之学中汲取了思想资源，同时，又援引西洋新知，建立起一套关于人性的气学论说。元气论是康有为人性理论的基础，人正是从天那里得到了这种“元气”，才具备了性。康有为将人从天所得的阴阳之气对应于人的灵魂与体魄，将性情之别转换为魂魄之别，魂气仁而魄气贪。但魂气、魄气虽名异却实同，实为一气，他认为人之所以能够趋向善，是因为魂气作为一种类似“电气”的物质，天然具有一种趋向善的动力，而魄气本身虽然并不是恶，但因为魄气横强，与物交接时容易为欲望所牵，渐堕入贪欲，遂成为人趋向善的阻碍。康有为通过对人性善恶之辨的讨论，用魂魄之气的概念为人性构成提供了一种不同于传统的理论，他真正的目的，正是要用这一理论为其人性趋仁理论提供解释。⑤

此外，一些学者还从明清回儒群体的视角出发，讨论了这一群体对人性论的看法。马晓琴、和侃指出，真性与禀性是明清回儒学者为阐述人性论问题提出的两个哲学概念，深受宋明儒学善恶论之“天地之性”“气质之性”概念的影响。在回儒思想体系中，真性源自先天，是人的本性，具有纯善无恶的特征；禀性是人之现实

---

① 关素华：《王安石人性论新探》，《南昌大学学报（人文社会科学版）》2018 年第 1 期。

② 江求流：《因情以知性：朱子的性情之辨及其对人性实在性的论证》，《陕西师范大学学报（哲学社会科学版）》2018 年第 2 期。

③ 陈明：《“四端”与“思诚”——王船山对孟子性善说与为学工夫的重释》，《哲学动态》2018 年第 11 期。

④ 陈屹：《再论王船山的继善成性说》，《道德与文明》2018 年第 6 期。

⑤ 皮迷迷：《从经学视角看康有为的人性理论》，《中国哲学史》2018 年第 3 期。

的自然属性，具有善恶两重性质，它是造成现实世界个体人性差异及其行善作恶的根本。[①]

四　道德修养和理想人格问题

道德修养和理想人格问题是中国传统伦理学中的重要组成部分，主要讨论的是道德主体如何以自身固有的心性为基础，通过道德修养工夫达至理想人格的问题。2018年，学界主要从四个方面进行讨论：其一，对道德主体以及道德动机的理解；其二，对自身固有良知心性的理解；其三，道德修养的问题；其四，理想人格的实现问题。同时，学者们对这一问题的讨论多集中于宋明理学时期。

首先，是关于如何理解道德主体、道德动机的问题。王宇丰指出，在王船山看来，其知德之难言命题的提出，在于揭露"德"作为"实得"，意指唯有主体才能够承担起道德价值，而完全靠自我的修养则易使本真德性旁落。[②] 刘悦笛从"比较哲学"的视角出发，以"一念发动处"入手，对王阳明的"知行合一"进行了新诠释，"一念发动处"便是"知"，亦是"行"，这是王阳明将知行合而为一的本意。她指出，从西学角度来说，"一念发动"就属于道德动机，当今西方二分法把道德动机细分为"意动"动机（motivations）与"动行"动机（ motives）两种，王阳明的"一念之动"就是"动行"的而非"意动"的动机，因为这种本土化的道德动机本身就是诉诸"行"了。[③]

其次，对自身固有良知心性的理解。綦明霞指出，在王阳明看来，"良知"是"心之本然状态"和"明德之本体"，是道德之源，"知"→"行"→"知"的多元转化是主体复归良知本体的必然要求。同时，"良知"又是"德性"与"德行"的统一，是"知善知恶"的"知"与切实践履道德原则的"行"之融合。此外，"良知"也是一种"工夫"，须以思诚、致知格物、立志、居敬、省察及克治的方式来完成。[④] 董平认为，在王阳明那里，良知作为人的本原性实在，实际指向人的类本质共性，是必然具有"公共性"的。道的唯一性与绝对性，正是良知本体之所以体现为个体存在实性之唯一性与绝对性的根据；道的普遍性，则是良知之所以必然具有公共性的根据。良知的公共性，是多样的个体性在共相上体现为天道的唯一性与绝对性，是为分殊而理一；正因此故，良知的个体性的实现，才可能成为在公共性维度上对于

① 马晓琴、和侃：《善恶何故："真性""禀性"与明清回儒的人性观》，《北方民族大学学报（哲学社会科学版）》2018年第6期。

② 王宇丰：《"知德"与"敦化"：王船山论成德主体与人文化成的内在张力》，《中国哲学史》2018年第1期。

③ 刘悦笛：《从"一念发动处"解王阳明"知行合一"——兼论"意动"与"动行"的道德动机分殊》，《南京社会科学》2018年第11期。

④ 綦明霞：《从知行关系看王阳明"良知说"之伦理意蕴》，《学术交流》2018年第10期。

天道之普遍正义的表达。在存在的本原性意义上，良知的个体性与公共性、绝对性与普遍性是交相圆融的。这样看来，作为“本心”而存在的良知，在它体现为个体性的同时，又深刻地内含了人的类本质共性。同时，良知即“心之体”作为价值绝对的原在，乃超越于经验价值世界中的任何相对价值形态，既超越于任何“善的”，同样也超越于任何“恶的”，故谓之“无善无恶”。且正因心体本身是“无善无恶”的，既超越于“善恶”二边，同时又统摄“善恶”二边，它才可能“知善知恶”，成为经验中一切相对“善恶”的终极判断者，而体现出永恒的价值正义。① 黄家光就郁振华与黄勇关于王阳明良知概念的争论做了论述，他指出，郁振华认为良知是道德能力之知，黄勇认为良知是道德动力之知。因此，黄家光试图转变论证策略，即完善郁振华的理论，回应黄勇的批评，证明道德能力之知是能力之知的一个子集，能力之知是道德能力之知的必要不充分条件。② 卢盈华澄清了两种类型的良知：(1) 作为道德判断之能力的良知；(2) 作为道德知识和标准的天理良知。同时，他指出，将王阳明的良知观念看作对特定事件的固化认知，以及即时反应的理论，不能真正地认可良知扩展、反思、道德培养和制度革新的可能性；而将良知理解为不具有具体内容，而仅仅是抽象的本体的理论，即从道德情感的视角来检视时，王阳明的良知学说既认可我们总是可以触及良知的具体内容，又提供了深化与培养的可能性。③

再次，与道德修养相关的问题。杨海文指出，孟子的人格修养论以浩然之气为纲维，其理想人格是既有道德品质又有科学素养的人格。他论述了孟子的修养工夫，包括以下几个方面：1. 先立乎其大者；2. 养心莫善于寡欲；3. 反求诸己；4. 与人为善；5. 强恕而行。换言之，就修养工夫而言，经由道德之气与食色之气的博弈，借助个人与社群的互动，方能成就道德的人生。④ 翟奎凤比较了孟子、荀子的修养工夫，指出，就修养工夫而言，孟子重视“养”，而荀子重视“积”，换言之，孟子重由内而外的充养、生发，荀子重由外而内的隆积、习伪。⑤ 陈立胜以王阳明心学工夫论为主题，将之与朱子、陆象山修身工夫论以及宋儒所勾画的圣人图像相比照，以洞悉王阳明修身工夫论的路径与特色。⑥ 张再林论述了“慎独”的道德修身工夫，他指出，“慎独”是道德修身工夫的集中代表。长期以来，受郑玄、孔颖达和朱子的影响，“慎独”一直被唯心化地理解为单纯的道德内省，而实际上，与《中庸》的“显微无间”、《大学》的“诚中形外”的解读一致，“慎独”的真旨乃是生命的“合内

---

① 董平：《阳明心学的定性及良知的公共性与无善无恶》，《哲学研究》2018 年第 2 期。

② 黄家光：《良知：能力之知还是动力之知？——对郁振华与黄勇之争的一个评论》，《华东师范大学学报（哲学社会科学版）》2018 年第 5 期。

③ 卢盈华：《是非之心如何知善知恶？——王阳明“良知”观念的感受与认知意涵》，《浙江工商大学学报》2018 年第 5 期。

④ 杨海文：《“浩然之气”与孟子的人格修养论》，《社会科学战线》2018 年第 12 期。

⑤ 翟奎凤：《充养与隆积：孟荀修养工夫合论》，《安徽大学学报（哲学社会科学版）》2018 年第 5 期。

⑥ 陈立胜：《王阳明修身工夫论的路径与特色》，《道德与文明》2018 年第 5 期。

外之道”。所谓“合内外之道”即既关乎心性的“内圣”又关乎事功的“外王”并举的大道。在刘宗周那里，通过回归大易的“内生外成”思想，“慎独”的“合内外之道”被得以最终证成，且这种“合内外之道”的“慎独”修身工夫在晚清曾国藩那里得到了验证。① 陈探宇论述了近现代儒家伍庸伯先生的修身之道，他指出，伍庸伯的修身之学以修身为本，强调身心合一，同家国天下为一体。在工夫上，则主张工夫要在诚意上做。其修身学与现代心理学相融通，为解决现代人生活中遇到的种种心灵问题，以及深入研求儒家修养工夫的学者提供了不可多得的取径之资。②

最后，与理想人格的实现相关的问题。梁宗华指出，至大至刚的“浩然之气”充塞天地，必然养成“大丈夫”的理想人格。作为孟子理想人格的“大丈夫”，以“居仁由义”为其价值取向，以“知时通变”为其处世态度，“大丈夫”面对穷通不同境遇能够坚持人生操守，并表现出强烈的“以德抗位”精神。同时，“大丈夫”理想人格的养成，一方面需要坚定的内心志向，另一方面需要借助外在艰难困苦的磨炼，而这些恰与“浩然之气”的存养相契合。③ 刘奇探究了《吕氏春秋》中的君子观，他指出，经过孔子的阐发，“君子”概念基本定型为对有道德修养之人的称谓，成为儒家理想人格。《吕氏春秋》一书中的君子观广泛采撷了诸子各家思想的精华，延续了历史上“君子”的含义，因此其君子思想主要包括三个方面：一指君主；二指有位又有德者；三指推崇德义、重己修身、尊师务本的道德属性的代表。④ 洪修平、孙亦平探讨了中国传统文化中君子、理想人格概念的内涵，以及儒道两家关于君子文化异同之处。他们认为，“君子”与理想人格相比，有区别也有联系。理想人格作为道德楷模，是人们学习的榜样，“虽不能至，然心向往之”；君子则是不断追求并自觉践行理想人格的优秀人格，是不断趋向于理想人格的现实人格，是每一个普通人在日常生活中都应该努力做到的。儒家将“君子”设定为道德榜样人物，将完美的理想人格定位为“圣人”，但“圣人”过于“高大上”，一般人难以企及。而道家是以随顺自然来诠释“君子”，以掌握“道”的智慧治理天下来描绘“圣人”，以“与道合一”的真人、至人、神人为向往和追求的理想人格。此外，在中国传统君子文化中，儒、道两家的君子文化各具特色：一、儒家注重培养君子的道德修养，道家注重提升君子的思想境界；二、儒家树立的君子榜样是内在德性与外在事功的统一，道家所说的君子则将奉行无为而无不为原则的圣人作为榜样；三、道家的君子是“天之君子”，儒家的君子是“人之君子”，即儒家的“君子”是现实社会伦常关系中有道德的人，是在上通下达中为普通人树立的有血有肉的榜样人物，道家则强调“君子”应是超越世俗、顺自然之化的得道行道者。因此，儒家的君子观从道德修养出发，循

① 张再林：《慎独：真正的“中国工夫”》，《中州学刊》2018 年第 7 期。
② 陈探宇：《现代生活视野下的儒家修身之学——以伍庸伯为例》，《现代哲学》2018 年第 3 期。
③ 梁宗华：《论孟子“浩然之气”与“大丈夫”人格养成》，《东岳论丛》2018 年第 4 期。
④ 刘奇：《〈吕氏春秋〉君子观探析》，《南昌大学学报（人文社会科学版）》2018 年第 3 期。

着修齐治平，层层递进，以更好地治理天下，表现出强烈的入世精神。道家则以退为进，采取避世逍遥和效法自然的态度，后来的道教更是追求长生久视甚至得道成仙。①

五　传统伦理的近现代转化

晚清时期，是中国社会剧烈动荡的时期，中国社会前途晦暗不明。同时，这一时期，也是中国从传统社会进入现代社会的转型期，无数有识之士为之殚精竭虑，欲为中国寻求一新的出路。在这一历史进程中，社会情况极其复杂，传统伦理观念的转型也极具复杂性。2018 年，学界对相关问题探讨研究的路径主要有两条：一是以近代学人为研究对象，探寻其伦理观念相较于传统的新变化；二是探讨传统伦理的现代转化及可能的发展方向。对这两个问题的明晰，可以较为清楚地了解中国传统伦理在近现代的创造性转化和创新性发展。

就第一条路径而言。高力克论述了严复的天演论作为晚清时期影响最为深远的启蒙理论在知识界所引发的一场新宇宙观与新价值观的深刻观念革命。他指出，严复的天演论具有石破天惊的启蒙意义，其“竞争—变革—发展—富强”的进化逻辑，表征着一种进步论的价值观和历史观，揭破了帝国主义国际政治之丛林法则的真相，在儒教中国引发了一场意义深远的价值观变革，从而激发了国人的民族主义精神，危机意识、竞争意识和革新意识。同时，其生存竞争、弱肉强食的社会达尔文主义，则在唤醒国民救亡图存的危机意识、民族意识和改革意识的同时，以其反伦理性和反人道性颠覆了中国的传统伦理观念，加剧了转型时代的意义危机。② 吕存凯以谭嗣同和章太炎的相关论述为主，讨论了晚清的游侠之风与道德重建的关系。他指出，游侠之风作为一种长期处于正史之外、为主流学术所排斥的社会和精神现象，在晚清这一剧烈变动的时代被重新发掘出来，成为推动政治和社会变革、挽救民族危亡的重要手段，为晚清志士所提倡和践行。因此，游侠特立独行、尚义轻生的人格形象成为中国近代烈士形象的重要组成部分，也直接指向一种新的生死观和道德观。谭嗣同将游侠视为君权黑暗时代的“拨乱之具”，把游侠的破坏作用收束于挽救国家、民族的政治图景之中。章太炎同样将游侠作为“天下有亟事”之时变革社会的重要选择。③ 柴文华、姜楠论述了梁漱溟对孔子思想的解读和转化，指出梁漱溟将生命本体论引入孔子学说，以生命本性解释孔子的“仁”，将孔子学说的主旨总结为“践形尽性”，将儒家的道德修养工夫概括为“修己尽伦”的实践内容和“乐”的实践态度，将孔子的政

① 洪修平、孙亦平：《君子、理想人格及儒道君子文化的相异互补》，《哲学研究》2018 年第 4 期。

② 高力克：《严复问题：在进化与伦理之间》，《浙江社会科学》2018 年第 12 期。

③ 吕存凯：《游侠之风与晚清道德重建——以谭嗣同、章太炎为中心》，《现代哲学》2018 年第 3 期。

治理想概括为以“伦理本位”建构社会。如此，通过人的生命本性向上联通宇宙本体，通过人的道德实践向下联结社会生活，以人心为核心，将宇宙、人生、社会三者统合为一体，形成了梁漱溟的新儒学体系，在一定意义上对孔学进行了创造性转化和创新性发展。[①] 顾红亮论述了梁漱溟的儒家修养话语体系，及其修养话语体系对传统儒家道德修养做法的继承与创新。他指出，在乡村建设期间，梁漱溟建构起一套修养话语体系，包括修养的作用（增强生命力）、修养的着力点（精神陶冶）、修养的方式（朝会）等内容。这套话语体系为乡村建设中修养共同体的建构提供了理论依据，为重新审视乡村建设的当代意义提供了有益的观察视角。[②] 王中江从梁漱溟的生命主义和儒家伦理价值两个方面考察了梁漱溟的伦理生命主义图像。他指出，梁漱溟的生命主义关注的既是生物和不同物种的生命进化，更是人的生命的进化，特别是人的伦理生命和人的心灵及精神的进化，更具体地说是儒家伦理生命和伦理心灵的创造。在伦理生命主义的构建中，梁漱溟主要是立足于儒家“世间法”的伦理传统和价值，为生命、直觉、理性、进化、创造和灵性等这些一般不用作伦理的观念赋予的伦理价值基本上也是儒家的伦理价值。梁漱溟的思想在一定程度上还受到佛教“出世间法”的影响，他的伦理生命主义还有对未来更远进化的承诺。[③]

就第二条路径而言。吴震以阳明学与东亚儒家伦理的问题为核心，论述了儒学历史及其未来发展的一些思考。他指出，历史与现实这两个角度，对儒学的未来发展可以大致谈三点看法：一、从历史的角度看，儒学既是一种哲学思想，也是一种综合性的文化传统体系，其中含有丰富的思想内涵，有关于宇宙、人生、心性、政治乃至宗教性的关怀等，形成了各具特色的儒学理论形态。归结而言，儒学的历史形态以及理论形态具有多元性、开放性的特征。二、从现实的角度看，儒学传统或儒家的基本价值、思想方式可以超越特定的社会体制而依然在当代有其现实意义。三、儒学的未来发展在建构儒家的基本价值观、重建东亚儒家伦理等方面应当发挥积极的作用，儒家文化复兴的目的在于推动不同文明传统乃至区域文化间的积极对话。更重要的是，在当今推动人类命运共同体建构的过程中，儒学的精神性传统理应成为全球共享的文化资源，近世以来儒学在东亚文化的历史发展过程中所表现出来的开放性，也充分表明儒学在未来世界也必然可以成为回应全球伦理问题的一项重要思想资源。[④] 李祥俊探讨了儒家的价值体系，以及如何在中国近现代社会实现根源性转化的问题。他指出，儒家关于价值的思考奠基于其自身的哲学系统，同时更是中国传统社会形态、人的生

---

① 柴文华、姜楠：《梁漱溟对孔子思想的解读和转化》，《江淮论坛》2018 年第 3 期。

② 顾红亮：《梁漱溟的儒家修养话语体系》，《孔子研究》2018 年第 4 期。

③ 王中江：《生命的创造和灵性化：梁漱溟的伦理生命主义图像》，《深圳大学学报（人文社会科学版）》2018 年第 2 期。

④ 吴震：《儒学历史及其未来发展的几点思考——以阳明学与东亚儒家伦理的问题为核心》，《孔子研究》2018 年第 4 期。

活方式的集中体现，它以天道为人道价值的根源，以人的心性为外在价值的根源，以道义规范为现实功利的根源，形成了一个根源生成论式的价值体系。而且在这个一以贯之的价值体系中，家庭伦常的孝等道德情感、道德意志作为人的内在的最切近的情感，一天人、合外内，是儒家价值体系中真正的活的灵魂，既是人的外在的行为规范、功利需要的主宰者，也是儒家作为价值根源的性与天道的内在依据。儒家的价值体系适应了中国传统家庭本位基础上的君主专制主义等级社会的国情，但在中国近现代的社会转型中却逐渐失去其合理性，无论是现实的人伦道德实践还是超越的性与天道都面临冲击，需要在与中国当代马克思主义价值哲学的互动中完善自身，在中西、古今之辨中实现其根源性转化。①

六 其他富有新意的研究

2018 年，学者们富有新意的研究主要包括两个方面：其一，对中国传统伦理道德观念、论点进行富有创见的解读；其二，采用新方法或对社会产生的新问题进行富有传统特色的伦理解读；其三，在西方伦理的问题意识下重新观照中国传统伦理思想。

从第一个方面来看。赵清文探讨了程颐经权观对道德准则普遍性的维护。他指出，程颐反对汉儒释“权”为权变、变通的经权观，提出了“权即是经”的理论。他将“经”视为必须普遍遵循的道德准则，而从“权衡”的意义上来理解“权”。他认为，通过“权”的方式来实现行为合理化的过程，正是具有普遍性的“经”在现实道德生活中落实和展开的过程，“经”的普遍性是不容置疑的、绝对的。这样，道德准则不但在抽象的形而上的层面上具有了普遍性，而且在现实的道德生活中也成了具有普遍约束力的行为标准。尽管程颐的经权观在理论上存在一定的缺陷，但他通过经权问题对道德准则的普遍性的强调，反映了中国传统伦理思想发展的必然，对于道德准则约束力的提升具有积极的启发意义。② 张继军、段澜涛论述了先秦儒家早期文质观的主要观点，指出孔子及其弟子、时人所提出的“质先文后”“质该文末”“重质弃文”“文质一体”“文质彬彬”等思想代表了先秦儒家早期文质观的主要观点。总的来看，孔子在对其弟子、时人的文质思想给予批判、肯定、辨析的基础上，提出了以“文质彬彬”为核心内容的文质观，其中所包含的主要原则即“以质为本”和“文质相济”。孔子试图以仁义来重新阐释和丰富西周以来的礼乐文化传统，通过对于文质关系的说明，赋予了礼乐文化内在的情感基础和德性价值，体现了原始儒家道德哲学由仪式伦理、规范伦理向情感伦理、心志伦理的转向，代表着原始儒家思想

① 李祥俊：《儒家价值体系及其根源性转化》，《南京社会科学》2018 年第 11 期。
② 赵清文：《程颐经权观对道德准则普遍性的维护》，《道德与文明》2018 年第 6 期。

从强调制度导向向心性涵养的过渡，即一种以德性的自我内化和自觉提升为目的的由外而内的深化和拓展，这种思想对于孟子和荀子的文质观，甚至整个思想体系都产生了重要的影响。① 王中江论述了孟子的伦理选择论。他指出，为了促成人们的伦理实践，孟子提出了伦理选择论。这一伦理选择论既有抽象的一般性的正当选择原则，也有比较具体的可欲之善和更具体的作为“良贵”的仁义等价值；既有对人性的相似性和人能够做什么的说明，也有如何实践伦理的方法。在层层推论和类比中，孟子向人们证明，在不同的价值选择中，伦理选择是最好的选择。它不仅是“可欲”的最高的善，而且也是人完全能够获得的价值。② 陈来以郭店楚简《六德》为重点，以郭店楚简《五行》为《六德》参照论述了早期儒家的德行论。他指出，郭店楚简中《五行》篇主张“仁义礼智圣”五种德行，《六德》篇主张“圣智仁义忠信”六种德行。《五行》篇重在从内在化、普遍化、性情化的方向去理解并处理德行问题，而《六德》篇强调德行的角色化、社会化。可以说，《五行》属于德行伦理，《六德》属于角色伦理，显示出早期儒家伦理内部包含了不同的发展取向。《六德》应早于《五行》，但其思想既体现了早期德行论的特点，也体现了早期角色伦理的特点。从文化继承的角度说，德性伦理因其普遍化性格，比较容易处理其继承的问题。而角色伦理中与特定时代特定社会的特殊性相联结的成分，在现代继承时就必须加以明确扬弃。③

从第二个方面来看。文贤庆试图以儒家为主题来展示中华文明和中华民族的伦理叙事，以揭示儒家伦理思想所具有的独特价值。他指出，伦理叙事是指人们在伦理生活中，有意识地反思自己的生命和生活。伦理叙事的起点是生命和生活本身，有价值和意义的生命和生活则是伦理叙事想要达到的目的，而连接起点和目的的桥梁则是人们在实践生活中构建的各种伦理训诫。伦理叙事基于人性表现为个体叙事和集体叙事。儒家通过集体叙事表现出内省自觉、群体本位、追求礼教和追求和谐的伦理精神，通过个体叙事表现出追求人格完满的伦理精神，它们共同构建了中华民族的独特叙事，凝聚出了独特的中国伦理文化精神。④ 张立文试图以和合道德论来解决人工智能可能带来的冲突与危机，他指出，杀人机器人使人类生命受到严重威胁和挑战。因而人工智能机器人的伦理道德问题，就成为突出的核心课题。人工智能机器人研制的价值取向和伦理道德考量，是人工智能机器人分殊伦理道德上善恶、对错的关节点。和合伦理学是指人与自然、社会、人际、心灵、文明之间内在秩序以及什么是道德关

---

① 张继军、段澜涛：《从子夏问〈诗〉看〈论语〉中所见文质观——兼论先秦儒家道德哲学的价值转向》，《中国哲学史》2018 年第 4 期。

② 王中江：《孟子的伦理选择论——从“可欲”到“能”和“为”》，《哲学研究》2018 年第 7 期。

③ 陈来：《早期儒家的德行论——以郭店楚简〈六德〉〈五行〉为中心》，《北京大学学报（哲学社会科学版）》2018 年第 2 期。

④ 文贤庆：《儒家的伦理叙事》，《伦理学研究》2018 年第 5 期。

系标准的原则与规范的和合。和合道德学是指和谐、协调人与自然、社会、人际、心灵、文明之间共生、共处、共立、共达、和爱的原则与规范的和合。伦理与道德不离，两者相得益彰。最后，他以此为基础，提出了七个解决人工智能可能带来的危机的方案。①

从第三个方面看。学界主要从观念和学说体系两方面进行了研究。在学说体系的对比上，黄勇探讨了理想类型的美德伦理学家究竟是亚里士多德还是朱熹。他以儒家与亚里士多德主义关于美德伦理的比较研究为例，认为应当先从美德伦理学与后果论、道义论伦理学的本质区分中构造一种理想类型的美德伦理学。在这种理想类型的美德伦理学中，美德具有首要性，即它是最基本的概念，而这个伦理学体系中的所有其他概念都来自美德概念、从属于美德概念、服务于美德概念。在此基础上，他以这种理想类型的美德伦理学为标准来考察儒家（以朱熹为例）和亚里士多德的伦理学。其结论是，以这样一种理想类型的美德伦理学来衡量，亚里士多德的伦理学不是一种美德伦理学，而朱熹的则是。理由在于：虽然朱熹对美德的说明跟亚里士多德一样，也从人性即人之异于其他事物的独特性开始，但这两者存在一个明显的差别。在亚里士多德看来，人之为人的独特性是积极的理性生活，也就是所谓的幸福，而美德只是让理性活动具有卓越性的性格特征。由此，美德便成了从属于理性活动和幸福的东西，不再是首要的了。而在朱熹那里，作为人之为人的特征的，不是别的，正是仁义礼智这些美德。② 邓晓芒论述了康德哲学对儒家伦理的救赎。他首先论述了康德对人性中的伪善的揭示，其次论述了儒家伦理对伪善的态度，指出两千多年来儒家对乡愿的批判有个一脉相承的特点，即都把乡愿看作有意骗人、向别人伪装成有德的假象，却没有人指出其中的“自欺”的心理结构，更没有看出它与一般人格的深层次的联系。与之相反，康德对伪善的批评则是从人性和人格中生来就伴随着的自欺结构入手的，在他看来，伪善并不能简单地等同于说谎和造假，它属于更深层次的东西，这就是人所摆脱不了的自欺和欺人。最后指出儒家伦理在今天日益走入困境，特别是日益暴露出其乡愿的本色，其根本症结在于他们的人性观中缺乏自由意志的深层次根基，因此需要经过一番理性的加工和阐释，而这种加工正是康德哲学对儒家伦理的救赎。③ 杨泽波论述了儒家生生伦理学对休谟伦理难题的破解。所谓休谟难题即休谟所提出的“是”与“应该”的问题。他论述了麦金太尔、赫斯特豪斯对解决休谟难题所作出的努力以及仍然存在的局限，最后指出在孔子思想系统中，道德动力是由仁性提供的，仁性是连接“是”与“应该”的桥梁，有了这个桥梁，“是”与“应该”就有了内在的关联，不会产生所谓的休谟伦理难题。孔子思想的殊特之处就在于多了

① 张立文：《和合伦理道德论——中华传统道德精髓与人工智能》，《社会科学战线》2018 年第 8 期。
② 黄勇：《理想类型的美德伦理学家：亚里士多德还是朱熹?》，《哲学动态》2018 年第 9 期。
③ 邓晓芒：《论康德哲学对儒家伦理的救赎》，《探索与争鸣》2018 年第 2 期。

仁性。按照儒家生生伦理学的诠释，仁性有两个来源：一是生长倾向；二是伦理心境。这两个来源虽有不同，但都有仁性。所以，在儒家看来，人是一个先在的道德存在，原本就有道德的要求，因此人本身就有行善的动力，顺此而行，就能体会到道德之乐。① 张祥龙比较了舍勒伦理学和儒家伦理学的区别，指出舍勒认为价值感受先于客体感知，其伦理学是一种质料伦理学。儒家“亲亲而仁”的伦理学与之相通，并可以从舍勒的“情感的价值先天性”“善恶的非现成性”“爱的秩序”“人格生成”“榜样追随”等思路中，汲取有启发性的表达方式。但双方关于共同体的看法有重大分歧，反映出两边在看待爱的源头、价值等级化方式和家庭中的本己人格诸方面存在差异。②

在观念的研究上，刘悦笛以“消极情件”为视角，对中西方论“恶”进行了哲学比较。他指出，“绝对恶”的出场，证明西方思想有将恶加以“本体化”的倾向，而中国从来没有如此的思想取向。荀子所论之恶，并不是与善绝然相对之恶，善恶几成对称之关联的“二元论”在早期中国思想中并不存在，由奥古斯丁的“恶乃善之匮乏”之观念也不能来反观荀子。荀子从“消极情感”出发，认定情为先欲所困，后又下拉了性，由此以“欲—情”之恶推导出“性恶”，但“心善”却“化”性而勉于善。也就是说，荀子并没有给予恶一种本体论根据，而是在“欲”之恶、“情”之恶、“性”之恶与“心”之善等一系列相关思想之间作出了关联性探究。同时，按照康德的“根本恶”观念，善恶的依据在于“意力”的自由选择，“自由意志”只能向善。所以就思维方式而言，西方探究“恶”之本源与中国的“向善”而生，分别来自西方“两个世界”观与中国“一个世界”观。因此，由中国看西方伦理的缺憾为：第一，西方持善恶绝对对立的“二元论”；第二，西方的恶被本体论化了，成为人性之根。③ 孙燕比较了早期儒家和古代犹太教的慈善思想，指出早期儒家和古代犹太教都有慈善思想，两种文明的慈善思想都“劝人向善”并“助人施善”，主张周济穷苦、关爱贫弱。早期儒家慈善思想以“仁”为核心，以“恻隐之心”为驱动；古代犹太教的慈善思想则以“公义”为核心，以对上帝的信仰为动力，靠宗教诫命来维系。二者之间的差异在于：儒家是一种世俗伦理体系，强调的是人与人之间的关系，慈善是君子风范的理想追求；而犹太教作为典型的“一神信仰”，强调的是神与人之间的关系，慈善是信仰对人类生活的约束。④ 孙伟比较了柏拉图和荀子二者对于“人如何走向道德之途”这一问题的看法。他指出，对于柏拉图和荀子来说，人如何走上道德之路是他们哲学和伦理学所关注的主要焦点之一。对于柏拉图来说，理性是

---

① 杨泽波：《儒家生生伦理学对休谟伦理难题的破解》，《社会科学》2018 年第 10 期。

② 张祥龙：《舍勒伦理学与儒家的关系——价值感受、爱的秩序和共同体》，《世界哲学》2018 年第 3 期。

③ 刘悦笛：《儒家何以无“绝对恶”与“根本恶”——中西比较伦理的“消极情性”视角》，《探索与争鸣》2018 年第 9 期。

④ 孙燕：《早期儒家和古代犹太教慈善思想之比较》，《孔子研究》2018 年第 2 期。

克服欲望的主导力量，而正义就是理性与欲望和激情保持平衡和谐关系的一种状态。对于荀子来说，义虽然是人内在的理性能力，但这一理性能力必须得到外在礼仪制度的辅助才能成为克服欲望的主体。在这个意义上，荀子的礼义要比柏拉图的正义更具有实践哲学的特质。在理性的形而上本源方面，柏拉图认为善的理念是理性的根源，而达到善的理念的方式是通过辩证推理等过程而实现的；荀子则认为“道”是理性和礼义的根源，人可以通过“虚一而静”的过程逐渐达到对于“道”的认知。[①] 戴兆国比较了孟子的性善论与康德的善良意志论，他指出孟子的性善论为儒家道德哲学的展开提供了始源性的理论基石，规约了儒家德性论的基本理论取向。康德的善良意志论是西方道德哲学理论大厦的中轴，代表了西方道德哲学规范论的基本理论取向。这两种理论在对人性能力的取舍、向善路径的选择和至善目标的设定等方面均有不同思考的进路。[②]

① 孙伟：《人如何走向道德之途？——荀子与柏拉图之间的一种可能对话》，《云南大学学报（社会科学版）》2018 年第 5 期。

② 戴兆国：《孟子性善论与康德善良意志论之比较》，《陕西师范大学学报（哲学社会科学版）》2018 年第 5 期。

2018年中国伦理思想与现实问题研究报告

张留青*

对现实的道德困境和社会问题的关注为伦理学研究提供了源源不断的动力。经济全球化的不断深入和文化交流的日益频繁，将人类的命运更加深刻和全面地联系在了一起，人们面临的问题逐渐呈现出复杂性和普遍性的特点。鉴于此，当下研究中国传统伦理思想，汲取中华优秀传统文化的精华并实现传统思想的创新性转化和创造性发展尤为重要。2018年，学者们以现实问题为导向，充分地挖掘和分析了中国传统伦理思想中可供借鉴的资源，重点主要集中在政治伦理、道德教育、家庭伦理、生态伦理和经济伦理等领域。

一　政治伦理

在中国传统社会中，伦理道德作为政治活动的目标和手段，深刻地影响了政治实践和制度构建，在此基础上形成了丰富的政治伦理思想。改革开放以来，政治伦理学也一直是中国伦理学界研究的重要方向。2018年，学者们有关政治伦理学的研究在中西政治伦理思想史、政治伦理体系建构和当代政治实践方面都有丰富的成果，此外学者们还对实现国家治理能力和治理体系现代化过程中取得的成就和出现的问题进行了学理分析，对责任伦理和制度伦理的研究也进一步深入。

（一）传统政治伦理的再解读

在2018年5月19日召开的“回顾与展望：政治伦理学40年”学术研讨会上，众多学者从不同方面对政治伦理学研究的发展历史、现实问题和未来面向发表了看法。在基本理论方面，学者从政治伦理的“概念厘定”讨论到“内容定位”；在历史

* 作者简介：张留青，1996年生，河南固始人，中国人民大学哲学专业硕士研究生，研究方向为中国伦理思想史。

考辨方面，既有关于中国传统政治伦理的逻辑分析，亦有关于西方政治伦理的深入阐述；在思想建构方面，学者们热切讨论了如何建构中国政治伦理学话语体系以及建构何种解释框架；在政治实践方面，政治运行、社会民生、基层党建、协商民主等现实课题成为议论的焦点。此次学术研讨会对今后中国政治伦理学研究的纵深发展有重要的价值和意义。[①] 赵金刚着眼于儒家伦理的纵向发展，分析了历史上具有代表性的儒家思想对社会发展的重大影响，并指出当代社会儒学要立足实际，积极响应传统文化要进行创造性转化和创新性发展的号召，为当今中国社会存在的问题提供切实有效的方案，让儒家的价值理想落实到社会生活中。只有真正面对当代社会的现实问题，努力服务于社会，儒学才能够“活”起来。[②] 彭定光提出基于中国“强起来”的政治伦理基础，中国政治伦理在内容上要重新进行来源定位、视角定位和根本道德价值定位，形成既能够维持良好秩序又能够推动合理发展、既尊重和维护个体权利又实现公共利益、既注重道义价值又重视功利价值的政治伦理。[③]

学者们对中国传统政治伦理的研究以儒家为主，围绕儒家德治、德政、“内圣外王”等思想进行了充分的讨论，并对孔子、荀子、韩非等人的政治伦理思想进行了研究。王海英认为儒家伦理思想进入政治的路径是推动政治伦理化，即政治以伦理为基础、方法和目标。这一政治理念的人性论根基是性善论，人的价值选择和道德情感决定了政治活动的内容和手段。政治伦理化以人性的自我完善为其追求的终极目标，对于当今和未来的人类发展方向具有重大启示意义。[④] 彭永捷对“天道”这一中国古代政治思想的核心概念的演变史进行梳理，揭示政治哲学视野中儒家思想史呈现的天道思想传统的真实性和特质。而基于天道观念内含“究天人之际，通古今之变”的追求，当代儒学研究必须保持开放汲取和自由探索的精神。这一建议值得学者们深思。[⑤] 黎汉基以历代对“聩辄争国”这一《春秋》公案的讨论为线索，分析了儒家政治伦理的发展演变。对于“聩辄争国”这一事件，《穀梁》《公羊》二传基于蒯聩叛父和灵公废立的叙述，主张“王父命”高于“父命”，应崇辄抑聩。但是随着《左传》叙事的新诠释以及孝道思想的发展，崇辄抑聩的意见被全盘推翻，讨论的焦点由如何传承卫灵公的“王父命”转移到父子天伦不应毁弃的问题。这一思想动向提醒我们：儒家政治伦理充满各种历史发展的变异性，不是静止、没有时间性的。[⑥] 孔子的政治思想在儒家政治伦理研究中占据重要地位。以往的研究中，学者们认为孔子政治哲学将“周礼”理解为“德政”的思想及其原则论述。宋宽锋重新审视了孔子

---

① 任仕阳：《“回顾与展望：政治伦理学40年”学术研讨会综述》，《道德与文明》2018年第4期。

② 赵金刚：《儒家伦理与社会儒学——儒学义理与中国社会的互动》，《道德与文明》2018年第5期。

③ 彭定光：《论中国“强起来”的政治伦理基础》，《伦理学研究》2018年第3期。

④ 王海英：《儒家政治伦理化的人性论根基及其启示》，《伦理学研究》2018年第6期。

⑤ 彭永捷：《儒家天道政治哲学发微——兼论儒学的科学性》，《探索与争鸣》2018年第5期。

⑥ 黎汉基：《父命抑或王父命？——从聩辄争国事件看儒家政治伦理的发展》，《中山大学学报（社会科学版）》2018年第4期。

的政治哲学与“周礼”之间的实质性思想观念，试图为其提供合理的解释。他指出，孔子所理解的“周礼”并非与“刑”或“刑罚”相对立，而是其中本来就包括了“刑”。“以儒摄法”的儒家政治哲学是汉武帝“独尊儒术”以来中国传统政治哲学的主流形态。①

荀子作为先秦思想的集大成者，其政治伦理思想具有鲜明的时代性。东方朔尝试通过对荀子的“圣王”概念的厘清，说明在荀子思想中“圣王”的意涵以及荀子何以推尊圣王的内在用心。在《荀子》一书中，“圣王”即圣人与王者的结合，具有伦制两尽、德位一体的人格特征。荀子深切地体会到“德”与“位”的分离严重地影响到真正意义上的权威（圣王）对于重整政治秩序的作用，追求道德权威与政治权威的统一，以实现社会的和平、安全与秩序。② 荀子与法家的关系也是一个历来争论不休的问题。李峻岭认为，在看到荀子与前期法家观点的相似性时，更要注意到二者本质的不同。荀子以礼统法，韩非则认为法即为道；荀子由“霸道”上升为“王道”，韩、李则由“霸道”下坠为武力强权。虽然荀子对法家之下的秦国的大一统给出了较高的评价，但是其理想的治国方略是“节威反文”，主张治国的根本仍是儒家的仁义文治的王道。③

韩非作为法家思想的代表人物，其政治伦理思想也受到了学者们的关注。贾坤鹏认为韩非之学亦是“内圣外王”，但是出于现实政治情况的考虑，韩非所论偏重于“外王”。在韩非思想中，道体是“内圣外王”的基础，兼具本源和本体属性，道体从客观存在内化于人，是为“内圣”；道体落实为事物的法则，就形成了“理”，“理”又落实为君主统治的手段“法”和“术”，是为“外王”。“内圣”效法的是道体的本然状态，“外王”效法的是道体的法则性，二者是并列关系，无本末、体用之分。④ 在先秦法家思想研究中，学者们通常认为“申韩之法”是去道德化的并且极端功利主义的治理技术，但李国斌着眼于韩非的“治术”，呈现了韩非思考“法”之道德基础的曲折努力。“法”作为国家治理的原则，必然存在两个层面的根源：一个是它的“自然”基础，即“天道”；另一个则是它的“道德”基础。只有“圣人”作为立法者，才能保证所立之法不仅合于“天道”，具有客观性和普遍性，而且能很好地用于国家治理，解决方方面面的问题，具有公共性和正当性。虽然治术层面的法令或律令是去道德化的，但“法”的道德性却根植于作为整体的人类生活的道德目标。因此，法治绝不仅仅是一套技术化的操作方案，其中更蕴含了法家树立自身学说之正

---

① 宋宽锋：《“周礼”的哲学解释与德政的主体奠基——孔子政治哲学新探》，《陕西师范大学学报（哲学社会科学版）》2018 年第 2 期。

② 东方朔：《荀子的“圣王”概念》，《杭州师范大学（社会科学版）》2018 年第 6 期。

③ 李峻岭：《荀子与法家：援法入儒及理念分合——兼论荀子与韩非、李斯之关系》，《理论学刊》2018 年第 5 期。

④ 贾坤鹏：《论韩非的“内圣外王”之学》，《哲学研究》2018 年第 11 期。

统性与合理性的价值诉求。①

还有学者对道家政治思想展开了进一步的研究。李巍对老子“无为”的观念进行了新的探讨，将“无为”视作一个阐述统治成本与政权命运的功利主张，其核心是否定高成本的控制性统治。在老子看来，试图将道德的影响转化为治理的力量，必定会陷入控制越强，抵触越大，越治越乱的悖论。而作为功利主张的“无为”可以被视为避免德治悖论的行动指南，其宗旨是以节约性措施确保政权的“长久”与执政者的“长生久视”。这一观点体现了老子对统治成本与政权命运的关系已经有了某种知识性甚至原理性的洞见。②

在对传统政治伦理思想的关注之外，学者们还系统审视了近代中国政治伦理思想的变化和这一时期思想家们的政治观念。孔祥艳认为近代中国政治伦理的嬗变围绕着一个核心线索，即不断追求实现人的价值主体性和道德完善性。“平等”和“自由”是这一时期的两大主题，而这两大主题正是人成为道德主体的必要条件，也是现代政治伦理的核心要素。传统中国的整体主义政治伦理在此时期遭到深入解构，并直接促使中国的政治伦理由古代形态迈向近代形态——民本主义进化为民权主义。③ 高瑞泉讨论了蔡元培先生的平等观念与实践，认为蔡元培对于社会政治平等的立场是一贯的，同时也是与时俱进的。蔡元培基于原始儒家的“己所不欲，勿施于人”的修身原则来理解平等，用“忠恕之道”来解释平等自由观念，并以“平等”为认识论的“群己之变”的前提和价值偏好，反对学科之间的隔阂，主张学术自由与学术民主，为创造不同学术派别平等对话的文化环境作出了杰出的贡献。④ 张城则重新思考了梁漱溟的中国式民主观，并从普遍参与与取决多数、真理与政治、理性与制度、权归于一与权力分立等方面对其民主思想作系统检讨。梁漱溟从承认旁人、平等、讲理、尊重多数、尊重个人自由等方面解读民主，把民主视为一种精神倾向。为建立中国式的民主政治，他主张在政教合一制度下，由贤智者领导众人完善自己的生命，实现人生的向上进步。个人既要积极参与团体组织，又要服从贤智者的领导，这一政治主张反映出梁漱溟对中国传统的理性与人心过于理想化，具有一定的空想性。⑤

国际政治伦理在中国传统的政治伦理中主要表现为不同的“天下观”，而在当代政治伦理的表现是“人类命运共同体”概念，探究二者之间内在的联系是学者们当前的研究重心之一。靳凤林比较了中国王道政治的天下观与西方霸道政治的国家观之间的伦理差别，从宏观上概述了中西方政治思想的特点。在本体论上，二者呈现出共

① 李国斌：《论韩非对“治术”道德性的探寻》，《现代哲学》2018 年第 3 期。

② 李巍：《德治悖论与功利思维——老子“无为”观念的新探讨》，《哲学研究》2018 年第 12 期。

③ 孔祥艳：《近代中国个体道德价值的完善与政治伦理的嬗变》，《江汉论坛》2018 年第 3 期。

④ 高瑞泉：《以“忠恕”之道行“平等”理想——简论蔡元培先生的平等观念与实践》，《上海文化》2018 年第 6 期。

⑤ 张城：《“人治的多数政治”——重思梁漱溟的中国式民主观》，《现代哲学》2018 年第 1 期。

生共在与主客对立的差别；在国家治理层面，凸显出隆礼重仪与法律至上的异质性；在处理与周边国家的关系上，彰显出德性濡化与契约正义的区别；在处理利益冲突的方式上，显现为贵中尚和与崇力尚争的特质。① 为了进一步发现和运用本民族传统的国际政治伦理智慧，在重塑当今世界秩序和构筑人类命运共同体过程中，要承担起应有的历史责任，靳凤林还分析了中国古代王道政治的利与弊和西方近代霸道政治的得与失，提出要在重塑世界秩序中建构人类命运的价值共同体、利益共同体和责任共同体。② 关于如何构建命运共同体，学者们也从中国传统政治伦理思想中汲取了经验和智慧。张自慧指出，中国传统政治伦理中蕴含的“天人合一”“立中制节”“家国一体”“万物各得其所”“王道思维”“世界主义”“和而不同”“忠恕之道”等中华智慧，能够为宇宙、社会、国家和族群各个层次的命运共同体构建和维系提供理论基础和方法论指导。③ 蒋国保以原始儒家的命运说为论域，讨论了原始儒家为引导人类实现世界大同理想而倡导的人类命运共同体理念对于当下谋求世界各国互利、共赢的良性发展的借鉴意义，包括：一是化解利益争端应当信守“见利思义”的义利观；二是化解政治冲突应当信守“世界和平”的理念；三是维系人类的和谐交往、和平共处当遵循“忠恕之道”。④ 干春松则围绕“感”的范畴，来说明儒家思想是如何解释道德共识的形成，并让这样的共识得到人们的接受和理解的。对这一问题的深入研究将有助于我们在世界范围内达成构建人类命运共同体的共识。⑤

（二）社会治理

在中华文化悠久的历史中，先贤积累了无数关于如何治理国家、民族的经验，因此新时期推进国家治理能力和治理体系现代化，必然要从传统文化中的优秀资源中汲取智慧和力量。

中国传统的社会治理思想以儒家的德治最具有代表性。涂可国根据不同的标准、不同的角度，将儒家阐发的德治分为仁治、义治、礼治和孝治四大形态。其中，仁治是德治的本源形态，义治是德治的道德形态，礼治是德治的社会形态，孝治是德治的家国形态。儒家德治思想不仅体现为从普遍性高度强调以德治国，还体现为致力于从仁、义、礼、孝这四个儒家核心道德理念维度更为具体地阐发独特而深刻的治道思想，这为当代中国提高国家治理体系和治理能力现代化水平提供了宝贵的精神资

① 靳凤林：《中国天下观与西方国际观的伦理视差》，《伦理学研究》2018 年第 4 期。

② 靳凤林：《王道政治的转型升级与人类命运共同体》，《道德与文明》2018 年第 3 期。

③ 张自慧：《中国传统政治伦理中的命运共同体思想》，《孔子研究》2018 年第 6 期。

④ 蒋国保：《论培育人类命运共同体信念的儒家思想资源——以原始儒家的命运说为论域》，《孔子研究》2018 年第 6 期。

⑤ 干春松：《“感”与人类共识的形成——儒家天下观视野下的“人类理解论”》，《哲学研究》2018 年第 12 期。

源。[①] 郑万耕分析了《周易》中的相关论述，认为《周易》所提出的顺天应人、居安思危、趋时尚中、贵易尚简、尚贤养贤、求同存异、节以制度、无为而治等治国理政的原则和经验，对于提升国家治理能力、促进社会稳步发展具有重要的借鉴意义。[②] 孙聚友从以孔孟荀为代表的先秦儒家的管理思想中总结出其基于天人合一理论的以顺天应人为核心特质的社会管理思想，其实质是主张管理者在管理活动中要发挥自身的能动作用，持守顺天应人的管理行为，满足和实现人的生存发展需要的同时，保证社会和谐有序的发展。管理不仅要顺应天道，而且要合于人道，天人合一的思想为社会秩序、道德行为和政治法律制度提供了根本的依据。[③]

王生云、周群芳则从儒家孝道思想的角度入手，思考了传统道德在现代国家治理中的意义。王生云等人结合特定的历史背景对过往各种误解进行了分析，并全面探讨了孝的内涵和外延。首先，"孝"要求在"养其口体"的同时养父母之志；其次，"孝"作为一种"报本反始"的精神，既包括对父母的爱与责任，还包括对国家和天地的孝；再次，孝兼具"顺"和"诤"的双重内涵，强调对父母的顺从要基于道义；最后，"孝"自古以来就是治理国家、教化人民的根本。儒家的教化之道就是从孝亲敬长的自然的道德情感出发，建立道德规范，兼顾人情与天理。孝道对国家治理的意义在于，一、有利于打造爱国爱民、德才兼备的官员队伍；二、有利于减少家庭矛盾，实现老有所养、孝亲敬亲、社会稳定、人民幸福的和谐局面。[④]

部分学者还对中西方的治理思想进行了比较，深入地分析了二者不同的特点。王升平比较了以柏拉图、亚里士多德及孔孟思想为核心的行政哲学思想。在德性与规范的关系上，中西方的德性都具有对行政权力的事实性约束作用，德性的规范性是通过培养"好人"即实质上好的行政主体来实现的。但是在将德性的要求落实到具体行政中时，孔孟遵循的是从现实到理论的逻辑，强调行政主体接受德性规范对政府治理体系的完善的实际意义；而古希腊遵循从理论到现实的逻辑，讨论的是理论上最优的政府治理模式。在德与位的关系上，中西方治理思想都包含理想和现实两个层面，理想的状态是德位一致，德是获取位的前提；但是现实中，德位的统一状态却很难有效地实现。对中西方传统中基于德性的治理思想的深入考察，有利于审视我国国家治理体系独特的历史传承和文化传统，在兼收并蓄的基础上思考如何推进国家治理体系和治理能力现代化。[⑤]

伦理道德不仅在国家治理和顶层设计中具有重要意义，还在基层治理语境中发挥

---

① 涂可国：《儒家德治的四大形态与以德治国的战略思维》，《周易研究》2018 年第 3 期。

② 郑万耕：《〈周易〉与治理能力问题刍议》，《中国哲学史》2018 年第 1 期。

③ 孙聚友：《儒家顺天应人的社会管理思想》，《孔子研究》2018 年第 6 期。

④ 王生云、周群芳：《拨开历史迷雾见本真——儒家孝道及其在当今国家治理中的意义》，《大连海事大学大学学报（社会科学版）》2018 年第 3 期。

⑤ 王升平：《中西方传统中的德性与治理——以柏拉图、亚里士多德及孔孟思想为核心的行政哲学比较》，《湘潭大学学报（哲学社会科学版）》2018 年第 1 期。

着不可替代的作用。部分学者关注乡村振兴战略实施背景下的乡村伦理问题，如农村产业转型过程中的经济伦理问题，城镇化过程中出现的环境伦理问题，乡村家庭的伦理培育和道德建设，乡村自治的伦理困境和乡村发展伦理等，这些讨论聚焦伦理和道德建设在乡村振兴战略中的独特地位，并试图给出相应的解决办法和发展路径。[①] 何建华指出，乡村文化作为乡村治理的基本工具，具有凝聚村民价值共识、化解矛盾、规范行为、构建精神家园等道德治理功能。现代乡村社会的发展对治理手段提出了更高的要求，因此需要进一步发挥乡村文化的道德治理功能，继承并发扬传统乡村文化中的精华，建设新乡村文化；通过凝聚价值共识，促进乡村社会理性；整合利益诉求，制定基于共同利益、共同理想的行为准则和道德规范；塑造村民个体精神，促进村民人格健康发展，最终实现以人为本的善治。[②] 李皓将振兴乡村道德文化、建立健康有序的乡村伦理秩序视为乡村振兴战略的核心任务之一，而实现这一任务的关键在于充分激发乡村自身发展的内在动力。乡村道德文化建设内在的根本动力是村民对于良好的乡风民俗的诉求和渴望。构建乡村伦理共同体，要基于乡村成员共同享有的利益和目标、共同的乡村情感和价值认同。只有村民认同自身作为道德文化建设的主体的身份，自觉进行道德实践活动，才能够提升乡村道德建设的实效性。[③]

还有一些学者将目光投向城市社区的治理，施远涛等人基于浙江温州的社会治理实践，分析了在社区治理中德治的功能定位、运行机制和发展路径。结合历史与现实来看，德治是对传统社会中有效的基层治理模式的有机继承，是本土性资源和地域性规范的最佳结合。温州“德治”的具体实践包括发扬慈善文化、发挥榜样力量、发展公益服务，其内在的孕育、催生、动力和保障机制等各个环节的完善也为“德治”的顺利实现贡献了不可或缺的作用。针对如何完善德治的功能，我们可以尝试通过党建引领构建立体的新德治格局，通过规范伦理制度推动“德治”向“德制”的转变，通过树立新型社区领袖的道德权威实现法治、自治与德治的有机融合。[④]

大学作为培养高素质人才的摇篮，其治理工作不仅需要客观完善的运行机制，还需要重视文化和精神的培育，肖柯分析了中国高等教育发展和大学治理工作中的问题，提出要将传统德治礼序和当代办学治校相结合的治理路径。现代大学制度和传统文化的有机结合，有利于在大学内部建构一致的价值支撑和文化认同，协调治理主体、客体和利益相关者之间的关系，建立良好的激励和约束机制，逐步实现国内高校治理的规范化。同时，传统文化嵌入大学治理能够推动高校治理去行政化，使其向以

① 杨伟荣：《乡村振兴的伦理之维——“乡村振兴与乡村伦理”高层论坛综述》，《伦理学研究》2018 年第 3 期。

② 何建华：《乡村文化的道德治理功能》，《伦理学研究》2018 年第 4 期。

③ 李皓：《我国乡村振兴战略的伦理之维》，《伦理学研究》2018 年第 4 期。

④ 施远涛等：《基层社会治理中的德治：功能定位、运行机制与发展路径——基于浙江温州的社会治理实践分析》，《浙江社会科学》2018 年第 8 期。

学术民主为原则的学术型治理转化，鼓励追求学术自由和思想独立，培育优秀的校风、教风、学风。①

（三）道德义务与责任伦理

在社会治理和制度建设的过程中，不同的社会成员扮演着不同的角色，承担着相应的职能和责任，因此明确与权利相应的义务，建立合理的追责机制能够有效地保证社会成员充分地发挥其社会功能，维护社会秩序的正常运转。学者们从责任伦理的角度对个体应当承担的道德义务与责任进行了讨论，其中对儒家思想中关于道德责任的论述的相关研究较为丰富。吴先伍从对义务和责任的概念辨析入手，将儒家伦理理解为超越义务的责任伦理。履行义务是出于外在的强制，人们考虑的主要是自我的权利，基本上只满足义务的基本要求；而承担道德责任是出于内在的自愿，关心他者的利益，可能以或多或少地牺牲个人利益为前提。儒家的伦理学强调的是要积极地突破分内分外的界限，为他人、为社会勇敢地担当责任。② 涂可国从“责己”和“责人”两个维度进一步阐释了儒家的责任伦理学。儒家在认识和处理人我关系问题上更为强调“责己”，体现了“严于律己，宽以待人”的道德品质和“重责己、轻责人”的价值导向。儒家以己任为枢纽的责己和责人思想，不仅有利于我们思考在社会实践中如何处理人我关系，更是当代中国推动人们履行社会责任的重要传统资源。③ 此外，他还对儒家独特的责过伦理思想进行了研究，揭示了其丰富的内涵。“责”与“过”联系在一起时往往表示问责、思过等含义，“过”是“责”的对象，而“责”的目的是改过从善。儒家责过伦理思想大致由人必有过、过而必责、有过必改和责过改志四部分组成，分别强调了责过的必要性和重要性以及责过的方法和目的。④ 田广兰则从“修”“齐”“治”“平”四个维度描述了儒家传统的道德责任观，并指出其面临的现代困境及实现创造性转换的途径。儒家道德责任观是一个以血缘亲情为基础，以由内而外、推己及人为方法，以“修、齐、治、平”为内容，以“天人合一”为旨归德道德理论体系。但是伴随着现代社会结构的根本性变化，责任的内涵也不断扩展和转变。传统的家国一体的、差等性的、近距离的道德责任无法满足现代社会对公共责任、平等责任和远距离道德责任的要求，需要对其责任理念的内涵进行创造性转换，建构起符合现代社会要求的新责任体系，有效回应现实的责任问题。⑤

对以儒家责任伦理为代表的传统思想的回顾，有助于我们理解传统社会中个人与

① 肖柯：《儒家文化嵌入视角下大学治理的文化特征与治理路径》，《理论导刊》2018 年第 2 期。

② 吴先伍：《超越义务：儒家责任伦理辨析》，《道德与文明》2018 年第 3 期。

③ 涂可国：《责己和责人：儒家责任伦理主体指向的二元结构》，《中国哲学史》2018 年第 4 期。

④ 涂可国：《儒家责过伦理思想管窥》，《齐鲁学刊》2018 年第 3 期。

⑤ 田广兰：《儒家道德责任观的困境及其现代转换》，《苏州大学学报（哲学社会科学版）》2018 年第 6 期。

社会的关系，深刻体会到现代社会的巨大变化。我们应当吸收传统道德责任思想中的精华，并在适应现代社会发展需求的基础上对其进行创造性转换，形成以现代社会的要求、话语和价值为主体的道德责任系统，推动人们更好地履行道德责任和社会责任，从规范社会主体责任的角度完善社会治理。

二　道德教育

道德教育是伦理学的实践载体，伦理学为道德教育提供了理论依据。道德教育的对象、内容、方式及合理性都是伦理学需要研究的问题。2018 年学者们关于道德教育的研究主要集中在针对我国道德教育问题的反思上，即对传统德育思想进行挖掘以及对德育原则和规范再建构两个方面。

（一）传统德育思想发掘

从传统道德教育到新时期的道德教育，我国德育事业虽然不断改革和发展，但是仍然存在许多需要思考和改进的地方。众多学者立足当下社会发展和各阶段素质教育的现状，对传统文化资源进行了深入的挖掘和分析，积极地从中华优秀传统文化中汲取营养和动力。

针对现实道德教育中产生的问题，从传统思想中发掘资源，寻求解决方案，是学者们研究的重要思路。王彬发现当前思想政治教育存在内化—外化二分割裂、重认知轻情感、重课堂轻实践的问题，而中华传统的化育之道从人的心性出发，通过养心、守礼等工夫保存和发展内在的德性，重视情感对人的影响，始终将个体放在与家族、国家和天下的联系中来看待，强调现实生活中个体和社会的双向互动，有利于补足新时期思想政治教育的短板。[①] 佘时珍注意到中国传统文化中教化与修身并重的特点，其实质是“成人”。教化基于人们的道德共性，将对个人的外在的要求转化为内在的品质和行为准则，而修身强调个体的自主性，实现自我的完善，然后自然而然地符合外在社会的要求，将教化与修身统一于人的本性。教化的主要形式包括官方教化、乡规民约教化和家族家庭教化，还辅以艺术感化、神道设教、通俗读物浸染和旌表激励的方式熏陶民众，引导风俗。而修身方法以立志、为学、存养、克治、力行为主。[②] 叶澜在中国哲学传统中发现了其内在的教育精神与智慧，在此基础上形成了中国教育哲学，其价值取向、核心内容和思维方式对于当代中国教育改革实践和教育理论的建设都是非常宝贵的资源。[③]

---

① 王彬：《中华传统化育之道及其对思想政治教育的启示》，《国家教育行政学院学报》2018 年第 2 期。

② 佘时珍：《教化与修身并重——中国传统文化中“成人”方式对当代的启示》，《湖北大学学报（哲学社会科学版）》2018 年第 5 期。

③ 叶澜：《中国哲学传统中的教育精神与智慧》，《教育研究》2018 年第 6 期。

“孝”作为中国传统文化的核心内容之一，也具有重要的教育价值。韩文根和李春云针对当前大学生存在的孝道观念缺失、感恩意识淡漠等道德失范问题，主张充分发挥传统孝文化在大学生德育中的作用。孝文化是传统文化的精髓所在，是产生个体道德和实现家庭和谐幸福的基础，是不可或缺的道德品质。在高校德育体系中引入传统孝文化有利于完善大学生道德人格，改善其人际关系，为其人生发展提供品德保证，对培养大学生适应社会的核心素养具有不可替代的作用。① 余维武分析了先秦儒家的榜样教化思想，认为其基于人性无论是善是恶均欲求向善的假设，指出人天生具有学习道德榜样的能力与欲望，证明了榜样教化的可行性。榜样教育的具体实践主要通过“礼”来实现，“礼”将内在的道德情感转化为外显的行为，为人们学习道德榜样提供了具体可行的途径。先秦儒家榜样教育思想为今天的道德教育提供了许多有益的启示，但是基于其特定的社会和思想背景，我们在借鉴的同时，还要清醒地认识到其理论假设的缺陷。②

传统文化中不同思想流派的教育思想各具特色，其中学者对于儒家教育思想的研究最为丰富，不仅分析了儒家思想中的主要观点对于现代教育的重要影响，还对儒家传统的礼教、乐教等教育方式进行了考察。石中英围绕《论语》和其他学者的相关讨论，对孔子“仁”的思想进行了全面的分析，认为孔子“仁”的思想中包含了其对人性的理解，强调人与人之间存在的共同的情感和价值观，重视他者的利益，凸显了道德情感教育和同情心教育的重要意义，值得我们深入地思考并进行创造性的实践。③ 揭芳认为儒家的友道强调朋友对个人品德的形成和发展的重要作用，具有深厚的德育意蕴。在儒家思想中，朋友作为五种重要的人伦关系之一，有助于个人形成正确的道德认识，强化个体的道德认同，引导个人的道德实践，具有不可替代的重要价值，是道德教育中不可忽视的要素。儒家友道作为优秀传统文化的重要组成部分，体现了中国独特的朋辈教育理论，在当今时代依然有其着力点和价值。④ 郑航对关系主义主导下的儒家德育传统进行了诠释，指出“关系”在儒家伦理和德育中的基础地位。基于中国古代社会结构的儒家伦理“关系”具有伦理分层、以情为本体和不对等性三个特点，由此衍生的德育思想以“成人”为依归，以“诚”为体用，重私人关系，偏责任教育。儒家德育传统对当代德育实践的影响根深蒂固，但是现代社会中个体和共同体关系的演变要求其突破“情”和“私”，彰显“共”和“公”的特性，实现关系主义向关系理性的超越。⑤

---

① 韩文根、李春云：《传统孝文化在大学生德育中的内涵、价值及培养途径》，《信阳师范学院学报（哲学社会科学版）》2018 年第 5 期。

② 余维武：《论先秦儒家的榜样教化思想》，《教育科学研究》2018 年第 6 期。

③ 石中英：《孔子“仁”的思想及当代教育意义》，《教育研究》2018 年第 4 期。

④ 揭芳：《论儒家友道的德育意蕴》，《云南社会科学》2018 年第 6 期。

⑤ 郑航：《儒家德育传统：由关系主义向关系理性的超越》，《华南师范大学学报（社会科学版）》2018 年第 1 期。

除了其思想对于教育的目标和内容的影响，儒家还强调具体的教育形式在教化过程中的运用，为解决当下道德教育形式单一、僵化的问题提供了借鉴。乐教作为一种有助于提高政治、道德修养的教育方式，最初源于西周时期的礼乐传统。王顺然追本溯源，探究了“乐”如何在周秦时期具有了道德教化的功能。从“乐”的艺术形式来看，它具有“戏剧”表演的性质，而古代的“乐”以歌颂圣王功绩和个人修养为主题，融合了政治、道德的元素，能够对受众产生教化影响。乐教在周代主要通过“学校”、“乐官”和“采风”三种制度落实到对士人和百姓的教育中，融入日用伦常和道德生活中，形成了良好的文化氛围和传统。① 王楷则梳理了儒家乐教传统演进的过程，从最初以政治功能为主，发展到重视乐对个体生命和精神的修养意义，逐渐形成了完整的以乐成德的修养伦。“乐教”的实质是情感教育，通过对内在情感的合理规约、疏导，使相应的行为符合道德规范。古代乐教一方面淳化社会风俗，亲和人伦关系，维系共同体的价值认同；另一方面作用于个人的心理世界，节制人的自然情感，培养道德人格，最终实现个体与社会在礼乐的教化中的良性互动。②

部分学者围绕对传统经典文本的再解读，重新提取了其中具有重要教育意义的思想。靳浩辉和苏蓓蓓全面分析了《中庸》一书的形成和发展，并指出《中庸》深刻塑造了中国传统德育思想中贵和尚中、慎独内省、修身为本、忠恕之道、知行合一、循序渐进等重要内容，有利于转变学校的德育模式，提升受教育者的道德修养，促进社会公德的涵养培育，具有鲜明的当代价值。③ 李卯和张传燧将《中庸》的教育哲学意蕴总结为要充分调动学习主体的主动性和积极性，重视外在教育和后天学习的作用，强调上天先验赋予和后天环境塑造相结合，全方位促进主体的自我完善和整全发展。④ 周卫勇和曾继耘以《中庸》为主要依据，对作为先秦儒家教化哲学理论基础的“生生之道”进行了探究。生生之道是人的自然生命生长和道德生命意义的生发之道，它以天道为本体，以自当不二、成己成人、生生不息等为生命价值追求，坚持“诚明两进”的方法论，最后落脚于个人真实的生命体验和生命力的蓬勃兴发，实现人最根本的生命意义。⑤ 金滢坤聚焦唐代儿童的孝道教育，展示了《孝经》这一儒家伦理经典在儿童启蒙教育中的重要地位。儿童学习《孝经》，通过背诵、默写等方式，逐渐形成朴素的孝道价值观念，培养正确的人生观，树立忠孝国家、立身扬名的

---

① 王顺然：《周秦时期具有“戏剧”性质的“乐”如何承担道德教化》，《中国哲学史》2018 年第 3 期。

② 王楷：《早期儒家乐教传统的演进及其当代价值》，《道德与文明》2018 年第 2 期。

③ 靳浩辉、苏蓓蓓：《〈中庸〉德育思想的逻辑体系与当代价值》，《教育探索》2018 年第 4 期。

④ 李卯、张传燧：《“修道之谓教”：〈中庸〉的生命实现路径及其教育哲学意蕴》，《湖南师范大学教育科学学报》2018 年第 5 期。

⑤ 周卫勇、曾继耘：《生生之道：先秦儒家教化哲学的理论基础——以〈中庸〉为主体的研究》，《教育学报》2018 年第 5 期。

远大理想。[①] 梁大伟和吴爱军注意到《周易·蒙》卦中的教育思想，并将其概括为大化环境育人、社会环境育人、学校环境育人及家庭环境育人四个方面，强调良好的教育环境对被教育者的熏染和影响。[②]

还有学者对特定时期的特殊教育方式进行了考察，为我们理解传统道德教育提供了更多的角度。刘光华和吴瑾菁对明代蒙学中“考德”的形式进行了系统的探究。“考德”通过对儿童的日常行为进行反复考察，强化道德行为训练和提高道德水平，从而让儿童养成良好的行为习惯，操作方法以询问、观察为主。“考德”立足于现实生活，以持之以恒的行为训练强化儿童良好道德行为习惯，符合道德教育的规律，值得我国现代童蒙道德教育借鉴。[③] 王独慎从清末修身教科书中插图的功能入手，分析“图像教化”在德育传统中的独特意义。清末修身教科书中的插图保有传统德育中以人文审美涵容道德修养的精神内涵，通过故事情境、居室建筑、人文意向的描绘来展现人物品格，反映传统“修身”观念在日常生活中的具体表现形式。在信息技术高速发展的今天，图像作为文化的主要载体，其对人心的教化和塑造作用不可忽视。教育工作者们在进行教育图像和教科书插图制作时可以从清末修身教科书中学习有益的经验。[④] 韩玉胜关注乡约在基层社会道德教化中的实践效应，乡约道德教化侧重民众自我规约、相互监督，具有较强的可操作性，与民众社会生活的现实需求紧密相连，是社会教化的重要组成部分。[⑤] 黄晟鹏和孔燕通过对古代超常儿童的案例分析，展现了中华民族德智并重的育人传统。分析结果显示，在中国古代超常教育的实践中，良好的道德品质、正确的理想信念与学业成就和智力发展同等重要。新时代中国拔尖创新人才培养要继承并丰富古代超常教育的德育经验，强化理想信念教育和以家庭教育为主的孝德教育，落实立德树人的根本任务。[⑥]

（二）道德教育的原则与规范

除了围绕传统和现代的道德教育的相关讨论，部分学者还围绕教育伦理的概念，探究道德教育的基本原则和具体规范。王正平将立德树人和教育仁爱分别视为教育伦理的根本原则和基本原则。立德树人作为中外教育伦理思想的精髓，是一切有价值的

---

① 金滢坤：《唐代儿童的孝道教育——以〈孝经〉为中心》，《山西大学学报（哲学社会科学版）》2018年第3期。

② 梁大伟、吴爱军：《〈周易·蒙〉卦的环境育人思想发微》，《社会科学家》2018年第7期。

③ 刘光华、吴瑾菁：《明代蒙学“考德”之探微》，《江西师范大学学报（哲学社会科学版）》2018年第1期。

④ 王独慎：《意境空间与性情涵养——清末修身教科书插图中的德育内涵》，《湖南师范大学教育科学学报》2018年第1期。

⑤ 韩玉胜：《阳明后学乡约教化的特色与实践效应》，《伦理学研究》2018年第4期。

⑥ 黄晟鹏、孔燕：《中国古代超常教育德智并重的育人智慧及其启示》，《中国特殊教育》2018年第10期。

教育活动的最终目的。把立德树人作为教育伦理学的根本原则，是维护和保障社会教育所追求的各种正当利益的基本需要，其内容包括教育工作者的教育职责和其履行职责需要满足的素质要求。新时代立德树人的教育原则要求增强教师的主体责任心和道德自觉性，国家和社会也要创建促进教师立德树人的教育政策和社会环境。① 而作为基本原则的教育仁爱内在地包含中国传统伦理思想中的“仁爱”精神，本质上是基于尊重人、关心人、爱护人的人道主义精神和社会仁爱道德在人类教育活动中的具体体现。教育仁爱虽然源于教育责任，但是其包含的高尚道德情感、道德素养和道德品质超越了包括教师在内的教育工作者的自我利益，体现了多种伦理原则，要求教师对学生学业的关心和人格的尊重。提倡教育仁爱有创造良好师生关系、促进教书育人和立德树人的积极作用，在提高教学质量的同时增强教师和学生的幸福感，有利于促进学生的全面发展。② 高地从更为开放的角度思考“立德树人”这一教育追求背后的文化基因，主张借鉴当代世界各国立德树人的主要经验，探索中国特色的德育之路。“立德树人”的实质是道德、教育、人三者之间的关系，传统意义上具有世俗性、超越性和政治性的基本特征，塑造了中华民族立德树人文化传统的精神气质。新形势下铺设立德树人的中国道路，要拓展全球视野，学习他者的成功经验，同时要坚持以社会主义核心价值观为引领，走特色之路、开放之路和创新之路。③

教育工作者在教育中扮演着重要的角色，教育伦理也对以教师为代表的教育工作者的职责和应该具备的道德品质进行了相关论述。基于中国特色社会主义新时代的教育环境、教育矛盾和教育任务的变化，糜海波认为当代师德发展呈现出顺应素质教育和创新教育的要求，彰显现代教育伦理精神，向教师专业伦理延伸和拓展的趋势，因而要求完善相应的师德评价体系。师德评价应坚持评价主体的自我与他人相结合、评价依据的动机与效果相结合、评价方法的定性与定量相结合。在师德建设方面，我们要坚持义利统一的价值观念引领、评价与教化相结合的内在动力机制、规范与制度提供的外部保障，遵循教育改革和发展的规律，树立新时代的师德师风。④ 焦国成分析了中国传统教育实践中的重视“师”的伦理理念、精英教育的模式以及尊师重道、有教无类、因材施教等主要话语，指出传统教育相对于当代教育的可借鉴性。⑤ 戚如强结合习近平总书记关于师德的系列讲话，论述了其系统完整的师德观。习近平总书记指出为师者要明道信道、立德垂范、业精善学、敬业爱生，具有始终将理想信念放在师德建设的首位，具有鲜明的问题导向和强烈的问题意识，体现了师德传承与创新

---

① 王正平：《立德树人：教育伦理的根本原则》，《道德与文明》2018 年第 4 期。

② 王正平：《教育仁爱：教育伦理的一项基础原则》，《上海师范大学学报（哲学社会科学版）》2018 年第 5 期。

③ 高地：《立德树人：文化基因、世界经验与中国道路》，《东北师大学报（哲学社会科学版）》2018 年第 1 期。

④ 糜海波：《新时代道德评价与师德建设的应有维度》，《伦理学研究》2018 年第 2 期。

⑤ 焦国成：《中国传统教育伦理理念及其主要话语》，《江西师范大学学报》2018 年第 1 期。

的有机统一，坚持顶层设计与以人民为中心相结合等鲜明特色。[①] 对教育工作者提出的道德要求是基于教育工作者本身具有的道德责任，赵虹元在对教师道德责任的来源进行分析的基础上，指出了这种道德责任的有限性及其尺度，反思目前存在的教师道德责任无限扩大的现象。教育法律法规、教育实践中的合意契约、社会发展与家长关注、教师自身的道德品性和专业能力以及外部的环境条件和权利保障都是影响教师道德责任的重要因素。教育伦理的不断发展，要求我们更深入地了解当代教育事业发展的过程和其中出现的问题，关注教育工作者的现实困境和需求，并从伦理学的角度提出切实可行的解决方案。[②]

三 家庭伦理

2018 年学者们对于家庭伦理的研究较为丰富，不仅有对传统家庭伦理观念的研究，还对不同时期不同地区具有代表性的优良家风和家训等进行研究，总结了其中值得传承和发扬的精华，为当下营造和谐的家庭氛围、良好的道德风尚和稳定的社会秩序提供可借鉴的思想资源。此外，结合社会现实，部分学者从家国关系的角度对传统伦理观念进行了创新性解读和创造性转化。

（一）家庭伦常

中国传统社会中，家庭是国家和社会的基本单位，家庭中的父子、夫妇、兄弟是三种最为基本的伦常关系。学者们基于传统思想中对于这些关系的丰富论述，全面深入地展开了研究。

学者们关于父子伦理关系的研究比较集中，主要围绕《论语》中的“父子相隐”的命题和如何理解儒家的“亲亲相隐”展开讨论。乐爱国阐述了朱熹对“父子相隐”的解读及其观点。在朱熹那里，“父子相隐”并非被理解为要隐瞒父亲的过错，而是要通过“不称扬其过失”以及“事父母几谏”的方式，解决父母有过的问题。而关于“父子相隐”与“直”的关系，朱熹认为“直在其中”是对“父子相隐”的要求，即要在不向外告发父母的过错的同时，做到尽力地劝谏父母，其中就包含了正直。朱熹这一解读对前人有所发展，也为后世多数学者所赞同，具有重要的参考价值。[③] 孙向晨试图厘清亲亲相隐之“隐”的机制，首先从对“亲亲相隐”的字义理解入手，区分现代学者的理论阐述和历史上比较公认的“流传义”，否认了王庆节教授将“隐”理解为隐讳和隐痛两层含义在训诂学上的可靠性。其次，“亲亲相隐”本

① 戚如强：《习近平师德观述论》，《社会主义研究》2018 年第 3 期。

② 赵虹元：《论教师道德责任的有限性及其尺度》，《当代教育科学》2018 年第 4 期。

③ 乐爱国：《朱熹对〈论语〉“父子相隐”的解读——兼论“父为子隐，子为父隐”并非要隐瞒》，《湖北大学学报（哲学社会科学版）》2018 年第 5 期。

身不是“孝”“义”难以两全之下的无奈选择，反而恰恰是对这种道德困境的解决途径。最后，“亲亲相隐”体现了“生生不息”的“本体论承诺”，这一重视生命存在的连续性的“本体论承诺”赋予了“孝”高于“义”的价值地位。[①] 张新从政治哲学的视角解读“亲亲互隐”，认为儒家“亲亲互隐”的思想体现了人类普遍的情感和价值，我们应该采取历史主义的态度给予同情的理解，并在当下现实世界的基础上实现古今、中西、义务与权利的视域融合，正确地把握其实质内涵及普遍意义。[②]

与“父子相隐”相似的命题还包括孟子论舜的“封象有庳”和“窃负而逃”，基于学者们关于这些命题的激烈争论，黄启祥从孟子论舜的两个故事与“亲亲相隐”的关系出发，探讨了它们各自的道德意义及其统一性。他指出，“封象有庳”并非徇情枉法，而是宽恕与尊法兼备；“窃负而逃”并非以私害公，而是正义与孝亲双全。孟子不是主张亲情高于法律的狭隘的亲情主义者，只是在不可弃的亲情与不可犯的公义的冲突中作出了选择和牺牲。这一解读为我们理解儒家“亲亲”之道提供了新的面向。[③] 王璐通过比较儒家的“亲亲”与海德格尔“缘在”的“家”，对中西哲学视域下“家”文化的异同进行了梳理，并对社会大众对儒家“亲亲”之道的质疑进行了回应。儒家的“家”是基于外在性的空间位置和内在性的“亲亲”之上生成性的构建，始终处在动态的关系中。“亲亲”对于构建中国的“家”文化具有重要作用，对其进行深入分析有助于解决时下出现的家庭意识淡化、成员关系冷漠等社会问题。[④]

2018 年学者们传统哲学思想中对于夫妻伦理的研究主要集中在儒家的女性观和女性伦理，在一定程度上反映了传统社会中女性在家庭中的地位。曲宁宁、陈晨捷考察了《礼记》中体现出的儒家女性观，并思考了其对西方女性主义的可能应对。在先秦儒家的理论中，男女之别被视为人伦之始，《礼记》基于“男女有别”形成了“男主外，女主内”及“男主宰，女顺从”的关系格局，进而建构起以男性为中心的道德—社会—政治体系。儒家对女性的角色定位受制于其所服务的制度，表现了对女性的轻视或压迫。当代儒学复兴应该在自我批判中正视并回应女性主义的挑战，发扬家庭关系中被传统儒家压制的情感因素，致力于改善当代女性在家庭中的处境，建构

---

① 孙向晨：《亲亲相隐之“隐”的机制及其本体论承诺——兼与王庆节教授商榷》，《河北学刊》2018 年第 6 期。

② 张新：《政治哲学视域下的“亲亲互隐”——以先秦儒、法思想为考察中心》，《孔子研究》2018 年第 3 期。

③ 黄启祥：《不可弃的亲情与不可犯的公义——论“封象有庳”和“窃负而逃”的伦理意蕴》，《浙江学刊》2018 年第 4 期。

④ 王璐：《儒家“亲亲”与海德格尔“缘在”的“家”哲学探究》，《西安交通大学学报（社会科学版）》2018 年第 5 期。

更为健康合理的两性关系。① 王堃从朱熹以坤道为特征的工夫论入手，考察了朱熹的女性伦理思想。从工夫论上看，女性和男性同样通过涵养致知的接续工夫映现着同一个天理，但是男性所践行的工夫偏重乾道，女性工夫偏重坤道。坤道推动乾道，为其提供了价值性与事实性的内涵。朱熹的女性伦理思想包括以下几个部分：首先，"月映万川"保证了在对天理的映现上，女性具有与男性平等的地位；其次，"知崇礼卑"表述了坤道与坤德的关系；最后，"权为变经"作为坤道与坤德之间关系的现实效应，为女性伦理在政治领域中发挥作用开辟了空间。②

兄弟伦理的研究也没有简单局限在家庭内部，而是与人的社会身份和责任联系在一起。田探对孟子"从兄"说的义理进行了阐发，试图回答为何孟子要将"从兄"当作"义之实"的问题。宋代孙奭、朱熹和焦循等人都回应了这一问题，分别提供了"仁义之本在孝悌"的本质论解释、"义主于敬，而敬莫先于从兄"的本源论解释和尽"孝悌之量"的实质论解释。"从兄"作为"义之实"，其内在的伦理精神是"敬"，在家庭中表现为"敬长"，在社会中表现为"贵贵"和"尊贤"的理想的君臣关系，体现了道德理性与政治正义的统一。孟子以"从兄"取代"君臣之义"作为"义之实"，实际上是对当时的尊君崇势思潮的批评和君尊臣卑的历史趋势的拒斥，在更为深远的意义上，是对儒家基本价值的捍卫。③

（二）家风家训

传统家训以教家立范为宗旨，是我国传统文化中极具特色的重要内容。学者们对传统家风家训在个人德性养成、家庭建设和社会教化等方面的作用和当代价值进行了分析。

鉴于家风家训的重要学术价值和相关研究的日益深入，陈延斌、田旭明主张建立"中国家训学"，系统地进行传统家训思想研究和传统家训资源的开发利用。"中国家训学"以弘扬中华民族优秀文化尤其是道德文化、营造和优化社会风气、推动社会主义核心价值观的大众认同为宗旨，以传统家训文献整理和阐释为支撑，通过研究传统家训文化的发展演进、家庭教化、家德家风培育及当今社会的新型家训文化和优秀家德家风建设，契合时代要求进行创造性转化与创新性发展，实现古为今用，为今天的家庭建设、家风培育、社会治理和道德教化提供文化滋养和参考借鉴。④ 金滢坤讨论了古代家训中的优秀传统价值观念对中国人优良品格形成的促进作用。古代家训通常是由家族中学养和威信较高者通过总结经验并汲取主流价值观念，为其族人制定的

① 曲宁宁、陈晨捷：《儒家女性观及其对女性主义的可能应对——以〈礼记〉为中心的考察》，《厦门大学学报（哲学社会科学版）》2018 年第 6 期。

② 王堃：《坤道：女性伦理在工夫过程中的形成——朱熹女性伦理导论》，《社会科学家》2018 年第 9 期。

③ 田探：《孟子"从兄"说义理发微》，《社会科学研究》2018 年第 6 期。

④ 陈延斌、田旭明：《中国家训学：宗旨、价值与建构》，《江海学刊》2018 年第 1 期。

行为准则。从忠孝仁义与立身报国、诗礼立身与诗书传家、勤俭持家与廉洁奉公、谦虚礼让与积善修德、志向高远与诚信治国等方面，我们可以看到古代家训对古人优良品格形成和塑造所起的具体作用，也为今天社会教育、人格培养提供了丰富的思想资源。① 陆献猷、郝云红认为，中国传统家训文化以儒家德性伦理中含蕴的德性导力为价值导向，在家庭生活空间中发挥着培养和传承道德理性的作用。家训往往将“文化教养与价值信念”概括成“语录体”，以“希贤思圣”奉示德性旨趣之赋义，以“崇志广勤”涵示德性意蕴之开显，以“制节谨度”徵示德性进路之体证，具有开新人文品格、传承伦理实践、重振家人精神等现代价值。②

学者也关注不同时期的家训的特点。桑东辉以《颜氏家训》为研究对象，分析了其中体现的魏晋南北朝时期士大夫的德福观念。魏晋南北朝时期是中国历史上持续时间最长的分裂战乱时期，而《颜氏家训》作为这一时期士大夫教子治家的家训著述，集中反映了当时士大夫对德福关系的看法。其主要特点表现为：坚持修德致福的德本论，但亦有道德退化的彷徨；重视家族教化和敦睦，但也出现亲情淡薄、析产别居的趋势；认同诚信正直、求福不回的主观能动性，亦不乏天命和福报的宿命论倾向，从中可以窥见当时政治、经济、社会和文化等方面的概貌。③ 杨威、刘宇研究了明代家训德育思想的当代价值。明代是中国传统家训发展史上的重要阶段，这一时期的家训德育思想，从德育内容来说，明代家训更加注重女子贞烈观念、个人气节以及民族信仰的教化；从德育路径来说，明代家训更加注重家庭和社会教化，试图将道德教育落实到民间，强调道德教育的社会基础；从德育方法来说，明代家训多采用人伦日用语言，更加贴近大众生活的教化方式。全面把握明代家训德育思想的继承性、民族性和时代性，对于当代家庭德育体系建设，推动社会主义家庭文明新风尚，具有积极的现实意义和实践价值。④ 咸伟从治家方略与家风传承的角度梳理了晚清周馥家族兴起与繁盛的历程，并在此基础上揭示了传统文化中立德与立业观念如何在近代家族经营中呈现新的形态并发挥作用，进而从家族层面更深入地认识近代中国社会与文化转型的内在机理。⑤ 王泓系统研究了左宗棠家风的内容、体系与价值。左宗棠作为晚清“中兴名臣”非常重视对子女后代的教育问题，从内容上看，其家风可以归结为五个要点，即志存高远、崇俭广惠、经世致用、谨慎自抑与知恩图报。这些思想不仅在当时晚清器物革新的救亡实践中产生了深远的影响，对当下的社会德育涵化和家庭

---

① 金滢坤：《论古代家训与中国人品格的养成》，《厦门大学学报（哲学社会科学版）》2018 年第 2 期。

② 陆献猷、郝云红：《家训导力：家庭德性传承的恒常动力》，《西安交通大学学报（社会科学版）》2018 年第 3 期。

③ 桑东辉：《魏晋南北朝时期士大夫德福观管窥——以〈颜氏家训〉为例》，《孔子研究》2018 年第 6 期。

④ 杨威、刘宇：《明代家训德育思想的继承性、民族性与时代性》，《长白学刊》2018 年第 2 期。

⑤ 咸伟：《晚清督抚的治家方略与族运走向——以周馥家族为例》，《湖北大学学报（哲学社会科学版）》2018 年第 3 期。

教养方式同样具有示范和借鉴意义。①

传统家训文化中蕴含的丰富的德育思想对于当代家庭建设、家风培育、社会治理和道德教化具有极强的启示价值。王丹将传统家训中包含的德育内容总结为励志修身教育、睦亲齐家教育和处世为人教育三个方面，主要的德育方法有严爱殷责、知行结合、榜样示范和环境濡染。继承传统家训，挖掘传统家训资源中的德育精华，我们在当前的德育工作中要坚持把立德树人作为中心环节，突出德育过程的日常化与生活化，增强德育方法的体验性与实践性。② 吴潜涛、刘函池认为，家风不仅关系到家庭个体的安身立命、家庭的兴旺和谐，也关系到社会风气的化导和社会主义核心价值观的落地生根。中华优秀传统家风，作为中华优秀传统文化的重要组成部分，是一个主要由家训家规家教、家族活动仪式、家族居所环境等多种元素构成的有机统一整体。从理论和实践层面，梳理分析、探索研究中华优秀传统家风文化的主要表征及其创造性转换和创新性发展，对于加强当代家庭文明建设，发挥好家庭在培育社会主义核心价值观中的功能和作用，促进社会主义核心价值观落地生根，具有重要的理论意义和实践价值。③

（三）家国关系

中国传统思想中，家国一体，家庭责任与国家义务有着密切的联系，同时也存在尖锐的矛盾，由此产生了中国人特有的家国意识和家国情怀。李友广论述了先秦儒家对“家”的执守、突破及依归。在传统小农社会下，人们生活在由家庭、家族、村落所构成的共同体之中，对家族血缘亲情有着深刻的认同。“孝”伦理和“悌”伦理源于家庭和家族，然后不断推衍到社会领域，先秦儒家共同体实际上是血缘共同体的延伸和投影，其关于血亲复仇的相关论述就体现了儒家对于血缘伦理的维护与对“家”的执守。但是面对家庭伦理和社会公义之间难以调和的矛盾，先秦儒家逐渐意识到了以“家”为核心的血缘亲情伦理在公共领域的有限性。对此，我们应承认家庭伦理情感存在的历史传统和继续存在的必要性，同时要结合当下的具体问题对这一伦理情感的局限性进行反思。④

李海超对学界认为儒家主张将家庭伦理外推于社会领域的观点进行了反思，认为这种观点实际上基于对儒家义理的误解。学者们在指责儒家将家庭伦理外推到社会领域，进而阻碍了公共道德发展时，其实是混淆了原始儒学中的家庭伦理观念、社会伦理观念以及作为二者共同基础的元伦理观念。儒家原本并不主张家庭伦理观念本身的

---

① 王泓：《左宗棠家风：内容、体系与价值》，《学术交流》2018 年第 4 期。

② 王丹：《传统家训文化中的德育思想及其现代意蕴》，《思想政治教育研究》2018 年第 1 期。

③ 吴潜涛、刘函池：《中华优秀传统家风的主要表征及其当代转换与发展》，《中国高校社会科学》2018 年第 1 期。

④ 李友广：《论先秦儒家对“家”的执守、突破及依归》，《东岳论丛》2018 年第 9 期。

外推，而是外推更为根本的元伦理观念。学者们将“天下一家”这种文学性的表达当作儒家的义理表达，因而造成了误解。对近代学者对儒家伦理的批评进行再批判和反思，有助于我们更新和拓展对儒家传统伦理观念的理解，具有深刻的学术意义。[①] 傅蓉、郭齐勇基于对《近思录·家道》的思考，分析了齐家之道在理学修身体系中的义理地位。在“格致诚正修齐治平”这一链条中，齐家之道是内承修身之学，外启治平理想的义理枢纽。修身是齐家的根本保证，而齐家是修身的自然发展。同时，齐家又是治平的开始，治平是齐家的自然延续。深入研究齐家之道将有助于我们更好地理解传统中国社会，理解儒学精神。[②] 袁方明认为，作为中国传统哲学源头活水的《周易》，也是中国传统家庭伦理思想的基础和源头。他重新解读《周易》家人卦中蕴含的家庭伦理观，指出其思想基础是阴阳的对立统一，并遵循阴阳相应、由内而外、由小至大的意义生成路径，包括以各守其位、各安其分，防微杜渐、防恶未萌，诚信威严、相得益彰，严以律己、以身作则四个方面为主要内容的家庭伦理思想，对于当代家庭伦理关系的重构重建和家风家教的重塑具有一定的启发借鉴意义。[③]

徐国亮和刘松剖析了中国传统家国情怀的文化结构，提出了“三层四维”的独特理解。“家国情怀”源自人们对“家”“国”的情怀理解和理论阐释，经历了“恋家情怀”、“爱国情怀”和“家国情怀”三层次文化发展，包含了主体对家国共同体的认知、情感、理论和实践四维结构。家国情怀这一概念，从认知维度看，体现了主体对家国一体同构、家国互利共存、家国荣辱与共的认识；从情感维度看，表现了主体对家国归属认同、家国责任使命、家国危机荣耀的感念；从理论维度看，展现了主体对家国和谐共生、本固邦宁、孝悌忠义规律的遵循崇奉；从实践维度看，勾画了主体对家国安全捍卫、治理操劳、家风国魂传扬的历史轨迹。“家国情怀”饱含着主体对家的依恋、对国的热爱以及对家国共同体的深切情感，为家庭伦理实现更多的实践面向提供了可能性。[④]

四　生态伦理

经济发展在给人们带来丰富的物质生活的同时，也对我们生存的环境造成了一定的破坏，如全球变暖、极端气候、生态污染。人类的欲望在不断膨胀的同时，压缩着自己的生存空间。当下，建设生态文明是中华民族永续发展的千年大计，中华传统文

---

① 李海超：《儒家真的主张家庭伦理的外推吗?》，《孔子研究》2018 年第 3 期。

② 傅蓉、郭齐勇：《齐家之道的义理地位——基于〈近思录·家道〉的思考》，《江西社会科学》2018 年第 12 期。

③ 袁方明：《〈周易〉家人卦家庭伦理观新解》，《周易研究》2018 年第 2 期。

④ 徐国亮、刘松：《三层四维：家国情怀的文化结构探析》，《四川大学学报（哲学社会科学版）》2018 年第 6 期。

化中蕴含着丰富的生态伦理思想，需要我们进行深入的挖掘。2018 年学者在生态伦理方面的研究主要集中在生态哲学和生态伦理学的体系构建、传统思想中的生态伦理观念和具体思想家的生态伦理思想等方面，还有部分较有新意的研究。

部分学者致力于分析中国传统哲学中关于生态的丰富论述，试图建构起中国传统的生态哲学，并进行创造性转化，以期为当下面临的严峻的生态问题提供具有中国特色和中国智慧的新方案。学者们的研究成果中，以儒家思想和道家思想为主题的居多。乔清举认为，儒家哲学本质上是生态哲学，梳理了儒家生态哲学史，并建构了其包括天人关系论、生态本体论、生态德性论、生态工夫论、生态境界论和生态范畴论在内的完整的元理论体系。儒家生态哲学研究的基本方法是从史料出发，采用现代生态哲学的研究范式，凸显儒家生态哲学的特点，为建立生态哲学的中国话语体系，在生态文明时代确立中国的国际话语权奠定基础。① 刘云超则在儒家生命哲学视野下重新审视了"美丽中国建设"，探究二者内在的关系。他指出儒家生命哲学具有三大本质特征，即"创生"、"多元" 和 "审美"，美丽中国建设可以在这一哲学视野下被解读为：时间维度上的永续发展和美丽情怀，空间维度上的五位一体和天下视野，思想维度上的敬畏审慎和生命关切，实践维度上的民惟邦本和生化日新。二者之间的学理渊源说明，我国始终认为要实现中华民族的永续发展、生生不息，就要做到与自然万物和谐共存、共生共赢。② 陈燕探究了以老庄思想为核心的道家哲学中包含的丰富的生态伦理思想，其中以天人合一、道法自然、俭啬知足、自然朴真等思想资源独树一帜，其以天人合一为基本逻辑，以道法自然为核心命题，以和谐之道为构建生态文明的根本遵循，其中反映的人与自然和谐相处的思想和对人类深远发展的深切关注，对于人类深刻反思生态危机、正确认识人与自然的关系、建构适应人类未来发展的生态价值体系，具有非常重要的借鉴意义。③

还有一部分学者在生态语境下对"天人合一"的观念进行创造性解读。程雅群认为儒家是在德性化的"天人合一"视域下建构社会秩序的，并形成了"天人合一"的生态整体观，强调社会实践活动必须遵循"天人合一"的整体性原则，追求人的德性完善和培植人与万物的平等意识，以人的"德性"维护社会、自然秩序，实现人与人、人与社会、人与自然的和谐相处。儒家生态整体观蕴含的德性生态意识，体现了独特的东方智慧，为全球生态的重构提供了新的参考理念。④ 黄泰轲则基于牟宗三"道德的形上学"，认为儒家是以道德的眼光来考量宇宙和自然，并从存在和生化两个角度揭示了儒家生态伦理智慧的内涵：万物一体、生生不息，将道德推及万物，对万物持一保护、关爱之心，助其生存、生长，成己成物。通过比较儒家、道家和西

① 乔清举：《儒家生态哲学的元理论体系建构及其意义》，《中共中央党校学报》2018 年第 2 期。

② 刘云超：《基于儒家生态哲学论"美丽中国建设"》，《周易研究》2018 年第 3 期。

③ 陈燕：《道家文化的自然之道与存在之思》，《南通大学学报（社会科学版）》2018 年第 1 期。

④ 程雅群：《论儒家德性化的生态整体观》，《中华文化论坛》2018 年第 2 期。

方考量自然的不同方式，指出了儒家生态伦理智慧的独特价值与局限，为加快生态文明体制改革，助推生态文明建设，建设美丽中国提供了不少启示。[①] 李丹丹、柴文华认为，党的十八大报告中提出的“美丽中国”这一概念与中华优秀传统文化中的“天人合一”有着内在的联系，它扬弃了“天人合一”“德人合一”中的神秘元素，是对“人与自然合一”思想的传承，并且结合世界和中国的当代问题，对之进行了创造性转化和创新性发展，是对传统“天人合一”说的现代重构。[②]

传统经典中的生态意涵也得到了深入的挖掘。张新在比较哲学的意义上对《易传》三才之道所内蕴的生态思想作出了环境伦理学省察，试图为解决环境伦理学发展过程中所遇到的理论瓶颈与实践困境提供一种思想指引。《易传》所彰显的以“天地之大德曰生”为表征的、作为过程性与目的性存有的“自然”可以为深生态学的形而上学基础提供一种可能向度；《易传》所强调的以“继善成性”为依据的德性主体的责任担当可以为深生态学的自我观提供一种德性伦理说明；而以“感而遂通”为基础的“差等之爱”与“一体之仁”的内在统一可以为深生态学在内在价值方面所遭受的理论困境提供合理的化解之道。[③] 单虹泽对《中庸》中蕴含的生态思想进行了研究，主要包括“天命之谓性”的生态本体论、“中”“仁”“诚”“鬼”的生态范畴论、“尽性”“明诚”“慎独”的生态工夫论和“万物并育而不相害”的生态境界论。《中庸》中的生态思想既不是自然中心的，也不是人类中心的，而是人与自然相互实现的天人一体观，这一观念对于当代生态哲学的发展具有重要的指导意义。[④]

近年来，王阳明的生态思想受到了不少学者的关注。郭齐勇指出，王阳明的生态思想，在继承儒家“仁民爱物”思想的基础上又有独特的发挥，体现了其强烈的生命关怀和高超的生态智慧。王阳明讲“一体之仁”，将动植物视为人的身体的延伸，对万物都保持深切的仁爱、关怀。但是在要求一种普遍的道德关怀的同时，王阳明也指出了人与万物的差别，对待物的态度区别于对待人的态度，即在强调物的工具价值的同时也不忽视其内在的价值。最后，“知行合一”则强调要将天地万物一体之仁在日常生活中发用出来，切实地做到爱护动植物、保护环境、节约资源。[⑤] 秦蓁也对王阳明的生态思想进行了重新诠释，认为“天地万物一体”既承认天地万物作为人存在的自然基础的客观性和独立性，也强调人“致良知”的道德实践对于天地万物与人的价值实现的重要作用，既体现了自然与人共建的生态共同体，又体现了以良知为基础的浑然整体，二者的共通使一种基于新的人与自然关系而建立起来的生态伦理成

① 黄泰轲：《从牟宗三“道德的形上学”看儒家生态伦理智慧》，《华中科技大学学报》2018 年第 6 期。

② 李丹丹、柴文华：《“美丽中国”对“天人合一”的转化和创新》，《伦理学研究》2018 年第 6 期。

③ 张新：《〈易传〉三才之道中的生态意涵——一项基于比较环境伦理学的省察》，《周易研究》2018 年第 2 期。

④ 单虹泽：《参赞化育：生态语境下的〈中庸〉思想研究》，《青海师范大学学报（哲学社会科学版）》2018 年第 2 期。

⑤ 郭齐勇：《王阳明的生命关怀与生态智慧》，《深圳大学学报（人文社会科学版）》2018 年第 1 期。

为可能。[①] 高剑平、杨兴升则从王阳明对理心关系、心物关系和万物关系的论述中，探究其自然观。首先，王阳明提出“心即理”，确立了心的本体地位。其次，“心生万物”，王阳明认为，人心中之天理和良知的发用流变，生成并主宰了自然万物，而天地万物也彰显和实现着人心中的天理，二者相互促成，不可孤立存在。最后，“万物一体”的思想集中地体现了王阳明的自然宇宙观和社会理想。“万物”都产生于人心之“天理”即“良知”，因而都具有“心之仁”。“大人”通过去除私欲，实践和外推自身之仁，最终能够实现“一体之仁”，达到“万物一体”的境界。王阳明的自然观认为人与自然本为和谐一体，其中蕴含着深刻的生态哲学思想，值得学者们进一步思考和挖掘。[②]

在传统哲学思想和经典研究以外，还有学者关注其他具有价值的生态理论资源。徐晋对中华多民族谚语进行了研究。从生态伦理学的视角看，中华多民族谚语体现了各族人民对自然与人的价值、利益与道德关系等生态伦理问题的哲学反思，敬畏自然、互惠共生、生态正义、勤俭节约等朴素观念极大地丰富了我国的传统生态伦理思想，为全面认识我国的生态伦理观念提供了新视角，有助于加快生态文明建设进程，促进人与自然共生共荣。[③] 张丽注意到农村地区的生态伦理教育所面临的经济理性高于生态理性、欠缺制度规范和相关主体协同等现实问题。她认为，“民胞物与”的思想中包括了人与万物同根同源、大其心则能体天下之物和实施仁爱、爱人爱物等生态智慧，通过将“民胞物与”的思想融入村庄生态农业和生态旅游建设，增强农村居民生伦理责任意识，可以让优秀的传统文化在乡村振兴过程中重新焕发生机与活力。[④]

五　经济伦理

伦理道德的“泛在性”决定了其一方面需要依托于政治、经济、文化、科学、教育等实践领域展现出来；另一方面，各种人类社会实践中都内含着某种社会伦理精神。经济生活作为公共生活的主要内容，不仅其整体发展应以实现人们的幸福为伦理追求，而且在其生产、交换、分配和消费等各具体环节中也必须遵循相应的道德规范和伦理要求，才能够实现和保障经济活动的顺利开展。

中国传统思想中的经济伦理以义利问题为核心，不同时期对这一问题的回答反映

---

① 秦蓁：《生态共同体：王阳明“天地万物一体”再诠释》，《哈尔滨工业大学学报（社会科学版）》2018年第6期。

② 高剑平、杨兴升：《王阳明的自然观探析》，《自然辩证法研究》2018年第8期。

③ 徐晋：《论中华多民族谚语生态伦理思想及其当代意义》，《内蒙古社会科学（汉文版）》2018年第4期。

④ 张丽：《农村生态伦理教育的现实藩篱与路径解析》，《西北农林科技大学学报（社会科学版）》2018年第4期。

了社会历史发展的阶段性和不同的价值取向。段宜廷关注以荀子礼学为代表的儒家经济伦理，试图证明儒家思想在经济活动中的必然性、可行性与价值。荀子的经济伦理思想主要表现在其礼学思想之中。“礼”起源于人们的欲望与有限的资源之间的协调，规定了个体之间存在的身份和分工上的差异，使社会资源得以稳定且有效地运用。而基于“礼义”的社会分配理论以“德”为分配“位”和“禄”的标准，将利益与道德联系起来，既彰显了儒家重德的文化传统，也符合了国家高效发展的需求。荀子的经济伦理思想兼顾了“义”与“利”，正视了经济发展对于国计民生的重要意义，也强调了道德在政治经济建构中的核心地位，具有重要的研究价值。[①] 周中之等人着眼于明清时期的经济伦理思想，分析了其主要特点、贡献及现代价值。明清时期，中国社会经历了从传统向现代的重大转型，为了应对社会发展中来自内部和外部的挑战，思想家提出了丰富的经济伦理思想。这一时期的经济伦理思想的主要贡献在于，突破了传统的“重义轻利”的观点，提出了以义利兼顾为基础的社会功利主义观点；突破了传统的“崇俭黜奢”的观点，提出了在伦理评价和经济评价相结合的基础上鼓励消费的观点；突破了传统的“农本商末”的观点，为资本主义民族工商业发展作伦理辩护。这些经济伦理思想具有鲜明的时代特点，也具有重要的现代价值，其中体现的爱国主义精神、对公平分配的追求和对奢俭问题的突破为我们当下思考如何实现中国梦、发展社会主义市场经济等问题提供了宝贵的思想资源。[②] 谢芳以王船山的货币伦理思想为切入点，揭示了其经济思想背后深厚的伦理关怀。王船山基于朴素的历史唯物主义立场，从社会经济现象中找到了货币的起源即商品经济的发展，科学地分析了货币作为“百物之母”的媒介本质，揭示了货币的“价值幻相”，还在对宋朝纸币的历史考察中意识到了纸币流通中的“诚信风险”。其对货币经济发展的前瞻性预测和深刻的伦理审思，对我们更深入地认识货币与人性、货币与道德之间的关系仍然具有启发性。[③]

---

① 段宜廷：《儒家经济伦理：从荀子礼学谈起》，《孔子研究》2018 年第 6 期。

② 周中之等：《明清经济伦理思想的特点、贡献及其现代价值》，《伦理学研究》2018 年第 4 期。

③ 谢芳：《王船山货币伦理思想探微》，《湘潭大学学报（哲学社会科学版）》2018 年第 5 期。

2018 年古希腊至文艺复兴时期伦理政治思想研究报告

刘　玮*

2018 年国内学界有关古希腊至文艺复兴时期伦理和政治思想的研究呈现出前所未有的繁荣景象，本篇报告也成为笔者历次报告中篇幅最长的。在常规性的研究之外，2018 年的研究表现出了三个特别的亮点：第一，希腊早期伦理政治思想研究从数量上和质量上都有了比较明显的提升，出现了一些重要的成果；第二，国内学界对色诺芬的重视程度有所提高，出现了一些有价值的研究；第三，对文艺复兴时期的伦理政治思想的研究呈现持续升温的态势。下面笔者按照时间顺序梳理这一年中有代表性的成果。

一　古代伦理政治思想总论

晏绍祥是国内古希腊罗马历史研究方面最有代表性的学者之一。他的论文集《希腊城邦民主与罗马共和政治》收录了多篇与古代伦理政治思想关系密切的论文，比如古希腊重装步兵的政治意义、公元前 5 世纪希腊城邦政治中的平等趋向、演说家与城邦政治、悲剧作家埃斯库罗斯作品中的城邦政治问题、波里比阿（或译波利比乌斯）关于古罗马共和国混合整体的经典论述、人民大会在罗马政治生活中的作用和意义等，这些带有强烈历史感的研究是我们进入西方古代伦理政治思想必备的背景。① 陈文娟的专著《共和主义与德性》从政治思想史和政治理论一纵一横两个视角，讨论了共和主义传统从古希腊肇端到如今的发展历程，特别关注德性论与德性教育的问题。书中大约有一半内容与古希腊到文艺复兴的伦理政治思想有关，比如柏拉

---

* 作者简介：刘玮，1980 年生，北京人，中国人民大学教授，教育部伦理学与道德建设研究中心研究员，研究方向为古希腊哲学、西方伦理学和政治哲学。

① 晏绍祥：《希腊城邦民主与罗马共和政治》，人民出版社 2018 年版。

图的公民德性与德性教育、亚里士多德的德性政治论、西塞罗与罗马共和主义的政治德性论、马基雅维利的政治德性论及其对古典德性论的改造、古典的公民友爱观念与着眼于德性的公民教育问题。①

在论文方面，王晓朝和陈越骅从宏观的视角讨论了西方古典伦理思想在20世纪中期以后的复归，与德性伦理学成为一种主流规范伦理思想密不可分。但是作者注意到，在这种复归中，古典伦理思想也遭遇了困境，主要体现在“伦理内涵的合理性”和“诠释方法的合法性”两个方面。作者认为想要摆脱这种困境，需要研究者具有深厚的历史知识，使用发生学的方法，拥有跨学科和跨文化的视野，并结合中国传统的伦理资源加以研究。② 丁晓军讨论了从苏格拉底到奥勒留“哲学治疗”观念的演变，主张这一观念为当代的“哲学践行运动”提供了重要的理论资源。③ 袁凌新讨论了古希腊实践哲学中求真与求善的统一、伦理与政治的统一这两个突出的特点，但是作者认为由于奴隶制的存在，理论、实践和制作三个领域的割裂，古希腊的实践哲学也存在严重的局限性，需要用马克思主义加以扬弃。④

在具体问题的整体的研究方面，李义天讨论了古希腊哲学中“灵魂”概念作为道德心理学的核心要素的发展演化。作者认为，在早期希腊哲学中，灵魂概念经历了从存在论转向伦理学、从描述物质实体转向描述心理实体的转变；在古典时期，灵魂概念的结构及其内容得到更加丰富的建构，灵魂概念的心理意义和伦理意义更加突出；而在希腊化时期，哲学家越发强调内心的安宁，从而将灵魂收敛于单一的心理要素，但是牺牲了对灵魂理解的多样性和真实性。⑤ 段忠桥梳理了西方平等思想的源头，重点讨论了智者安提丰和阿尔基达玛基于自然、反对习俗的平等观，斯多亚学派的奠基者芝诺、西塞罗和奥勒留基于自然法的平等观，以及早期基督教思想中基于原罪和上帝选民的平等观。略显遗憾的是，该文没有讨论柏拉图和亚里士多德思想中的平等观念。⑥ 马万东梳理了从苏格拉底到亚里士多德的美德概念，强调了下定义与功能论证在界定美德过程重要的意义，主张古典美德概念是逻辑问题与伦理问题的统一。⑦ 程志敏讨论了从苏格拉底到阿奎那的自然法理论，强调古典自然法理论关注的是“正确”，即为德性服务，而非现代自然法中带有工具性的理性计算。⑧ 黎良华讨论了以苏格拉底、柏拉图和亚里士多德为代表的古典的德性统一论（或相容论）与当代学者（以富特、麦金太尔、奥尼尔为代表）对相容论的批评，作者认为要避免

---

① 陈文娟：《共和主义与德性》，中国社会科学出版社2018年版。

② 王晓朝、陈越骅：《古希腊罗马伦理思想的现代转化及启示》，《中国社会科学》2018年第8期。

③ 丁晓军：《哲学何以治疗——古希腊、古罗马的哲学治疗思想探微》，《兰州学刊》2018年第4期。

④ 袁凌新：《伦理与政治的原始丰富性：古希腊实践哲学的价值与局限》，《世界哲学》2018年第4期。

⑤ 李义天：《作为道德心理学范畴的灵魂概念》，《湖北大学学报（哲学社会科学版）》2018年第4期。

⑥ 段忠桥：《古希腊罗马时期的平等观念》，《哲学动态》2018年第10期。

⑦ 马万东：《何谓美德？——从苏格拉底到亚里士多德的思维图式》《哲学动态》2018年第5期。

⑧ 程志敏：《古典自然法概览》，《古典学研究》第一辑，华东师大学出版社2018年版。

这个古今之间的张力，一方面需要区分德性自身的相容与德性实现上的相容；另一方面也需要对德性作出更恰当的理解，为德性之间的先容关系提供新的证成。[①] 康慧芳讨论了希腊城邦普遍通过将城邦神圣化，私人与公共生活的统一化，强化共同生活和共同战斗，授予为城邦作出贡献者荣誉等方式，给公民灌输爱国主义精神，由此指出爱国主义思想是伴随人类政治文化的普遍和必然现象。[②] 李婧琳和王淑芹首先讨论了亚里士多德著作中涉及的诚信问题，之后讨论了古希腊的誓言、修辞和民主评议中与诚信有关的制度安排。[③]

二　早期希腊思想中的伦理政治问题

在希腊文明的早期阶段，诗人是最早和最权威的教育者。哲学兴起之后，开始与诗人竞争教育者的地位，赫拉克利特与克塞诺芬尼都有指责诗人的残篇传世，柏拉图更是在《理想国》中提出了“诗与哲学的古老争论”。因此，了解希腊早期的伦理政治思想，题材广泛的诗歌作品（史诗、抒情诗、颂诗、悲喜剧）是无法绕开的重要资源，但是这个领域需要语言学、历史学、文学、哲学等多方面的知识，国内一直缺少高水平的研究著作。张巍研究希腊古风时期诗歌多年，他的专著《希腊古风诗教考论》无疑是国内学者研究这一题材最重要的著作。该书分六章讨论了古风时代的诗教问题：第一章利用从荷马史诗到希腊古典时代的资料，系统梳理了希腊早期的“教育”（paideia）概念，以及诗教在古希腊教育中的核心地位；第二章讨论诗教如何与哲学教育、演说教育形成三足鼎立、相互竞争的局面；第三章讨论诗人教育家的源头——赫西俄德的《神谱》；第四章至第六章做了三个典型性的案例研究，分别论述赫西俄德《劳作与时日》中的农人教育、梭伦的城邦公民教育和特奥格尼斯的贵族教育。该书的附录部分还提供了《神谱》序诗的译注、梭伦全部诗歌残篇的译注以及特奥格尼斯全部诗歌残篇的译注，为佐证书中的论述，也为读者研究这些古风诗人提供了宝贵的资料。[④]

在论文方面，胡继华和武淑冉认为荷马史诗持有一种自然伦理观，自然正义是其中的主导线索。《伊利亚特》启示人们，必须经过苦难磨砺，才能成为英雄、效仿神灵；而《奥德赛》的归家之旅暗示我们，自我认识是一场永无归途的旅程。[⑤] 何祥迪对《伊利亚特》提出了一种奇特的解读，认为普里阿摩斯家族的崩溃近在眼前，而埃涅阿斯具备了建立新秩序的力量和德性，并且得到了女神阿芙洛狄忒的帮助。力

① 黎良华：《美德的相容性：辩护、责难与启示》，《江汉论坛》2018 年第 4 期。
② 康慧芳：《古希腊时期的“爱国主义”精神论述》，《伦理学研究》2018 年第 6 期。
③ 李婧琳、王淑芹：《古希腊目的论诚信体系初探》，《伦理学研究》2018 年第 3 期。
④ 张巍：《希腊古风诗教考论》，北京大学出版社 2018 年版。
⑤ 胡继华、武淑冉：《荷马的伦理与史诗的意境》，《古典学评论》第 4 辑，上海三联书店 2018 年版。

量、德性和神意正是希腊人心目中王权变革的三个主导性要素，因此《伊利亚特》预示了埃涅阿斯将要开创的新事业。[①] 张文涛通过分析《伊利亚特》中一些重要词汇的使用，讨论了其中“宙斯的正义”。作者认为宙斯、神义、君王和权杖四者合起来建构了正义从神到人的基本路线，这也是荷马时代神义论的枢纽。[②] 贺方婴讨论了《奥德赛》中讲述的奥德修斯之子特勒马科斯为了赶走求婚者出城求援的故事，作者认为这个故事展示了荷马对潜在王者的教育，他们要通过自我历练，形成有益于城邦的德性。这一教导也对现代的政治哲学家产生了深远的影响。[③] 杨丽娟梳理了希腊早期伦理观念的三个发展阶段。第一个阶段是神话中血缘伦理观念的萌芽，第二个阶段是悲剧中血缘伦理观念与城邦伦理观念的冲突与并峙，第三个阶段是以《俄狄浦斯王》为代表的伦理观念的深化和成熟，显示了人类在自然法则限定下，对血缘伦理和城邦伦理的信守，成就了极限境遇下的伦理典范。[④] 杨丽娟和姜雅楠讨论了赫西俄德对女性的塑造存在物化和欲望化的明显倾向，女性缺乏独立的精神属性和值得肯定的社会贡献，被视为男性世界痛苦的根源。作者认为这一现象的产生与赫西俄德时代的生存状况密不可分，在战争多发和农业生产的背景下，女性不可抗拒的吸引力和不擅长体力劳动的特点被赫西俄德看作沉重的负担。[⑤] 章勇认为，赫西俄德用神义论的方式来回答最好的人类生活是什么的问题，旨在用神义论教化希腊人过上虔敬的礼法生活。[⑥] 郭玲的论文讨论了赫西俄德诗作中宇宙起源的神话、人类世代更迭的神话、普罗米修斯盗火的神话中隐含的正义观，认为对于早期希腊人来讲，正义就是不可僭越的自然秩序。[⑦] 吴晓群的论文讨论了与郭玲相似的主题，他分析了《神谱》中普罗米修斯盗火的神话，认为赫西俄德完全没有突出普罗米修斯的牺牲精神和革命意志，在这个故事里宙斯才是胜利者，也是正义和秩序的维护者。但是在后世的解读之中，普罗米修斯变成了人类的解放者，而宙斯则成为暴君的典型。[⑧]

在希腊悲剧和喜剧的研究中，2018 年出现了一些关于喜剧的高水平研究，而在悲剧研究方面则有明显的欠缺。刘小枫详细疏解了阿里斯托芬的《鸟》，认为其中的主角佩斯特泰罗斯和短暂出现的普罗米修斯形象，构成了在埃斯库罗斯的《被缚的普罗米修斯》与柏拉图在《普罗塔哥拉》中讲述的普罗米修斯神话之间的中介，暗

---

① 何祥迪：《埃涅阿斯当新王——〈伊利亚特〉新解读》，《古典学评论》第 4 辑，上海三联书店 2018 年版。

② 张文涛：《〈伊利亚特〉中的“宙斯的正义”》，《古典学研究》第二辑，华东师范大学出版社 2018 年版。

③ 贺方婴：《特勒马科斯游历记的政治寓意》，《古典学研究》第二辑，华东师范大学出版社 2018 年版。

④ 杨丽娟：《古希腊时期神话和悲剧中的伦理观念》，《外国文学研究》2018 年第 2 期。

⑤ 杨丽娟、姜雅楠：《赫西俄德神话文本中的女性观念》，《大连大学学报》2018 年第 1 期。

⑥ 章勇：《赫西俄德笔下的神义与教化》，《湖南师范大学教育科学学报》2018 年第 1 期。

⑦ 郭玲：《古希腊神话中秩序与正义的隐喻探微》，《山东社会科学》2018 年第 12 期。

⑧ 吴晓群：《普罗米修斯为什么要盗火——释读赫西俄德〈神谱〉中的奠基神话》，《江海学刊》2018 年第 1 期。

含着阿里斯托芬对雅典民主的批评。[①] 黄薇薇也讨论了《鸟》的政治意涵，她认为群鸟虽然通过革命推翻了宙斯的统治，但是鸟国的实际领导者却是煽动他们革命的人类。群鸟的生活并没有发生实质变化，反倒刺激了人类的生活，将人类对自由的爱欲推向极致。阿里斯托芬借《鸟》反思雅典民主制的问题。[②] 刘麒麟讨论了阿里斯托芬的《和平》中关于战争与和平这两种城邦生活的理解，表现了伯罗奔尼撒战争时期雅典城邦在政治、道德和经济等领域中的困境和危机，显示了阿里斯托芬基于伦理道德和现实利弊批判和改造现有神学的旨趣。[③] 杜佳讨论了阿里斯托芬的《蛙》里面描绘的埃斯库罗斯与欧里庇得斯在地府里的辩论（该辩论被认为是西方文学批评传统的开端）。作者认为，埃斯库罗斯的获胜表明了阿里斯托芬赞成"诗以载道"的文学立场。[④] 在悲剧研究方面，胡镓讨论了《希珀吕托斯》中塑造的希珀吕托斯和斐德拉两个角色，意在呈现欧里庇得斯关于两种不同爱欲的认识。他不满以人的自然情欲为基础建立起来的家庭—城邦伦理观，试图以希珀吕托斯因拒斥爱情而死为其"理性主义"的新伦理观辩护；而斐德拉因无法拒斥情爱的诱惑羞愧自尽，则意在证明情欲对德性和理智的戕害。[⑤]

以希罗多德和修昔底德为代表的希腊史家的作品中，也有丰富的伦理政治思想。2018 年有多篇讨论希罗多德的论文值得关注，而对修昔底德明显关注不足。刘小枫讨论了希罗多德《历史》（他译为《原史》）中著名的"政体辩论"和大流士成为波斯国王的故事，作者认为，希罗多德刻意把雅典城邦走向民主政治的经历与大流士当王的经历叠合在一起，旨在探讨一个永恒的问题：政治共同体必须有王者吗？倘若必须有，又要如何区分王者与僭主？[⑥] 张源认为，雅典人在反对波斯入侵的过程中发展出一套自由反对专制的话语，而希罗多德继承了这套雅典的话语，模仿《荷马史诗》的语言、风格乃至环形结构，撰写了《历史》，成为西方帝国逻各斯建构之始。[⑦] 黄俊松通过分析《历史》的"序言"，认为希罗多德本人将希波战争的原因归结为习俗的冲突或文明的冲突。由于我们无法简单判定不同习俗的高下，因此希罗多德旨在平等地记述希腊人和非希腊人的丰功伟绩，并且在很多地方致敬荷马。[⑧] 任军锋借助修昔底德、阿里斯托芬、色诺芬、柏拉图等人的作品，讨论了雅典民主制内部在自由与

---

① 刘小枫：《普罗米修斯与民主的秘密——阿里斯托芬〈鸟〉绎读》（上、下），《古典学研究》第一、二辑，华东师范大学出版社 2018 年版。

② 黄薇薇：《谐剧诗人笔下的启蒙——再议阿里斯托芬〈鸟〉的政治含义》，《江汉论坛》2018 年第 8 期。

③ 刘麒麟：《"战争抑或和平"：城邦生活的两种理解——阿里斯托芬〈和平〉绎读》，《国外文学》2018 年第 4 期。

④ 杜佳：《埃斯库罗斯与欧里庇得斯的诗教之争——〈蛙〉1005—1098 行浅析》，《国外文学》2018 年第 2 期。

⑤ 胡镓：《欧里庇得斯的"祭品"——〈希珀吕托斯〉中的爱欲与理性》，《外国语文》2018 年第 2 期。

⑥ 刘小枫：《诗人希罗多德的做戏式"欺骗"》，《江汉论坛》2018 年第 8 期。

⑦ 张源：《自由帝国逻各斯的诞生》，《政治思想史》2018 年第 1 期。

⑧ 黄俊松：《试论希罗多德〈历史〉开篇》，《海南大学学报（人文社会科学版）》2018 年第 1 期。

贵族之间的矛盾冲突，让很多有识之士对貌似强大的雅典帝国的前途颇为担忧，也由此产生了对过去美好时光的乡愁。①

在修辞学的伦理政治意涵方面，胡传胜继2017年出版了专著《争吵的政治》之后，继续撰文讨论相关的话题。《普罗塔哥拉与雅典修辞术的开端》讨论了普罗塔哥拉诉诸相互对立的言辞和不分强弱立场的论证方式，用一种相对主义的方式为修辞学在民主制中的兴盛奠定了基础，由此开启了一种以修辞学为中心的教育模式。在《高尔吉亚与古希腊修辞术的开端》中，他讨论了高尔吉亚作为修辞学家的辉煌生平，以及两部代表性的修辞学著作《海伦颂》和《帕拉墨得斯辩护词》中取得的成就，重点讨论了高尔吉亚为展示型修辞和法庭辩护修辞确定了范本和基本的程式。②

三 苏格拉底与柏拉图的伦理政治思想

历史上的苏格拉底到底是一个什么样的人、做过什么、坚持什么观点，是著名的“苏格拉底问题”，这一组问题由于苏格拉底述而不作引发了巨大的争议。田书峰梳理了有关这一问题的几种主要观点，将它们概括为怀疑论（认为我们不能信任任何有关苏格拉底言辞的记载，“苏格拉底问题”本身无解）、支持论（认为我们以柏拉图早期对话为主，用色诺芬和亚里士多德的记载作为支持，找到苏格拉底的真实看法）和对比论（以柏拉图的作品为主，但是更关注柏拉图与其他苏格拉底记载中矛盾而非一致的要素），作者认为只有最后这种进路才有希望给苏格拉底问题的解答带来实质性的推进。③

其他有关苏格拉底的研究基本上集中在柏拉图的著作上，因此很难说确实关于苏格拉底本人。比如顾丽玲的论文借助斯东的《苏格拉底的审判》讨论了苏格拉底与雅典之间的三重分歧：首先，城邦共同体应采取自治式还是牧人式的统治？其次，政治技艺可教还是不可教？最后，应该隐退还是积极参与城邦的政治生活？由此解释了苏格拉底被判处死刑的原因。④ 余友辉反对艾尔文对苏格拉底幸福主义命题（“所有人都追求幸福”）的质疑（是否存在不同于幸福的其他人类目的），认为艾尔文的解读威胁到了统一的主体性，主张苏格拉底关注的核心问题并非是否有不同于幸福的目

① 任军锋：《盛世乡愁——雅典帝国的“传统”与“现代”》，《云南大学学报（社会科学版）》2018年第1期。

② 胡传胜：《普罗塔哥拉与雅典修辞术的开端》，《湖南科技大学学报（社会科学版）》2018年第5期；《高尔吉亚与古希腊修辞学的开端》，《东南大学学报（哲学社会科学版）》2018年第6期。

③ 田书峰：《历史上的苏格拉底问题研究》，《现代哲学》2018年第1期。

④ 顾丽玲：《哲人因何赴死——以斯东的〈苏格拉底的审判〉为视角》，《海南大学学报（人文社会科学版）》2018年第1期。

的，而是构成幸福的不同善好是否具有完全的可通约性。[①] 魏朝勇的论文比较了修昔底德的《伯罗奔尼撒战争》（或译《战争志》）中记载的阿尔喀比亚德背叛雅典和柏拉图在《克力同》中记载的苏格拉底坚持雅典对自己的死刑判决，试图论证在表面上的“叛国”与“爱国”背后，是阿尔喀比亚德把个人荣誉看得高于一切，而苏格拉底则把真理看得高于生死。他们之间的对比不是叛国者与爱国者之间的对立，而是爱荣誉者与爱智者的分别。[②] 谢一玭讨论了所谓的“恶的困境”问题，即人在恶的生存状态下无法解决恶的问题。他比较了苏格拉底的“练习与肉体分离”（实则是柏拉图在《斐多》中的观点），柏拉图的知识论解决途径，以及小苏格拉底学派通过寻找身体的善性来走出这个困境的尝试。作者认为这个演进表现出从对“真正的善”转变为“自己的善”，从认识论上追求善的知识到从生存论上追求个人生存的善。[③] 刘小枫讨论了苏格拉底将“作诗”从 poiēsis 的本意“制作”中分离出来，专指通过抽象的制作模仿宇宙中的美以实现自己的永恒。这种抽象的制作不仅指制作合乐的诗，也指创制法律。苏格拉底是以作诗的方式来抵制民主时代的智术的，而柏拉图的作品则是对苏格拉底的施教行为的模仿。[④]

关于柏拉图的伦理政治思想，2018 年出版的三部专著都算不上有分量的作品。岳海湧的《伪柏拉图作品研究》逐一研究了收于“柏拉图全集”之中，但据考证很可能是托名柏拉图的诸篇作品，其中不乏对于理解柏拉图的生平和伦理政治思想有重要价值的作品，如《书信》《阿尔西比亚德前篇》《克莱托丰》《米诺斯》等（但是让人有些奇怪的是作者漏掉了《埃比诺米斯》），作者主要从这些作品的内容梗概、与柏拉图其他作品的关系以及后世影响几个方面进行研究，虽然多少弥补了国内学界对这些文本研究较少的缺憾，但是在学理方面的研究还有很大的欠缺。[⑤] 李革新的《灵魂的净化——柏拉图哲学的内在精神》讨论了柏拉图作品中的“灵魂”与“净化”的问题，认为这一对概念构成了柏拉图哲学的内在精神。该书从灵魂的本质、理念与净化、净化的目的、净化的方法、个人的净化和城邦的净化六个章节讨论了这个问题。该书无疑涉及柏拉图研究中的一个重要问题，但是作者对柏拉图的理解大多数缺少真正带有学术性的讨论和有价值的学术贡献。[⑥] 李革新还出版了《柏拉图四书释义》，讨论刘小枫新近翻译的《普罗塔戈拉》、《会饮》、《斐德若》和《斐多》四部对话，但大体上只是梳理了这四部对话的基本内容，不能算是研究性的“释义”

---

① 余友辉：《苏格拉底的“幸福主义”与统一主体——以对特伦斯·艾尔文的幸福主义划分的批评为基础》，《道德与文明》2018 年第 4 期。

② 魏朝勇：《爱国、虔敬与正义——阿尔喀比亚德与苏格拉底的选择》，《中山大学学报（社会科学版）》2018 年第 1 期。

③ 谢一玭：《恶的困境出路比较：从苏格拉底到柏拉图和小苏格拉底学派》，《理论界》2018 年第 4 期。

④ 刘小枫：《古希腊语的“作诗”词源小辨》，《外国语文》2018 年第 6 期。

⑤ 岳海湧：《伪柏拉图作品研究》，人民出版社 2018 年版。

⑥ 李革新：《灵魂的净化——柏拉图哲学的内在精神》，同济大学出版社 2018 年版。

作品。①

在论文方面则呈现出非常繁荣的局面，得到关注最多的依然是《理想国》（又译为《国家篇》或《王制》等）。张国栋分析了《理想国》第一卷中提出的三种正义观，认为它们分别指向自身、他人和集体的善好。如何行动才是正确的问题，比正义德性或正义城邦的问题更普遍也更直接，我们需要以行动为导向进一步阐明柏拉图的正义理论。② 林志猛讨论了《理想国》中的习俗正义与自然正义问题，前者仅从法律分配、损敌扶友、强者利益等政治性视角来理解正义；后者才是真正的正义，它同时关注个人的灵魂和政治共同体。但自然正义能否实现正是哲人王的悖论所在。柏拉图彰显正义的诸多难题，既是为了提防政治理想主义，又是为了避免彻底的政治现实主义。③ 黄俊松讨论了《理想国》里的城邦—灵魂类比，在梳理了威廉姆斯、李尔和费拉里关于这个问题的争论之后，作者大体上同意费拉里的观点，认为这个类比是一个修辞性的比例性隐喻，柏拉图意在强调灵魂中神圣的哲学品质超越外在的王权。④ 于江霞讨论了《理想国》中对欲望的教育问题，作者反对陈康的欲望部分不可教的观点，认为体育和音乐的训练能够对灵魂的欲望部分施加直接的影响。而罗马时期的盖伦继承和调整了柏拉图关于欲望教育的学说，从生理学的角度讨论了这个问题。⑤ 陶涛从柏拉图对 thumos（意气、血气）的两个比喻入手（忠犬和雄狮），讨论了这种独特的灵魂部分在理想城邦中发挥的作用。作者认为，从描述性的层面来看，thumos 指血气方刚的、充满力量的情感，只有像“狮子”一样作战的人，才能成为城邦合格的“警犬”；而从规范性的层面来看，thumos 指要服从理性，像忠诚的“牧羊犬”一样听从牧人（理性）的命令。而培养出这样的“牧羊犬”，正是《理想国》教育计划的核心目标。⑥ 林壮青讨论柏拉图那里欲望和意气的不自足性，由此确立了理性的领导地位，但同时柏拉图又没有否认激情在政治生活中的意义，从而体现了古典哲人在政治上的理智清醒。⑦ 韩潮反对沃格林认为《理想国》中包含了希腊化时代“活的法”的观点。首先，这个说法并未出现在《理想国》中，这样理解有年代错置的嫌疑；其次，柏拉图晚期对话虽然两次提到了这个说法，但是都明显带有保留态度；再次，《理想国》主张教育高于法律，这个教育共同体和政治共同体是自足的，由此

---

① 李革新：《柏拉图四书释义》，同济大学出版社 2018 年版。

② 张国栋：《如何行动才是正确的——柏拉图正义理论的重新定向》，《政治思想史》2018 年第 1 期。

③ 林志猛：《柏拉图论习俗正义与自然正义》，《浙江学刊》2018 年第 6 期。

④ 黄俊松：《试论柏拉图〈理想国〉中城邦—灵魂类比的政治哲学意涵》，《世界哲学》2018 年第 6 期。

⑤ 于江霞：《〈国家篇〉中的欲望教育及其希腊化回响——兼评陈康〈柏拉图《国家篇》中的教育思想〉一文》，《云南大学学报（社会科学版）》2018 年第 2 期。

⑥ 陶涛：《论 thumos 与公民美德：忠犬或雄狮?》，《哲学动态》2018 年第 1 期。

⑦ 林壮青：《古典政治哲人的理性至善与政治上的理智清醒》，《学术研究》2018 年第 4 期。

贬低了法律的作用。[①] 谢一玭则利用施特劳斯的自然正当理论，讨论了《理想国》第四卷和第九卷在欲望问题上的表面矛盾，认为柏拉图排斥灵魂欲望部分的低等爱欲，修正了激情部分的高贵爱欲，隐藏了理智部分的哲学爱欲。但是该文的论题仍需进一步修正，柏拉图从未否认欲望部分的必要需求，也从未试图掩盖哲学性的爱欲（相反，还对这种爱欲大加赞赏）。[②]

柏拉图的最后一部作品《礼法》（或译《法义》《法律》等）也在近几年得到了越来越多的关注。林志猛讨论了柏拉图在《礼法》中讨论的两种“自然状态”，一种是克里特立法者所预设的普遍战争状态，基于这种自然状态的理解，战争就成为城邦法律的最终目的；另一种自然状态是雅典访客所关注的，共同体和个人灵魂的内在和谐状态，由此出发的“自然”决定了《礼法》中马格尼西亚城邦的法律和制度设计。[③] 肖训能讨论了与林志猛的论文相似的主题，重点关注克勒尼阿斯立法观的转变，他原本认为“自然状态”是普遍的战争状态，因而城邦的立法要以“强力”为目的，而雅典人在讨论中说服他接受了立法要以整全的德性为目的。[④] 罗峰与林志猛讨论了《礼法》中的德性教育问题，认为这种教育的关键在于培养恰切的苦乐、爱憎和节制（欲望服从理性的要求），由此培养完美的公民、完美的人和完美的立法者。[⑤]

除了《理想国》和《礼法》，柏拉图的其他作品也得到了的关注。刘玉鹏讨论了《卡尔米德篇》（或《卡尔弥德篇》）中的核心概念 sōphrosunē 在节制与自知之间的转换，主张苏格拉底的节制论最终导向一种完整的哲学式的自我认知，包括了“知之之知”和“不知之知”，其目的是表明节制的自知及其审查性功能。[⑥] 王江涛讨论了柏拉图的《希琵阿斯前篇》的“插曲”，阐释了智者所处的政治处境，他们为了给自己赢得更大的生存空间，只能放弃知识的立场，与礼法妥协，而这也正是智者与哲人的根本差异。[⑦] 费尚军讨论了《高尔吉亚篇》，这篇对话虽然从修辞的问题入手，但为这部作品提供统一性的是伦理性的主题：唯有正义和良善之人才是幸福的，作恶和

---

① 韩潮：《哲人王即“活的法”？——沃格林〈王制〉阐释中的一个问题》，《古典学研究》第一辑，华东师大学出版社 2018 年版。

② 谢一玭：《〈理想国〉中的爱欲与自然——基于施特劳斯自然正当理论的分析》，《理论界》2018 年第 12 期。

③ 林志猛：《古典自然状态论》，《古典学研究》第一辑，华东师范大学出版社 2018 年版。

④ 肖训能：《从强力到德性——〈法义〉中克勒尼阿斯的立法观念及其转向》，《海南大学学报（人文社会科学版）》2018 年第 3 期。

⑤ 罗峰、林志猛：《柏拉图论礼法与德性教育》，《北京大学教育评论》2018 年第 3 期。

⑥ 刘玉鹏：《节制与自知——论〈卡尔弥德篇〉中的 sōphrosunē》，《云南大学学报（社会科学版）》2018 年第 1 期。

⑦ 王江涛：《智术师的双重政治困境——以柏拉图〈希琵阿斯前篇〉“插曲”（283b－286c）为例》，《河南师范大学学报（哲学社会科学版）》2018 年第 5 期。

不义者必将受到惩罚。[①] 樊黎讨论了弗拉斯托斯对《会饮》的一个经典批评，即苏格拉底的“爱的阶梯”不允许将个体当作爱欲的对象，而这背后是理念中心和自我中心。作者认为，批评柏拉图理念中心是正确的，而说他自我中心违背了幸福论伦理学的基本精神，在这一伦理学传统中，自我与他人并不矛盾。[②] 肖有志讨论了《会饮》中的斐德若这个人物的名字、身份、教育背景、在柏拉图其他作品中的出场等戏剧性的要素，之后分析了斐德若关于爱神的颂词，作者认为斐德若是一个没有爱欲的人，因此他的颂词反而贬低了爱神。但是作者并没有给这个完全背离柏拉图字面意思的结论提供有力的支持。[③] 崔嵬讨论了《斐德若》中的修辞与哲学教育的关系，作者主张真正的哲人可以借用修辞学从普通人中挑选出潜在的哲人加以训练，让这部分人既实现爱欲的提升，又隐藏起自身的哲学追求，既保护普通人的生活，又构筑起走向哲学的隐秘通道。[④] 贾冬阳反对将《泰阿泰德》仅仅看作一部知识论著作，强调这部作品的“序幕”部分不仅暗示了苏格拉底的审判，以及后面要讨论的记忆与知识、书写与阅读、熟悉与陌生、绝对与虚无，而且涉及一个带有重要伦理和政治性质的问题——“为何求知?”[⑤] 张爽讨论了《政治家》（或《治邦者》）中的辩证法训练，主张政治家所需要的素质与辩证法家相同，都是关于分解与结合。政治家关注城邦内事物的结合；而辩证法家除了可感的存在者，还要理解无形体的理念存在者。这就解释了《政治家》这部政治性的作品里为什么有大量关于辩证法的讨论。[⑥] 张波波讨论了柏拉图《政治家》《斐莱布》《蒂迈欧》《礼法》等晚期对话中的“适度原则”，认为这一原则的普遍应用表明柏拉图对人性本身有了更清楚的认识，对于实现幸福这一人生最高目标，不再持有精英主义立场，而是更加贴近大众对美好生活的设想。[⑦] 李向利在两篇论文里讨论了柏拉图的《默涅克塞诺斯》。在一篇论文中，作者认为这部作品在私人对话与公共演讲之间的切换，以及围绕德性与最佳政体展开的讨论，都是苏格拉底对城邦未来治邦者默涅克塞诺斯的哲学教育。在另一篇论文里，作者认为苏格拉底发表的葬礼演讲，表面上是赞美希波战争中阵亡的雅典将士，实则是对城邦年轻一

---

① 费尚军：《权力、正义与幸福——柏拉图〈高尔吉亚篇〉中的生活方式之争》，《南昌大学学报（人文社会科学版）》2018 年第 5 期。

② 樊黎：《爱与幸福——再论柏拉图解释史上的一桩公案》，《现代哲学》2018 年第 1 期。

③ 肖有志：《斐德若的爱欲与城邦——柏拉图〈会饮〉178a6－180b8 讲疏》，《古典学研究》第一辑，华东师大学出版社 2018 年版。

④ 崔嵬：《修辞学在哲人与伪哲人爱欲转变中的双重作用——柏拉图〈斐德若〉绎读》，《江西社会科学》2018 年第 9 期。

⑤ 贾冬阳：《“凡事开端最重要”——柏拉图〈泰阿泰德〉“序幕”中的基要问题》，《现代哲学》2018 年第 1 期。

⑥ 张爽：《为什么探究“治邦者”是一种辩证法训练？——柏拉图〈治邦者〉中的哲学活动》，《浙江学刊》2018 年第 6 期。

⑦ 张波波：《从“量度”到“幸福”：柏拉图晚期伦理思想中的适度原则探究》，《哲学分析》2018 年第 3 期。

代带有诗性的历史教育。苏格拉底将“战争”与“德性”相结合，既通过战争史教导年轻人要有高贵的德性，又揭示了雅典人德性的衰变。①

在比较研究方面，刘丹忱的专著《孔子的德治思想——兼与柏拉图政治思想比较研究》从“轴心时代”的历史和问题意识入手，讨论了孔子和柏拉图的伦理政治思想。作者认为，孔子的德治思想以仁和礼为基础，强调家国同构、内圣外王的治国策略，重民富民的民本思想，学而优则仕的德治教育理念，和而不同的社会和谐目标。而柏拉图在《理想国》中重视知识/理念与哲人王理想，以德生利和以农立国，强调先天差异的教育观念和重分工的社会组织模式。孔子与柏拉图的德治思想无疑值得进行深入的比较研究，但是作者该书所涉问题过多，对这两方面的理解都比较表层，并未触及问题的实质。② 孙伟比较了柏拉图和荀子的伦理观，认为二者既要为现实世界的德性实践活动寻找伦理价值的规范，也要为这种伦理规范寻求形而上学的依据。在柏拉图那里，理性是克服欲望的主导力量，而正义就是理性与欲望和激情保持平衡的和谐状态，而善的理念是理性的形而上学本源，需要通过辩证推理的过程实现。对于荀子来说，义虽然是人内在的理性能力，但这一理性能力必须得到外在礼仪制度的辅助才能成为克服欲望的主体，而“道”是理性和礼义的根源，人可以通过“虚一而静”的过程逐渐达到对于“道”的认知。③ 强以华和周翔讨论了柏拉图认识论中的科学性和伦理性维度，并认为这种认识论的双重性与中国儒家的认识论有很多相似之处，比如在中国儒家认识论里，求真和求善也是统一的，并且在儒家主流里面，终极的认知对象是外在于心的“天”。④

四 色诺芬的伦理政治思想

色诺芬的伦理政治思想近年来在国际学界得到了较多的重视，一方面是因为色诺芬的伦理政治思想与“苏格拉底”问题密切相关，另一方面也是因为色诺芬在伦理、政治、历史、教育等方面都提出了很有见地的看法。国内学界近来对色诺芬的关注也有明显的加强，这也是本综述第一次将关于色诺芬的研究单独列成一节加以讨论。

吕厚量在两篇高水平的论文中讨论了色诺芬的伦理政治思想。在《色诺芬道德观中的权术》中，他讨论了色诺芬著作中表面看来的二元对立，一方面是对充满了

---

① 李向利：《苏格拉底葬礼演说中的德性与政制——柏拉图〈默涅克塞诺斯〉的哲学教育》，《国际比较文学》2018 年第 1 期；《苏格拉底如何讲述雅典战争史——柏拉图〈默涅克赛诺斯〉中的战争与德性》，《江汉论坛》2018 年第 9 期。

② 刘丹忱：《孔子的德治思想——兼与柏拉图政治思想比较研究》，中国政法大学出版社 2018 年版。

③ 孙伟：《人如何走向道德之途？——荀子与柏拉图之间的一种可能对话》，《云南大学学报（社会科学版）》2018 年第 5 期。

④ 强以华、周翔：《论柏拉图哲学认识论的科学性和伦理性——兼论柏拉图哲学认识论与中国儒家传统认识论的交融》，《湖北大学学报（哲学社会科学版）》2018 年第 5 期。

欺诈和暴力色彩的政治权术表现得非常宽容，另一方面又信奉苏格拉底的道德准则。作者认为，这种二元观念既受到了同时代军事政治著作的影响，又是色诺芬本人丰富的军事政治生活阅历的产物。《色诺芬著作〈居鲁士的教育〉的性质与素材来源》则讨论了色诺芬的《居鲁士的教育》这部难以定性的作品，作者通过考察该书与《斯巴达政制》的相似之处，以及色诺芬对居鲁士的记载集合了那个时代若干优秀历史人物的言行，认为《居鲁士的教育》应该被界定为一部描述如何在理想王政下推行社会道德教育的叙事性作品，承载了色诺芬本人的伦理和政治理想。①

陈戎女细致分析了《斯巴达政制》1.3－1.4中色诺芬对斯巴达女性的少量文字，试图分析色诺芬在对斯巴达对女性安排的诸多溢美之词下隐藏的对斯巴达妇女的批判，这也体现了色诺芬作为政治哲人对斯巴达政制的隐秘批判。② 娄林讨论了色诺芬在《雅典政制》（作者是否确为色诺芬存在争议）中为民主制所做的最早辩护，辩护的要点在于这种政体最能够保护雅典民众的自由、平等和利益。但是在对外关系中，民主制会将其他城邦当作民主制的“奴隶”，从而必然导致剧烈的冲突，因此这里又隐含了色诺芬对民主制的保留甚至批判态度。③

彭磊在两篇论文中讨论了施特劳斯对色诺芬的《希耶罗》的论述。《施特劳斯〈论僭政〉中的古今之辨》讨论了施特劳斯的一个有趣的论断，即《希耶罗》是古今政治科学之间“最紧密的连接点”，可以与马基雅维利的《君主论》对照阅读。作者认为，古今政治科学的最大差别就体现在现代政治科学无视王与僭主的区别，而这源于其无视智慧的统治与法的统治的区别，现代僭政正是马基雅维利开创的现代政治哲学的直接后果。另一篇论文《哲学家与政治家的差异：施特劳斯与科耶夫争论再思考》讨论了施特劳斯与科耶夫围绕《希耶罗》展开的争论。科耶夫认为政治家和哲学家都追求普遍的承认，从而指向普遍的国家；而施特劳斯认为统治者与哲学家有着本质上不同的爱欲目标，一个追求臣民的爱，另一个追求少数人的崇拜，因而哲学生活本质上不同于并且高于政治生活。④

五　亚里士多德的伦理和政治思想

关于亚里士多德伦理学的研究方面，陈玮的专著《知识、欲望与幸福：亚里士多德论“不自制”的可能性》细致地讨论了亚里士多对“不自制”问题的处理。该书重

---

① 吕厚量：《色诺芬道德观中的权术》，《古典学评论》第4辑，上海三联书店2018年版；《色诺芬著作〈居鲁士的教育〉的性质与素材来源》，《政治思想史》2018年第2期。

② 陈戎女：《政治哲人眼中的女性与城邦——解读色诺芬的〈斯巴达政制〉》，《江西社会科学》2018年第9期。

③ 娄林：《民主政制与国际关系——论色诺芬的〈雅典政制〉》，《学术界》2018年第11期。

④ 彭磊：《施特劳斯〈论僭政〉中的古今之辨》，《中国人民大学学报》2018年第2期；《哲学家与政治家的差异：施特劳斯与科耶夫争论再思考》，《江西社会科学》2018年第9期。

点考察亚里士多德在《尼各马可伦理学》第七卷第三章中对这个问题的讨论，同时结合《论灵魂》、《尼各马可伦理学》和《欧德谟伦理学》中其他的相关文本，以及黑尔、戴维森、高特里布、米利等当代学者的讨论。作者认为，亚里士多德对“不自制”问题的理解突破了简单的理性—欲望二分的模型，强调“想望”（boulēsis）这种结合了理性的特殊欲望在人类行动中的作用，强调不同层次的欲望之间的冲突。[①]

在论文方面，在亚里士多德伦理学中居于核心地位的“功能”（ergon）概念得到了较多的关注。魏梁钰的论文细致讨论了柏拉图的《理想国》和亚里士多德的《欧德谟伦理学》中的“功能论证”。他反对主流观点认为《欧德谟伦理学》中的功能论证是介于《理想国》和《尼各马可伦理学》之间的版本，受到柏拉图的重要影响，因此还不够成熟。作者认为，《欧德谟伦理学》中的“功能”概念与《理想国》中的“功能”概念差别很大，最重要的差别在于，前者不具有后者中的工具性含义，而是重在强调某物的本性与自然目的，作者由此出发强调“功能”概念在亚里士多德伦理学里的规范性含义。[②] 陈庆超讨论了“功能论证”对于亚里士多德确立德性核心地位的关键作用，作者认为“功能”指的是某一事物、活动和技艺的良好状态，功能的发挥意味着目的的演绎和本质的实现，而德性就是事物朝向自身最终目的的动态描述，是人追求幸福这一最高善好的必要因素。[③] 陈斯一从功能论证的角度为幸福的包容论解释作了辩护，主张亚里士多德的“功能”概念更多强调的是“整全”而非“终极”的含义，相应的幸福概念也应该是具有整全的实践视野的政治生活，而非终极性的哲学生活。[④] 与陈斯一的包容论立场相反，吕纯山认为亚里士多德清楚地区分了两种不同的幸福，沉思是第一等的幸福，包容论的幸福是第二等的幸福，所有试图调和两种幸福观的做法都是对亚里士多德的误解。但是该文没有提及有关这一问题的大量重要研究，只批评了几篇中文文献在这个问题上的误解。[⑤]

亚里士多德伦理学、政治学和修辞学里的其他主题也得到了不同程度的关注。刘小枫讨论了亚里士多德《尼各马可伦理学》的听众问题。他认为这部作品不是常规的伦理学教科书，虽然采用了论说文体，却不仅有复杂的情节，还有既隐又显的戏剧人物苏格拉底，从而像一出戏剧一样能够激发人们的思考。如果能把握其中的戏剧线索，我们就会看到，《尼各马可伦理学》针对某类人而作，力图回应当时的各种非政治化倾向。[⑥] 刘飞讨论了实践理性与道德德性的关系问题，认为亚里士多德一方面继承了苏格拉底和柏拉图的理智主义立场，克服了智者的技艺德性观对德性的外在化、

---

① 陈玮：《知识、欲望与幸福：亚里士多德论“不自制”的可能性》，浙江大学出版社 2018 年版。

② 魏梁钰：《〈欧德谟伦理学〉中的“功能”概念与“功能论证”》，《哲学门》第 37 辑，北京大学出版社 2019 年版。

③ 陈庆超：《功能、本质与德性证成》，《湖北大学学报（哲学社会科学版）》2018 年第 5 期。

④ 陈斯一：《亚里士多德论目的、功能与幸福——对包容论的新辩护》，《道德与文明》2018 年第 4 期。

⑤ 吕纯山：《再论亚里士多德的幸福》，《哲学门》第 37 辑，北京大学出版社 2019 年版。

⑥ 刘小枫：《亚里士多德的〈伦理学〉针对谁而著》，《学术界》2018 年第 11 期。

工具化和功利化，捍卫了德性的内在性和自主性。另一方面，亚里士多德又化解了知识德性难以进入现实生活、实践活动的问题。[①] 朱清华讨论了亚里士多德的实践推理问题，认为这种推理不同于理论推理，实践推理的大前提都与人的善好、规范性的应当、欲望有关。而人的善好和幸福这个领域并不是理论思考的范围。实践理性所关涉的，无论是理论还是对象，都不是固定不变的，一个真正有实践智慧的人，会在具体的情境中觉察到具体的道德特征，从而把握到适用的大前提。[②] 李义天讨论了亚里士多德伦理学中知觉的重要性，作者认为知觉通过对当下情境事实的直接洞察和整体把握，构成了实践思维的起点。在思虑过程中，知觉所提供的事实"激活"了行为者的实践目的或欲望倾向，促成具体的行动目标作为实践推理的大前提，帮助行动者发现有效的途径或手段作为小前提。凭借习俗的教化和经验的积累，行动者知觉可以表现为直觉，而直觉才是真正的实践智慧。[③] 陈斯一讨论了《尼各马可伦理学》中的友爱类型学，认为亚里士多的讨论是从不平等的友爱上升到平等的友爱，而背后的内在理路是从不相似者之间的相互需要过渡到相似者之间的共同分享。最终，在有德性的自足者出于对分享的需要而相结合的最高的友爱中。[④] 刘凤娟批判性地考察了努斯鲍姆对亚里士多德德性论的解读，努斯鲍姆认为亚里士多德的德性论基于普遍的人性和普遍的经验，具有开放性和经验性，是一种客观主义的德性论。作者认为在亚里士多德那里德性的普遍性主要体现在以普遍法律为基础的总体公正中，而这种公正在不同阶层的人身上的表现形态存在差异。[⑤]

孙磊试图用亚里士多德的德性正义理论反省和补充当代权利正义理论的缺陷，并认为权利正义将政治法律与道德二分，而亚里士多德的德性正义论以个人灵魂德性的内在善为基础，主张通过政体正义和法律正义的制度实现共同体的外在善好，通过培育友爱的德性和公民教化实现公民和谐，以弥补政治正义作为制度疗法的短板。[⑥] 马明讨论了明智德性与共和政体（中道政体）的生成问题。作者认为，可以通过良好的法律教化中产阶级，从而让他们具有明智的德性，在这个意义上，共和政体可以被看作贵族政体的一种类型，同时也是更加理想的政体。[⑦] 何博超讨论了亚里士多德对智者派和柏拉图对修辞术理解的回应。一方面，亚里士多德超越了智者将修辞术仅仅视为"说服技艺"的理解，而将之定义为对"说服本身"的考察能力，他既否定了

① 刘飞：《亚里士多德论实践理智与道德德性》，《当代中国价值观研究》2018 年第 6 期。

② 朱清华：《亚里士多德的实践推理》，《道德与文明》2018 年第 6 期。

③ 李义天：《知觉为什么重要——基于亚里士多德主义美德伦理学的解释》，《学术月刊》2018 年第 1 期。

④ 陈斯一：《从需要到分享——亚里士多德论友爱的谱系》，《海南大学学报（人文社会科学版）》2018 年第 3 期。

⑤ 刘凤娟：《亚里士多德德性论的普遍性再思——基于玛莎·努斯鲍姆路径的考察》，《安徽大学学报（哲学社会科学版）》2018 年第 5 期。

⑥ 孙磊：《论亚里士多德的政治正义》，《道德与文明》2018 年第 4 期。

⑦ 马明：《亚里士多德的明智德性与共和政体的生成》，《天津大学学报（社会科学版）》2018 年第 5 期。

智者将修辞术等同于政治学的做法，又将其作为政治科学的重要组成；他保留了智者对修辞术“普遍性”的承诺以及他们重视的一些非理性的手段，又尽可能在形式上对修辞术加以严格限定，在内容上使之朝向真的事实和真意见。另一方面，亚里士多德继承了柏拉图《斐德若》对修辞的构想，但将其限定在“关乎人事”的现实领域，使之发挥政治导向的功能，而非用来提升灵魂。最终，亚里士多德建构出一种哲学式的政治修辞术，使其兼有技艺、知识与实践智慧的功能和特点。①

从比较视角讨论亚里士多德伦理学的成果中，黄勇的论文很有代表性，他讨论了美德伦理学的理想形态，即强调美德的首要地位。之后以此为标准分别考察亚里士多德和朱熹的伦理思想，论证真正符合理想形态的美德伦理学的不是亚里士多德而是朱熹，因为在亚里士多德那里幸福而非美德才是具有首要地位的价值。② 邓玉琼讨论了孔子与亚里士多德关于快乐的看法，他们都认为合乎德性的快乐是最高的快乐。但是孔子更强调基于主体性超越的圆融和谐，亚里士多德更注重人的正常品质的实现活动；孔子从“大我”出发，高扬人的道德理想，主张快乐是生命的存在方式，亚里士多德从“小我”推演，理解人的自然欲望的可欲求性，认为快乐是瞬间呈现；孔子的“乐”最终指向仁道的落实，而亚里士多德“快乐”的最高意蕴则在于人对理智的静观。③

六　晚期希腊和罗马的伦理政治思想

晚期希腊和罗马的伦理政治思想一直是我国学界关注较少的问题，2018 年相关成果有所增加，但是研究水平有待提高，大多数论文依然停留在复述这些学派的思想上，有独到见解的研究较少。

李蜀人讨论了伊壁鸠鲁不同于柏拉图和亚里士多德的哲学进路，伊壁鸠鲁强调哲学就是心灵的治疗术，其目的是帮助人们过上幸福生活，而幸福生活就是没有恐惧、身体上的无痛苦和灵魂的无纷扰。④ 韩霞讨论了伊壁鸠鲁如何消除人们对死亡的恐惧。作者认为伊壁鸠鲁主要从两个角度处理这个问题，其一是论证灵魂有死、死后人们的感受随之消散；其二是强调对现世快乐，将人们对死亡的关注转移到对现世生活的关注上来。作者认为伊壁鸠鲁哲学并不能有效地消除人们的死亡恐惧，除非人们信任情感放弃理性判断，完全接纳伊壁鸠鲁哲学，才有消除死亡恐惧的效果。⑤ 翟志宏

① 何博超：《论亚里士多德对修辞术的再定义及其政治内涵》，《浙江学刊》2018 年第 6 期。

② 黄勇：《理想类型的美德伦理学家——亚里士多德还是朱熹?》，《哲学动态》2018 年第 9 期。

③ 邓玉琼：《孔子与亚里士多德：快乐与德性之辨析》，《天津大学学报（社会科学版）》2018 年第 3 期。

④ 李蜀人：《灵魂的无纷扰——伊壁鸠鲁哲学思想的再研究》，《陕西师范大学学报（哲学社会科学版）》2018 年第 3 期。

⑤ 韩霞：《论伊壁鸠鲁哲学对死亡恐惧的消除及其效果》，《牡丹江大学学报》2018 年第 8 期。

与陆泽杰比较了伊壁鸠鲁与庄子的死亡观，前者要求人直面死亡，重视在世价值，对社会道德良善的拯救起到了帮扶作用；后者通过对死亡的被动承受回归到本体之“道”，将人生的终极归宿进行了诗意化的表达。① 扈志东讨论了西塞罗对伊壁鸠鲁“隐秘无闻”的生活态度的批判，西塞罗主张政治行动高于个人安全，参与政治比追求个人快乐更为高尚，政治生活比追求默默无闻更具有普遍的适用性。作者认为西塞罗的这些批判触及了伊壁鸠鲁主义哲学的一些根本问题。②

于璐讨论了西塞罗在《论共和国》中对罗马政体的理解，反对蒙森等人对西塞罗的批评，即认为西塞罗用哲人的眼光构建了一个理想城邦。作者通过仔细考察西塞罗的论述，认为西塞罗虽然高度赞扬罗马过去的伟大和辉煌，却只是把它当作一个论证的样本，而非认为它的起源和发展完美无缺，更没有将它看作哲人构建的理想城邦。③ 李婧林讨论了罗马早期的诚信观在西塞罗那里的成熟。西塞罗分析出了诚信的四层含义：第一，对真理的洞察和领悟；第二，对人类社会的维护，给予每个人所应得，忠实于协约事务；第三，崇高、不可战胜的心灵的伟大和坚强；第四，一切行为和言论的秩序和分寸。西塞罗的理解日后进一步被具体化为罗马的法律，完成了诚信从道德向法律的过渡。④ 胡琦讨论了西塞罗的混合政体思想。西塞罗认为混合政体在制度上协调元老院和公民大会，融通贵族的权威与平民的自由权利，从而消弭不同社会等级之间的利益纷争，协调公共利益与个人利益。⑤ 刘林海从史学的角度，讨论了罗马社会的救助伦理问题，认为救助伦理的思想经历了从传统的德性伦理要求的“公民友爱”到基督教的“兄弟之爱”的发展，基督教把信仰、爱与德性统一起来，发展了传统的救助伦理。⑥

章雪富讨论了新柏拉图主义的开创者普罗提诺对古典幸福论传统的继承和对亚里士多德的两个主要批评。普罗提诺认为，幸福是纯粹的理智活动，不包含快乐或偶性意义上的善好。另外，普罗提诺认为幸福并非人类独享，非人的动物和植物也可以实现自己的幸福。⑦

---

① 翟志宏、陆泽杰：《伊壁鸠鲁与庄子死亡观比较》，《许昌学院学报》2018 年第 5 期。

② 扈志东：《论西塞罗对伊壁鸠鲁“隐秘无闻”生活准则的批判》，《齐齐哈尔大学学报（哲学社会科学版）》2018 年第 8 期。

③ 于璐：《西塞罗〈论共和国〉中罗马政制的理想与现实》，《海南大学学报（人文社会科学版）》2018 年第 5 期。

④ 李婧林：《古罗马诚信观的罗马法转化及对中国的启示》，《首都师范大学学报（社会科学版）》2018 年第 3 期。

⑤ 胡琦：《利益协调与政治稳定——西塞罗的混合政体思想及其现代价值》，《湖南工业大学学报（社会科学版）》2018 年第 3 期。

⑥ 刘林海：《从“公民友爱”到“兄弟之爱”——古罗马社会救助伦理的发展》，《北京师范大学学报（社会科学版）》2018 年第 6 期。

⑦ 章雪富：《普罗提诺论幸福兼驳亚里士多德》，《道德与文明》2018 年第 2 期。

七 基督教和中世纪伦理政治思想

关于基督教和中世纪伦理政治思想的研究依然集中在奥古斯丁和托马斯·阿奎那相关领域，有两本有关阿奎那的专著和部分的论文值得关注。董尚文的专著《托马斯哲学专题研究》从信仰与理性的关系、存在论、认识论、伦理学、宇宙论的角度比较全面地讨论了阿奎那的哲学思想。其中关于伦理学的第五章从良知（synderesis）和良心（conscientia）的角度（而不是通常讨论阿奎那伦理学时的德性论视角）讨论了阿奎那伦理学的理智主义特质，和对伦理思想的创新性贡献。作者认为，良知是上帝赋予人的对道德第一原理（驱善避恶）的直接理解，是带有普遍性的，因而不会犯错；而良心指的是人在把第一原理应用在具体情况中的伦理意识，因而可以犯错。[①] 张祎娜的专著《托马斯·阿奎那爱的学说研究》比较系统地研究阿奎那的核心概念"爱"。作者首先梳理了阿奎那这一概念的理论渊源，追溯了柏拉图、亚里士多德、《圣经》和奥古斯丁作品中对这个问题的相关讨论，并讨论了阿奎那爱的学说的本体论基础、人性论表现和超越性归宿，最后论述阿奎那这一学说的理论特征和当代意义。[②]

在论文方面，自由意志问题、"恶"的问题和情感的问题，得到了相对较多的关注。黄裕生认为传统希腊哲学以知识为伦理学的基础，但是因为缺乏自由意志的观念，希腊伦理学无法获得突破。奥古斯丁将恶的问题转换为罪的问题，而罪总是包含着审判与惩罚，从而使自由意志进入思想，启动了更替伦理学基础并突破希腊伦理学的进程。[③] 聂敏里表达了与黄裕生类似的立场，但是更极端地认为以柏拉图和亚里士多德为代表的古典伦理学缺少意志概念，从而无法充分解释道德责任的问题，但是作者的观点有待商榷。[④] 童群霖讨论了阿奎那对亚里士多德式伦理学的改造，在亚里士多德那里不同人有不同的欲望，而阿奎那将意志立足于自然法，从而用更加理性的方式解决了人向往德性的动机问题，同时降低了理智在获得德性上的重要性，转而强调律法的意义。[⑤]

在有关"恶"的讨论中，徐芹芹的论文《恶念伦理与自我关怀——论伊瓦格里乌斯的情绪哲学》讨论了基督教早期教父本都的伊瓦格里乌斯（Evagrius of Pontus）有关情绪的理论，认为他继承了斯多亚学派"关注自我"的哲学实践，又从基督教沙漠修士的独特角度做了重要的改变。他从恶念出发处理灵魂的情绪，理解"罪"的观念。作者认为这一理论反映了古代西方理性主义伦理的式微。[⑥] 石敏敏讨论了

---

① 董尚文：《托马斯哲学专题研究》，华中科技大学出版社 2018 年版。

② 张祎娜：《托马斯·阿奎那爱的学说研究》，人民出版社 2018 年版。

③ 黄裕生：《"自由意志"的出场与伦理学基础的更替》，《江苏行政学院学报》2018 年第 1 期。

④ 聂敏里：《意志的缺席——对古典希腊道德心理学的批评》，《哲学研究》2018 年第 12 期。

⑤ 童群霖：《意志、自然法与人的类型——阿奎那对亚里士多德式伦理学的改造》，《海南大学学报（人文社会科学版）》2018 年第 5 期。

⑥ 徐芹芹：《恶念伦理与自我关怀——论伊瓦格里乌斯的情绪哲学》，《道德与文明》2018 年第 2 期。

《忏悔录》第二卷中提到的“为恶而恶”的观念，并认为“根本恶”具有三个方面的含义：第一，“根本恶”与任何具体回报无关，是纯粹的恶；第二，“根本恶”虽然存在于个体里面，但个体由于受道德感约束通常不会表现出根本恶，共同体反而容易造成根本恶的实施；第三，根本恶的本质是“骄傲”这种虚假的自由。① 徐琪则指出，以亚里士多德为代表的古典哲学认为友爱比正义对人的德性提出了更高的要求；而奥古斯丁则从人性之恶出发理解友爱，认为友爱本身无可指责，但友爱对圣爱的背离是有罪的，会导致个体乃至集体羞耻感的丧失，加剧恶与痛苦，真正的友爱在于对正当秩序的爱，只有通过上帝才能真正拥有世间的人伦之爱。②

在有关情感问题的研究中，杨小刚讨论了奥古斯丁具有认知主义特色的情感理论。奥古斯丁不仅赞同情感以理性判断为基础，还让人们注意到情感的最初波动中包含认知要素。不同层次的认知要素使得情感具有二阶结构，不同的心灵状态都是其运作的结果。但是二阶情感模型核心的意愿概念又具有唯意志论的倾向，这导致奥古斯丁在解释意愿薄弱（不自制）现象时要面对复杂的理论困境（这个困境恰好补充了聂敏里忽视的重要问题）。③ 高源重新审视对奥古斯丁情感语言的传统理解，认为奥古斯丁并没有执着于用 passio 指称负面情感、用 affectio 指称正面情感，而是灵活使用这些情感语言。奥古斯丁这样做既批判了斯多亚学派以“不动情”为目标的自负，也从人神互动的视角审视了尘世情感通向神圣的精神境界的可能途径。④

除了上面三个讨论相对比较集中的主题之外，还有一些研究值得关注。徐龙飞认为，奥古斯丁将古典的自然、法、正义、和平以及国家等基本概念从古典传统中析出，既保留了这些概念的基本含义，又赋予了它们新的内涵。在此基础上奥古斯丁对“法”和“正义”作出了多个层次的区分，并论证了世俗政权的合法性。⑤ 赵琦主张，阿奎那的德性伦理学可以被理解成一种重视“你—我关系”的第二人称道德理论，从而不同于伦理学史上居于主流地位的第一人称或第三人称道德理论。⑥ 何建华讨论了阿奎那在普遍正义（法律正义）与特殊正义（包括分配正义和交换正义），自然正义和实定正义之间的区分，主张阿奎那丰富的正义思想在今天依然有重要的借鉴意义。⑦ 冯梓琏认为，阿奎那在对爱德的讨论中提出了爱具有和天主以及爱者有关的等

---

① 石敏敏：《论奥古斯丁的“根本恶”观念》，《浙江工商大学学报》2018 年第 5 期。

② 徐琪：《论奥古斯丁的友爱观》，《道德与文明》2018 年第 2 期。

③ 杨小刚：《奥古斯丁的二阶情感理论》，《世界宗教研究》2018 年第 6 期。

④ 高源：《奥古斯丁情感语言新探——基于道德心理学与宗教人类学的综合分析》，《外国哲学》第 35 辑，商务印书馆 2018 年版。

⑤ 徐龙飞：《永恒法—自然法—时间法——论奥古斯丁的法哲学思想》，《外国哲学》第 35 辑，商务印书馆 2018 年版。

⑥ 赵琦：《一种第二人称道德理论的可能性：阿奎那的德性伦理学极其当代意义》，《社会科学》2018 年第 6 期。

⑦ 何建华：《托马斯·阿奎那的正义思想》，《齐鲁学刊》2018 年第 3 期。

级秩序，在这种爱的秩序中，家庭和血缘关系又具有某种绝对性和根本性地位；中国传统儒家同样十分重视血缘关系，但是与阿奎那思想不同的是，血缘关系相对其他亲近关系还具有某种优先性甚至本体论的地位。[①] 董修元比较了中世纪犹太思想家迈蒙尼德与大体处于同一时代的儒家代表朱熹关于礼法与成人之间关系的学说。作者认为两人共通的思路是运用哲学思辨揭示礼法的宗旨，在某种泛质形论的人性观基础上论证礼法对于实现人类完善的普遍价值。同时，他们又采取了不同的整合经典传统与哲学资源的模式，迈蒙尼德主要是协调互补模式，而朱熹则是择取熔铸模式。[②]

八　文艺复兴与宗教改革时期的伦理政治思想

关于文艺复兴和宗教改革时期的伦理政治思想的研究依然保持了 2017 年的良好势头，虽然没有专著出版，但是可圈可点的论文不在少数。吴天岳结合了宏观与微观，探讨了文艺复兴时期人文主义与哲学思考之间的内在关联。作者认为布克哈特等人以人文主义为现代开端存在历史上的错误，人文主义在中世纪思想中有着深刻的根源和丰富的发展，文艺复兴的人文主义延续的是西方古典的修辞传统。在文艺复兴时期，人文主义与经院学术并存，并不存在一个独立的“文艺复兴人文主义哲学传统”，严肃的哲学思考并不需要这种文人化的思想传统，而是需要立足理性求真求知。[③]

朱振宇将但丁《神曲》中的四个片段与维吉尔的《埃涅阿斯纪》进行了细致的比较，认为但丁模仿并改造了维吉尔的史诗。通过这些改写，我们可以看到但丁对“喜剧”的理解至少有两层含义，一个是从悲惨到幸福的旅程，另一个更重要的含义是基督教的拯救。朱振宇在另一篇论文中讨论了但丁在《神曲·炼狱》中描绘的一支凯旋队伍。作者利用阿莫尔的最新研究，反驳了对这支凯旋队伍象征意义的传统解读，认为这支凯旋队伍象征的不是基督和教会，而是尘世的帝国，代表了但丁对世界帝国君主的呼唤。[④] 梁云翔和马若凡讨论了但丁在《神曲·地狱篇》中对佛罗伦萨的再现，表达了他对世俗政体价值的肯定，希望通过政治共同体的作用，让生活在佛罗伦萨这座“地上之城”的人们摆脱堕落的命运，重新获得上升的可能。[⑤] 吴功青指出，在彼得拉克《秘密》中，世俗自我所诉求的幸福越来越具有正当性，传统基督

---

① 冯梓琏：《阿奎那的血亲伦理及其和儒家可能的对话》，《世界宗教文化》2018 年第 6 期。

② 董修元：《迈蒙尼德与朱熹论礼法对于实现人之完善的作用》，《世界宗教文化》2018 年第 5 期。

③ 吴天岳：《哲学中的人文主义传统？——文艺复兴人文主义的哲学史反思》，《外国哲学》第 35 辑，商务印书馆 2018 年版。

④ 朱振宇：《朝圣者的“冥府之行”——关于〈埃涅阿斯纪〉与〈神曲〉“冥府之行”主题四个片段的比较文学解读》，《国际比较文学》2018 年第 3 期；《格利丰与但丁的“世界帝国”异象》，《政治思想史》2018 年第 2 期。

⑤ 梁云翔、马若凡：《地上之城的企望——从佛罗伦萨看但丁的世俗政体观》，《山东社会科学》2018 年第 1 期。

教中上帝的意义被严重削弱。面对人性的疾病，《秘密》几乎从未诉诸恩典，而是诉诸自我对自我的治疗。作者由此推论，在这部作品中自我开始取代上帝，成为人们重新理解世界、他者以及自我的出发点，这使得这部作品具有重要的现代意义。①

梁中和首先讨论了文艺复兴时期伊壁鸠鲁主义的复兴的三个阶段，之后重点讨论了柏拉图主义者斐奇诺从四个角度对伊壁鸠鲁主义做出的理论回应，分别是灵魂与身体的关系问题，灵魂、身体与死亡的问题，世界与上帝的关系问题，无神论与宗教的来源问题。② 李筠讨论了博丹对中世纪政治传统的继承和开启现代政治思想的创新性，作者认为，博丹的主要贡献在于一方面极力强化绝对的、不可分割的主权概念，另一方面又强调其多重限制。③ 郭逸豪则提出了与李筠相反的观点，他主张在博丹以前的中世纪政治思想中，已经有丰富的主权观念，只是散见于法学家、哲学家和神学家的思想片段中，但是这些思想片段足以反驳博丹自诩的原创性。④

对马基雅维利的研究往年都是文艺复兴时期的重中之重，而2018年并没有出现这种过分集中的情况，只有三篇论文比较有代表性。霍伟岸和谈火生讨论了马基雅维利党争理论中的三个核心问题：第一，马基雅维利在不同的作品中似乎对党争的意义给出了相反的判断；第二，马基雅维利是否认为我们可以克服党争；第三，在党争中人民扮演何种角色。对于第一个问题，作者认为应该区分良性的罗马式党争与恶性的佛罗伦萨式党争；对于第二个问题，作者认为党争不可避免但是派系之害可能消除；对于第三个问题，作者认为人民在守护自由方面有更大的作用，但是不受法律限制的平民可能为专制打开大门。⑤ 顾超一讨论了剑桥学派内部对于马基雅维利共和德性的争论，波考克认为马基雅维利主张的新德性摆脱了神意道德的影响，而斯金纳和维罗里则强调马基雅维利的道德性。作者认为我们应该关注马基雅维利伪装的虔敬，政治领袖要利用宗教从而可以突破宗教之善，同时用宗教向人民施压可以激发他们的德性。而马基雅维利的喜剧《曼陀罗》提供了反叛、改造和运用基督教的典范。⑥ 梁晓杰讨论了马基雅维利的喜剧《曼陀罗》中主角是谁的问题。他反对传统解读认为卡利马科或者李古潦是这部戏的主角的观点，而是独树一帜地认为，代表美与善的女性角色卢克蕾佳或许才是这部戏的主角，因为她同时有能力接受丑与恶，因此最配得上马基雅维利意义上的新君主。⑦

---

① 吴功青：《彼得拉克〈秘密〉中的上帝与自我》，《哲学动态》2018年第2期。

② 梁中和：《现代开端处的"敌柏拉图主义"》，《世界哲学》2018年第5期。

③ 李筠：《古今之变中的博丹主权理论》，《浙江学刊》2018年第3期。

④ 郭逸豪：《主权理论前的主权——中世纪主权理论研究》，《苏州大学学报（法学版）》2018年第1期。

⑤ 霍伟岸、谈火生：《马基雅维利论党争》，《学海》2018年第3期。

⑥ 顾超一：《伪装虔敬与共和德性的教养——试论马基雅维利思想中宗教与共和德性的关系问题》，《哲学门》第37辑，北京大学出版社2019年版。

⑦ 梁晓杰：《谁是新君主——马基雅维利〈曼陀罗〉解读》，《古典学研究》第二辑，华东师范大学出版社2018年版。

莎士比亚戏剧中的伦理政治教导有很多值得挖掘的地方，国内学者对相关问题进行了可喜的探讨。娄林的两篇论文讨论了莎士比亚的悲剧《李尔王》中的政治哲学意涵。他认为，处于这部戏中心地位的暴风雨，既是自然界的暴风雨，又是李尔王心中的暴风雨，更是象征了撼动西方世界和人类文明的古今之争。李尔王在暴风雨中悲悯的哲学说辞，最根本的落脚点依旧是古典政治哲学中的"正义"。娄林在另一篇论文中讨论了这部悲剧中复杂的战争意象，这里既有李尔王的支持者与高纳里尔和里根之间的内战，也有高纳里尔与里根之间因为私欲膨胀的争斗，还有英法之间的战争，更有在肯特那里表现出来的思想领域的战争。[①] 戴智恒主张莎士比亚的历史剧融合了古典史观与基督教传统的前现代历史意识。僭主理查三世不只是实现上帝意志的机械工具，还是一个渴望用世俗荣誉弥补自然缺失的悲剧英雄，在他身上体现了传统神意命定论与人文主义巨人情结之间的冲突和交融。[②] 梁庆标讨论了阿兰·布鲁姆围绕爱欲问题对莎士比亚的政治哲学解读。根据布鲁姆的解读，莎士比亚与柏拉图展开了暗中的对话，要反对柏拉图的超验爱欲，展示爱欲的自然本质。而作者更多关注莎士比亚与柏拉图的相似之处，即为冰冷的现实政治注入人性、审美与智慧，从而使政治变得柔和，或者说"驯化政治"。[③]

关于宗教改革中的伦理政治思想，有三篇论文值得关注。孙帅讨论了路德关于罪的理论，认为在路德那里，罪既是一个永远进行自我遮蔽、罪上加罪的生产机制，也是人的自然始终倾向于作恶的无限欲望。人性的虚无化不仅意味着人在上帝面前成为罪人，而且意味着上帝通过陌生之工对人的摧毁来实现拯救。陌生之义运作其中的这种个体，就是宗教改革给现代社会带来的"空洞的自由人"。[④] 何怀宏讨论了路德的"因信称义"和罗尔斯的"因义离信"，表明了两种处理道义与信仰之间关系的相反看法，如何平衡这两方对于现代人如何处理信仰与道德的关系也具有重要意义。[⑤] 姚啸宇讨论了英国宗教改革时期的思想家理查德·胡克面如何论证英国教会和国家的同一性。胡克主张英格兰国王既是国家的主权者也是教会的首脑，只有在国王的领导之下，国教的制度才能得到捍卫，英国作为一个信仰共同体的团结和统一才能维系下去。[⑥]

---

① 娄林：《〈李尔王〉中的暴风雨——〈李尔王〉第三幕略读》，《政治思想史》2018 年第 3 期；《莎士比亚的"战争论"——以〈李尔王〉为例》，《江汉论坛》2018 年第 9 期。

② 戴智恒：《政治史剧的两种读法——〈理查三世〉的古典史观与基督教神学》，《政治思想史》2018 年第 3 期。

③ 梁庆标：《"爱的阶梯"——阿兰·布鲁姆"政治哲学莎评"的爱欲结构》，《国外文学》2018 年第 4 期。

④ 孙帅：《人性的虚无化：路德论罪》，《哲学门》第 38 辑，北京大学出版社 2019 年版。

⑤ 何怀宏：《"因信称义"与"因义离信"——马丁·路德与现代伦理》，《武汉科技大学学报（社会科学版）》2018 年第 1 期。

⑥ 姚啸宇：《王权、教会与现代国家的构建——理查德·胡克论英国国教政制的正当性》，《政治思想史》2018 年第 4 期。

2018 年近代西方伦理思想研究报告

杨伟清*

就既有的研究文献来看，2018 年，近代西方伦理思想研究主要包括近代英国伦理思想研究和近代德国伦理思想研究。近代英国伦理思想研究又可以区分为三部分内容，即霍布斯与洛克的社会契约思想研究，从沙夫茨伯里到斯密的道德感学派研究，以边沁和密尔为代表的古典功利主义研究。近代德国伦理思想研究则主要围绕康德和黑格尔展开。此外，卢梭的伦理思想也备受关注。考虑到卢梭从属于契约论思想的脉络，且经常被拿来与霍布斯和洛克的思想比较，我们可以把这三个人放在一起分析。如此一来，近代西方伦理思想研究就有四大块组成，即古典功利主义研究，从沙夫茨伯里到斯密的道德感学派研究，霍布斯、洛克与卢梭的社会契约思想研究，康德和黑格尔伦理思想研究。

一　古典功利主义

古典功利主义的代表人物为边沁、密尔与西季威克。相对而言，密尔受到的关注较多，边沁次之，西季威克最少。但综合来说，古典功利主义在当前学界并没有得到足够的重视，相关的研究文献数量很少，质量也很不理想。

就边沁而言，有些研究者考察了他的舆论思想与民主理论的关联。在边沁看来，民主价值不仅体现在一人一票的选举制度中，能否建设一个对人民负责的好政府才是决定民主成功与否的关键。公共舆论就是在选举制度之外确保统治者对被统治者负责的最重要的手段，其运作蕴含在公共舆论法庭这一机构之中，即通过对政府信息的审查压力来对统治者滥用权力进行道德制裁，使之成为实现共同体福祉的最重要的社会力量。①

---

* 作者简介：杨伟清，1978 年生，河南新乡人，中国人民大学伦理学与道德建设研究中心研究员暨哲学院副教授，研究方向为伦理学与政治哲学。

① 徐蓉蓉：《被忽视的先驱——边沁功利主义舆论思想阐释》，《国际新闻界》2018 年第 12 期。

有人考察了拉康对边沁功利主义伦理学的解读。拉康认为，在伦理学的现代转向中，边沁具有里程碑意义的贡献并非“最大多数人的最大幸福原则”，而是这一原则的语言学基础——“虚构理论”。按此理论的理解，幸福与善好是人类基于语言所进行的一种必要的虚构，它已完全丧失其在传统伦理学中的实在论基础。由此，边沁的功利主义既实现了与传统伦理学的形上学基础的决裂，同时又开辟了从语言学维度对伦理学进行反思和建构的方向。①

还有人考察了边沁功利主义伦理思想与狄更斯的《艰难时世》之间的关联。狄更斯在《艰难时世》中比较全面地批判了边沁式功利主义的核心内容，例如最大幸福原则、利己主义伦理学、自由放任的经济思想和它高度理性化的思维方式，但这部小说中还暗含着与作者意图截然相反的东西，他本人不知不觉深受当时社会历史条件以及边沁功利主义思想塑造。②

就密尔来说，有研究者关注了他《功利主义》的一则脚注中引发的道德评价问题。在那里，密尔指出，行为的道德性完全取决于意图，但与动机无关。但这与其理论的后果主义立场相冲突。作者力图澄清动机与意图的关系，并认为最好从规则后果主义的角度去理解密尔的立场。③

有研究者探讨了密尔的功利主义立场与其权利理论的关系，认为从表面上看，两者之间存在明显的紧张关系，但事实上他对功利和权利的道德诉求在理论上是融贯一致的，其道德权利理论采纳的是一种依照道德常识的、以功利和自由为旨趣依归的间接功利主义。④

有研究者考察了马克思与密尔式的功利主之间的关系，认为马克思并非如一些人认为的那样是一个古典功利主义者，并从各自的立场出发虚构了马克思与密尔式功利主义者之间的对话。⑤ 也有人论及了密尔对社会主义思想的看法。⑥

对于西季威克的研究只有一篇文献。作者考察了他对应当的界定，认为在《伦理学方法》第一卷第三章中，西季威克通过对常识的反思以及对两种自然主义伦理观点的反驳，否定了把“应当”还原为一种欲望的作用的观点，而认为该概念在根本上表达了一种理性的要求和命令，并认为这是一个不可被进一步还原分解的简单概念，只能凭直觉把握。西季威克对“应当”概念的这一理解具有一种义务论的特征，使他在根本上区别于边沁、密尔等功利主义思想家。而通过西季威克对密尔的功利主

---

① 胡成恩：《虚构的幸福与善好的功能——拉康对边沁功用主义伦理学的另类解读》，《道德与文明》2018年第6期。

② 赵国新：《边沁功利主义批判与文本的内在矛盾——再论狄更斯的〈艰难时世〉》，《外国语言与文化》2018年第3期。

③ 方菲：《动机、意图与功利主义的阐释——从密尔的一则脚注说起》，《道德与文明》2018年第4期。

④ 符海平：《功利与自由：密尔道德权利理论的旨趣依归》，《云南大学学报》2018年第4期。

⑤ 张继亮、黄铄：《马克思对古典功利主义的批评——一场虚拟对话》，《新视野》2018年第3期。

⑥ 王福生：《约翰·密尔论“社会主义”与劳动阶级的未来》，《当代世界社会主义问题》2018年第1期。

义证明的反驳我们看到，这种义务论特征实际上是西季威克为证明功利主义理论的必然选择。[①]

二　道德情感学派

在道德情感学派中，休谟受到的关注最多，斯密次之，其他思想家则很少有人问津。就休谟而言，相关的研究比较散乱，很少有围绕特定主题的广泛研讨。

有研究者试图澄清休谟的同情概念与心理机制，认为同情不单单是认知他人情感和产生移情同感的机制，而且生发了爱这种利他情感因而成为利他倾向的根基。[②]

一些学者探讨了著名的休谟问题。有人认为，我们不能从道德推理有效性的角度去理解休谟问题，这是对休谟的背离，并且注定是无解的。休谟问题指向的是心理逻辑层面，要求我们去关注心灵的活动机制，寻求心灵的逻辑法则。[③] 有研究者试图从朱熹的儒学思想出发去处理休谟问题，认为朱熹的方案比较接近新亚里士多德主义者赫斯特豪斯的尝试，但却不具有后者的缺陷，因而是最有希望可能成功的。[④] 还有研究者试图从儒家的生生伦理的角度去破解休谟问题。作者认为，与西方感性理性两分，理性是道德根据的一般看法不同，孔子对于道德根据不持单一的理解，而是既讲智性，又讲仁性。智性即孔子关于学习的思想，大致相当于西方道德哲学的理性（道德理性）。孔子思想的殊特之处在于多了仁性。按照儒家生生伦理学的诠释，仁性有两个来源：一是生长倾向；二是伦理心境。这两个来源虽有不同，但都有先在性。所以，在儒家看来，人是一个先在的道德存在，原本就有道德的要求，因此人本身就有行善的动力，顺此而行，就能体会到道德之乐。在孔子思想系统中，道德动力是由仁性提供的，仁性是连接“是”与“应该”的桥梁，有了这个桥梁，“是”与“应该”就有了内在的关联，不会产生所谓的休谟伦理难题。[⑤]

有人考察了休谟伦理学与美德伦理学的关系，认为基于“以美德为中心的”美德伦理观，休谟伦理学并不主张有德之人是美德知识的来源；基于正当与美德关系的美德伦理观，休谟伦理学是美德伦理与规则伦理并存的伦理系统。把休谟伦理学视为美德伦理学或者其他单一类型的规范伦理学都不恰当。休谟伦理学的价值主要在于其道德心理学和基于实践的自然主义、现实主义的伦理学方法。[⑥]

---

① 余建滨：《论西季威克对“应当”的界定》，《宜宾学院学报》2018 年第 2 期。

② 张燕：《从“同情”到“爱”——休谟的同情利他模型》，《科学·经济·社会》2018 年第 1 期。

③ 张焱：《从“休谟法则”看道德推理的特殊性——兼论休谟哲学中的一个失误》，《青海社会科学》2018 年第 2 期。

④ 黄勇、段素革：《如何从实然推出应然——朱熹的儒家解决方案》，《道德与文明》2018 年第 1 期。

⑤ 杨泽波：《儒家生生伦理学对休谟伦理难题的破解》，《社会科学》2018 年第 10 期。

⑥ 赵永刚：《休谟伦理学是美德伦理学吗？——兼谈休谟伦理学的当代价值》，《吉首大学学报》2018 年第 4 期。

有人考察了休谟思想中审美与道德之间的关联，认为与前人一样，他从心理学层面表明，审美需要一种无功利的态度，这种态度帮助人们在道德判断中摒弃个体利益，确立固定的道德观念。但其创新之处在于，他在社会交往的情境中理解审美与道德的关系。在这种视野中，一方面，美是一种功能性的概念，可以包含功利性的内容，将它们转化为想象的快乐；另一方面，审美是社会交往的展开方式，也是道德观念的生成方式和体现方式。因此审美活动建构道德实践，道德实践也制约审美活动。审美扩大同情的范围，有助于正义的实现，而正义的作用在于为个人追求快乐提供保障；审美有利于塑造高雅的道德，而道德的礼貌法则也制约审美，确定趣味的标准。①

有研究者试图解释休谟为何将财产权作为正义处理的对象。从财产权理论的语境来看，因为对既有财产权理论基础不满意，休谟试图将财产权理论的坚实基础奠定在正义之上。从正义论的语境来看，由于休谟不认同以赏罚为核心内容的宗教正义论，他尝试以财产权为核心内容确立起一种有别于宗教正义论的世俗正义论。从休谟道德学的语境来看，作为财产权的正义是一种源于人的共同利益感的人为的德性。②

还有人考察了休谟对社会治理中派系问题的处理。基于历史观察和其思想的内在逻辑，休谟将“派系”问题及其治理作为社会政治理论的核心内容。休谟分析了“派系”产生的人性基础和基本类型，进而提出派系治理的三种路径。首先，商业、科学和艺术的发展可以促进人们理性的增长以及相互之间的同情，从而可以瓦解极端的信念和增进社会的团结；其次，文明的政治秩序的构建不应当依赖于道德，而应当建立起派系之间的相互制衡；最后，宗教派系的极端性对社会秩序构成了重大威胁，为了保持社会秩序的稳定，必须在宗教宽容的基础上保持世俗政府对宗教的控制。休谟的派系治理思想具有立足商业社会的现代视野，既致力于减弱和消除极端派系对社会秩序的破坏，又使温和的派系成为促进社会繁荣与发展的动力，在近代西方社会秩序理论中具有重要的历史影响和理论价值。③

就斯密而言，相关的研究也比较凌乱。

有研究者比较了斯密的伦理思想与哈奇森的仁爱观念，认为哈奇森曾对斯密产生过重要影响，但并不意味着斯密对哈奇森伦理思想进行了全面继承，相反，通过背离哈奇森确立的人性视角、道德基础和道德标准，斯密完全背离了哈奇森的仁爱观并创作了《道德情操论》，它不仅较为完满地解释了社会赖以运行的伦理秩序，而且为《国富论》确立了哲学基础。④ 有研究者认为斯密的道德哲学中存在“游叙弗伦”困

---

① 董志刚：《休谟论美与德》，《美育学刊》2018 年第 5 期。
② 陈亮升：《休谟为什么论作为财产权的正义？》，《理论月刊》2018 年第 9 期。
③ 徐志国：《派系及其治理：休谟社会政治理论研究的一个视角》，《社会》2018 年第 9 期。
④ 李家莲：《论斯密伦理思想对哈奇森仁爱观的背离》，《世界哲学》2018 年第 4 期。

境，并试图分析其表现形式、内在根源和理论后果。① 有人考察了斯密在《道德情操论》中对骄傲和虚荣这两种道德激情的辨析。② 还有人检讨了斯密对曼德维尔道德体系的批判，认为他的批判很难被认为是成功的，他的"同情"并没有与曼德维尔的"骄傲"真正拉开距离，他的道德学说仍然带有鲜明的曼德维尔的印记。但他们在社会是自然性还是人为性上存在根本的分歧，在曼德维尔那里，道德的产生、人之社会化离不开"政治家"的努力，他致力于探寻的是一系列驯化激情的政治技艺；而斯密的道德心理学则没有了"政治家"的位置，他试图揭示的是道德的自然生成机制，在斯密那里，社会成了自然的一部分。③ 有人则考察了斯密的现代公民教育观念，认为他基于新型社会的特征，提出了较为完整的公民教育思想：通过家庭教育，培养公民的"习惯性同情"；依凭学校教育，培养公民的"恰当的判断力"；利用宗教及其社团，约束公民的行为举止；依凭审美体验，起到净化公民心灵的作用；借助法治化市场机制，培养公民"商业精神"。④

有研究者从斯密对重商主义的批判出发考察了其政治学含义。作者认为，斯密的重商主义批判具有极为丰富的政治学含义。首先，在他看来，重商主义对经济与政治及国家主权之间的关系不甚了了，没有将经济看成自成一类的存在。重商主义过度强调国家主权和政治家的功能，忽略了民间力量和财富增长的自然之道。与之不同，斯密将原本集中在政治精英手中的国家富与强的政治责任，以经济化的方式分散到了整个经济体上。其次，斯密在理论上实现了经济的非疆域化，从而在现代的民族主权国家体系中发现了一种不同于重商主义的可能性。这种新安排没有触动原有的民族国家体系的政治主权，但是大大地扩充了经济的空间。最后，在英国与美洲殖民地之争的问题上，斯密表现出以经济的脉络和走向为基础设计政治体系的政治智慧，提出了一种不同于重商主义帝国的自由贸易帝国计划。这种计划同样没有否定民族国家体系或仰望世界大同，但大大超越了重商主义民族国家体系的局限。总而言之，斯密重新界定了政治和经济的相对位置，使得经济开始占据相对主导的位置，并在相当程度上使得经济成了对政治的超越。这就是他对现代人的政治经济视界的贡献。⑤

三　霍布斯、洛克与卢梭

这一部分既有对这三位思想家的单个研究，也有对他们的比较研究。但就已阅读

① 李家莲：《论亚当·斯密道德哲学中的"游叙弗伦"困境》，《道德与文明》2018 年第 4 期。

② 胡志刚：《骄傲与虚荣之同异辨析——基于斯密〈道德情操论〉的解读》，《渭南师范学院学报》2018 年第 11 期。

③ 苏光恩：《同情、骄傲与社会性——斯密的曼德维尔批判再考察》，《贵州大学学报》2018 年第 3 期。

④ 杨芳：《转型与启蒙：亚当·斯密的现代公民教育观》，《青海师范大学学报》2018 年第 5 期。

⑤ 张江伟：《亚当·斯密重商主义批判的政治学维度》，《政治思想史》2018 年第 4 期。

的资料来说，比较研究大多流于表面，主要是对三者不同观点的简单复述，故在此不论。我们主要考察对霍布斯、洛克和卢梭的单独研究。

在研究霍布斯时，有人考察了他的自然法思想，认为它与近代科学革命有密切的关联。与传统的自然法不同，霍布斯的自然法把法奠基在人的欲望或理性之上，并把法还原为一种主观权利，从而认为主观权利决定法律，不是法律规定权利。自然法从人的内心约束变成了外在革命的工具。① 有人则认为霍布斯的自然法有三重意蕴：规则利己主义诠释将自然法视为理性的利己准则，对“心中没有正义”的愚昧之徒来说，它不具备有效的道德约束力。神圣命令诠释则将其看作上帝的神圣命令，对“心中没有上帝”的非基督徒来说，它难以获得普遍的接受。为解决前两者在解释自然法的规范性上所面临的难题，道德建构主义诠释主张，自然法应当被视为具备道德反思能力的主体在公平的程序背景下通过公共证明而达成的合理共识。②

有研究者考察了霍布斯的绝对主权理论，认为无论是在同时代还是之后，霍布斯的绝对主权理论都遭到了激烈的批评，但是鲜有批评者认真对待该理论的完整内涵及论证路线。实际上霍布斯的绝对主权包含六重含义，即主权的最高性、不可分割性、自然性、永恒性、吸附性和统一性，并包含相应的六条整体论证路线。现代法治理论，以凯尔森、哈特为代表的当代法律实证主义以及分权宪制理论都无法对霍布斯的绝对主权理论构成实质性的挑战，相反，站在霍布斯主义的立场，可以反诘和透视这几种理论形而上学、意识形态的以及概念的迷雾。霍布斯是一个中道主义思想家，他在政治自由与政治权威之间维持一种辩证平衡。③

有人探讨了霍布斯的国家观念，认为他有一种形而上学的国家观，而非现实主义的国家观。霍布斯把国家与主权者作明确区分，强调国家本身所具有的意志性与人格性，明确体现了形而上学国家观。霍布斯的利维坦并非指称具体的主权者，而是国家。霍布斯引入授权与代表概念也说明了主权者只是国家的代表者。霍布斯的形而上学国家观不仅重塑了人们对现代政治生活的理解，也可以弱化其政治哲学的不宽容形象。④

有人考察了霍布斯有关国际关系的论述，认为他并非如人们认为的那样是一个现实主义者。霍布斯既不是心理自利主义者，也不是权力政治的鼓吹者，他的自然状态不是一个道德真空状态，并且更为重要的是，他的自然状态理论根本无法直接套用于国际关系领域。事实上，霍布斯主张国际社会既不是道德虚无主义的社会，也不是一个权力场，由于受国内政治结构及契约国家观的影响，主权国家在对外关系中应该保

---

① 汪雄：《十七世纪科学革命与自然法的衰变》，《自然辩证法研究》2018 年第 12 期。

② 谭研：《论霍布斯自然法的三重意蕴——从“理性准则”、“神圣命令”迈向“合理共识”》，《道德与文明》2018 年第 3 期。

③ 唐学亮、王保民：《霍布斯论绝对主权及其挑战》，《西安交通大学学报》2018 年第 2 期。

④ 陈江进：《论霍布斯的形而上学国家观》，《道德与文明》2018 年第 5 期。

持对权力的克制。除此之外，霍布斯初步发展了他的国际法思想。他是一个和平主义者。[①]

有人探究了霍布斯哲学中的虚荣之人与适度之人这对概念，试图澄清两者，并结合霍布斯对于英国内战的历史分析，揭示或合理重构虚荣之人—适度之人的“经验原型”：人民的引诱者和人民。最后，批判了戈蒂尔和施特劳斯对于虚荣之人—适度之人的解读。[②]

有人探讨了霍布斯政治学说的内在矛盾，认为霍布斯的政治哲学的诱人之处是对契约伦理学的论证，其恼人之处是他建于契约论之上的君主论的政治主张。霍布斯宣称，当一个社会没有绝对权威的时候，人们便处于“每个人对每个人作战”的“自然状况”。为了结束这种自然状况，人们需要订立社会契约，把除生命权以外的所有权利让渡给国家主权的代理人即君主。导致这种不当结论的根源在于他关于人性的不当假设，即只看到人类对物质财富的贪婪，而忽略了人类对精神财富的追求；只看到人类对死亡的恐惧，却忽略了人类对失去自由的厌恶。[③] 有人从宗教的角度去解读霍布斯的政治哲学，认为霍布斯用《圣经》的该隐杀弟故事描述自然状态，潜在地暗示了自然状态与堕落状态的联系。前自然状态—自然状态—文明状态的逻辑假设与创世神话—堕落状态—该隐建城的神学故事，形成一种同构性的表现。这一类比为重新阐释霍布斯理论中政治和宗教的关系，提供了新可能性。[④]

有人考察了霍布斯的伦理观念，认为他以人性自私为基点提出了两类道德：一是基于权利平等的自然法道德，二是基于主权者与臣民不平等关系的服从道德。[⑤] 有人讨论了霍布斯的情感学说与近代情感主义伦理学的关联。作者认为，霍布斯明确主张从人性自身来探讨道德和人类社会的政治。其中，对人性的分析是他的重要理论贡献之一，而情感正是其人性观的组成要素和道德善恶的基础。尽管出于理论需要，霍布斯强调了情感利己的一面，但他对情感利他的一面也有所论及。前者被曼德维尔所延续和发展，而后者则被情感主义者所强调。情感主义者根据自身理论需要，发展出了各具特色的情感学说，从而开辟了一个伦理学的新天地。[⑥]

在研究洛克时，他的财产权理论受到了一定程度的关注。有研究者认为，财产学说在《政府论》（下篇）中的出现是洛克在自然状态的视域内，围绕“保存自己”

---

① 唐学亮：《霍布斯不是现实主义者——论霍布斯的国际关系哲学的规范面向》，《西南大学学报》2018年第5期。

② 刘海川：《霍布斯哲学中的虚荣之人与适度之人》，《世界哲学》2018年第6期。

③ 陈晓平：《霍布斯政治学说的内在矛盾——霍布斯与亚里士多德的政治哲学之比较》，《社会科学》2018年第12期。

④ 丁毅超：《自然状态、堕落及其克服——霍布斯政治哲学的宗教因素之考察》，《浙江学刊》2018年第3期。

⑤ 龚群：《契约与伦理：霍布斯的伦理观》，《华中师范大学学报》2018年第6期。

⑥ 李薇：《试论霍布斯的情感学说与近代情感主义伦理学的理论关联》，《世界哲学》2018年第5期。

展开思考的逻辑结果。自然状态中自然法执行权是维护和平的要求，但和平仅仅是人“保存自己”的外部条件，“保存自己”的关键在于财产。洛克的财产学说以劳动为中心而展开。自然状态中劳动确立人的财产、劳动是价值的源泉。财产形态由实物到货币的转变在释放人劳动的积极性、改善人生存状况的同时，也使得自然状态最终由和平状态演变为战争状态。劳动是自然自由的全部内容和唯一形式，财产是人改造自然的结果，是自然自由的物化形态，象征着人的自主自由。将保护财产视为政治社会的首要目的，意味着政治社会仅仅是服务于人自主自由的工具性存在。由此，洛克确立了个人在政治社会中的中心地位。① 有人比较了洛克、罗尔斯与诺齐克的财产权理论，认为三人的财产权论述彰显出对“自我所有权”的不同信守。诺齐克坚持“完全”的自我所有权，罗尔斯对“自我所有权”存而不论，而洛克允执其中，坚持一种“敏于事实”的自我所有权。这意味着在当代政治哲学视域中，洛克的财产理论既不是诺齐克自由至上主义式的，也不是罗尔斯的自由平等主义式的，而是锚定在二人之间。② 还有人试图以洛克的财产权理论为线索去论述自然法与自然权利何者优先的问题。③

一些研究者考察了洛克的自由意志观念。有人指出，洛克虽然针对“意志”和“自由”作出了几乎是高度重合的概念界定，却未能进一步揭示它们之间的内在关联，反倒自相矛盾地硬将二者分割开来，甚至依据自由与必然的二元对立架构，断言“意志是否自由”的问题没有意义。结果，尽管他在讨论意志与欲望和需要的关系时又自发地承认了自由与必然的两位一体，并在某些问题上提出了深刻的洞见，但最终还是在否定自由意志与肯定自由权益的逻辑断裂中陷入了自败的悖论。④ 有人试图从当代心灵哲学中的“施动者”和“一阶欲望与二阶动机的关系”等角度对洛克“意志何以自由”的问题给出一种解释，以期贯通洛克“意志自由”问题的内核，即自由的双向选择性。⑤

有人检讨了洛克政治理论的核心特征，认为洛克之所以能够成为近代“自由主义政治理论”之父，根本上就在于他一方面以自然法去理解与设定自然状态，另一方面从权利角度去理解和阐释自然法。因此，他的“自然状态学说”既是对自然法的展示，同时也是对（自由）权利的证明。在洛克的自然状态学说里，自由权不仅是个体保障自身安全的一道屏障，也是防止共同体陷入战争的一道屏障。洛克据此不仅明确地确立了权利原则，而且自觉地以权利原则为基础去确立政治共同体的合法性

---

① 徐会平：《洛克的财产学说及其政治意义》，《山东大学学报》2018 年第 2 期。

② 徐峰：《在罗尔斯与诺齐克之间：略论洛克财产理论的当代位阶》，《现代哲学》2018 年第 2 期。

③ 周怡佳：《洛克哲学中自然法与自然权利的优先性问题——以财产权理论为线索的考察》，《北京印刷学院学报》2018 年第 7 期。

④ 刘清平：《自由意志与自由权益的逻辑断裂——洛克自由意志观的悖论解析》，《兰州学刊》2018 年第 9 期。

⑤ 王君：《洛克“意志自由”思想探析》，《自然辩证法研究》2018 年第 9 期。

来源及其界限。由此，洛克开辟了一个“权利的时代”。①

在研究卢梭时，有学者考察了他的公意学说，认为黑格尔误解了卢梭的公意，卢梭的公意有其哲学基础。他对公意和众意做了区分，并清醒地认识到由公意所建立起来的完美的民主制只能是一个理想的乌托邦，只是用来促使现实国家政治生活在众意的行使中日益趋向接近的标准，但这一点并没有被法国革命理论家和黑格尔所理解，卢梭并不能为法国革命的失败承担责任。卢梭的公意除了有理性的根源，还有公民宗教及其所形成的社会风尚和习惯的根源，在现实生活中，公意只有凭借理性和信仰的双管齐下才能对公民社会的建立和运行产生有效的影响。②

有人考察了卢梭的人民主权理论，认为其人民主权理论的起点是他在《论人类不平等的起源》中所描绘的自然状态，而终点则是卢梭心目中那个以日内瓦为原型的理想化的共和国。当人类不可避免地从自然状态走入公民社会，一个基于全体一致同意的社会契约为政治权力提供了正当性论证。人们签订这个基于全体一致同意的社会契约的目的是实现自由平等，社会契约的内容是囊括了所有人意志的公意。主权是公意的运用，公意是主权的内容，而法律是公意的表达，是主权行使的唯一方式。政府是主权的执行者，一方面，政府迫使臣民服从公意，另一方面，人民又必须防范政府背离公意。为此，卢梭要求人民通过定期集会来维护主权权威，防范政府背离公意。但卢梭同样意识到人民自身也可能腐坏，因而在人民大会之外还提出了作为主权机构外部保障的国家制度来保障真正人民主权的实现。③ 还有学者从代表制与人民主权的关系的角度考察了卢梭的代表理论，认为卢梭对代表制的态度经历了消极接受、明确拒绝、再次采纳三个动态变化阶段。卢梭通过区分主权代表与治权代表，主张在理想共同体中，人民直接行使主权而拒绝主权代表，同时接受政府作为治权代表存在。但是，面对民主理想与现实的张力，以及现实政治立法的科学性，卢梭试图以命令形式的主权代表制保障人民主权原则的实现。卢梭代表概念的复杂性提示我们，当代人民主权与代表制的争论并不是民主的危机，它们之间存在的张力推动现代民主理论与实践不断发展。④

有学者讨论了卢梭政治思想中的恐惧问题，认为在传统契约论中，恐惧是推动人类脱离自然状态，进入政治生活的重要因素。卢梭对恐惧的处理与此不同。一方面，在建构自然状态学说时，卢梭指出自然人缺乏时间意识，因此自然人没有对未来的恐惧，这使卢梭得以把政治从自然中剥离出去；同时，卢梭刻意降低了恐惧在政治起源过程中的影响，从而把政治权利的基础从强力转移到道德上去。另一方面，卢梭指出某种特殊科学的启蒙是文明人恐惧的原因，而恐惧抵消了公民的爱国热忱。对此，卢

① 黄裕生：《一种基于权利原则之上的政治理论——论洛克的政治哲学》，《求是学刊》2018 年第 6 期。

② 邓晓芒：《从黑格尔的一个误解看卢梭的公意》，《同济大学学报》2018 年第 2 期。

③ 陈明辉：《卢梭人民主权的理想图景与实现路径》，《现代法治研究》2018 年第 2 期。

④ 刘华云、陈炳辉：《代表制与人民主权——卢梭代表理论探析》，《厦门大学学报》2018 年第 5 期。

梭希望通过消除恐惧来重塑现代人的公民精神。①

有人探讨了卢梭政治哲学中的哲人王问题。研究者认为，哲人王问题源于人类灵魂理性与激情的原初冲突。卢梭试图以民主政制的构想彻底消解这个冲突，然而，我们发现卢梭的民主构想非但不能消解这个原初冲突，反而把这个原初冲突转换为两个新冲突——一是历史与自然之间的冲突；二是道德共同体的“永远正确”与政治现实的“肉身性”之间的冲突。实质上，这两个冲突是哲人王问题的变体。由此，卢梭的民主构想不但造成了自己的哲人王问题，而且卢梭还不得不模仿柏拉图解决理性与激情冲突的方式，解决自己的哲人王问题。②

有人考察了卢梭对世界城邦的看法。如果政治正义要求“给每个人以他配得的”，那么逻辑上正义似乎应当超越特殊社会的边界而普涉万民，因此绝对正义将要求一种世界城邦的理想图景。18 世纪的启蒙运动推进了这一诉求，而同时代的卢梭却站在其对立面，拒斥普遍启蒙而坚决捍卫封闭社会。卢梭对世界城邦的拒斥来源于他对其公意和“普世”意志理论的修正：“普世”意志，因其不能满足政治社会必要的激情的要求，退居至内心和道德领域。“普世”意志和政治社会的分离意味着普遍正义无法在政治秩序中实现，这一问题的根源在于卢梭理解的独立自由的幸福生活与政治生活之间不可化解的张力。③

有人考察了卢梭对现代文明的反思和批判。作者认为，卢梭开创了现代政治哲学的三个重要例外。他将自然的简朴、自足和恒久视为评判文明的标准和塑造文明的范本；他深刻意识到了理性的脆弱，转而强调德性对于政治社会和幸福人生的根本重要性；他蔑视和抨击古典经济学，主张保留经济的道德和政治品性，并通过重塑公民的欲望和荣誉感，使现代经济回归对简朴幸福和高尚人生目的的追求。卢梭思想的这些独特方面对反思和挽救现代文明的危机，都产生了深远影响。④

还有研究者从意志与法则关系的角度讨论了卢梭在道德领域对康德的影响。自奥古斯丁提出自由意志概念并将其确立为行为归责的最终根据后，西方哲学史上便开启了意志与行为法则之间关系问题的讨论。在卢梭之前，外在关系说主导着对于这一问题的思考。但无论是把法则视作来自意志之上的神，还是视作来自意志之外的理性或情感，都会使得自由意志成为一个自相矛盾的概念。而卢梭对“普遍意志”及其与法则的关系的发现，则使得意志成了万法之源，从而与法则内在地关联在了一起。卢梭的这一开创性工作，为康德进一步完成道德领域的三大突破奠定了基础。⑤

---

① 郭军营：《恐惧与创制——卢梭政治思想中的恐惧问题》，《政治思想史》2018 年第 1 期。

② 林壮青：《卢梭政治哲学中的哲人王问题》，《南开学报》2018 年第 4 期。

③ 任舒怀：《世界城邦为什么不可欲？——论卢梭的普遍意志问题》，《政治思想史》2018 年第 1 期。

④ 田冠浩：《卢梭的三组范畴对现代文明的重写》，《哲学研究》2018 年第 6 期。

⑤ 黄裕生：《卢梭与康德在道德领域的突破》，《哲学研究》2018 年第 8 期。

四　康德与黑格尔

对于康德的研究也比较分散，缺乏非常集中的主题。

一些学者比较了康德的道德哲学与儒家伦理。有人认为，两千多年来儒家对乡愿的批判有个一脉相承的特点，即都把乡愿看作有意骗人，向别人伪装成有德的假象，却没有指出其中“自欺”的心理结构，更没有看出它与一般人格的深层次的联系。与之相反，康德对伪善的批评则是从人性和人格中生来就伴随着的自欺结构入手的。儒家的大部分道德范畴在康德那里都可以保留，但它们的根基应该变成理性和自由意志，而不是那种狭隘的自然情感（孝悌等）。这样一来，儒家的道德观就不再是那种自我纯洁感和自恋，而是包含彻底的反躬自省成分。儒家伦理在今天日益走入困境，特别是日益暴露其乡愿的本色，其根本症结在于他们的人性观中缺乏自由意志的深层次根基，因此需要经过一番理性的加工和阐释，而这种加工在康德哲学中可以找到更多的理论工具和资源。[①] 有人认为康德的德性论超越了儒家的德性论。利益付出的共通性为康德德性论超越经典儒家德性论提供了可能与基础。杀身成仁、舍生取义、事君以忠、养亲尊亲等对责任义务的无限关切，使经典儒家德性论走上了片面发展的道路，而道德法则、目的王国、意志自律等兼顾自由与责任、权利与义务的全面性，在揭示康德德性论的价值合理性的同时，也为康德德性论超越经典儒家德性论提供了重要的理论资源。[②] 也有人比较了康德的善良意志与孟子的性善论，认为这两种理论在对人性能力的取舍、向善路径的选择和至善目标的设定等方面均有不同思考的进路。[③] 还有人比较了康德和朱熹的敬论思想。作者认为，朱子的持敬论是其成德之教的关键工夫。牟宗三认为朱子的持敬是“空头的涵养”，并不能够给出真正的道德实践之动力。但通过比较康德论尊敬的意义，可以看出朱子的持敬工夫也有如康德所说的对道德法则的了解，而自然产生尊敬之义。当然，康德之论尊敬，特别强调人在了解道德法则是以无条件的令式直接决定人的意志时，人感受到自己的意志不可能如此纯粹地只受道德法则的决定，由是而产生惭愧、谦卑之情。此种谦卑之情，对于尊敬的产生是很重要的，而朱子对此义则没有强调。[④]

一些学者考察了道德情感在康德道德哲学中的位置。有人分析了康德在早期引入道德情感的内在理由：使他一开始倾向情感主义的根本原因，源自沃尔夫理性主义伦理学在界定道德责任初始根据上存在的理论缺失。康德在哈奇森道德情感论的影响下，试图引入“道德情感”概念来阐明人类道德意识的来源以及道德判断的可能性，

---

① 邓晓芒：《论康德哲学对儒家伦理的救赎》，《探索与争鸣》2018 年第 2 期。

② 丁雪枫：《论康德德性论对经典儒家德性论的超越》，《社科纵横》2018 年第 8 期。

③ 戴兆国：《孟子性善论与康德善良意志论之比较》，《陕西师范大学学报》2018 年第 5 期。

④ 杨祖汉：《朱子与康德敬论的比较》，《杭州师范大学学报》2018 年第 4 期。

借此弥补沃尔夫“完善性”原则之空洞性带来的困难。虽然从他批判时期的成熟观点看，这种类似“折中主义”的理论尝试最终并不成功，却在相当程度上预示了康德伦理思想未来发展的基本走向。[①]。有人指出，康德早期的道德哲学深受英国情感主义伦理学的影响，他批判地接受了情感主义者的“道德情感”概念，后者贯穿康德道德哲学的始终。不过在不同时期，道德情感在康德道德哲学中的内涵和作用不尽相同。在成熟时期，康德的道德情感概念主要指对道德法则的敬重，这种敬重感充当了道德的动机。不过围绕道德动机存在诸多争议，针对情感因素在动机中的作用，也存在理智主义与情感主义两种相对立的解释。然而如果将人类的道德状态描述成一个由道德现实到道德理想的渐进而无限的历史进程，两种解释都可被包容在其中。[②] 有人考察了康德在道德动机问题上是否完全排斥情感的因素，指出传统意义上，康德被视为一名义务论者，这意味着任何具有道德价值的行为必须是出于道德义务的动机，而且这种动机必须是“理智的”。根据义务论的主张，真正的道德动机不具有任何感性要素，因为出于欲望的行为必然首先是利己的。为此，根据威廉斯“内在理由/外在理由”的观点，康德的动机论缺少关于“内在理由”的有效论证。与之相反，在休谟主义者看来却并非如此，任何道德行为都应该是出于感性欲望的动机而非其他。然而这种质疑并不合理，康德的动机论落实到了某种意愿或者情感层面，即“对法则的尊重”“道德兴趣”，而科斯格尔对于康德的辩护却并未注意这一点，这使其不能很好地反驳威廉斯主义者的批评。只有充分地认可“道德情感”的必要性，才能真正完全地把握康德义务论的道德心理学。[③] 有人则批判性考察了那些试图调和道德情感和康德道德理论的主张，认为他们的解释存在各自的问题，不仅不符合康德的原意，且本身也问题丛生。调和式主张的根本问题在于以经验性动机理论解释行动，而康德是在意志的规定根据上来确定行动的道德价值。[④]

有些研究者关注了康德的定言命令公式。有人认为，康德实践哲学语境中的定言命令有多重表现形式，均是从不同维度表征人自身即目的这一思想旨趣，而自由则是确证人性目的论的根本价值前提，也是证成定言命令的规范性基础。为保障和提升此价值取向，需要经由纯粹实践理性能力确立普遍性法则，具体表现在作为内在限制的德性义务和外在强制的法权义务，由此防止自由的滥用并毁灭自身，也让我们免受自身和他人感性偏好的制约。确立基本自由理念，培育和修习道德禀赋，提升道德人格理想，是实践并完成定言命令的重要途径。基于规范性视角，不仅可以对康德不同时期实践哲学文本作融贯一致的理解，祛除单纯形而上学证成路径的缺失，而且能够有

① 朱毅、梁乐睿：《重审早期康德最初引入“道德情感”的内在理由——以 1762 年“获奖论文”为核心》，《上海交通大学学报》2018 年第 5 期。

② 惠永照：《论康德道德哲学中的道德情感》，《哲学动态》2018 年第 4 期。

③ 董斌宇：《义务、理性与道德动机》，《中国高校社会科学》2018 年第 5 期。

④ 宫睿：《论康德义务第一命题的调和式主张》，《道德与文明》2018 年第 3 期。

效应对关于康德伦理学的误读和批评。① 有人具体关注了康德的目的王国公式，认为目的王国是康德哲学中一个意味深长的概念，在对它的各种解释中仍存在疏漏和误解，未能把握“系统性”“互为目的和手段”等核心观念。依次考察宗教性、政治性与形而上学三种解读方式，三者各有缺失。尝试构建一种目的王国的解释方式，首先要考察“系统性”在康德哲学中的意义，并在自我与他人、目的与手段、私人目的与客观目的等概念的基础上，通过单边模式、双边模式以及多边模式，廓清目的王国的内在机制，展现目的王国的丰富意蕴。②

有研究者考察了康德道德哲学与后果主义的关联，试图阐发一种康德式后果主义理论。许多伦理学研究者把康德看作反对目的论的极端义务论者，这是基于对康德伦理学的片面理解。康德伦理学包含两种重要的道德目的概念，即作为道德法则的客观基础的自在目的概念和作为纯粹实践理性终极目的的至善概念。康德的至善学说蕴含着一种从后果主义角度进行解读的可能性。至善作为德性与幸福的综合，可以被解读为“理想的道德世界”或“一切道德目的的全体”，它蕴含着一种追求“理想事态”的后果主义价值论思想。而康德关于“人有义务促进至善”的主张，非但不像伍德和贝克等人认为的那样与康德关于“应当意味着能够”的主张相冲突，反而包含从目的出发来理解义务之可能性的后果主义规范论思想。③

有人检讨了康德对于道德榜样的论述，认为康德的伦理学并未建立一种“道德圣贤”理论，更未要求人们成为“圣贤”；恰恰相反，康德极其反对这种“完善主义”论调。康德的义务论提供的是一种最基本的道德描述，而他此后所提出的“德性论”又是对其义务论的延伸与补充。尤其是在其“德性论”中，康德以“完全义务/不完全义务”之分，表明了人们必须遵守的道德法则属于“完全义务”，而“不完全义务”是指人们除此之外，可以根据自身品格与情况需要而有选择性地遵守的义务。就后者而言，违背它并不必然是受到谴责的，然而如果履行它则是值得被赞扬的。只有在这一意义上，康德认为人们才会追求所谓的“道德完善”。总之，康德伦理学中既包含了“道德圣贤”的理念，又未将其作为一个必要的道德标准。更多的时候，他是在一种否定性意义上来使用它的。④

有人考察了康德的道德归责问题，认为康德实践哲学中的道德归责难题，因《纯粹理性批判》对自由的先验规定而生，又因《道德形而上学的奠基》对意志自由与道德法则的关系所作的同构性解释而尖锐化。康德通过区分感性世界（现象）和

---

① 卞绍斌：《法则与自由：康德定言命令式的规范性阐释》，《学术月刊》2018 年第 3 期。

② 宫睿：《康德目的王国公式绎解》，《中国高校社会科学》2018 年第 5 期。

③ 张会永：《论一种康德式的至善后果主义》，《哲学研究》2018 年第 6 期；《康德的两种道德目的概念——兼论一种康德式后果主义的可能性》，《学术月刊》2018 年第 6 期。

④ 董滨宇：《论康德反对“道德圣贤”——从“绝对命令”到“道德完善”》，《复旦学报》2018 年第 6 期。

理智世界（物自体），将行为的道德性关联于行为者的理性品格，将行为的非道德性关联于行为者的感性品格，非但不能解决道德归责难题，反而带来了更为严重的理论困境：自由实际上成为一个空洞的先验概念。这迫使康德转换视域，从行动者的实践能力角度重新诠释自由问题。自由被解释为道德实践者自愿选择服从或不服从道德法则的一种意志行动，它与道德性并不能相互化约。因此，自由既联系着善行，也联系着恶行。不道德的恶行同样可以是行动者基于意志之独立的自我规定而作出的自由决断。如此一来，人不仅要对善的行为负责，也必然要为恶的行为负责。康德由此揭示出意志与道德法则通过自由选择所形成的条件性联结，道德行动者的自由选择就是一种为去恶迁善而进行的斗争。①

有学者检讨了康德的宗教学著作中的人性学说，批评了谢文郁提出的“性善质恶”说。作者指出，性善质恶说无疑是一个极具冲击性的新概括，但这一概括是建立在奥古斯丁、路德和康德之间的扭曲而错位的比较框架的基础上的，过于凸显路德的“原罪”与康德的“向善的原始禀赋”之间的对应关系，未能把康德的“趋恶倾向”说视为对路德原罪说的批判改造。更为重要的是，这一概括不是按照康德本人对人的本性的新界定而得出的，因而偏离了康德的基本思想。康德虽然肯定了人的原始向善禀赋是善的，但这种自然禀赋仅仅是人的善良本性的可能性而非现实性，他所说的普遍趋恶倾向则是一种现实的恶的本性，因此，就人的现实的、由人自己所造就的本性而言，康德恰好是一位性恶论者，尽管他也认为人的原始向善禀赋应该而且能够获得重建。②

学界 2018 年度对于黑格尔的研究也比较分散，没有形成明确的主题。

有些研究者考察了黑格尔的国家观。有人认为，《法哲学原理》是黑格尔逻辑学方法在政治领域的实际运用与具体展开，在其中绝对精神先验地预设与构造了政治国家。黑格尔先后进行了三重论证：主权等于君权、普遍性即个体性、义务与权利相统一。三重论证的方法是黑格尔逻辑学方法的逐层展开，而中介逻辑的介入是黑格尔创制国家观的关键。通过引入“各等级要素”与“官僚政治”，黑格尔机智地调和君王与市民、王权与立法权、政治国家与市民社会的两极对立。但黑格尔国家观实质是主词与谓词、逻辑与历史以及中介作用本身的三重倒置，马克思在批判黑格尔试图用中介逻辑来掩盖同一性哲学背后的二元论问题之后，通过创立唯物史观在实践活动中实现了对黑格尔国家观的批判与超越。③ 有人讨论了黑格尔伦理国家观的矛盾，自《法哲学原理》出版以来，以海姆为代表的批判者就认为，黑格尔关于国家的两条原则，即实体性原则与自我意识原则之间存在根本性矛盾，结果导致他在事实上抛弃了自我

---

① 傅永军：《康德道德归责论探赜》，《道德与文明》2018 年第 5 期。

② 舒远招：《康德的人性善恶论是“性善质恶”说吗？——对谢文郁教授〈性善质恶——康德论原罪〉一文的商榷》，《中国社会科学评价》2018 年第 4 期。

③ 潘斌：《理性国家的辩证想象：黑格尔国家观的创制逻辑与批判》，《现代哲学》2018 年第 1 期。

意识立场，倒退到了古代的整体主义。尽管现代西方出现了许多为黑格尔国家观作自由主义辩护的著述，但这一难题依然未得到实质性解决。但事实上可以从《精神现象学》中的“实体与自我意识的同一性”原理出发来解决这一难题，即通过以主观性为中介对普遍意志和个别意志之间的关系的重构，来证明黑格尔的实体性原则包含着自我意识原则，其国家观仍建立在自我意识的基础之上，从而为黑格尔伦理国家观的矛盾的解决提供一条新思路。①

有研究者试图通过考察市民社会中的贫困问题来为黑格尔的思想定位。作者指出，同一个黑格尔，在不同学者眼中有着截然相反的两种形象——保守的国家主义分子和融合古代共同体主义与近代自由主义的调和主义者。特别是，黑格尔的后一种形象已成为当前学界争议的焦点，而市民社会中的贫困问题则是探讨这一难题的较好切入点。在《法哲学原理》中，黑格尔一方面赞同导致贫困的劳动所有权所体现的个体原则，另一方面又支持市民社会对贫困的救济所体现出的共同体原则，由此引发了一桩公案——市民社会是否解决了贫困问题？对早期和晚期两种不同解决方案的回顾，表明重建于中世纪行会基础上的同业公会，被黑格尔视为一种既不同于置贫困问题于不顾的个体自由主义，也不同于实施普遍救济的国家福利主义的理论构想。②

有些研究者探讨了黑格尔的所有权理论。有人认为，在黑格尔法哲学体系中，所有权是自由的定在，同时也是市民社会交往关系中融合平等原则和等价原则的概念。为了能够使哲学成为描述历史辩证发展过程的“科学”，黑格尔不仅将所有权的起源纳入为“承认而斗争”的主体性生成的历史逻辑中，更将产生所有权之实质内容的劳动和劳动者纳入概念乃至伦理的层面。另外，针对市民社会特殊利益所产生的问题，黑格尔更是构想了一种普遍均质的理性政治。在这种国家政治中，所有权及其特殊性并不是被取消了，而是得到了公共性的“升华”。然而，黑格尔法哲学最终没有迎来普遍性的真正实现，只有当青年黑格尔派完成了对黑格尔法哲学的概念批判，以及马克思最终完成了对哲学本身的批判时，对所有权的理解才从伦理走向了实践。③有人指出，一种理想的财产权理论，应当既可以充分地尊重私人财产权，以便维护个体自由；又可以考虑到财产在不同个体之间的分配，从而适当地兼顾社会平等。洛克等人所代表的自然（劳动）财产权立场强调了自由而忽视了平等；与之相反，费希特等人所代表的契约财产权立场则强调了平等而忽视了自由。针对上述困境，黑格尔试图依据“普遍人格”概念，构想出一种全新的人格财产权理论。它一方面借助普遍人格的“自我决定”能力，证成个体占有对象、确立排他性财产权的合理性；另

① 韩立新：《黑格尔伦理国家观的矛盾及其解决——个人在何种意义上能成为国家的创建者》，《河北学刊》2018 年第 6 期。

② 梁燕晓：《黑格尔：个体与共同体冲突的成功和解者？——基于市民社会中贫困问题的考察》，《哲学分析》2018 年第 4 期。

③ 包大为：《黑格尔法哲学关于所有权的现实叙事和普遍性构想》，《湖南社会科学》2018 年第 1 期。

一方面依靠普遍人格的“主体间性”特征，阐明将他者纳入考虑、与他者分享财产的重要性，较好地兼顾了自由和平等两个方面，在自然权利与契约权利之外，开辟了第三条道路。①

有人检讨了黑格尔的官僚制理论，认为黑格尔的《法哲学原理》与马克思政治思想既有联系又有分歧。黑格尔认为，行政权是现代国家的核心，行政官员代表着最先进的文化教养和法治意识。合理组织的官僚体系起着市民社会与国家之间沟通和桥梁的作用，是社会普遍利益和公共自由的实现条件。马克思完全拒绝黑格尔的观点。在他看来，国家的存在就是社会处在分裂和对抗状态的表现，一切通过国家和官僚制中介的社会都是不合理的社会。官僚制本身具有行会性质，官僚统治依赖的不是知识和能力，而是权威与秘密，并不代表独立于市民社会的普遍利益，只有直接民主制才是唯一符合人的本性的政治组织形式。黑格尔和马克思的观点各有其价值和不足。从人类的经验看，行政权力及其官僚制组织形式本身既非万恶之源，也非灵丹妙药。官僚制不会简单地被取消，但可以通过社会自治和政治民主而被驯服和限制。②

有人试图突破交互主体性的承认进路这种解释黑格尔法哲学的流行路径，转而探究其逻辑学基础。作者认为，黑格尔法哲学中最关键的逻辑概念是个体性；个体不只是个人，只要具备个体性特征的实体都可以被视为个体。由此我们可以更好地理解黑格尔的“伦理实体”构想。③ 有人则讨论了黑格尔《法哲学原理》中的历史倒错。作者指出，《法哲学原理》本身包含了一个历史倒错：它以普遍的自由为整个体系的出发点，令所有权、家庭、市民社会和国家从中发展出来，而现实历史的发展次序却正好相反，普遍的自由和权利乃是最后达到的成果。如果黑格尔承认社会契约论，那么他这个倒错可以在理论上得到一定程度的合理解释。然而，黑格尔恰恰反对社会契约论，因此，这个倒错就成为一个无法改正的错误和理论模式。这个模式及其方法也潜移默化地影响了法兰克福学派。④ 还有人考察了黑格尔哲学视域下的利己主义，认为利己主义是一种经常遭受谴责的行为准则和社会现象。然而从黑格尔辩证法的角度来看，利己主义的核心环节（自为存在）恰恰是每一个存在者成为独立个体的关键，因此有其必然的合理性。与此同时，自为存在本身所包含的辩证法使得利己的个体超出自身走向利他和普遍的利益。近代以来的市民社会更容易推动个体走向片面的自私自利，因此唯有健全而集中的国家制度能够为普遍的利益提供根本保障。⑤

---

① 陈浩：《自然与契约的彼岸——黑格尔“抽象法”中的人格财产权概念》，《哲学动态》2018 年第 4 期。

② 汪行福：《黑格尔的官僚制理论与马克思的批判》，《教学与研究》2018 年第 6 期。

③ 丁三东：《黑格尔法哲学的逻辑学基础》，《哲学动态》2018 年第 10 期。

④ 韩水法：《遥远的自由——论黑格尔〈法哲学原理〉中的一个历史倒错》，《哲学研究》2018 年第 8 期。

⑤ 先刚：《黑格尔哲学视域下的利己主义》，《哲学动态》2018 年第 8 期。

2018 年现代西方伦理思想研究报告

潘麒羽*

我们将 19 世纪中下叶以后在西方思想界产生重大理论影响的伦理学思潮或流派等都划归现代西方伦理思想的范围内。2018 年，国内学界对现代西方伦理思想的研究主要体现在以下几个领域：（一）唯意志主义伦理学；（二）元伦理学；（三）现象学伦理学；（四）功利主义思潮；（五）罗尔斯与正义问题；（六）现代西方美德伦理学；（七）对其他伦理学家的研究。

一　唯意志论伦理学

唯意志论主张，世界作为独立的意志与存在的人类意志是类似的，意识的不确定性构建了二者存在之间的虚无和联系。唯意志论认为，意志高于理性并且是宇宙本体的非理性主义哲学。唯意志论哲学最突出的特点在于抛弃理性思维，而把情感意志视为万物的基础。奠基在这种理论上的伦理学主张便是唯意志论伦理学。2018 年国内学者对唯意志论伦理学的研究主要集中在对叔本华、尼采的伦理思想上。

总体来看，叔本华的伦理主张是通过对康德思想的反思与批判而展现的。舒远招将叔本华的主张看作超越康德伦理学的恻隐同情之路。叔本华反思了康德伦理学的“命令形式”，认为康德把纯粹实践理性当作原则的基础是不可能成功的，因为它缺乏实在的内容和经验的根据，在任何情况下都难以激动人心。叔本华将同情看作一切道德行为的道德动机，他更看重与他人共痛苦的道德价值、恻隐之心（Mitleid）是叔本华伦理学最重要的概念，他从恻隐之心出发提出了公正和仁爱两种基本德行。① 叔本华的伦理学以意志和表象理论为基础，呈现出一种悲观主义倾向。曹丽慧梳理了叔

---

* 作者简介：潘麒羽，1995 年生，黑龙江鸡西人，中国人民大学哲学院伦理学专业博士研究生，研究方向为应用伦理学。

① 舒远招：《超越康德伦理学的三条路径——黑格尔、叔本华和舍勒对康德伦理学的批判和超越》，《云南大学学报（社会科学版）》2018 年第 4 期。

本华悲观思想的形成背景，说明叔本华的悲观主义是对人生本质和现实世界的哲学反思，人生前进的动力在于否定意志，获得幸福的途径在于限制欲望，境界的提高在于丰富精神世界。① 叔本华的唯意志论受到吠檀多哲学的影响，周晓微与时兴成对二者展开比较研究：梵作为超越二元区分的本体，不具备人类世界的情绪与感受，而叔本华作为本体来阐述的意志却有着肯定与否定的二元之分。在本体与现象界之间，吠檀多哲学用了摩耶这个中介，而叔本华哲学用理念作为中介环节。在如何超越现象界痛苦这个问题上，吠檀多哲学有着一套完整的方案架构，而叔本华哲学直抵从思想上认识到自身即意志，忽略了现象界更为丰富的层次性。②

尼采以生命为基础、以权力意志为核心、以“超人”为目的的伦理思想对后世产生重要影响。王云和刘亚平指出，尼采在重估西方传统道德价值的同时，也构建了新的价值观，并呈现出朝向生命、走向超人的道德价值向度，也为现代中国的道德发展带来启示。③ 王晓丽指出，尼采通过对道德谱系学家道德起源观点的批判与哲学层面的考究，实现了对传统道德观的超越，最终呼吁生命本能的真正彰显。④ 胡志刚从“视角”“习俗”“平等”三重维度研究尼采对奴隶道德的批判。在奴隶道德实现道德视角转换之后，以善恶为核心的奴隶道德取消了主人道德内在的等级秩序，奴隶道德通过强制和心理控制从而成了社会普遍遵守的规范和法则。道德是在对习俗的信仰中形成的，扼杀人的个性和创造性是习俗的最大功用，习俗让人屈从和服从，使人“非自身化”。平等的道德诉求致使高贵的人类理想不再可能，要培育高贵种族必须实行等级制。尼采的道德哲学竭力摆脱奴隶道德的限制，也对理性主义道德和基督教道德构成一定挑战。⑤

国内学者对尼采伦理学中的虚无主义进行了复杂思辨的研究。尚文华认为，只要进入人的实际生存经验、分析人的情感，就会发现虚无主义的根源就在我们的内心。他通过分析“相信”情感厘清尼采式虚无主义概念及历史，虚无主义存在于人的生存本性里，是我们命运的一部分。⑥ 韩王韦指出，通过批判犹太—基督教传统和柏拉图形而上学传统，尼采把颓废和虚无的缘由归结为“反自然”，又将其缘由归结为真实世界与虚假世界二分。尼采称自己为“自由精神”和“积极的虚无主义者”，其任务是进行价值重估、促成“虚无主义的自我克服”，进而给未来哲学奠定基础。⑦ 学界对“尼采是自然主义者吗?”存在争论，韩王韦通过研究指出：尼采虽然承认自己

① 曹丽慧：《浅析叔本华悲观主义哲学思想》，《佳木斯职业学院学报》2018 年第 11 期。

② 周晓微、时兴成：《从“吠檀多哲学”概念思考叔本华哲学》，《甘肃理论学刊》2018 年第 3 期。

③ 王云、刘亚平：《尼采对道德价值的重估及启示》，《内江师范学院学报》2018 年第 5 期。

④ 王晓丽：《尼采对传统道德观的批判与超越》，《牡丹江教育学院学报》2018 年第 5 期。

⑤ 胡志刚：《视角 · 习俗 · 平等——尼采奴隶道德批判的三重维度》，《西北民族大学学报（哲学社会科学版）》2018 年第 5 期。

⑥ 尚文华：《对尼采式虚无主义的“情感—生存分析”》，《宗教与哲学》2018 年第七辑。

⑦ 韩王韦：《尼采的“敌基督者”与“反自然”的虚无主义》，《哲学分析》2018 年第 3 期。

是自然主义者，但他所谓的“快乐的科学”绝非经验实证的自然科学，他的自然主义也绝非现代科学意义上的自然主义。尼采的科学以康德现象论为基础，并试图通过回归自然来超越现象论。尼采以权力意志和永恒轮回来理解自然。权力意志与自然的生成、流变有关，而永恒轮回则与自然的必然性、确定性有关。以此为基础，尼采构建了肯定生命之流变和命运之必然的自然主义哲学。①

二 元伦理学

元伦理学是20世纪以来伴随着分析哲学运动而兴起的伦理学流派，它在当代西方伦理学研究中占有重要地位。元伦理学始于分析哲学家对道德话语语义的分析，以分析哲学的方式展开对伦理学领域基础概念的研究。2018年国内学界在元伦理学领域的研究热点主要集中在对元伦理学基础问题以及与道德知识论相关问题的研究上。

（一）元伦理学基础问题的研究

善的内涵及判断标准是伦理学必须回答的问题。周武军和张天指出，善概念内涵的经典性表述主要有孟轲的“可欲之谓善”，亚里士多德的“人的善就是灵魂的合德性的实现活动”，黑格尔的“善就是合法的福利”，等等。根据古今中外关于善概念的经典性论述和国内学者的学术研究成果，他们认为善概念的科学内涵应该是：同时满足人的自然生理需要和社会精神需要的言行事物就是善。② 陈岗梳理了理性主义和经验主义在善的理论问题上的主流观点，试图跳出现代讨论中非此即彼的思维定式，结合实际决策过程而发展出一种旨在解决“表面价值冲突”的方案。此方案一方面紧密结合自我观念冲突的根本事实，另一方面将两种思维方式紧密嵌合到具有人格一致性的整体决策过程中。道义论约束和个人、社会品格是个人目的论追求的天然约束，而个人的目的论追求又是其道义论约束、个人品格的变化动力。具体的个体倾向性和道德判断则保持了开放性，留给实际生活的个人去拿捏。③ 徐弢和顾卿从日常生活判断出发思考“什么是善”的问题，并分析善的三重意义：第一，伦理学所关注的“善”的问题不处理独特的、个别的、绝对特殊的事实的判断；第二，决疑论所关注的“善”的问题是关注一些具体的事实判断，但与伦理学不同；第三，诸如“善”这类概念是一个整体，只能对其加以分析，而不可定义。④

道德动机问题是当代道德哲学的核心问题之一，它所要澄清的是欲望和理由究竟哪一个在行动者的行动激发中发挥着更基础和更根本的作用。张晓渝通过研究指出，

① 韩王韦：《尼采为什么是一位自然主义者》，《自然辩证法研究》2018年第6期。

② 周武军、张天：《善概念的学术梳理及其科学内涵》，《湖州师范学院学报》2018年第3期。

③ 陈岗：《从内在善理论到实践中的关切》，《现代哲学》2018年第2期。

④ 徐弢、顾卿：《善的分析》，《价值论与伦理学研究》2018年第2期。

动机休谟主义理论主张道德动机来自被恰当定义的欲望，动机康德主义理论认为行动的动机来自不依赖欲望的理由。这一问题对伦理学有着重要的意义：如果最终的论断是欲望占据基础地位，那么这在规范伦理学层面将得出情感主义的结论，在元伦理学层面将得出非认知主义和非实在主义的结论；反之，如果最终的论断是不依赖欲望的理由占据基础地位，在规范伦理学层面将导向理性主义，在元伦理学层面将导向认知主义和实在主义。① 杨松分析从内在主义和外在主义对道德判断与道德动机关系的不同立场。内在主义认为道德判断必然能够激发人们的行为动机，而外在主义认为两者不存在必然联系，生活中出现的“非道德者”现象就是例证。为了应对这一挑战，内在主义强调，“非道德者”的主要缺陷是其不具有实践理性，因而在面对道德判断时也就无法被激发去行动。但是，内在主义关于实践理性的解读要么与现实有悖，要么是“乞取前提”。为解决这些问题，从道德判断的实践目的入手，像贝德克那样构建一种相对于特定实践目标和社会共同体的内在主义或许是可行之策。双方关于“道德拜物教”的争论最终还是陷入僵局，其根源在于双方对“信念”与“欲望”之关系的理解截然不同。或许改变现有的研究问题的方式，如借鉴病理学、脑科学、心理学、人工智能等自然科学的研究成果，开展实证研究是一种可行的选择。②

规范性问题是当代英美元伦理学研究的前沿和核心。有相当一部分当代道德哲学家提出在蕴含理由的层面探讨规范性问题，即倾向将规范性进一步分析为道德理由，因此，这就需要进一步探讨理由的来源问题。张洁婷和翟玉章指出，在此问题上一直存在两种相互竞争的观点：主观主义和客观主义。主观主义认为行动理由归根结底是基于欲望的或基于关于欲望的事实。而客观主义则认为理由是对象给予的，是由欲望对象的相关事实的价值所决定的。德里克·帕菲特认为基于价值的理由在表达出规范性的同时也解决了客观理由无意动性的难题，他通过“痛苦论证”“全部和全不论证”“不融贯论证”三个论证，以证明存在外在、客观、基于价值的理由，最终证明了是某种事实给予我们行动的理由而非我们的行动是为了满足某种欲望。③

道德责任具有主体性和自律性，它反映了责任主体与责任客体间的一种客观伦理关系，这种伦理关系的生成，需要具备一定的条件。陈菲指出，从客观方面来说，作为责任主体与客体的人，都处在一定社会关系之中并从事现实社会实践活动，是道德责任生成的现实场域。从主观方面来说，责任主体的意志自由及其责任能力是其能否自觉履行自身义务并对行为后果进行承担的主观条件。④ 一些意志自由论者根据道德责任归属中的不相容论证认为，道德责任要求一种完全摆脱了因果决定的自由。徐向

① 张晓渝：《当代西方道德动机理论研究阐微》，《河南科技大学学报（社会科学版）》2018 年第 1 期。

② 杨松：《道德判断与道德动机——内在主义与外在主义的理论交锋》，《哲学动态》2018 年第 12 期。

③ 张洁婷、翟玉章：《行动理由：基于欲望还是基于价值——帕菲特对客观主义行动理由的辩护》，《湖北大学学报（哲学社会科学版）》2018 年第 1 期。

④ 陈菲：《论道德责任生成的主客观依据》，《学校党建与思想教育》2018 年第 6 期。

东通过批判性地考察约翰·费希尔对于道德上负责任的行动所产生的机制的论述，试图表明其中暗示的“历史维度”实际上可以从相容论的观点得到阐明。道德责任所要求的那种自主性一方面要求摆脱一切不正当的干预和支配；另一方面要求我们反思性地认同和接受在人类生活实践中存在的规范理由和信念，以便创造一个公正的、道德上负责任的共同体。没有必要设定任何“反因果”的自由来说明道德上负责任的行动的真正可能性。[①]

（二）道德知识论相关问题研究

道德知识论是元伦理学和知识论的交叉研究，着重探讨道德知识是否可能以及如何可能等基本问题。对道德知识怀疑论的回应、道德知识的性质以及道德知识的确证，是道德知识论的核心问题。王奇琦认为，道德知识论在当代元伦理学和知识论研究中之所以长期未受重视，与人们对道德知识在知识论意义上的理解过于狭隘有关。从更为广义的知识论视角来理解道德知识，有助于回应道德知识怀疑论，并解决或消解关于道德知识的性质和确证的诸多争议。重视道德知识论研究，既能够为道德理论提供更为坚实的知识基础，又能够为知识论在其分支领域的发展提供有益的借鉴。[②]王奇琦指出，古典的道德直觉主义主张基本道德命题是自我明证的，无须依靠证据和理由而仅凭直觉就能获得确证，在知识论上表现为基础主义。古典直觉主义遭受诸多挑战和质疑，如道德直觉概念的单薄与含混、道德分歧广泛而持久的存续、自我明证之说的独断论品格等，这是导致道德直觉主义走向衰落的重要原因。当代新直觉主义者在许多方面作出了必要的调整和改进，弱化了其基础主义立场，使得道德直觉主义焕发新的活力。新直觉主义研究的道德知识不必局限于命题知识之中，适当扩大道德知识的范围，有助于解决道德直觉主义长期以来面临的知识论问题。[③]

在涉及道德实在论的讨论中，魏犇群将主张道德实在论无须应对规范领域外部的挑战（尤其是形而上学的挑战）的元伦理学立场称为“寂静主义实在论”。这一立场可以归到“非自然主义的道德实在论”阵营，其特殊之处在于，它认为实在论的主张只能在一阶的道德视角中得到阐明和辩护。寂静主义实在论背后蕴含着对“方法论的自然主义”的抵制，它需要证明我们无法对道德真理和道德事实的实在论承诺进行外在的、形而上学的解读，同时规范领域内部的论证确实可以提供道德要求所需要的那种客观性。[④]杨征源认为，源自道德分歧的反实在论论证是不能令人信服的，它们有的预设了反实在论的前提，有的依赖于十分不合理的前提，有的则指出了实在论真正面临的难题，但这些难题本质上又不与道德分歧相关联，有的确实提出了实在

① 徐向东：《来源的不相容论与道德责任》，《世界哲学》2018年第5期。
② 王奇琦：《道德知识论的核心问题及其争议》，《厦门大学学报（哲学社会科学版）》2018年第2期。
③ 王奇琦：《道德直觉主义的知识论基础》，《天津社会科学》2018年第5期。
④ 魏犇群：《元伦理学中的寂静主义实在论：解释与定位》，《道德与文明》2018年第2期。

论必须回答的问题，但这些问题并非实在论不能解决的。道德分歧仅以一种独特方式给实在论带来麻烦，即为实在论处理语义学问题和认识论问题设置了充分性条件。①

道德非认知主义的分歧理论一直受到质疑和批评，它主张道德判断表达人的态度，如情感、偏好等类似欲望的状态，因而道德分歧就是态度间的对立或不兼容。杨征源指出，史蒂文森主张道德分歧是态度分歧，而吉伯德认为道德分歧是计划分歧。他们的理论都与事实不相符，因为两个人之间有对立态度或者计划有差异并不代表两人之间一定有道德分歧。道德分歧应该是规定分歧，是假想情况下和理想情况下分歧双方的规范性讨论，而不是实际存在的态度对立或者计划分歧。同样，信念分歧也可以理解为假想和理想条件下的规范性讨论。规定分歧理论比史蒂文森和吉伯德的理论都更完善，它能解释后两者不能解释的、直觉上的分歧，同时它为道德分歧和信念分歧提供了一个统一的理论。② 张晓渝指出，休谟主义理论认为构成行动理由的基础性要素是非认知性的欲望，托马斯·内格尔为休谟主义提供了一种替代选择：一个纯粹认知性的考虑可以不依赖于它与行动者的实际动机状态的关系而成为行动理由的基础，并且这一考虑本身就具有动机效应。内格尔认为伦理学在人类动机中的基础不是欲望，而是理由本身所拥有的体系结构，即由无时间性理由和客观理由所构成的一般理由的基本准则，它需要诉诸“人的形而上学”概念。但由于内格尔忽视了使得一个道德命题为真所必须依靠的非认知性状态，混淆了“决定欲望某个东西”与“对那个东西的欲望”在本质上的区别，同时也由于其论证程序本身所包含的循环论证色彩，所以尽管他对休谟主义构成的挑战是巨大的，但仍不足以彻底颠覆休谟主义的基础主张。③

自然主义谬误（naturalistic－fallacy）由摩尔提出，用以说明自然主义与形而上学两种伦理学错误。赵斌和成诚指出，规范性无法还原事实性，事实与规范间确实存在一道鸿沟，但二者又非毫无联系，如何彻底解决自然主义谬误因此成为现代哲学一个重要命题。进化伦理学是达尔文演化论明确表述后兴起的学科，也是伦理学思考的一种新进路，摩尔批判此学说犯了自然主义谬误错误，如何解释与论证这一责难，成为道德进化领域学者面临的最为棘手的课题。麦克道尔提出非自然主义道德实在论（弱的道德实在论），既要承认道德事实的客观向度，又能使道德事实与道德主体主观向度密切相关，即不能将道德事实极端等同于自然事实，也不能诉诸直觉主义的神秘性。④ 郭世平将道德哲学中的休谟难题还原为对道德进行认识论论证的问题。从认识论发展史的角度看，苏格拉底首先提出了认识论自身的可能性以及认识论与道德的

---

① 杨征源：《道德分歧对道德实在论有何影响?》，《哲学动态》2018 年第 12 期。

② 杨征源：《元伦理学非认知主义视阈下的道德分歧》，《道德与文明》2018 年第 4 期。

③ 张晓渝：《托马斯·内格尔论理由与欲望》，《道德与文明》2018 年第 2 期。

④ 赵斌、成诚：《消解自然主义谬误——基于进化伦理学的解释》，《东北大学学报（社会科学版）》2018 年第 1 期。

关系问题，康德通过对于认识论的先验改造解决了认识论本身的可能性问题并给出一种对于道德的“弱”认识论论证，皮尔士通过对于康德认识论的指号学改造使得对于道德的一种“强”认识论论证成为可能，阿佩尔借助先验语用学使这种论证得以实现。正是凭借先验反思，作为一种对于主体的认识的认识论（先验认识）才能够与客观认识（经验认识）在认识类型上明确区分开来，从而保证认识论本身的可能性；正是凭借对于论辩之语用学先天条件的先验反思，我们才能够真正揭示出道德规范对于人的认识和一般交往的必要性，从而实现一种对于一般道德的“强”哲学基础论证。①

曲伟杰分析了道德相对主义的局限及其实践困境。道德相对主义源于对多元文化图景的因应而主张，任何道德观念的正当性都只是相对于其自身的文化群体而言的，因而并不存在跨文化的评判标准。在坚持多元文化主义的合理性的同时，学者们提出道德底线主义的观点来寻求最低限度的道德共识。在道德实践中，相对主义的立场并不会简单地成为各方的首要的选项。道德相对主义在理论和实践两个方面都面临着内在的问题与困境。道德相对主义之所以能够成立和存在，恰恰是基于平等包容这一现代意义上的普遍价值。从一种非效果论的角度看，平等包容是一种在理论和实践上都非常凌厉的道德要求，它要求我们对自己不习见乃至不认可的价值规范秉持普遍宽容的态度。因此，道德相对主义同样需要平等包容这一底线道德观念作为前提。②

三　现象学伦理学

严格意义上的“现象学的伦理学”是一种反思—描述的伦理学，强调在现象学反思中对道德意识进行有意无意的本质直观。现象学伦理学本质上并非独立于“意识现象学”的现象学分支，而是现象学自身的内在发展与完成，构成现象学运动的灵魂与旨归。现象学伦理学的重要性不仅表现为它真正构造了20世纪的时代精神，而且真正成了生命的内在意向和意志的展开与升华。2018年国内学者对现象学伦理学的研究主要集中在对现象学伦理学基本问题以及舍勒、列维纳斯等现象学伦理学家的思想研究。

（一）现象学伦理学基本问题研究

倪梁康从尼古拉·哈特曼入手，重新讨论现象学伦理学的基本问题。哈特曼主要将他所理解的现象学方法运用于他的“认识的形而上学”和“本体论上得到奠基的认识论”上。价值之所以可以被感知、被直观、被感受，乃是因为它是客观的存在。对于哈特曼来说，现象学伦理学的对象是价值。根据哈特曼的存在论，观念存在与价

① 郭世平：《道德的认识论论证》，《徐州工程学院学报（社会科学版）》2018年第2期。

② 曲伟杰：《道德相对主义的局限及其实践困境》，《伦理学研究》2018年第5期。

值存在是等值的，他也在这个意义上强调“价值认识的客观性”，而这种客观性恰恰是由价值直观和价值感受来保证的。现象学的价值伦理学因此建立在一个可以直观把握到的伦常价值统一的基础上。价值直观、价值判断、伦常明察等都属于理论哲学的认识范畴。唯有当伦理学问题关系到伦常行动时，它才会与实践哲学的问题真正相衔接，实践哲学的向度才会展示出来。而伦常认识与伦常行动之间存在何种内在关系，或如何从伦常认识过渡到伦常行动上，也成为这样的广义伦理学的讨论问题。如果伦理学可以分为理论（纯粹）伦理学和实践（实用）伦理学，那么价值回应作为价值感受与伦常行动的中间环节便可以为伦理理论与伦理实践提供中介。① 针对几位重要现象学伦理学家的思想联系，倪梁康指出，胡塞尔的科学问题思考、海德格尔的技术问题思考、约纳斯的生态问题思考都代表着20世纪哲学警告并抵御自然科学技术无节制发展的重要思想动机。约纳斯先后向胡塞尔和海德格尔学习现象学，他的现象学理论基础以及二战的经历，构成了他后来提出的“责任原理”和“责任伦理学”的思想背景，并与胡塞尔晚年提出的危机问题遥相呼应。②

王云强和郭本禹对道德现象学进行了研究和总结。道德现象学涉及两个方面的含义：处于现象学传统中的道德哲学和道德经验的现象学研究。道德现象学的研究目的有两个方面：实践研究目标是帮助人们更好地面对和处理道德冲突，而哲学目标则是为达成实践目标的成功而提供道德理论的基础。道德现象学研究必须满足四个标准：关于道德经验的、广泛的、独立的和坚定的。其研究方法分为两类：“内容”的方法和“泛型”的方法，具体研究形式是问卷法和内省法。道德现象学研究已经取得较为丰富成果，为解决道德研究之争论提供了较为新颖的视角，对道德哲学、道德心理学以及道德教育实践具有重要启发。当然，它也存在现象学与道德研究的关系仍存争议等局限。③

梅洛－庞蒂处境伦理思想不仅开启了伦理学研究的新视域，而且为理解伦理实践问题提供了新的思考路径。毛华威指出，梅洛－庞蒂处境伦理思想的独特之处在于：总是立足于“具身化”身体的维度对伦理实践问题展开思考与阐述。一方面，“具身化”身体为思考伦理实践问题提供生存论基础，使得处境伦理的特殊意义显现；另一方面，“肉”的可逆性为处境伦理思想提供思考人与他人、与世界之间关系的媒介，这种独特的关系奠定了处境伦理的规范性基础。④ 杨俊英梳理了哈特曼对意志自由问题的回答。哈特曼认为，康德是在“第三个二律背反”中提出了一个全新的自

① 倪梁康：《现象学伦理学的基本问题再论——尼古拉·哈特曼与伦常价值质料的现象学》，《道德与文明》2018年第3期。

② 倪梁康：《在现象学—本体论与生态学—伦理学之间——约纳斯与胡塞尔、海德格尔的思想联系》，《学术研究》2018年第1期。

③ 王云强、郭本禹：《道德现象学：缘起、内涵与方法》，《伦理学研究》2018年第2期。

④ 毛华威：《“身体”与“肉”：梅洛－庞蒂处境伦理思想析论》，《当代中国价值观研究》2018年第2期。

由概念，即作为理性自我规定的积极自由。跟因果决定相比它是另一种更高的决定类型，即意志自律。由于拘泥于先验观念论模式，康德未看到更高一层的自由含义，它涉及的是另一种新的自由二律背反，即应当二律背反。真正的意志自由是面对着原则能够作出服从或违背的决断自由，跟康德意义上的意志自律相比，哈特曼在他的本体论价值哲学视域下提出人格自律或人格自主性，给出了清晰的论证和回答。①

（二）舍勒现象学伦理学研究

西方伦理学自肇始之日起就陷入了理性主义与情感主义两大传统之争中。理性主义将理性视为道德的基础和来源，把人的情感当作主观的东西排除在伦理认识之外。情感主义虽然认为情感才是道德行为发生的基础，试图扭转情感与理性在伦理学中的建基地位，但是对“情感”的理解带有自然主义的痕迹。对情感现象的关注，是舍勒现象学伦理学的一个重要而显著的特征。汤波兰和戴茂堂指出，舍勒“面向具体情感本身”，通过现象学考察，来发掘情感的本质，揭示出“心有其理”。舍勒一方面超越了单纯从主观方面看待情感的传统思路，克服了“主观主义”倾向，从两极走向中道，将情感与理性融合于“精神”之中；另一方面超越了对情感的“自然主义”态度，为“自然之情”加上括号，对情感现象进行还原，提出了新的理解，最终揭示出人的情感世界并不是一个混乱、无序、盲目的世界，而是井然有序、有着自身独立于理性逻辑的秩序和法则的世界。舍勒提示我们，伦理学与情感具有某种天然的亲缘关系，情感是个体生活及其伦理行为的基本质料，伦理学问题的症结并不在于从理性规则的角度提出应当如何行事，而是要在具体情感中透视道德意识的本性，深入道德生活内部仔细辨析复杂的情感现象，敞开道德生活的情感之维。②

人们往往会从机械因果论和动机促发论两种路径解释促发行动的动机。黄晶指出，舍勒认为人的情感领域有两种截然不同的东西：感受状态和感受。前者属于内容和显现，而后者属于接受它们的功能与机制：作为意向对象的感受与促发实际行动的意欲之间存在一种本质性的关联，感受能够促发意志进而引发实际行动。不同于康德，舍勒认为，只有基于价值感受的实际行动才是真正的道德行动。这一界定实则是将价值感受作为伦理的基础，从而将情感与道德这两个看似不相关的因素有机地融合在了一起。基于这一理由，舍勒认为由具有现象学特征的意向性感受促发的行动有可能是道德行动。③

张祥龙对舍勒伦理学与儒家伦理学进行比较研究。舍勒认为价值感受先于客体感

---

① 杨俊英：《自由是人格自律——哈特曼的本体论价值哲学对意志自由问题的新解答》，《云南大学学报（社会科学版）》2018 年第 3 期。

② 汤波兰、戴茂堂：《为“情感”正名——论舍勒对西方伦理学传统的超越》，《伦理学研究》2018 年第 5 期。

③ 黄晶：《感受促发的行动有可能是道德行动吗？——基于马克斯·舍勒对感受的现象学分析》，《郑州轻工业学院学报（社会科学版）》2018 年第 2 期。

知，由此将伦理学建立在情感质料的先天基础上。儒家“亲亲而仁”的伦理学与之相通，并可以从舍勒的“情感的价值先天性”“善恶的非现成性”“爱的秩序”“人格生成”“榜样追随”等思路中，找到表达自己独特学说的新话语。但双方关于共同体的看法有重大分歧，反映出其在看待爱的源头、价值等级化方式和家庭中的本己人格诸方面的深刻差异。①

（三）列维纳斯现象学伦理学研究

近代的主体哲学肇始于笛卡尔的“我思”，经由康德的“哥白尼式革命”的深化，最终在胡塞尔的“先验自我”中获得完备的形态。然而，胡塞尔始终坚持从“纯粹意识”出发来构筑作为严格科学的哲学，囿于“先验自我”必然会陷入唯我论的窘境而无法达及他者与世界。海德格尔背离了胡塞尔而试图寻求不同的哲思理路，提出了存在与存在者的区分。张同功和谭艳玲指出，在列维纳斯看来，海德格尔仍然没有完全挣脱西方哲学传统的窠臼。正是在这一背景下列维纳斯提出了“绝对他者”的概念。他从异质性出发试图重新理解哲学，并由此提出了“作为第一哲学的伦理学”的著名论断。列维纳斯突破了胡塞尔“先验自我”意义上的“唯我论”的困境，以及海德格尔的以“基础存在论”为依托的通过“共同此在”而对他者的消解，从而使“绝对他者”的地位得到真正确立，进而建立伦理形而上学，使伦理学成为形而上学其他分支获得意义的基础，给予人们理解与解决当代人类所面对的困境以巨大启发。②

在现代性主流话语中，“家”被塑造为一种压抑个体、囚禁自我的“总体”乃至“牢笼”。朱刚指出，列维纳斯的伦理学赋予家一种本源性的地位：它非但不再是束缚自我的囚笼，反而是主体自身或自我得以构建的前提，是自我从存在与自然的统治中解放出来的必经之途，同时也是主体自我与世界发生关联的中介和根据。家被视为自我或意识的身体，不能也无法被还原或扬弃。列维纳斯对家的分析首先是一种存在论—生存论分析，但这样一种存在论—生存论分析只是列维纳斯对家的分析的起点，其对家的思考最终要从存在论—生存论分析走向伦理学分析。③

王嘉军对列维纳斯与动物伦理问题进行研究。列维纳斯在“动物是否有一张面容”上的暧昧态度，既表明其伦理学在面对动物问题时的局限性，同时又蕴含将其运用到动物伦理上的潜能。结合德里达对于列维纳斯动物思想的批判，我们认为“动物之死”应当成为一个塑造主体性的伦理事件，人类需要对于动物怀着一种幸存者的负罪感，并将其转化为伦理责任；动物应当被视为列维纳斯哲学中的“第三

---

① 张祥龙：《舍勒伦理学与儒家的关系——价值感受、爱的秩序和共同体》，《世界哲学》2018 年第 3 期。

② 张同功、谭艳玲：《从“先验自我”与“共同此在”到“绝对他者”——论列维纳斯伦理形而上学的致思路径》，《内蒙古大学学报（哲学社会科学版）》2018 年第 1 期。

③ 朱刚：《列维纳斯伦理学中的“我”与“家”》，《道德与文明》2018 年第 3 期。

方”——他者的他者，并纳入一个敞开的共通体政治之中。这一列维纳斯式的共通体政治，是以伦理为基础的政治，动物既是与人类平等的他者，也是人类需要对其尽责的他者。[①]

四 功利主义思潮

功利主义思潮指现代西方伦理学者对古典功利主义的研究、继承和发展。2018年国内学者对功利主义思潮的研究主要围绕着功利主义的基本概念、功利主义与其他伦理流派的比较、现当代学者对功利主义理论的批评等。

对“应当”概念的界定是伦理学中最基本的工作之一。余建滨指出，西季威克通过对常识的反思以及对两种自然主义伦理观点的反驳，否定了把“应当”还原为一种欲望的作用的观点，而认为该概念在根本上表达了一种理性的要求和命令，并认为这是一个不可被进一步还原分解的简单概念，只能凭直觉把握。西季威克对“应当”概念的这一理解具有一种义务论的特征，使他在根本上区别于边沁、密尔等功利主义思想家。而通过西季威克对密尔的功利主义证明的反驳我们看到，这种义务论特征实际上是西季威克为证明功利主义理论的必然选择。[②] 李青试图在西学东渐的大背景下，展开对西方“功利主义”概念内涵在中国语境中的变迁研究。李青针对utilitarianism汉语译词的变化及厘定过程，查证了该词1869年与中文的首次接触，梳理了utilitarianism在日本的译词确定过程并对核心译词进行了溯源，澄清了历史上严复、梁启超在传播“功利主义”过程中的作用，确定了“功利主义”译词在中国被厘定的关键节点。根据该词曲折的传播过程，可以感知“功利主义”概念的内涵在中国语境下的变迁，特别是在当下社会的表达与边沁、密尔的utilitarianism的原初理论所存在的差异以及最终中国民众所接受的思想概念的核心内容。[③]

后果主义需要以借用实用主义“实际价值兑换”的气质为契机，才有望改变脱离现实的窘境，与道义论观点调和，以具有张力的理论容纳时代的快速变化。陈岗认为，阿玛蒂亚·森对启蒙运动依赖学者们在政治或公共生活领域的探究分类虽然正确，但对于理论为什么会脱离实际还存在误读。伦理学的不同观点所侧重的不同理由并非无法共存，更多的是优先性问题；但即便只是优先性排序，作者们一概而论的气质倾向始终还是严重与现实不合。后果主义只要借助实用主义的做法，对解决这个问题非常有利。不应该要求后果主义式的理由在任何条件、任何时间都是压倒性理由。

---

① 王嘉军：《列维纳斯与动物伦理》，《江海学刊》2018年第3期。

② 余建滨：《论西季威克对“应当”的界定》，《宜宾学院学报》2018年第2期。

③ 李青：《论“功利主义”概念内涵在中国语境中的变迁——兼论utilitarianism汉语译词的变化及厘定》，《同济大学学报（社会科学版）》2018年第1期。

更好的论证方向是后果主义如何给人们提供一个观察人类历史的良好视角。① 龚群指出，迈克尔·斯洛特早期是一个后果主义者，他提出了一种被称为“亚最大化后果主义”或“满足的后果主义”的理论。斯洛特的首先从经济学上关于满足为好的要求出发，进而提出他的哲学上的满足论。但由于他是从个人欲望和自己的亲人的需要满足的意义上来看待行为的后果的，因而他的理论不仅在概念内涵上，而且在满足的层次意义上，都遭受到了人们的批评。这种批评表明，斯洛特修改和提出新版本的后果主义理论并没有成功。②

功利主义权利论是近代以来影响广泛的权利理论流派，也遭到罗尔斯的批判。张伟涛指出，罗尔斯系统揭示了功利主义及其权利理论在基本理论立场、论证方法与哲学观上的内在缺陷，从而终结了功利主义权利理论的霸权地位。此前关于罗尔斯对功利主义批判的研究大多集中在道德哲学与政治哲学领域内，而对法哲学权利领域影响的研究则比较缺乏。通过分析罗尔斯批判功利主义及其权利理论的内在逻辑，有助于深入理解功利主义权利理论的内在局限性，以及现代权利话语以保障人的尊严为基本语法规则的内在机理。③ 启蒙运动时期，社会契约论者以天赋人权对抗君权神授，从而奠定了自由主义的契约论传统。张思军和陈锐指出，随着资本主义的发展，自由主义需要一套具有普遍主义特征的道德哲学来评估现存制度的价值，功利主义的兴起使自由主义的理论需求得到了满足。以边沁、密尔为代表的功利主义对社会契约论进行了批判，实现了由契约论自由主义到功利自由主义的近代转型。功利主义用可触摸的功利标准取代权力理念，有力论证了政府存在的必要性及实现社会功利欲求的可操作性。由此可见，功利主义对契约论自由主义的改造，在理论发展逻辑上具有合理性，功利自由主义与契约论自由主义相比更为务实。④ 功利主义与平等传统存在紧密联系。李晓冬指出，如今分配正义问题的研究扩展了传统平等待人理念的内涵，使其逐渐包含一种平等份额要求。因此，功利主义的分配方式被批评为没有能够实现人与人之间在结果上的平等分配。李晓冬试图放弃功利主义传统上所强调的“（整体）效用”概念，转而从“边际效用”概念入手建立功利主义与“平等”之间两种新的联系：首先，所有人的边际效用相等是整体效用最大化的必要条件，这说明功利主义的分配方式平等对待了每个人对物品的珍视态度；其次，边际效用递减规律与“无知之幕”结合后可借助理性选择理论为传统功利主义提供一种平等份额主张。⑤

罗尔斯通过间接的和直接的方式质疑功利主义，并从多个方面指出人们接受作为

① 陈岗：《变革时代的张力与后果主义》，《晋阳学刊》2018 年第 2 期。

② 龚群：《斯洛特的亚最大化后果主义》，《伦理学研究》2018 年第 4 期。

③ 张伟涛：《功利主义权利论的局限——以罗尔斯的批判为中心的考察》，《青海社会科学》2018 年第 4 期。

④ 张思军、陈锐：《论西方功利主义对契约论自由主义的批判与超越》，《西华师范大学学报（哲学社会科学版）》2018 年第 3 期。

⑤ 李晓冬：《功利主义、平等待人与理性选择》，《自然辩证法通讯》2018 年第 1 期。

公平的正义原则而不接受功利原则的原因。吴映平指出，黑尔从整体上对作为公平的正义原则的直觉主义本质进行了分析，提出依据逻辑与事实的功利主义观点，以此来回应罗尔斯对功利主义的非难。该理论为解决功利主义的“平等化—最大化”难题提供了更好的方案和思路，在很大程度上融合了功利主义与正义之间的关系。[①] 刘佳宝指出，对当代功利主义理论来说，威廉斯是一个难以绕开的批评者。威廉斯认为，只要我们认可并尊重以个人筹划或承诺来定义的个人完整性，我们必然会发现功利主义将造成对个人完整性的破坏：对友谊、家庭关系、值得赞赏的倾向乃至人生意义来说，功利主义所采取的后果主义化约的方式或者是对其构成直接的破坏，或者是对其作出扭曲的解释。针对这一批评，功利主义的支持者又提出了种种回应。但从威廉斯的观点来看，无论是以压制个人完整性为代价来维护功利主义原则的思路，还是各种调和功利主义与个人完整性冲突的尝试，都不可能成功。[②] 胡成恩指出，拉康从其精神分析伦理学的立场出发对功利主义伦理学进行了一种全新的解读。拉康认为在伦理学的现代转向中，功利主义具有里程碑式的意义的贡献并非“最大多数人的最大幸福原则”，而是这一原则的语言学基础：“虚构理论”。按此理论的理解，幸福与善好是人类基于语言所进行的一种必要的虚构，它已完全丧失其在传统伦理学中的实在论基础。由此，功利主义既实现了同传统伦理学的形上学基础的决裂，同时又开创了从语言学维度对伦理学进行反思和建构的方向。[③]

五　罗尔斯与正义问题

罗尔斯的伦理思想与正义理论一直是现代西方伦理学领域讨论的重点。2018 年国内学者对其研究主要集中在罗尔斯思想基本概念以及对罗尔斯正义理论的批判补充上。

（一）罗尔斯思想基本概念研究

为建构作为公平的正义理论或政治自由主义，罗尔斯对 reasonable 和 rational 作出了十分重要的区分。刘敬鲁和叶源辉强调，从思想来源看，他的区分包含了对康德关于纯粹的实践理性和经验的实践理性的划分观念的解释性继承，以及对西布利关于 reasonable 和 rational 的区别之观点的基本借鉴。从内容看，可以把这种区分理解为它

---

① 吴映平：《黑尔功利主义与罗尔斯正义理论的争论评析》，《上海师范大学学报（哲学社会科学版）》2018 年第 2 期。

② 刘佳宝：《功利主义与个人完整性是否相容——论威廉斯对功利主义的批评》，《华中科技大学学报（社会科学版）》2018 年第 6 期。

③ 胡成恩：《虚构的幸福与善好的功能——拉康对边沁功用主义伦理学的另类解读》，《道德与文明》2018 年第 6 期。

是围绕人们社会行为的根本特征、主体样式、能力理念、基本状态而展开的，其实质是对人们社会生活的公道要求与善目的要求的区分。根据这种实质和中文相关概念的日常用法，可以把 reasonable 和 rational 分别翻译为“公道的”和“明智的”，或“公道理性的”和“善目的理性的”。[①] 余露指出，罗尔斯的自由主义政治哲学与黑格尔哲学的关联是当代政治哲学中令人瞩目且极富启发的新兴议题。立足于罗尔斯从康德式道德建构主义向政治建构主义的转变，分析罗尔斯思想中的“黑格尔因素”，并厘清二者关联背后的差异，可以剖析出罗尔斯在个体与国家关系问题上所采取的“第三种选项”。这一工作不仅有助于恰当地理解罗尔斯与共同体主义者之间的关系，而且有助于深入思考和探究诸如“政治认同”“国家认同”等现实政治课题。[②]

罗尔斯的反思平衡方法是通过在道德判断、原则和理论之间来回反思，达到信念融贯一致的平衡状态。在分析现有的解决方法的优势及困境的基础上，马晶针对反思平衡方法在应用过程中受到的四种主要批判，即深思熟虑判断的可信度、融贯方式的可靠性、能否达到广义的反思平衡的要求以及达成共识，进而提出一种“温和的基础主义”式的反思平衡方法，并论证其能更好地回应以上难题。[③] 李科政对罗尔斯的原初状态进行康德主义式的诠释。罗尔斯吸收并改造了康德的定言命令理论，提出一个“合理而理性的行动者在原初状态中的一致同意”的命题，作为社会正义原则的基础。他认定康德的理论有一些致命的缺陷，并且试图把定言命令的三条公式联合在他的原初状态之中，以便克服这些缺陷。罗尔斯同时还认为，在关于社会正义原则的慎思中，一些合理的经验性的条件必须得到保留。因此，他用无知之幕取代康德的目的公式，以削弱后者过于严苛的限制。[④]

王幸华从“正义感”出发研究罗尔斯的道德心理学。罗尔斯的道德心理学有三条主线，与卢梭主义之间存在亲缘和相似关系：第一，正义感来源于爱与友谊；第二，互惠的倾向展现在道德发展的每一个阶段；第三，罗尔斯的道德心理学是现实的道德心理学。这三条主线从不同的角度解释了卢梭的论述为何为真，且源自卢梭的以下思想：道德情感来源于自然情感；自尊有互惠的特征；自尊（而不是同情）是推动人的行为的主要动因。[⑤] 郭琰和米伟指出，罗尔斯代际正义论的基本结构包含两个核心要素：社会契约论和正义储存原则，前者是代际正义原则得以辩护的基础，后者是处理代际关系的实质性原则。罗尔斯关于代际契约的构想存在许多问题，它需要做出一些修正，才能承担起推导正义储存原则的任务。与处理国内分配正义问题所提出

① 刘敬鲁、叶源辉：《罗尔斯的 the reasonable 和 the rational 之区分的实质与中文翻译》，《世界哲学》2018 年第 2 期。

② 余露：《论罗尔斯思想中的“黑格尔因素”》，《道德与文明》2018 年第 3 期。

③ 马晶：《罗尔斯反思平衡方法的探索——建构“温和基础主义”式的反思平衡》，《当代中国价值观研究》2018 年第 2 期。

④ 李科政：《罗尔斯原初状态的康德式诠释》，《道德与文明》2018 年第 1 期。

⑤ 王幸华：《罗尔斯的道德心理学是卢梭式的吗?》，《当代中国价值观研究》2018 年第 2 期。

的差别原则不同，罗尔斯针对代际分配问题而提出的正义储存原则本质上是一种充足论。[①]

（二）对罗尔斯正义理论的批评补充

人们一般把阿玛蒂亚·森对罗尔斯的批评的核心理解为对“资源主义”的批评，森对平等理论所作的主要发展是提出以“可行能力”替代“资源”。于莲和陆树程指出，森的“可行能力”是同时包含事实与价值的“厚的概念”，可行能力理论成为一种“厚的正义理论”。从森的正义理论看，其一，我们要处理的是厚的人性图景和世界图景；其二，达到中立性的途径不应当是“封闭的中立性”，而是“开放的中立性”；其三，在追寻和探索正义的过程中不应当单独地使用内容单一的自利能力，而应当运用综合考虑各种各样信息的能力，从而得到以消除不正义为目的的多元正义方案。[②] 魏飞指出，玛莎·努斯鲍姆提出了包含同情与爱的情感和包含移情想象的畅想的诗性正义，强调人作为感性在场的理性主体，为社会公平正义提供内在驱动力。这超越了功利主义者对于正义的狭义理解，重建了亚里士多德主义“人是目的”的维度。她超越诗性正义走向能力正义，构建了自己独特的“能力路径”以及“人类核心能力列表”，强调人类自身的“机能性活动”与“能力平等”，使其“能力正义”的观点得到进一步深化。此能力路径既是对传统社会契约论思想的挑战，也是对罗尔斯正义论中所遗留的三大未解问题的补充与解决，即残疾问题、跨国正义问题以及非人类物种问题。[③] 任俊认为，“正义研究能力进路的一个核心主张是能力平等”的观点是对能力进路的误解。阿玛蒂亚·森赞成正义研究的比较进路，因而回避了正义原则的问题，谈不上提出能力平等的主张；努斯鲍姆虽然没有回避正义原则的问题，但她与其说是主张能力平等，不如说是主张能力充足。此外，从义理上说，能力平等的原则本身存在明显缺陷。如果坚持以能力平等为正义原则的话，只会弱化能力进路的吸引力。[④]

全球正义与全球贫困现象内在关联。全球正义是一种世界主义的理想追求，当代全球正义的追求是以最基本的人的需求为对象的正义诉求，在人权清单中，全球正义把生存权看成最根本的权利。龚群指出，人道主义援助是解救当代全球贫困的另一进路。人道主义援助的困难在于人们把责任看成应当承担的，而把仁慈捐赠看成超义务

---

① 郭琰、米伟：《契约论与充足论——解析罗尔斯代际正义论的基本结构》，《自然辩证法研究》2018 年第 4 期。

② 于莲、陆树程：《为什么是“可行能力”——论厚的正义理论的合理性与优越性》，《苏州大学学报（哲学社会科学版）》2018 年第 3 期。

③ 魏飞：《从诗性正义到能力正义——玛莎·努斯鲍姆正义论对罗尔斯三大未解问题的补充与解决》，《当代中国价值观研究》2018 年第 2 期。

④ 任俊：《正义研究能力进路主张能力平等吗？——澄清关于能力进路的一个误解》，《天津社会科学》2018 年第 5 期。

的。从权利与义务的相关性来看，作为人人具有的生存权，需要一定的机构或个人承担相应的义务，而仁慈捐赠的义务并非完善的义务，因此不具有强制性。国际人道主义援助与民族主义以及同胞偏爱并非完全是一种制约关系。尽管如此，全球正义作为一种建构人类命运共同体的理想仍具有重要的理论价值与现实意义。① 全球分配正义理论是政治哲学中一个颇具争议的问题。陈俊指出，全球分配正义理论的核心关注点是人们生活中所产生的利益或负担在全球范围内的分配问题，它要回答：我们到底有权利获得什么，以及谁实际上应该为我们提供那些我们有权获得的东西。对这两个问题的回答构成了全球分配正义理论论辩的基本框架，即关系主义和非关系主义理论、平等主义和底限主义理论。关系主义理论试图通过指出“这个世界的某种特征和状况”这样的事实来为全球分配正义的存在提供理由，而非关系主义理论则用强调“人人具有平等的道德地位”这一事实来为正义必须跨越国界提供辩护。底限主义者认为全球分配正义应该仅仅聚焦人的基本需要和对严重贫困的缓解，平等主义者则强调，即使我们缓解了贫困和满足了基本需要，分配正义仍然有正义的理由去反对已有的全球不平等。② 苏静指出，以托马斯·博格为代表的世界主义者按照罗尔斯的契约主义方法，将罗尔斯的差别原则适用于全球层面，从而推导出全球平等主义原则。罗尔斯拒绝在全球层面上适用平等主义原则，认为博格的平等主义原则是没有终止点的，博格对罗尔斯的观点进行了再回应，认为罗尔斯的反驳是不合理的。实际上，罗尔斯具有平等主义特征的差别原则并不能容纳博格的批评。③

赵志坚比较了罗尔斯与哈贝马斯的道德视角建构路径。罗尔斯与哈贝马斯都主张不偏不倚的道德视角应当是一种第一人称复数的主体间视角，而且这种视角是由所有个人在对解释视角予以转换的过程中共同建构的。罗尔斯坚持“限制—收敛”的建构路径，并主张这一路径包含着虚拟建构与真实辩护两个阶段。相反，哈贝马斯则坚持“反转—扩展”的重建路径，并主张道德视角完全是在真实的实践对话过程中重建起来的。建构路径的这种分歧导致了双方在规范的内容确定性及理由的可接受性等方面的重大差异，而其原因则在于双方的道德视角理论背后的人学预设、价值立场及哲学旨趣的差异。④ 胡军良指出，在重构道德话语的过程中，哈贝马斯彰显了其伦理之思的义务论、认知主义、形式主义和普遍主义等哲学特质，从而有效对抗道德怀疑主义、虚无主义及相对主义的挑战与诘难。基于多元的社会语境，哈贝马斯在恢复道德社会整合功能的意旨中，实现了道德命题理解维度从“语义”到“语用”、伦理致

---

① 龚群：《全球正义的进路与人道主义关怀》，《世界哲学》2018 年第 2 期。

② 陈俊：《当代全球分配正义的理论论辩》，《世界哲学》2018 年第 1 期。

③ 苏静：《平等主义原则能运用到全球吗——反思托马斯·博格和约翰·罗尔斯的国际正义之争》，《渤海大学学报》2018 年第 2 期。

④ 赵志坚：《限制—收敛与反转—扩展——罗尔斯与哈贝马斯道德视角建构路径比较》，《哲学动态》2018 年第 11 期。

思方式从“形而上学”到“后形而上学”的方法论转换。①

孔明安和黄秋萍强调，对正义问题的探讨离不开哲学上关于合法性的研究。合法性是权利及其来源的正当性，哈贝马斯将合法性与政治制度和权利相关联，进而探讨了政治权利的合法性及其可能性的问题。合法性不能止步于合法律性，而必须兼顾法律性与道德性、事实性与规范性的统一；同时合法性的首要前提是合法律性，“基于合法律性的合法性”必然要通过具有道德内容的商谈程序来达成，由此形成的法才具有正义的基础。哈贝马斯通过合法性这个关键概念，将法、道德、政治三者关联起来，为当代正义问题的研究提供了方法论路径和启示。② 杨礼银指出，哈贝马斯在其早期著作中已经触及了民主与正义之间关系失衡的问题，但是直到后期著作中，他才将这一问题主题化。凭借基于交往理性的理想语境，即自由民主的法治国的设定，哈贝马斯将民主与正义引入程序主义的循环论证中，认为民主程序为正义提供合法性，而正义为民主程序提供社会基础和价值目标，试图在民主与正义间建构良性循环的互动关系。③

六 现代西方美德伦理学

作为一种伦理学的理论类型，美德伦理学以行为者为理论研究的中心，注重对行为者的道德动机、内在品质的考察分析，以解决“我应当成为什么样的人”这一伦理学基本问题为最终目的。美德伦理学强调人的美德和道德品质，而不是责任、义务或者行为的结果。2018 年国内学者对美德伦理学的研究主要体现在以下三个方面：（一）美德伦理学基础问题研究；（二）麦金太尔美德伦理学研究；（三）斯洛特美德伦理学研究。

（一）美德伦理学基础问题研究

通常认为，当代西方美德伦理之复兴源于对规范伦理的批判，尤其对功利主义的批判。陶涛试图指出，元伦理学同样是导致当代西方美德伦理复兴的重要原因。通过对美德伦理复兴最重要的奠基人安斯库姆进行研究，从她对道德心理学、自然主义谬误、道德语言等方面的观点着手，进而尝试更加清晰地刻画出当代美德伦理复兴的历史线索。④ 张曦将现代美德伦理学看作 20 世纪哲学伦理学的一次“做法”革命。普

---

① 胡军良：《哈贝马斯的“伦理之思”：基本旨趣、哲学特质与方法论贡献》，《世界哲学》2018 年第 4 期。

② 孔明安、黄秋萍：《论合法性的正义基础及其可能性》，《厦门大学学报（哲学社会科学版）》2018 年第 5 期。

③ 杨礼银：《民主与正义间的良性循环可能吗——论哈贝马斯批判理论中民主与正义的关系》，《道德与文明》2018 年第 5 期。

④ 陶涛：《当代西方美德伦理复兴的缘起：一种元伦理学的视角》，《伦理学研究》2018 年第 3 期。

理查德在1912年预见到现代美德伦理学的可能性，安斯康姆在1958年构想了一种新型伦理学，消除了普理查德的困惑，现代美德伦理学正式诞生。同时，福特围绕伦理概念的本质开展探索，进一步展现了现代美德伦理学的革命性意义，为后来的“厚概念”学说的形成创造了条件。现代美德伦理学不是简单地以“回到古代”“回到亚里士多德”为使命，而是抓住了哲学伦理学在它的古典形态中最好的那些东西，试图让未来伦理学更加严肃地对待社会、历史和人性。这是它的真正初心所在。①

认知科学的发展在为伦理研究带来一系列重要机遇的同时，也为伦理学的传统研究和某些伦理观点带来了挑战。陈玮和徐向东指出，20世纪20年代以来，社会心理学和个性心理学中的境况主义实验就被认为消解了品格概念；最近20年，某些哲学家更试图利用认知科学的有关研究成果进一步表明，将品格作为核心基础的美德伦理学在经验上是不适当的。然而，无论是从经验研究还是哲学反思的角度看，这种主张都不是结论性的；并且，亚里士多德式的美德伦理学有思想资源回答境况主义者提出的挑战。如果所谓“挑战”意味着美德伦理学在经验上完全是不适当的因而必须加以摒弃的话，那么这种挑战还不能成立。即使境况主义者对其实验结果的解释是有根据的，他们也未能表明，人类不可能具有美德或者美德根本就不值得追求。② 李义天指出，情境主义不仅试图取消美德的独立性，而且试图取消美德的实在性，从而对那种相信在行为者内部存在某个与其行为构成因果关系的心理实体的美德伦理学的基础观念提出质疑。然而，在论证上，情境主义依据社会心理学所提供的经验证据而进行的推理和解释在逻辑上并不完备；在方法上，情境主义所赖以成立的心理学实验的设计环节也存在问题，不足以在证明“情境”是“行为”的充分必要条件的同时证明“品质”是“行为”的既非充分亦非必要条件。情境主义的挑战有助于人们重视情境的伦理意义，但对于否认美德的必要性和实在性并不成功。③

美德的相容性问题是美德间关系问题的一个重要维度，对美德伦理学来说具有极为重要的道德意蕴。黎良华指出，苏格拉底、柏拉图、亚里士多德等传统哲人在美德间是否相容问题上持一种绝对的肯定态度，而部分现代学者则给出否定性的回答，二者间在这一问题上好似形成一种论争的局面。需要将美德自身间的相容与现实美德间的相容分辨开来，既要避免以抽象思辨罔顾经验现实，同时也要避免以经验现实僭越抽象思辨，寻求在美德相容性的证成问题上作出创新性努力。④ 亚里士多德主义美德伦理学特别注重道德行为者的心理基础的建构。李义天指出，作为一种基本心理机制和心理现象，知觉具有具体性、整体性、分析性和直接性等特征。通过对当下情境事

---

① 张曦：《“做”伦理学：“做法”革命与美德复兴》，《哲学动态》2018年第5期。

② 陈玮、徐向东：《境况主义挑战与美德伦理》，《哲学研究》2018年第5期。

③ 李义天：《情境主义挑战为什么不成功？——基于现代美德伦理学立场的辨析与回应》，《哲学动态》2018年第5期。

④ 黎良华：《美德的相容性：辩护、责难及启示》，《江汉论坛》2018年第4期。

实的直接洞察和整体把握，知觉构成实践思维的起点。在进一步的推理过程中，知觉所提供的事实“激活”行为者的实践目的或欲望倾向，促成具体的行动目标作为实践推理的大前提，帮助行为者发现有效的途径或手段作为小前提。凭借习俗的教化和经验的积累，行为者知觉的迅捷程度将大大提升，以至于呈现为直觉。只有当知觉达到直觉的程度，行为者的实践理性才能臻于卓越而堪称实践智慧。①

（二）麦金太尔美德伦理学研究

张永刚对麦金太尔的思想来源进行考察。麦金太尔早期深受马克思主义、基督教以及古典哲学的影响，并一直延续至晚期美德伦理思想中。基督教始终是麦金太尔理论批判的重要来源，在一定程度上补充了其美德伦理思想。马克思主义贯穿麦金太尔思想研究的始终，早期马克思主义研究的经历深刻影响了麦金太尔道德哲学的建构。古典哲学一直是麦金太尔解决问题的路径资源，晚期对其倚重的程度更加明显，成为美德伦理建构的直接来源。② 在麦金太尔看来，现代西方社会的道德话语和道德判断大部分在本质上是情感主义，道德论证虽然合乎逻辑规则，但使用的前提概念都具有不可公度性，麦金太尔将这种现象归结为启蒙筹划论证道德合理性运动的失败。尹鹏鹏指出，麦金太尔认为正是对亚里士多德目的论传统的拒斥，以及事实领域和道德评价的分离，促成今日道德语言和规则莫衷一是的混乱局面。通过回归亚里士多德德性伦理传统以及论证人需要美德，麦金太尔进行道德重构尝试。③

曾晓强将麦金太尔的美德伦理学看作历史主义的社会学批判，它主张某种道德理论的合理性取决于它所预设的社会模式的合理性，现代道德筹划所预设的非历史主义的、个人主义的抽象人性和社会建制应予拒斥。现代道德筹划放弃了包含“实现其本质/目的而可能所是的人性”这一要素的目的论框架，故必然失败。美德是有助于维系和发展“具有内在利益的实践”“目的论的人生叙事”“共享的道德传统”的人类品质。各种道德传统虽有其特殊性，但仍具历史开放性并可交流互鉴。共享善的、合作性的共同体是美德存续的社会条件，要建构各种地方性共同体以抵制现代资本主义对美德的侵蚀。④ 刘庆红指出，麦金太尔通过对当代西方道德的诸多争论的考察与批判，从基于现实语境与生活叙事的角度，以实践性与宗教审美性的视点剖析了道德的本质与特性。他最终将“美德”的考察转向尼采、亚里士多德、托洛茨基与本尼迪克特，并认为道德理论应转向一种共同体的“善的目的”的实践，并以此为宗教性信仰。在麦金太尔看来，最高的善的目的，即个人与社群的统一，是自我价值在社

① 李义天：《知觉为什么重要——基于亚里士多德主义美德伦理学的解释》，《学术月刊》2018 年第 1 期。
② 张永刚：《论麦金太尔道德哲学中的三种思想来源》，《学术研究》2018 年第 8 期。
③ 尹鹏鹏：《麦金太尔对西方道德的批判及重构》，《青岛农业大学学报（社会科学版）》2018 年第 2 期。
④ 曾晓强：《麦金太尔美德论述要》，《重庆工商大学学报（社会科学版）》2018 年第 6 期。

会群体中得以最大化的实现，也就是通过利他的行为，提升自身的价值。①

（三）斯洛特美德伦理学研究

迈克尔·斯洛特是美国当代规范道德情感主义和美德伦理学的代表人物，他所创立的道德情感主义融合了经验主义和理性主义，集中体现了西方传统道德情感主义在当代哲学语境中的创新性发展。李家莲指出，斯洛特给道德情感主义注入了“先天”成分。若无“先天”，传统英国道德情感主义就不会在当代得到复兴，更不会在复兴过程中把自身理论建设推向前所未有的历史新高度。以“先天”为对象，该文分析了它的含义，并探讨了它对道德情感主义理论构建所具有的特殊功能与意义。在蕴含着先天成分的移情概念的帮助下，斯洛特把情感主义从道德扩展到包括认识论在内的其他哲学领域，从而确立了情感哲学的独立身份。以此为基础，斯洛特创立了以移情为基础的情感主义认识论。② 李义天指出，在斯洛特看来，移情促使行为者实施合乎美德的正确行为，作出合乎美德的恰当评价。然而，移情不是美德行动或评价的充分必要条件。移情的成功至少还依赖于行为者的优良品质、准确判断以及行为者之间的社会关系。但是，这并不意味着移情的不真实或不可能，也不意味着移情在美德伦理学中毫无价值。从亚里士多德主义的视角看，美德伦理无须排斥移情，而应当将之纳入实践理性的合适环节之中。③

李西顺认为，斯洛特的“自我—他人对称性”思想与其整体的美德伦理学理论体系互为基石。斯洛特强调：主体自身的道德价值与他人的道德价值之间须是平衡的对称结构，但常识道德、康德义务论、功利主义都在一定程度上低估了主体自身的道德价值，打破了该结构的平衡性及对称性。在分析批判常识道德、康德义务论、功利主义的基础上，斯洛特提出“美德论的对称论”以完成对该思想的论证。该思想不仅在伦理学领域，而且在道德教育的理论研究及实践领域都产生了深刻影响。④

“善意谎言”在进行道德性评价时是具有争议的一个话题，“谎言”违背道德原则，而“善意”又是道德导向所推崇的。赵岩和伍麟从斯洛特美德伦理学的视域去深度剖析善意谎言的道德性和合理性，以斯洛特提出的“以行为者为基础”的观点和斯洛特道德情感主义相关理论，为善意谎言的道德性争论问题提供一个新的思考视角和理论依据。移情是关怀和仁慈的基础，是道德生活的核心内容，它是与生俱来的情感反应并且在利他行为中扮演重要的角色。美德伦理学强调“实践”在道德秩序

① 刘庆红：《麦金太尔的美德转向及其对解决当代道德困境的启示》，《江西社会科学》2018 年第 5 期。

② 李家莲：《论斯洛特道德情感理论中的“先天”》，《伦理学研究》2018 年第 6 期。

③ 李义天：《移情是美德伦理的充要条件吗——对迈克尔·斯洛特道德情感主义的分析与批评》，《道德与文明》2018 年第 2 期。

④ 李西顺：《迈克尔·斯洛特“自我—他人对称性”思想及其德育意蕴》，《外国教育研究》2018 年第 5 期。

中的作用，主张在实践中总结道德规则，并利用道德规则进行道德判断，所以美德伦理学在处理“善意谎言”这类需要考虑具体情况的道德问题时，使得谎言不再一味地被道德所否定。①

七　对其他伦理学家的研究

除以上六个领域的研究外，2018 年国内学者对现代西方伦理学思想的研究还体现为对涂尔干、以赛亚·伯林、阿多诺、马丁·布伯、福柯等现代伦理学家的介绍。

涂尔干的团结理论是一项以社会整合为目标的现代性伦理筹划。何瑶指出，涂尔干运用社会团结形式的转变为现代性的合理性据理力争，并试图在此基础上寻求社会伦理筹划方案。在涂尔干看来，现代社会分工不仅产生了有机团结，同时还蕴含一种奠定社会秩序基础的道德内涵。尽管涂尔干预见到现代有机团结社会中个体与社会之间不可调和的矛盾，并尝试运用有机团结的道德力量调解之，但他并未预料到，作为一项现代性伦理筹划的有机团结本身无法自圆其说，尤其当站在后现代批判的角度审视团结理论，其面临的伦理困境更加清晰可见。② 艾春花认为，面对工业革命带来社会文明的变革、传统宗教道德价值观失去市场、新的适应社会变革的道德价值体系还未完全建立、社会道德失序等危机，涂尔干求助于道德整合，重建健全的世俗道德。涂尔干的道德三要素包括纪律精神、对社会群体的依恋及自主或自决。深刻剖析这一理论对相关道德理论问题的思考以及对我国当下社会转型期的道德建设有着重要的启示价值。③

作为一个价值多元主义者，以赛亚·伯林对人类生活中的决定论理念的反对与他对道德生活的观点之间存在一致性，它凸显为伯林根据选择活动来认识人性的构成。杨晓指出，伯林虽然认为价值受文化所限，但也肯定反映人类基本需求的价值通常是具有特殊性和普遍性的。它并非倚仗形而上学的庇护，而是体现在欧洲文明共同的历史和语言以及思想之中。伯林也意识到对人性的研究离不开对一些基本道德概念的用法的理解，一种合适的以基本道德为基础的理念通常被认为与需要基本道德规则支撑的“共通人性”相类似。④ 伯林在《两种自由概念》中提出的“消极自由”与“积极自由”的划分深刻影响了西方关于自由思想研究的理论格局。林建华和王子宜指出，伯林自由观的两个主要“背叛者”是新罗马共和主义的代表斯金纳与佩迪特，

---

① 赵岩、伍麟：《斯洛特美德伦理学视域下的善意谎言》，《海南大学学报（人文社会科学版）》2018 年第 2 期。

② 何瑶：《论涂尔干有机团结的道德内涵及伦理困境》，《山西大同大学学报（社会科学版）》2018 年第 6 期。

③ 艾春花：《涂尔干的道德要素理论及其反思》，《河北广播电视大学学报》2018 年第 2 期。

④ 杨晓：《以赛亚·伯林“共通人性”视阈下的“基本道德范畴”》，《道德与文明》2018 年第 1 期。

他们从历史的角度重构了17世纪共和主义者的主张和利用政治哲学的方法从伯林理论的缺口处打造了“共和主义自由”的理论，从而推动了自由理论研究的深入与拓展。①

罗松涛指出，阿多诺道德哲学意在探寻“奥斯维辛之后”正确生活的可能性，为此他提出了通向正确生活的两条路径：一是思想层面的彻底批判与反思；二是铭记历史，致力于再启蒙的教育。阿多诺所思考的正确生活图景与本雅明经常提及的辩证意象有相通之处，即坚持彻底批判精神的思想者在面对错误生活时产生震惊进而将其悬置，由此确保像奥斯维辛这样的人类灾难永不重现，并开启通向正确生活的可能性。因此，如果要从肯定的角度来谈阿多诺所理解的正确生活，它应是自由而自主的个体所拥有的具有实质内容、拥有人格尊严、生命体验充沛的个性生活。② 周爱民指出，阿多诺针对现代性大屠杀现象给人们强加了一条新的定言命令。阿多诺认为现代性大屠杀与现代性相伴而生。冷漠被视为现代性背后的核心原则，它与理性形式化过程紧密相关。大屠杀是“理性”的现代人“恶的平庸”的产物。阿多诺的新的定言命令，不仅针对身处正常社会中的人的行为，也针对人的思维方式。新的定言命令无须理性奠基，其存在的可能性在于个体拥有“伦理上的附加物”。③

马丁·布伯以“我—你”关系为基础构建了自己的对话伦理。王务梅指出，对话伦理具有“呼唤”和“回应”的关系结构，它要求人敞开自身，经由对生命中所遭遇的他者的“呼唤”之“回应”来实现对他者的责任。布伯强调上帝在对话伦理情境中的在场，由此，对他者回应的对话伦理同时也是对上帝负责的宗教伦理。对话伦理将对他者的关怀与责任和对上帝的追求结合在一起，使得人们在凡俗中发现神圣，在当下遭遇永恒，在对有限他者的责任中实现对上帝的绝对责任。④

生存伦理学是福柯思想中的精华。胡春光指出，福柯希望通过生存伦理学引导“主体自身”走出现代性的困境，将人从传统的主体性原则中解放出来，恢复人之为人的自然面目，寻求生存的最高自由境界，创造属于自身幸福美好生活的审美实践原则。福柯用他独特的系谱学方法论，从古希腊罗马、中世纪基督教文化以及尼采的生存美学中萃取精华，构建出以关怀自身、修身技术与生存美学为核心概念的生存伦理学。人必须视自己为独特的伦理主体，需要关怀自身，并经由审美存在的态度与实践，将自身培养成为独立自由和充满创造活力的审美生命体。⑤

李震指出，福柯从古代道德哲学和医学保健等文献中寻找古人自我塑造的方式以

---

① 林建华、王子宜：《论伯林两种自由范式的提出及其超越》，《党政干部学刊》2018年第7期。

② 罗松涛：《从思之道德到正确生活——论阿多诺道德哲学的实践向度》，《马克思主义与现实》2018年第2期。

③ 周爱民：《阿多诺道德哲学的现实性——从反思现代性大屠杀的视角看》，《广西师范大学学报（哲学社会科学版）》2018年第6期。

④ 王务梅：《马丁·布伯的对话伦理》，《道德与文明》2018年第1期。

⑤ 胡春光：《关怀自身：福柯生存伦理学的理论渊源论析》，《湖南第一师范学院学报》2018年第5期。

及通过身体的自我塑造实现审美生存的可能。自我的身体产生于美学与伦理学的相遇中，不被道德规则束缚，并且以创造性为核心，追求独具风格的审美生存。福柯将身体感觉、身体经验作为艺术品来自由创造。①

① 李震：《身体的自我塑造与审美化生存——论福柯身体创造的伦理学》，《河北师范大学学报（哲学社会科学版）》2018 年第 1 期。

2018年生命伦理学研究报告

朱　雷*

2018年生命伦理学领域的探讨多以回顾与展望为主，似乎经历了长足的发展后忽然驻足思索，在反思中又迈开新的步伐，迎接下一年的绿意盎然。学界延续以往的思考与讨论领域，在中西对话中更能够以全球化的视野平衡彼此的冲突并有效借鉴。具体而言，在基本理念的理解、文化差异下对国外实践领域的反思、普遍问题的中国解决路径的贡献等，均有深入分析，体现出形而上的理论自信和丰富的经验积累。

一　生命伦理学的新发展

境遇伦理又被弗莱彻称为"新道德论"，在于一切从实际出发，从尊重人的自由、权利和尊严出发，从人要在具体的境遇面前成为自由、自觉并敢于负责的道德主体出发，以爱为准绳进行道德决断。邵永生从生命与爱、人道与医道两个方面寻找境遇论与生命伦理学的联结点。同时分析境遇论在生命伦理学中的具体应用，对人类辅助生殖技术的境遇道德选择、临床诊疗过程中的境遇道德选择、器官移植的境遇道德选择、公共健康行动的境遇伦理分析、医疗卫生改革的境遇伦理分析以及安乐死的境遇道德选择进行研究，尝试论证境遇论的解释力和解决力，以此体现境遇论在实践中的价值和意义。① 在大数据的时代，医疗领域期待通过数字化人体推进医学健康革命。田海平认为，大数据对个人和集体之相互关系的重新定位是大数据时代生命医学伦理学最引人瞩目的方向，它最终凸显了以"人口健康"或"人群健康"为主题的生命伦理学的拓展方向，推动生命伦理学关注更广泛和深层的"健康问题。"② 韩跃红小结了生命伦理学的若干前沿问题，包括技术伦理、临床伦理、公共卫生伦理、研

---

* 作者简介：朱雷，1981年生，北京人，中国人民大学哲学院伦理学专业博士研究生，研究方向为应用伦理学。

① 邵永生：《境遇论在生命伦理学的应用研究》，中国社会科学出版社2018年版。

② 田海平：《生命医学伦理学如何应对大数据健康革命》，《河北学刊》2018年第4期。

究伦理、基础理论等。[①] 逯改详细探讨生命权及其保障的基本理论问题。作为一种普遍的、最低限度的道德权利，同时也是法定权利，生命权之所以成为基本权利就在于生命本身即存在的理由与根本。国家负有对生命权保障的责任，既要求国家不得随意侵犯和剥夺个体的生命权，又要求国家采取积极措施以切实保障个体的生命权。生命权保障在实施中应遵循尊重生命原则、行善原则和公正原则。在我国的生命权保障中，要加强生命权的法律保障、构建尊重生命权的社会文化、完善生命权保障中的国家责任。[②]

邱仁宗等通过与瑞典学者卡辛卡·埃弗斯的对话，介绍了神经伦理学的新思路。即是否有可能在表现遗传学上预先采取行动，来影响儿童和成人的大脑神经元网络结构，从而改善个人的素质和社会结构。[③] 雷瑞鹏等从科学、伦理和法律层面指出人类头颅移植不可克服的障碍，包括人类头颅移植根据目前科学水平在不远的将来不可能成功，按照公认的伦理规范在伦理学上得不到辩护，以及按照我国现行法律将属于犯罪行为。[④] 根据2018年中美生命伦理、法律和哲学学术会议主要内容的梳理，王晓敏等展示了其中相关热点议题，如科研诚信与道德责任、生命伦理和法学问题、公共卫生伦理和教学中的问题以及医学科研和临床的伦理审查。[⑤] 邱仁宗探讨我国医联体实践中存在的伦理问题，包括医联体的概念以及实践的后果。指出实现“健康中国”战略目标的关键是改造我国“支离破碎”的初级医疗系统，使之健全并将其置于整体医疗卫生工作的优先地位。[⑥] 同时，雷瑞鹏等也介绍了国际医联体的概念及其实践运用，即“整合医疗卫生系统”或“整合医疗组织”的理念与相关问题。指出这一关于诊断、治疗、康复和健康促进等服务的投入、配送、管理和组织结合在一起的概念，其原则应该是国家指导的、聚焦公平的、以人为中心的、依赖有效的信息和财务系统的、以证据为基础的、以结果为导向的、以伦理学为基础的且可持续的。[⑦] 陈化等在身体的道德焦虑与伦理困境中重新思考身体的本体地位与身体的关系性问题，指出回归身体意味着包容与关怀，实现身体的伦理增值。[⑧]

---

① 韩跃红：《伦理学研究热点之三：生命伦理学前沿问题》，《昆明理工大学学报（社会科学版）》2018年第6期。

② 逯改：《伦理视野下生命权的保障研究》，黑龙江人民出版社2018年版。

③ 邱仁宗、寇楠楠：《神经伦理学的新思路》，《医学与哲学》2018年第2期。

④ 雷瑞鹏、邱仁宗：《人类头颅移植不可克服障碍：科学的、伦理学的和法律的层面》，《中国医学伦理学》2018年第5期。

⑤ 王晓敏、刘星、张欣：《东西方视域下生命伦理、法律和哲学问题的跨学科思考——2018年中美生命伦理、法律和哲学学术会议综述》，《中国医学伦理学》2018年第4期。

⑥ 邱仁宗：《医联体实践中的认知误区——兼论实现“健康中国”目标的关键》，《医学与哲学》2018年第6期。

⑦ 雷瑞鹏、邱仁宗：《国际医联体的概念和实践概述》，《医学与哲学》2018年第9期。

⑧ 陈化、马永慧：《回到身体：道德价值构序的当代路向——兼论身体道德如何可能》，《学术研究》2018年第10期。

道德创伤作为现代战争常见的后遗症已受到国外伦理学等学科学者的关注，肖楚兰等引入这一问题探讨。受创者易陷入一个道德创伤的恶性循环，表现出自我谴责、自伤等行为与情感症状，提出自我宽恕的康复之道。① 与此同时，常运立、杨放等以“道德健康与道德创伤”为主题进行了讨论，辨析“道德健康与道德创伤”概念。从主体健康状况的角度考察道德健康，道德健康以主体身心健康为评判标准，考察道德因素对健康的促进与耗损。从主体履行社会道德责任考察道德健康，道德健康以社会道德规范为评判标准，考察责任主体对社会道德规范的遵守或依从与违背。依据道德要求行事、不违背道德律令即道德健康，反之则道德不健康。道德创伤指的是因道德事件而导致认识和情感上的伤害，并由此引发道德价值观的扭曲，诱发行为的失范。道德创伤主要体现在观念、情感、行为和社会关系四个维度之上。道德创伤的发生在于创伤事件的触发性和即时性，从而在施治方略上应侧重于对颠覆和失衡价值观的矫正与回归。②

李磊等反思精准医学这一新的医学模式和医疗模式，个人的权利与责任、社会公正、监管与治理的挑战等问题都变得需要进行慎之又慎的考量。理论方法、策略与框架原则需要创新，以确保精准医学的发展有利于个体和公共卫生保健。③ 张迪从生命伦理学视角出发，深入分析优生学中的伦理问题。在对中西方优生学历史进行详细梳理的基础上，对历史上的优生学进行伦理反思并指出优生学概念的核心，即如何使用遗传学知识提升人类质量。这一概念不仅是对历史及当下优生学的概括，也有利于人们对优生学的探讨。继而作者归纳了法律法规与技术应用中面临的伦理难题，通过对主要伦理学理论的梳理和历史的经验，提出评价优生学问题的伦理学框架：受益、不伤害、自主性、公正、公众参与、学术自由与责任。④ 邱仁宗等通过与瑞典神经伦理学领域的学者卡辛卡·埃弗斯对话，提出了“我们是否能够在表观遗传学上预先采取行动”这一有趣问题。即我们是否有可能在表观遗传学上预先采取行动，来影响儿童和成人的大脑神经元网络结构，从而改善个人的素质和社会的结构。⑤ 雷瑞鹏等对“Bio－bank”一词的译名提出独到的见解，界定人体生物样本数据库（Bio－bank）的性质、定义、特色、社会价值和概念模型，以及相应的效用、知情同意、保密、公平可及、透明、共济六个伦理原则。数据共享引发的关切、影响数据可及的可能障碍、保护隐私与数据之间的平衡等问题是需要不断探讨的。⑥ 生物样本数据库一直被誉为将生物医学研究转化为实践，驱动精准医学改善全球医疗服务的基本工

---

① 肖楚兰、杨放、常运立：《道德创伤的发生机制探析》，《中国医学伦理学》2018 年第 2 期。

② 常运立、杨放、陈化、曹永福、王璐颖：《“道德健康与道德创伤”系列讨论之一：“道德健康与道德创伤”概念辨析》，《中国医学伦理学》2018 年第 3 期。

③ 李磊、王国豫：《精准的医学与不精准的后果》，《中国医学伦理学》2018 年第 9 期。

④ 张迪：《优生学的伦理反思 人类遗传学的历史教训》，中国社会科学出版社 2018 年版。

⑤ 邱仁宗、寇楠楠：《神经伦理学的新思路》，《医学与哲学》2018 年第 2 期。

⑥ 雷瑞鹏、邱仁宗：《数据共享是道德律令》，《自然辩证法研究》2018 年第 1 期。

具。雷瑞鹏等介绍学者 Donald Chalmers 对全球范围内生物样本数据库发展的四次浪潮，包括建立生物样本数据库治理和管理框架、协作和标准化、不断挑战伴随可持续性的寻求、生物样本数据库的未来和新的生物样本数据库模型。在生物样本数据库的实践中，前后相继的创新浪潮是为解决生物样本数据库可持续性问题提供一些可能性，过去的发展和经验也为正在建立和发展生物样本数据库的我国提供了借鉴。①

二 关于生命伦理学理论范畴、基础、原则和研究路径方法问题

王明旭等回顾了国际生命伦理学领域开创者之一的恩格尔哈特，从其著作《生命伦理学的基础》出发，讨论了“道德异乡人”这一概念作为生命伦理学领域的创造性引入，以及对中国本土化生命伦理学发展的启示。② 从“世俗生命伦理学”到“基督教生命伦理学”，张舜清反思了恩格尔哈特生命伦理思想的一以贯之，指出其实质是借助世俗生命伦理学为提出基督教生命伦理学创造条件。真正有价值的生命伦理学只能存在于特定的道德情感和思想文化传统之中。因此我们需要以开放的精神坚持自我的生活特殊，坚持自我的生活方式以及正式自我的文化传统。③ 基于分析伦理学的考察，谭杰回顾以往基于对人生命有限与时空无限对比的感受下，而产生的虚无论和无意义论。借助帕斯卡之赌的分析，指出相信生命价值和生命意义的存在是更好的选择。④ 沈铭贤认为生命伦理的发展有深厚的内在根由，建议从内在自生和外部调控两方面进行讨论。⑤

杜治政思考医学伦理学目前面临的主要课题需要应对医学技术发展和医疗卫生改革，力促规范伦理与德性伦理的结合、开拓医疗机构责任伦理研究等内容。⑥ 雷瑞鹏等思考在科学、技术和医学辩论中关于自然性的观念，对自然之物与非自然之物的区分进行说明，以及对自然与价值挂钩的理论视角提出了质疑。⑦ 医学伦理的崇严性在于直面人的生命存在，因此在张周志看来医学伦理学崇尚正义优先于善的制度理性安排而忽视了人的德性精神生命及其至善追求。建构现代医学伦理学思想体系亟待全面正视人的生命存在的自然、思维和德性三层次本质，秉持生命正义与善相统一的基本

① 雷瑞鹏、冯君妍：《生物样本数据库的泡沫已经破裂了吗？——数字化时代对生物样本数据库可持续发展的挑战》，《医学与哲学》2018 年第 9 期。

② 王明旭等：《恩格尔哈特与中国生命伦理学》，《中国医学伦理学》2018 年第 9 期。

③ 张舜清：《从世俗人文主义到“正统”神学：恩格尔哈特生命伦理学的精神实质及其思想述评》，《国外社会科学》2018 年第 5 期。

④ 谭杰：《驳生命无意义论——基于分析伦理学的考察》，《伦理学研究》2018 年第 3 期。

⑤ 沈铭贤：《生命伦理的内在自生和外部调控——贺〈中国医学伦理学〉杂志创刊 30 周年》，《中国医学伦理学》2018 年第 4 期。

⑥ 杜治政：《梳理 · 整合 · 开拓 · 坚守——医学伦理学的回顾与思考》，《中国医学伦理学》2018 年第 4 期。

⑦ 雷瑞鹏等：《有关自然性的观念和论证》，《医学与哲学》2018 年第 15 期。

原则。[①]

王珏尝试以海德格尔从人的身体性存在、疾病的现象学意义、现代医学的本质等角度对现代医学模式批判的基础上，寻找生存论医学与中国传统医学对话的可能性。提出医学应当铭记作为生命自然节律的健康不能被还原为与身体的工具性关系；克服现代医学技术主义对身体、生命与存在的狭隘理解，从医学根基处重整医学的既有发展与未来；把生命之医学更多地视为对生命显且微的“意象”而非生命纯显性的“征象”的把握。[②] 丛亚丽对医学伦理学的教育、研究、实践等方面进行了简要的回顾并提出未来还需要进一步关注几个领域：对卫生公平的研究，涉及医学伦理学关于公平理论的再深入理解和对医改提出更加可行的指导；迎接精准医学时代来临，需对大数据伦理、个人基因信息的管理、药品的有效与昂贵之间的矛盾等进行研究；文化对比研究的走向方面，需要对中国伦理思想进一步理解，寻找人性或人类生活中共性的价值理念。对于基本理念、不同文化差异异同的分析、全球化视野下的伦理问题研究和中国的解决路径的贡献，仍有待加强。[③]

三 关于中国生命伦理“话语”与中西生命伦理学传统思想、现实经验的对比

在中国生命伦理话语与建构这一主题中，范瑞平提出构建中国生命伦理学应思考和回应普适性、公共性与创新性问题，从中华文明的初心出发，以追求“老者安之、朋友信之、少者怀之”的理想和谐社会为己任。[④] 林建武引入哈里·法兰克福道德哲学中关切、关爱与意志必然性的观念，将儒家生命伦理学所倡导的关爱观念转化为一种意志必然性概念，若此儒家生命伦理学可获得一种不一样的、带有家庭关爱色彩的自主性原则，继而可塑造成这种伦理学中不一样的关爱主体。[⑤]

李明喆等为生命文化融入医学伦理建设的机制研究提供了思路。在解决医学与伦理现实冲突的同时，促进生命文化的发展，从基础、制度、价值、行为四个层面寻找融入路径。[⑥] 儒家生命伦理学以“天地之大德曰生”为伦理总纲，在天人关系的运思模式中，建构起一套会通天人、和合物我的生命伦理学说。在这套学说中，儒家系统

① 张周志：《正义与善相统一的医学伦理何以可能》，《中国医学伦理学》2018 年第 5 期。

② 王珏：《海德格尔论身体、疾病与医学——兼论其与中国传统医学的对话可能》，《中国现象学与哲学评论》2018 年第 1 期。

③ 丛亚丽：《医学伦理学回顾与展望》，《中国医学伦理学》2018 年第 4 期。

④ 范瑞平：《不忘初心：建构中国生命伦理学》，《中国医学伦理学》2018 年第 4 期。

⑤ 林建武：《关爱、自主性与二阶情感：法兰克福道德哲学对于儒家生命伦理学的一种可能借鉴》，《当代中国价值观研究》2018 年第 2 期。

⑥ 李明喆、袁和静、刘金玲：《生命文化融入医学伦理建设的机制研究》，《中国医学伦理学》2018 年第 4 期。

地回答了诸如生命的本原、生命的本质和意义、对待各种生命及其相互关系的原则和伦理根据，人类干预生命进程的道德合义性等有关“生命”的伦理问题。张舜清尝试揭示儒家生命伦理的基本精神、主要内容、思想特点，以及儒家在解决诸如由生命技术等引起的具体的生命伦理问题上基本观点和立场。对涉及儒家生命伦理思想的相关概念进行分析，明确了儒家生命伦理学的概念系统，尤其分析儒家言说“生命”的角度、内涵，通过儒家生命伦理学的特殊概念理解儒家生命伦理观点的特殊性和特色。作者立足于原始儒家经典文本，分别阐释《诗经》《尚书》中的生命伦理思想、孔孟荀的生命伦理思想、《易传》和《礼记》中的生命伦理思想等，进一步认识和把握儒家生命伦理思想的义理模式、基本精神和思想特性。继而作者进一步研究儒家生命伦理的实践原则，探讨了一些具体的生命伦理问题，例如克隆人、安乐死、医疗公正以及养老等问题。实践部分侧重于思想史、学术史上对原始儒家有关“生命”思想的探究、梳理，并在此基础上探究儒家生命伦理学的义理与精神。①

2018 年度在生命伦理传统思想的发掘上有了更为细致的研究。蒋涛等梳理阿尔伯特·琼森医学伦理史观，即礼节、规范与社会职责三个主题始终贯穿医学伦理学发展历史。因此在医学活动发生的现实情景中，围绕医生、患者与公众基于医学活动形成的社会共同体对医学的认知和理解，才能使研究的医学伦理学史呈现得简明且易懂。②

程国斌等进行病人自主权、医学专业承诺和医患关系的中美比较研究，以对话的形式描述中美两国“病人自主权”的主要观念、历史发展和当前主要问题，进一步指出，将美国医学伦理学视为个人主义和采用“家庭主义”来界定中国医学伦理学的核心特征，都存在一定的误读和误解。从两国对医学伦理学思考和道德实践呈现的相似的内在发展规律出发，就有可能超越一种文化的语境找到合作的基础。③ 刘涛从儒家伦理视域下提出医疗决策中利益冲突的化解建议，从仁义礼智信五个方面探讨可借助的伦理资源。④ 马晓也从我国传统以“仁”为行医指导思想的文化语境，回顾知情同意原则引入我国直到逐渐在临床和科研中实践落地的过程，希望在反思中纠偏误读，回归这一原则的初衷。⑤ 肖慧欣介绍拉·梅特以“人是机器”的思想对身心关系统一性的论证。拉·梅特这种还原论的机械人体观对现代医学演变产生了深远影响，如“技术至上主义”医学模式、医患关系异化为“人—机”关系等均与其思想密不可分。⑥ 张秋菊从儒释道文化分析我国人体器官移植中器官买卖涉及的人的尊严和生

---

① 张舜清：《儒家生命伦理思想研究 以原始儒家为中心》，人民出版社 2018 年版。

② 蒋涛、茹姗：《阿尔伯特·琼森医学伦理史观译释》，《医学与哲学》2018 年第 19 期。

③ 程国斌、Tom Tomlinson：《世界是分裂的吗？——关于病人自主权、医学专业承诺和医患关系的中美比较研究》，《东南大学学报（哲学社会科学版）》2018 年第 4 期。

④ 刘涛：《儒家伦理视域下医疗决策中利益冲突之化解》，《中国医学伦理学》2018 年第 8 期。

⑤ 马晓：《中国国情与知情同意之思》，《中国医学伦理学》2018 年第 8 期。

⑥ 肖慧欣：《拉·梅特里“人是机器”的思想及其现代审视》，《中国医学伦理学》2018 年第 7 期。

命平等、活体器官捐献牵扯的家庭伦理、尸体器官捐献的死亡价值等问题，以求找到破解器官移植困境的思路和方法。[①] 王治军对比儒耶对话下的孟子与保罗生命价值论，二者虽然在显性层面上呈现出世俗社会与神圣教会的不同，但是在生命的神圣和人生的使命、职业之于人生的重要意义、苦难具有的积极价值等方面有着诸多相似论述，并深入剖析其异同可以洞见中西哲人对于生命之关切的独特性和互通性。[②]

四 关于生命伦理学的优生与优死问题

2018 年度在优生考量中首先映入眼帘的是增强问题的讨论。陈万球等认为需要实践的伦理学应对高技术带来的复杂伦理问题，强调情境和具体性。技术增强的研究与应用在人类普遍认同的伦理框架内有序发展，实行安全第一、差别发展、优先应用三大伦理原则。[③] 张新庆与部分学者就“代孕是否冒犯了人的尊严”进行讨论，亲属间的援助性代孕因体现了人道主义精神而维护了生命尊严，相反，非医学指征代孕应当杜绝，对商业性代孕应予以打击。[④] 甘绍平对人类增强问题予以伦理反思，考察父母对后代的基因干预如何形成了对后者自主性权利的严重挑战，强调自由或自主性根源于一种不可支配的、不可再回溯的基点，这种基点就是人们在出生时被赋予的各种因素组合的随机性与偶然性。若后代的这种起点受到干扰与损害，长大后的自主性、自由选择的能力也就从根本上受到了限制与制约。[⑤] 李勇勇等重新考虑人类胚胎研究的 14 天期限原则，认为为了获取更多的科学受益和社会受益而对该原则进行重新修订是可以得到伦理学辩护的。[⑥] 异体子宫移植技术走进了黄钰桃等学者的视野，子宫移植手术虽使 AUFI 患者燃起了希望，但并不属于挽救生命的手术且正处于临床试验阶段，诸多的伦理问题需要得到回答。在个案的移植实践中，子宫移植技术呈现的道德合理性必须考察供体的自愿性、受体及其配偶的同意共识、签字、妊娠的风险与利益平衡，这也是伦理审查必须商榷与讨论的问题。为使技术应用能符合伦理规范与造福患者群体，异体子宫移植必须慎重进行。[⑦]

围绕生命伦理学的优死议题，就人体器官捐献的伦理难题与对策研究这一话题，李恩昌等探讨生命的公正原则及现实意义。生命的平等与不平等原则最终统一于生命

---

① 张秋菊：《中国传统文化视域下对人体器官移植的伦理审视》，《中国医学伦理学》2018 年第 4 期。

② 王治军：《儒耶对话下的孟子与保罗生命价值论比较》，《学术探索》2018 年第 11 期。

③ 陈万球、丁予聆：《人类增强技术：后人类主义批判与实践伦理学》，《伦理学研究》2018 年第 2 期。

④ 张新庆等：《“生命尊严”系列讨论之四：代孕是否冒犯了人的尊严?》，《中国医学伦理学》2018 年第 2 期。

⑤ 甘绍平：《对人类增强的伦理反思》，《哲学研究》2018 年第 1 期。

⑥ 李勇勇、翟晓梅：《人类胚胎研究“14 天期限”原则的伦理学探讨》，《医学与哲学》2018 年第 11 期。

⑦ 黄钰桃、张玄玄、陈化：《伦理学视域下异体子宫移植相关问题探究》，《中国医学伦理学》2018 年第 12 期。

的公正原则，即基本权利平等与非基本权利比例平等原则的统一。[①] 张新庆等就“终末期患者的尊严”一题与学者展开对话，维护这类患者的尊严是我们学习尊重生命和拥有自尊及他尊的过程。同时建立一个逻辑自洽的尊严分类系统，才能把我们对生命尊严的理解引向深入。[②] 丁映轩等以“生前预嘱”为切入点，厘清生前预嘱与安乐死、临终关怀的相互联系与区别，认为这一概念的应用有助于形成良好的就医环境，也给予病患更多尊严与权利的关注。[③] Ana S. Iltis 指出，美国和其他西方国家的器官捐献方式中存在的伦理问题在中国应该避免。家庭在中国器官捐献决策中的重要性问题应给予重视，应构建与历史和社会风俗相适应的器官捐献体系。[④] 潘虹和陈晓阳从人体冷冻试验引发的讨论中重新思考，尊重个体对生命的选择意愿，协助个体在生命终期对生活的掌控，提升个体面对事实死亡时强大的内心力量，使死亡是“必然”前提下优死观的展现。[⑤] 何仁富和汪丽华借用唐君毅先生对中西思想中不朽论的归纳，提出人的不朽追问的可能方向在于精神生活和生命人格方面，期待建构完善的不朽论。[⑥]

Solberg C. T. 、Gamlund E. 提出了三个问题，即“为什么死亡是糟糕的?”“死亡的价值损失有哪些?”“什么时候是最糟糕的死亡时点?”，指出死亡损失的价值和年龄是决定卫生资源优先配置的重要因素。同时，希望引起对卫生资源优先配置原则中强化权益剥夺论研究的关注。[⑦] 胡宜安则指出由现代技术决定的现代死亡内涵着生与死的“二项分离”，它将死亡从生命的内在本质规定中抽离并走向异化。因此应该以生命的观点看待死亡，不能以死亡的观点看待生命，让技术回归技术自身，让死亡回归生命本质。[⑧] 生命神圣原则在西方价值观念中有浓厚的犹太基督传统，这是反对安乐死的人所依赖的重要伦理准则。刘刚通过案例呈现这一建立在临床讨论和宗教信仰之上的生命争论，在以病人为中心的医疗照护思考方式下如何具体考量善的效果与可能的恶的出现也反映了安乐死理论本身的复杂性。在我国，生命神圣更多的是在世俗意义上的思考，这是研究的关键维度。[⑨] 同样，郭玉宇以江苏某医科大学的医学生为

---

① 李恩昌、刘婵娟：《论生命的公正原则及现实意义》，《浙江社会科学》2018 年第 3 期。

② 张新庆等：《“生命尊严”系列讨论之三：终末期患者的尊严》，《中国医学伦理学》2018 年第 1 期。

③ 丁映轩、王壮、龙艺：《尊重生命——从一份“生前预嘱”开始》，《中国医学伦理学》2018 年第 10 期。

④ Ana S. Iltis：《中国的器官捐献：立足国内，而不是照搬西方》，王玥等译，苑瑞平审校，《中国医学伦理学》2018 年第 2 期。

⑤ 潘虹、陈晓阳：《从中国首例人体冷冻试验再看生死观》，《中国医学伦理学》2018 年第 8 期。

⑥ 何仁富、汪丽华：《人的不朽渴望与生死安顿——唐君毅对不朽论的辨正及完善不朽论的设想》，《中国医学伦理学》2018 年第 5 期。

⑦ Solberg C. T. 、Gamlund E. ：《死亡的价值损失与卫生资源的优先配置权》，郑君编译，訾明杰校对，《中国医学伦理学》2018 年第 5 期。

⑧ 胡宜安：《论现代人的死亡困境与现代性》，《中国医学伦理学》2018 年第 5 期。

⑨ 刘刚：《论西方生命神圣思想中的安乐死与病人权利》，《华南理工大学学报（社会科学版）》2018 年第 3 期。

调研对象，了解当今医学生对于安乐死的看法。结果表明当代医学生在生死伦理教育方面相对薄弱，他们对于安乐死的概念以及内涵并不完全理解。对待安乐死问题受到传统生命观的影响，他们对于安乐死合法化未来预期也比较乐观。就我国现在而言，安乐死合法化具有一定的伦理意义，而伦理意义不仅体现在对个人死亡选择权的尊重，还包括对生命价值的尊重、医疗资源的合理分配等。但是考虑到传统伦理文化的影响，医疗保障条件、医学操作难度等诸多方面原因，安乐死合法化时机并不成熟。需要传统死亡哲学观的转变、医疗保障体制进一步完善，法律体制进一步健全，这将是逐步践行的过程。① 陈化等回顾《现代医学与尊严死亡》一书，认为该书在“尊严死亡”这一问题上作出了积极探索。随着疾病谱系的变化，人口老龄化现象的加速，现代生物技术对生命的干预不断增加，个体理性与主体性的觉醒，个体生命末期的尊严问题将会被广泛关注。生活在现代社会中的每一个个体，都需要面对现代医学的关照，也可能成为终末期的患者，探讨患者尊严的实质是探讨人的尊严。②

五 关于医疗生活与医疗实践中的伦理问题

在医疗实践领域，韩启德提出精准医学时代生命伦理学的若干问题，如精准医学时代与现在的生命伦理、精准医学的实现问题、关涉的价值理性与大数据伦理问题。③ 娄瑞雪指出建立医患关系的前提和基础是信任，而值得信任包括医方值得信任以及医疗整体环境值得信任。因此需要医方在专业能力及人文关怀等方面努力，同时需要社会信任文化、信用机制、生命伦理委员会等方面的建设。④ 李红英等总结“探讨生命伦理前沿，提升临床抉择能力”研讨会的会议精神，今后伦理工作方向应注重医生社会责任、采取有效措施施救弱势群体并积极影响政策。⑤ 邱仁宗认为精准医学术语易引起的误解，提示对精准医学的论述存在的基因决定论倾向，在发展高端医学与发展大众医学上也应保持应有的平衡。⑥ 张秋菊回应学界曾提出的“是否有参与临床研究的义务”这一话题，表示改善卫生保健的渴望推动了要求参与临床研究的义务，那么只有当这样的努力成为常规并获良好效果时，才可以考虑建立参与研究的

① 郭玉宇:《医学生对于安乐死的态度调查及其分析——以江苏某医科大学的医学生为例》,《东南大学学报（哲学社会科学版)》2018 年第 2 期。

② 陈化、刘俊荣:《尊严死亡如何可能? ——评王云岭〈现代医学与尊严死亡〉》,《中国医学伦理学》2018 年第 3 期。

③ 韩启德:《精准医学时代的生命伦理学》,《中国医学伦理学》2018 年第 9 期。

④ 娄瑞雪:《信任在生命伦理学中的价值及构建策略》,《自然辩证法研究》2018 年第 12 期。

⑤ 李红英等:《探讨生命伦理前沿 提升临床抉择能力 ——2018 年全国临床抉择与伦理高级研讨班暨临床实践与研究伦理案例研讨学术会议综述》,《中国医学伦理学》2018 年第 11 期。

⑥ 邱仁宗:《对精准医学批评的辨析》,《医学与哲学》2018 年第 1 期。

义务。[①] 沈振亚对当代中国医患关系中反映的伦理问题集中进行分析，并在“实施健康中国战略”的视野下分析医患关系的民生意义，以知情同意、患者生命至上、信任公正为和谐医患关系的伦理原则。[②]

预立医疗指示是患者在自己意识清醒和有行为能力时，预先制定当自己失去表达能力时选择或放弃何种医疗服务的安排和指示。预立医疗指示包括生前预嘱和预立医疗代理人。黄文杰等根据问卷调查与个人访谈结合的形式，对预立医疗指示的具体内容展开探讨，认为应明确人群适用范围，同时细分医疗代理人。[③] 精准医学（precision medicine）由个性化医学（personalized medicine）改名而来，曾春燕等选择国外主要经典性论述进行介绍，主要包括“伦理考虑能够驱使医疗制度做到不伤害吗”“为什么伦理学是成功的关键”“公正原则能确保精准医学的受益和负担的公平分配吗”等议题。[④] 邱仁宗等介绍美国医学伦理学家马克·西格勒关于临床共同决策问题的主张，具体分析了临床工作中医患接触的三个环节，即前病人阶段、有医生出现的阶段和医患相互适应阶段，指出医患相互适应是实现医患共同决策的关键。其中内含的医学模型是相互性、自愿性、非强制性以及尊重自主性的模型。[⑤] 张百敏等就生物技术创新研发中的分配公正问题进行分析，介绍澳大利亚研究员约翰·伽德纳解决再生医学创新开发阶段分配公正的思路，期待将公正的平等论与促进产生健康和创造财富的再生医学产业驱动加以平衡。[⑥]

庄旭等通过一典型的重度子痫前期终止妊娠案例，就循证医学背景下的临床诊治中伦理问题进行探讨。具体而言，提出在产科领域运用“双重效应原则”解决此类道德两难境遇，并需要医者养成人文意识，结合疾病的预后为患者全方位着想。[⑦] 陈第华等分析缓和医疗中的公共卫生资源公平配置，坚持有限度治疗的缓和医疗能提高公共卫生资源使用成效，以实现有尊严生活为指引推动基本公共卫生服务均等化，以重视患者生活质量为旨归引导医疗资源流向，以减轻“整体疼痛”为指引差别化分配公共卫生资源，为公共卫生资源公平配置提供了一个新视角。[⑧] 刘云章等从医学能力的有限性出发，分析医患共识形成中的阻碍因素并从医生、患者与社会角度提出改

---

① Mark Yarborough、张秋菊等：《公民为何没有义务参与临床研究》，《中国医学伦理学》2018 年第 7 期。

② 沈振亚：《医患关系伦理研究》，苏州大学，2018 年。

③ 黄文杰、韩丹：《广州市预立医疗指示公众意愿调查与思考》，《中国医学伦理学》2018 年第 7 期。

④ 曾春燕、邱仁宗：《个性化医学/精准医学的伦理考虑》，《医学与哲学》2018 年第 7 期。

⑤ 邱仁宗、寇楠楠：《医患相互适应是临床共同决策的关键》，《医学与哲学》2018 年第 4 期。

⑥ 张百敏、马永慧：《分配公正和再生医学》，《医学与哲学》2018 年第 6 期。

⑦ 庄旭、袁蕙芸、林建华：《循证医学背景下的重度子痫前期患者终止妊娠案例的伦理思考》，《中国医学伦理学》2018 年第 4 期。

⑧ 陈第华、黄建磊：《缓和医疗中公共卫生资源公平配置：一个分析框架》，《宁夏社会科学》2018 年第 2 期。

进对策。[①] 党的十九大报告提出要实施健康中国战略，完善国民健康政策，为人民群众提供全方位全周期的健康服务。基于此，牛玉堃从健康人文的角度探讨如何实现全民健康，指出目前存在的问题包括医疗卫生资源配置缺乏公平的伦理观照、临床实践出现医学与人文的分离、健康人文的社会环境建设有待加强、预防与健康促进的工作力度不够。实现全民健康必须以健康人文理念为先导，使健康人文贯穿于全民健康服务各个环节，使预防、治疗与人文相结合，把人文关怀落到实处。[②] 曹永福以李丽云案例的最终司法处理结论为例，主张医学伦理学应重视对问题和案例的研究。这个案例呈现了一个棘手的医学伦理问题，需要通过伦理分析，形成道德判断，提出破解伦理难题的方案。建议应基于这一案例的道德判断、道德评价和道德辩护，提出当面临类似案例时，应该遵循的普遍性的伦理原则和伦理行为方案，以指导人们正确面对这些问题，最终形成符合这些伦理原则的法律制度。针对此案例，有学者提出应该"区分代理事项"、"确立患者最佳利益原则"、"引进司法审查制度，构建程序正义"和"确立医疗紧急避险原则"。[③]

此外，我国很少关切和讨论在利用非人灵长类动物的研究中存在的伦理问题，例如研究中利用非人灵长类动物是否能够得到伦理学辩护。雷瑞鹏等指出其首先是伦理问题，涉及研究中利用非人灵长类动物于研究所致伤害的问题，以及非人灵长类动物的道德地位问题。研究中使用非人灵长类动物相关决策的伦理标准建议包括伤害受益比评估、3R 原则的落实、非人灵长类动物的道德地位和内在价值、责任、伦理审查。[④] 孙彤阳等从嵌合体一词的词源学背景出发，澄清嵌合体的科学问题不同于神话学中的特征。不同类型的嵌合体实验也涉及不同的伦理学问题，需要通过对嵌合体道德地位的评价来帮助研究者厘清该做与不该做的道德底线。而对人与非人动物嵌合体的受益与风险分析则需要考量风险受益比是否在可接受的范围，对嵌合体研究的风险应考虑防范（precaution）原则等。[⑤]

---

① 刘云章、戴晓晖、赵金萍、边林：《试论"医患共识"的内容与障碍》，《中国医学伦理学》2018 年第 1 期。

② 牛玉堃、张元园、魏海斌、陈飞：《健康人文理念下实现全民健康的探讨》，《中国医学伦理学》2018 年第 7 期。

③ 曹永福：《医学伦理学应重视对问题和案例的研究——以李丽云案例的最终司法处理结论为例》，《中国医学伦理学》2018 年第 4 期。

④ 雷瑞鹏、邱仁宗：《非人灵长类动物实验的伦理问题》，《科学与社会》2018 年第 2 期。

⑤ 孙彤阳、翟晓梅：《人—非人动物嵌合体的术语特征及伦理问题研究》，《中国医学伦理学》2018 年第 8 期。

2018 年法律伦理学研究报告

杨茜茜*

法律伦理学作为应用伦理学的一个重要分支，依据伦理学理论提供的道德理念和一般原则，来论证、反思和批判法律的合目的性，是一门专门研究法律与道德关系的学问。作为交叉学科研究范式，法伦理学研究至今已有 30 余年的历史，学界借助对学科的名称与定位、研究对象、理论体系以及价值立场等基本范畴的研究，贡献出一大批富有建设性的研究成果，2018 年广大学者更加关注当代中国法律伦理现代品格的塑造。在学术会议方面，研讨会主题聚焦依法治国与法律职业伦理、如何加强法律人的职业伦理建设、辩审关系中律师的角色定位及权益救济、民法典伦理基础等相关问题。① 在研究成果方面，截至 2018 年 12 月 31 日，通过中国知识资源总库（CNKI 系列数据库：2018）中以“法律伦理学、法伦理学、法治与德治、法律职业伦理”为关键词搜索，其结果为 190 篇，其中，期刊类文章共计 172 篇，硕、博士学位论文 18 篇。纵观 2018 年度，全国伦理学、法学理论界对法律伦理学科的理论与实践问题展开了广泛而深入的研究，取得了众多研究成果。学界探讨和研究的重点与热点主要集中在：“德—法”治理模式、法律的道德审视、法律实践中的伦理思考、中国传统法律伦理思想、国外法律伦理思想以及法律职业伦理。我们将对以上六个方面逐一进行回顾并论述。

---

* 作者简介：杨茜茜，1981 年生，重庆人，上海师范大学 21 世纪马克思主义研究中心研究员，研究方向为法律伦理学。

① 关于法律伦理学术研讨会议较往年关涉的领域有所增加，在法治建设、传媒法治、法律职业伦理、大数据和医疗卫生等领域成果较为突出。例如：2018 年 10 月第十三届“环渤海区域法治论坛”主要参与研讨的论文有：郭文娟《自治、法治、德治相结合的乡村治理体系》、张成哲《乡村振兴战略与法制服务保障》、李硕《关于新时代“枫桥经验”的一些思考》、李天喜《公民环境权入宪问题探讨》、杨晓蕾《山西生态法治环境建设》；第二届“何微新闻奖”新闻传播学科研究生论坛，代表性作品有景凯洋《“后喻”时代新闻法治教育者的角色定位》、王碧云《谈当前时代传播者的法治素养》；2018 年 11 月云南省首届青年律师论坛召开，会议关注的焦点集中于：青年律师的自我定位、新时代青年律师的使命与担当、如何保护网络消费者权益等问题；2018 年 1 月中南大学湘雅医院举办的“中美生命伦理、法律和哲学论坛”主要研讨议题有：科学研究诚信、哲学和生命伦理、法律和生命伦理、生命伦理学高效教学方法等。

一 “德—法”治理模式

“德治”与“法治”在国家治理中的关系问题一直备受伦理学界和法学界的关注，“德治”、“法治”以及“依法治国”、“以德治国”等概念需要正本清源。法律与道德虽有着相同的价值指向和密切的联系，但毕竟属于两个独立的社会规范体系，并且法律与道德的关系不能简单地转化为德治与法治的关系。“道德法律化”与“法律道德化”是两个有限度的命题，既有逻辑上和理论上的偏差，也有实践的风险，道德与法律的相互作用的命题，与充分涵盖了以上两个命题的合理因素。[①] 德国法学家耶林说过，法律和道德的关系问题是法学中的好望角，那些法律航海者只要能征服其中的危险，就再无遭受灭顶之灾的风险了。哈特也说道：“法律和道德之间有着许多不同类的关系，没有什么东西能够让我们富有意义地挑选出来，以作为它们之间的特定关系来研究。”[②] 德治与法治相结合的原则已在政治领域确立，但在理论领域仍意见不一。代表性观点主要有以下几方面。

一是对“德治”提出异议的观点。其一是强调德治缺乏理论依据，如“认为道德本身缺乏权威性、统一性和明确的规范性，从根本上无法为德治提供切实的行为模式”；其二是将“德治”等同于“人治”，认为强调“德治”会阻碍法治社会的建立和实施，影响“法治”；其三是认为“德法兼治”是西方法治主义的过渡模式，最终还是走向“法治”；其四，以法与道德在事实层面的功能互补支持德治与法治的结合犯了违反休谟法则的范畴错误，在规范层面，道德的统治与法的统治无法兼容，德法并举因缺乏可能性而丧失正当性。可见，在理论上论证德治与法治的相容关系，对坚持依法治国与以德治国相结合的路径和深化全面依法治国具有重要的理论证成价值和实践指向意义。

二是主张“德法兼用”的观点。该种观点认为，“法治”和“德治”二者相互配合，既发挥二者的优势，又弥补各自的局限。首先，二者的价值基础相同。法律是道德运行外部保障系统，是实现道德进步的必要条件，为道德提供了制度支撑和刚性约束。良法善治体现着道德理念，厉行法治具有匡正祛邪、激浊扬清的社会功能。价值理性的法治观坚持法治有其本来含义，按照赵汀阳教授阐发的价值真理角度来分析，价值真理是有关“生活事实”的判断。生活事实的最根本的性质是建设性，它因此不同于世界事实。前者是一个给予性的事实，是“由人的意志所控制的行为”，后者是“被给予的事实”。法治是一种生活事实，是由人按照一定的理想建立起来的

① 邹海贵：《国家治理生态：以法治为主导的“德法合治”——兼与戴茂堂、余达淮两位教授商榷》，《深圳大学学报（人文社会科学版）》2018 年第 2 期。

② ［英］哈特：《法律的概念》，张文显等译，中国大百科全书出版社 1996 年版，第 181 页。

制度事实，对于这样的生活事实，人们通常所使用的事实判断方法或规范判断方法都不是恰当的认知方法。事实判断不适合进行对生活事实的判断，因为事实判断不足以说明人的特殊性，即人有理想、具有创造性。而规范判断本身并没有回答“为什么应该”的问题，且“一个规范系统只意味着某一种理想”。① 其次，二者的社会导向相同。一个社会的道德水平越高，内在守法意识越强，建立法治社会的可能性和法治的实现程度就越高。区别于迫于外在威慑或强制的外在守法，具有道德义务感的内在守法才是真正有意义的守法。社会主义核心价值观是中国人民价值取向的“最大公约数”，为全面推进依法治国提供必要的精神支撑。最后，二者具有功能上的互补性。德治与法治是调节社会关系、维护社会秩序、规范社会成员行为的两种重要方式。坚持德治与法治相结合并不意味着在法律实践中以德代法，混淆道德和法律的应有界限，相反，在执法和司法领域，需要严格遵守和执行法律。德治依靠道德、习俗、氛围等软的约束力，法治依靠法律、规定等有形制度的强制力。② 也需要警惕借法治建设之名而导致的“法律扩大化”倾向，切忌从“德治独尊论”导向“唯法治论”，法律扩大化是对法治的一种伤害，无论是法律规范还是法律程序，都是服务于法治目的。法治的目的是保障和实现社会的良善生活，既包括正义、平等、自由等目的价值，也包括秩序、安全、效率等工具价值，无论是“价值理性”的目的还是“工具理性”的目的，都表明法治本身不是目的，它只是实现正义良善目的的手段，或是保障人们充分享有自由与社会良序发展的有效手段。它是因其功能而被社会需要，而不是因其自身而被人们需要。③ 舒国滢、王重尧认为，一般意义的德治与法治在概念分析维度并无必然矛盾，二者的关系是逻辑上的相容关系。从历史经验的语境看，儒家德治观体现了中国传统德治理念的精髓，现代德治应继承传统儒家德治思想核心理念并予以建构性诠释。经过建构性诠释的儒家德治观不仅符合形式法治的要求，也足以成为实质法治建设的价值观基础。④ 同时还有学者从自治、法治、德治的七种治理组合模式角度进行系统分析，认为三者之间各有侧重、有优先次序，自治与法治最为根本、不可或缺，德治则是较高的追求，以前两者为基石。⑤ 现代基层社会“三治”建设应在组织架构上坚持整体论，摒弃还原论，才能成为彰显自治活力、法治精神和德治正气的有效载体，充分发挥社会力量的要素激活作用，使社会运转起来。

---

① 张琪：《法治的“魂”与“形”——兼谈法治与德治的区别与关联》，《华东政法大学学报》2018 年第 2 期。

② 黄咸书：《德法共治的当代价值及路径论析》，《重庆城市管理职业学院学报》2018 年第 9 期。

③ 王淑芹、王娟：《法治与德治相结合的意蕴与适度性》，《新疆师范大学学报（哲学社会科学版）》2018 年第 5 期。

④ 舒国滢、王重尧：《德治与法治相容关系的理论证成》，《河南师范大学学报（哲学社会科学版）》2018 年第 9 期。

⑤ 郁建兴、任杰：《中国基层社会治理中的自治、法治与德治》，《学术月刊》2018 年第 12 期。

三是从历史和文化去考证德法关系的主张。该种观点的代表者认为，德法关系实际上是伦理文化与法治文化的关系，中国的人治是一种以家国一体的社会结构为基础、以礼治和德治为内容、以性善为信念的社会控制体系，它以情理干扰法律，丧失原则性与普遍性。杨鸿烈在《中国法律思想史》中首先提到“德主刑辅”的说法，将儒家的“礼治”或“德主刑辅”的思想与“法治”相对立，得出了儒家重视德教而轻视法律的结论。张晋藩通过对中国法制历史的回顾，结合儒、法两家关于德治与法治的学说，着重介绍德法互补、共治的发展进程，以周初“明德慎罚”为德法共治的发端，以两汉“德主刑辅”为德法共治的发展阶段，以唐代“德礼为政教之本、刑罚为政教之用”为德法共治的定型阶段。① 学者李德嘉同样认为，“德本刑用”才是中国传统法律对立法、司法实践的自我总结，不仅准确概括了儒家德刑关系的实质，而且对当下的社会治理创新具有借鉴意义。② 现代司法的裁判中心是行为人所实施的客观行为，至于行为人自身及其所处的伦理秩序、生活利益则并不是裁判所主要考量的事项。然而，中国传统社会的情理司法则以现实中的人为司法的逻辑起点，情理司法中的当事人并非抽象的个体，而是存在于具体的伦理、情感和利益关系中的活生生的人。传统情理司法根据具体案件中的个人在不同伦理关系中所具有的身份而适用不同的法律规范、判处不同的罪责。③ 以现实中的人为逻辑起点的传统情理司法更注重人际关系的恢复和弱势群体的保护。从这个意义上说，传统司法中的“情理”恰可以弥补现代法律以行为为中心所造成的对具体个人的遗忘。法律秩序与伦理效力在社会生活中的具体运作，必须解决两个基本的问题，一是伦理价值的合理性问题，二是伦理运作的效力问题。前者是伦理至善与社会正义的价值平衡问题，后者是伦理对人的行为与社会秩序干预的力度问题。道德与法律、德治与法治的关系，从根本上说是一个方法论和价值观难题，只有在以有机性、整体性为方法论，以社会文明的生态合理性为价值观的法哲学的辩证体系中，才可能获得理论解决。

二　法律的道德审视

在我国“法律伦理学”一词，首先由法学学者何勤华于 20 世纪 80 年代初在《文汇报》中提出。不同于西方法律伦理学以法律正义为核心话题，中国法律伦理学的构建一开始便定位于综合性学科，统摄了法律职业道德及对法与道德在具体领域碰撞的研究。法律的伦理思考是从伦理学视角对法律本身所进行的思考。法律作为他律性规范，由行为技术要素与伦理价值要素结合而成，法律的目的在于形成基本的社会

① 张晋藩：《论中国古代的德法共治》，《中国法学》2018 年第 2 期。

② 李德嘉：《“德主刑辅”说的学说史考察》，《政法论丛》2018 年第 2 期。

③ 李德嘉：《传统情理司法的逻辑起点及其现代性》，《学习与实践》2018 年第 6 期。

秩序。作为社会规范的法律本身有两类表现形式，即成文法与判例法。无论是英美法系的成文法还是大陆法系的判例法，终归需要一定的文字载体表达出来。即使中国“儒法结合”的传统法律文化，也最终需要各种各样的“律”来确定法律的内容。由于法律与社会中的每个成员、家庭，甚至社会共同体本身都有须臾不可分的重要联系，所以需要对法律本身进行伦理思考或道德审视。这种道德审视主要从四个层面展开。

一是对法律整体的道德审视。在立法机制不完善的条件下，对法律制度内容的正当性追问亟待加强，法伦理学的作用即从价值评判的视角，对于调整特定社会关系的法律规定产生的效用，进行反思、论证与构想。学者刘辉从我国法律伦理学的发展方向开始，论述了法伦理学的思想基础与思维范式，并对法伦理学基本概念进行辨析。[①] 正因为法理学尚未有效解决人在法律生活中面对的伦理难题，应用伦理学需要结合经济、政治与法律实践来调整元伦理学深究理论的偏好，法伦理学的存在价值才得以彰显。由于学科基础薄弱，法伦理学沿着“先思想，后学科”的路径，以对法与道德关系的重新认识为学科的核心要素，从评判既有理论、探讨社会热点事件、研究法律人伦理等角度着手，法律职业伦理的研究必然牵涉法律运行机制的安排问题，法律内容的正当性的评价终究需要落实到法律释义的应用实践当中。法伦理学强调以人际关系的视角展开价值评判，从人的利他倾向出发，在尊重人的主体性作为思想前提的同时，选择主体间性的视角探寻关于法律正义的价值共识，旨在为人们的法律实践提供必要的价值导向。只有通过法律目的的判断以及法律行为事实和法律目的之关系判断，才能从法律伦理行为事实如何，推导出法律伦理行为应该如何。在法律制度中对于权利的可为激励与对于义务的必为性约束，以及确认国家机关对利他行为的褒扬式倡导职责与对害他行为的谦抑式干预权限，能够对个体的行为选择产生保护和引导作用，为崇善抑恶的伦理考量提供明确、可靠的规范支持。

伦理与制度（法律）层面对“正义”的探讨由于二者着眼点不同、研究方法不同而各有千秋。在哲学领域，柏拉图认为正义是一种德行，这种德行的践行使得社会正常运转，个人实现自身价值。亚里士多德将正义分为一般正义与特殊正义，特殊正义有包括分配正义与矫正正义。他们共同认为正义是一种品质状态，但他们对于正义的探讨均是将正义放入具体的政体下，局限于一定的狭窄范围，本质上否定了社会的发展、人们观念的变化。在作为制度的法律中，庞德认为正义是一种理想，边沁认为正义是实现大多数人的最大善，罗尔斯的“程序正义”将“形式正义”具体化。功利主义将人视为一种计算功利最大化的“工具”，而罗尔斯将人的自由置于极端地位的观念。同时，对于中立情形由于受到种种限制，法律正义本身无法成为正义的标准。在伦理正义无制度正义都不能回答“正义的本质”这一问题时，社会正义观点

---

① 刘辉：《论法伦理学主体间性分析范式》，《西部法学评论》2018 年第 3 期。

的出新可弥补上述两种正义观的不足。总之，对于无论是柏拉图还是现代人而言，正义并非真实存在于人类生活之中，但始终为人所憧憬、向往和赞美。正义提供着一种美好的愿景，推动着国家的发展、社会的进步，它无与伦比的价值仍值得后人推崇。①

有学者认为内在价值概念有两种用法和两种不同含义：一是从人与自然的差异性的角度，强调人的社会性特征，即人因有理性而具有内在价值；二是从生物学、生态学的意义上，揭示人与自然万物的相似性，强调自然万物因目的性、主体性而具有的“生生”价值和生命自利性价值。要解答为什么我们对自然万物负有道德义务的问题，有必要从情感主义的视角出发。人类共有的同情能力，使得人们能够超出自爱本能，站在利他主义的角度，关心他人和社会的幸福。当我们跳出主客对立的思维模式，把社会共同体置于自然生命共同体中，我们的同情也会随之扩展至自然万物。在环境伦理学中，理性为我们提供关于自然的“生生”事实和生命的自利性事实，帮助我们认清自然是生命共同体而非机械的课题，从而我们在这一前提下，将同情扩展至万物，形成正确的道德判断。随着人类理性的进一步发展，非人类中心主义认识到了自然与人类在生物学、生态学意义上的同一性和密切关系。人的理性的发挥、人的内在价值的实现，是以人与自然万物一体为背景的。人类的理性在不断发展，人类对于自然的认知也越来越深刻，只有当我们深刻领悟了人对自然的依存关系，我们才会从物欲中解放出来，主动承担起对自然的道德义务。②

法律权利这一概念来自法律体系本身的正当性，与道德权利这一概念是否没有直接关系。法律权利是权利中的一种具体类型，法律权利是一种事实权利或实在权利，法律权利是一种制度性的权利。从法律权利的性质上来看，法律权利与道德权利之间并无实在关联，但从法律权利的“义务论”入手，即由于法律权利或者存在于法律的权利陈述中或义务陈述中，并由于相关性条件，所有权利陈述实际也是义务陈述。这可以引申出其实所有的法律权利都可以通过法律中的义务陈述被创设出来。通过功利主义的思想进行论证会发现法律权利的正当性并非根据道德权利，所以它跟道德权利没有必然的联系。但通过法律权利的“义务论”进行指向权利与非指向权利的论证可以发现，功利主义论证的局限性。作者论证认为，法律权利必然以道德权利为基础，法律体系必须以开放性的态度保持对道德权利的尊重。③

由于人类社会结构的诸多要素发生了结构性转型，现代人的生活面临着道德价值的冲突，这一切都加快了现代人精神气质变化的速度。现代人的精神气质和道德心态的变化引起了社会道德价值秩序的转移与重构，同时古代及近代社会价值范式和思想

① 黎慧宁：《伦理和法律视野中的正义——正义本质探微》，《牡丹江大学学报》2018 年第 11 期。

② 李秀艳：《我们为何对自然负有道德义务——基于情理交融的视角》，《自然辩证法研究》2018 年第 3 期。

③ 陈景辉：《法律权利的性质：它与道德权利必然相关吗?》，《江浙社会科学》2018 年第 10 期。

观念的影响和人类为了自己的幸福而对科技控制自然的权利意志导致了现代性生存价值的演变及现代人的“物化”。现代人的“物化”首先主要体现工业文明与人的贪婪使大自然与人已经不是共同体的关系，大自然也不是人的家而是人的物。其次，工业与科学技术的发展也使人与自然的关系被科技指引和安排。最后导致了人与自然关系的疏离。为解决这个问题，学者认为，我们应该从人与自然共同生存的宏观层面审视人类自私产生的后果，改变人类功利行为，要认识到大自然是有尊严的。从“上帝死后”，人们失去了自己所属的精神家园，把理性当成科学的道德要求，挣脱了旧有的道德愿景。现代人的行为大多是通过理性良知和自律来实现的，统一性道德基础丧失，形成道德行为的纯感觉性。同时，人与人的分离、人与社会的疏离、道德与生活的断裂使得现代生活“虚无”及“荒谬”。①

文化女性主义从女性特质出发，提出女性“关爱伦理”，进而根据此理论对传统法律理论和实践中男性化和性别歧视问题进行分析。两种女性主义法律观都对法律的男性化属性作出了描述，并以不同的方案提出了对此进行改变的主张。吉利根的“关怀伦理”是一种不同于男性道德分析论的“不同声音”，提倡重新评估与女性和女性气质相关活动的价值。在法律思维中注入关怀伦理要改变非黑即白的法律评价方式，法律规定更多可替代性的解决方案，在两极之外选取最佳的处理方式。要改变个体主义法律观，建立人际的普遍联系，莱斯利（Leslie）运用文化女性主义的观点重新审视侵权法中“救助以有义务为前提”的规则，认为即使是陌生人也应该被认为与他人有实质的、内在的联系。要超越法律规范的形式公正，追求个案的实质公正，文化女性主义希望在形式平等之上找到一个不同的“平等”的定义。要在法律职业的价值中注入关怀伦理，从朱迪斯对于法律系统的评价来看，在法律职业中注入沟通、共情、合作、协商等关怀运力的元素有助于改善这些性别歧视问题和司法效率问题。从性别工作小组的报告来看，女性在法律中的不同特征都没有受到平等的待遇，在法庭环境之外，女性经验在法律文本和裁判中也得不到应有的重视，主要表现在家庭暴力案件和正当防卫的司法认定两个问题上。②

二是对部门法所进行的伦理分析。例如，赵玉在《婚姻家庭法的利他主义》一文中指出：“我国的婚姻家庭法，不仅要重视婚姻家庭关系，更要重视社会伦理效果。”③ 家庭功能的实现依赖于伦理基础，而伦理的动机是利他主义。婚姻家庭法领域必须强调利他主义价值取向，倡导分享与奉献，从而实现家庭的经济保障与精神愉悦功能，增强家庭的凝聚力和幸福感。夫妻之间是甘苦与共的互惠利他主义关系，父母子女之间是基于血缘无私奉献的纯粹利他主义关系，亲属之间是亲疏远近顺位有序

---

① 张守君、周新辉：《论现代性道德困境与西方伦理学的德性智慧》，《牡丹江大学学报》2018 年第 3 期。

② 王超群：《女性主义法学研究评述：关怀伦理与法律的性别》，《黑河学刊》2018 年第 5 期。

③ 赵玉：《婚姻家庭法的利他主义》，《社会科学战线》2018 年第 10 期。

的亲缘利他主义关系。作为兼容财产法与身份法的中国民法典要成为一部引领21世纪的良法，不仅要重视市场经济中利己主义的财产法，更要凸显非市场化的婚姻家庭关系中的利他主义价值导向。那么，为什么我国婚姻家庭关系变迁呈现出强烈的利己主义与利他主义之间的冲突与矛盾，我国婚姻家庭法领域若要实现家庭和睦的效果，是否须以伦理关怀的利他主义为引领更为妥当呢？利他主义之所以在家庭领域随处可见，并在家庭生活中效率较高，经济学家贝克尔将这一理论解释为，人们结婚的目的在于想从婚姻中得到最大化的收入，家庭成员之间只有相互信赖、彼此合作，才能减少监督管理成本，从而成为一个有效率的单位。人类的历史同样证明，只有家庭内部确立利他主义原则，才是人类物种得以继续生存并且能够幸福生存的一个前提。"利他主义的表现形式是分享和奉献，个人主义的表现形式是交换。利他主义的分享是一个静态概念，表明分享者财富的重新公平分配。利他主义的奉献是一个动态概念，认为应以自身利益为代价，使他人损失最小化或使他人利益最大化。"① 当下，我国婚姻观念不断开放，婚姻不一定是终身的承诺，婚姻结构未必是异性的两性相吸。可以说，我国家庭伦理生活面临巨大的道德困境，传统的家庭伦理正在解体，现代家庭正在形成，后现代家庭道德滋生蔓延。对于婚姻关系，究竟是一个相亲相爱的生命共同体，还是短暂协议共同生活的伴侣？对于夫妻之间的扶养义务，究竟应该相互付出，还是各顾一边？对于夫妻财产判断，究竟是以个人财产为主，还是视为经济共同体的共同财产？对于家庭，究竟是以家庭整体为主，还是个人利益至上？按照互惠利他理论，夫妻是一种非亲缘人群之间互助互爱和互相帮助的关系，是通过相互回报建立的长期合作，是以婚姻契约而形成互惠利他的关系。婚姻关系是一种法律上的身份与经济利益的结合，这种结合关系具体表现为：首先，是配偶权构建的夫妻命运共同体；其次，是财富分配公正的夫妻经济共同体。与此同时，纯粹利他主义下的亲子关系，具体表现为在有血缘关系的父母子女之间，抚养义务与赡养义务两者并不互为前提，均为无条件的责任。学者张剑源认为，在立法和法律实践领域，个体—家庭关系变迁向现当代中国法治实践提出了新的挑战。一方面，个体权利进入家庭，家庭成员间过去那种"依附—支配"关系正不断向平等关系转变，通过法律赋权于个体显得尤为必要；另一方面，由于"家"之价值依然坚固留存，国家法律对家庭价值的重新发现、对家庭和睦的维护同样重要。②

三是对某个具体的部门法中的某项制度进行伦理审视。例如，张峰铭在《为法律道德主义辩护——从侮辱尸体罪切入》一文中认为，将严重侮辱、损毁尸体行为犯罪化具有直觉上的吸引力。然而，自由主义犯罪化立场坚持损害原则和冒犯原则穷

① ［美］邓肯·肯尼迪：《私法性判决的形式与实质》，朱硕等译，载冯玉军选编《美国法学最高引证率经典论文选》，法律出版社2008年版，第108—109页。

② 张剑源：《赋权与说和：当代中国法律对个体—家庭关系变迁的回应》，《思想战线》2018年第2期。

尽犯罪化的正当事由，侮辱尸体罪不能通过这一立场得以辩护。[①] 基于约翰·菲尼斯（John Finnis）新自然法理论的法律道德主义立场则主张，国家有责任通过刑法手段回应侮辱尸体的行为。要证立这一立场，关键在于通过建构“人类尊严”和“共同善”这两个核心概念，说明侮辱尸体行为的道德属性和国家强制干涉的正当性基础。人类尊严是一类重要的共同善，国家权力的正当性基础则在于维护和促进共同善。权威的正当性根植于维护共同善的要求，人们只有在良善的道德环境下开展社会合作，才能促进共同善，实现自身福祉，国家作为一种实践权威，有责任维护和促进共同善，同时这并不侵犯个体的伦理独立性。当某种公共不法行为表达对政治共同体有责任捍卫的重要价值的侵犯时，国家有责任对其进行惩罚。侮辱尸体侵害人类尊严，因而是一种严重的公共道德不当，国家有责任通过刑法对这一类行为作出适当回应。因此，法律道德主义能为侮辱尸体行为的犯罪化提供最佳辩护。

四是对法伦理前沿和热点问题的探讨。

（1）关于新兴权利的伦理基础研究。学者王方玉指出新兴权利呈现繁荣景象的同时，也引发权利泛化现象，由此带来的负面效应，如权利主体范围的非理性扩大、权利内容的过分扩张、权利应有的可行性和与权利相应的义务责任被忽略、不同权利话语之间产生冲突等。权利泛化及其带来的弊端引发对权利内在伦理的追问。权利观念形成的历史及法律对权利加以承认和保障的实践表明，权利具有若干内在伦理，即权利必须为人服务、应对主体具有善的价值、对社会公共利益有益或无害、应获得社会共识并具有可行性。将权利的内在伦理应用于立法、执法和司法实践，可以在一定程度上减少和防范新兴权利带来的权利泛化现象。[②] 学者赵天泽从网络隐私权保护的现状、问题以及成因入手，通过分析指出当公民个人隐私通过网络遭到泄露，并被肆意买卖成为少部分人的谋利工具时，公民权利的保护、法律的尊严受到了极大的冲击和挑战。[③] 因此，一方面，网络用户基于各种目的在网络行为中失去道德约束而不受到应有的舆论谴责；另一方面，网络隐私权保护的法律缺位纵容了网络中的行为失范。因此，网络隐私权保护的道德与法律平衡问题刻不容缓。

（2）人工智能的道德判断及其法律问题。学术界关于人工智能的道德判断主要存在三种不同的立场与观点。[④] 然而，对人工智能进行道德判断需要区分两个问题：其一是人工智能本身的道德评价问题；其二是研发与应用后果的善恶评价问题。二者既存在差别，又紧密联系。前者解决的关键在于人工智能道德判断的前提性规定，即

① 张峰铭：《为法律道德主义辩护——从侮辱尸体罪切入》，《交大法学》2018 年第 2 期。

② 王方玉：《权利的内在伦理解析——基于新兴权利引发权利泛化现象的反思》，《法商研究》2018 年第 4 期。

③ 赵天泽：《网络隐私权保护的道德与法律平衡对策研究》，《法制与社会》2018 年第 1 期。

④ 刘伟、赵路：《对人工智能若干伦理问题的思考》，《科学与社会》2018 年第 1 期；闫坤如：《人工智能的道德风险及其规避路径》，《上海师范大学学报（哲学社会科学版）》2018 年第 3 期；刘宪权：《人工智能时代机器人行为道德伦理与刑法规制》，《比较法研究》2018 年第 4 期。

人工智能是否是真正意义上的人格实体与道德主体问题的讨论。郭少飞认为，历史上自然人、动物或无生命体法律主体的演化表明，存在充足的法律主体制度空间容纳智能机器人；法理上，智能机器人具备现有法律主体根植之本体、能力与道德要素；从外部来看，人工智能现有及潜在的经济、社会、文化、伦理影响以及对哲学范式的冲击，促使既有观念、模式、体系开始转换，其法外基础已然或正在生成并强化。① 有学者认为，囿于人工智能语言系统的本质局限性，对人类世界“主—客体”自然法上服从规则的必须遵守，人工智能只能被定格在无法反应与确证自我的客观类存在物，以及法权模型中的法律关系客体上。确定将人工智能锁定于《民法总则》客体的前提下，若使其最大化代替各行业劳动力势将对财产向财产权衍发中的劳动基点形成解构，故应对其合理限制。而在民法典各分编制定中，对客体意义上的人工智能亦无须作特殊规则改变。关于人工智能研发与应用后果的善恶评价问题，解决的关键仍在于人类自身。对于算法设计上的伦理困境、道德失范应当加强法律防范，尊重被侵权人的知情权、选择权、自我决定权等。对于机器学习过程中收集利用个人信息带来的隐私权忧虑，应当明确合理利用与侵害个人信息权、隐私权的法律边界。② 刘宪权认为机器人伦理是设定机器人法律制度的前提与基础，本质上服务于人类利益。机器人伦理主要针对具有“独立意志”的智能机器人，具体包括机器人道德、机器人社会关系等。具体设计机器人法律制度时，应体现机器人伦理的基本内容，秉持承认与限制的基本原则：一是承认机器人的限制性主体地位；二是承认机器人权利。此种承认具有功利主义色彩，本质上是为了更好地实现人类利益。智能机器人的行为应受刑法规制，其权益也应受到刑法保护。刑法视野下的智能机器人具有犯罪主体地位，能够实施绝大部分犯罪并承担相应刑事责任；与此同时，应享有财产权等权利，侵害机器人权利的行为可能构成相应犯罪。从上述观点可见，只有在人类与人工智能的关系等进行批判性反思的基础上才能对上述问题作出道德判断。具体而言，当前应采取以下审慎态度：一是在大力研发和使用“弱人工智能”的同时，应适当限制“强人工智能和超强人工智能”的研发和使用，尤其应当限制甚至禁止“杀人机器人”的研发与使用；二是国际社会、行业协会等应为不同发展阶段的研发与应用制定公约，确立行业发展伦理标准，并敦促相关法律法规出台，通过道德调整与法律规制引导其健康发展；三是通过道德教育培养科技人员的道德自觉意识与社会责任意识。科技人员应当遵守科技伦理与职业道德，履行“通告和预防义务”。

（3）网络隐私保护的道德与法律平衡。随着互联网社会的飞速发展，公民个人隐私通过网络遭到泄露，并成为少部分人的谋利工具，公民权利的保护和法律的尊严受到了极大的冲击和挑战。在当前网络社会中，道德缺失的表现具体有网络病毒的疯

① 郭少飞：《“电子人”法律主体论》，《东方法学》2018 年第 3 期。

② 陶盈：《机器学习的法律审视》，《法学杂志》2018 年第 9 期。

狂制造与传播、黑客攻击行为及网络侵权行为等。究其原因，首先是网络用户欠缺道德自律意识，在互联网这样开放的空间，道德自律转变为无约束的纯粹个人行为。其次，网络道德规范的欠缺和滞后，高速发展的网络技术与网络道德不同步，网络道德规范滞后。以及私人信息防护意识淡薄，为不法分子提供了可乘之机。网络隐私的法律缺位主要表现在非系统性方面，包括对隐私权保护的法律法规没有形成体系，立法保护缺位及制裁措施缺乏等方面。要改变这种情况，首先要对网络隐私进行法律权利上的界定，其次要提升网络隐私权立法层级设立专门法律，完善法律体系的系统性和协调性。在道德教育方面，要避免“慎独”，多渠道教育增强网络用户的道德责任意识，加大网络宣传力度，提高个人隐私防护意识。①

（4）关于医学中的伦理困境和法律规制问题。学者们分别就安乐死、活体器官移植、代孕的道德困境问题进行深入探讨。② 安乐死是一个涉及诸多方面的问题，为安乐死立法仍然存在巨大挑战。走出安乐死的道德困境可以为安乐死的立法助力。安乐死分为主动安乐死与被动安乐死。在对安乐死的认知上，不同的人存在不同的理解和认识，主要包括以下伦理争议：安乐死违背人道主义原则，安乐死是一种消极的人生态度，安乐死违背了医务工作者的职业道德，安乐死无益于医学的发展和进步，安乐死无利于社会公平正义的建立。学者们认为，首先安乐死并不是自杀行为，而是具有“人权”色彩，保障患者生命质量及尊严，理性选择死亡方式的行为。其次，安乐死也是一种积极的人生态度，当重病患者面对任何医疗手段也于事无补的时候，选择安乐死是一种勇敢面对死亡的理性行为。再次，救死扶伤和减轻患者痛苦都是医生应尽义务，不能因为前者而忽略了后者的重要性。最后，抢救病患的能力并不是判定现代医学科技水平是否高超的唯一因素。在安乐死的立法上，需要各个领域为其提供相应的技术支持与伦理支持。

随着人工辅助生殖技术的飞速发展，在给不孕不育夫妻带来福音的同时，也引发了新的法律问题和亲子伦理冲突。代孕技术是一把“双刃剑”，面对代孕带来的各种矛盾与挑战，禁止代孕也许是最无奈而又最安全的选择。部分学者认为，对代孕“一刀切”式的做法，特别是在代孕现象和纠纷已经存在的情况下，无视社会潜在的需求，简单的强制性禁止非但不能解决代孕产生的危机和负面影响，反而会增加无序化的不良后果和加剧法律上无法可依的尴尬。正如德国法哲学家考夫曼在《法律哲学》一书中指出：“为了能够掌握未来的任务，我们必须对新事物保持开

---

① 赵天泽：《网络隐私保护的道德与法律平衡对策研究》，《法制与社会》2018 年第 1 期。

② 肖楠、刘雪梅：《安乐死的道德困境及伦理出路》，《法制与社会》2018 年第 3 期；荣振华、唐义红：《自愿、自治与人权——以活体器官移植原则为分析对象》，《西北政法大学学报》2018 年第 3 期；贾一曦：《韩国代孕法律问题研究》，《北方论丛》2018 年第 1 期；彭熙海、白银：《论有限放开代孕障碍的排除》，《中南大学学报（社会科学版）》2018 年第 6 期；李国俊、郭春丽：《从规范代孕角度浅析代孕当事人的主体资格》，《医学与哲学》2018 年第 19 期。

放的态度。此种对于不同的事物与新事物原则上开放的态度，以及研究未知事物的开放态度，吾人称之为宽容。”

三 法律实践中的伦理思考

法律伦理学的研究也应立足于理论与实践两个方面来进行，因而如何从道德的立场来分析和解决法律实践中立法、司法、执法和守法各环节所出现的道德现象和问题，促进法治的建设是法律伦理学要关注的一个话题。

(1) 关于立法伦理

立法既要注重合法性，又要注重合理性，而要实现合理性的要求，立法过程必然涉及立法原则的伦理考问和审查问题。首先，就如何实现依法立法原则，有学者指出，党的十九大报告首次明确提出依法立法原则，这一原则对于完善法制、推进法治、引领改革必将起到重要的促进作用。在贯彻依法立法原则时，既存在对所依之“法”与党的政策和方针等之间关系的理解困惑，也存在实现该原则的诸多难题，例如越权立法和抄袭立法等违法现象，对既有法律修改和废止的忽略，立法人员法治思维能力和法治方法的薄弱等。① 其次，广大学者对立法的伦理基础进行相应研究。随着民法典编纂工作的进一步推进，人格权法是否独立成编再次成为学界热议的话题。有学者指出，人格权法独立成编首先需要克服潘德克顿体系的束缚，人格权自诞生之日起就被排除在该体系之外，人格权法完全是实践的产物。将人格权作为自然权利对待是一种立法者的不作为。人格权只有不断地上升为法定权利才能得到真正有效的保护。宪法基本权利架起了自然权利与法定权利的桥梁，人格权一般条款则使得宪法基本权利与人格权之间能够有效互动。人格权作为独立的民事权利在民法典中单独成编，还需克服诸多的理论漏洞，权利客体并非权利的必备要素，权利内容才是根本。人格权具有支配权能，并不是必须同时表现为事实支配和法律支配，事实支配对于人格权来说是普遍存在的，但对于法律支配则涉及哪些人格要素能够进行支配、如何支配，属于复杂的社会伦理的判断问题。② 曹贤信等在《亲属立法的人性基础》一文中认为，人性善恶假设是影响中西方亲属立法价值取向的关键原因。人性本身无所谓善恶，其涵盖“人的动物性”和“人的社会性”。前者涵盖性冲动和生存欲两种自然欲求，后者涵盖性结合方式和群体性生活方式两种社会要求。亲属立法并不直接以人性为基础，从人性界分到亲属立法，中间需要有婚姻家庭伦理的介入。③ 于兆波就立法视域中的弱势群体保护问题指出，弱势群体不必然有自身对立面——强势群体，应强

① 孙波：《论依法立法原则的实现》，《社会科学战线》2018 年第 12 期。

② 张素华：《人格权法独立成编必须正视的几个基本问题》，《东方法学》2018 年第 2 期。

③ 曹贤信、赖建平：《亲属立法的人性基础》，《重庆大学学报（社会科学版）》2018 年第 1 期。

调其是“变动的”弱势群体，具有向自身反面转化（脱离弱势）的可能。弱势群体保护的立法目的是法律面前平等，不是为了保护而保护甚至无限保护；立法途径是资源分配倾斜，但应受合理与公平原则的限制，不得产生反向歧视。① 最后，有学者就建立和完善区域伦理委员会提出相关建议，指出建立区域伦理委员会是完善伦理委员会机制的重要内容和手段，为此应该厘清区域伦理委员会与机构伦理委员会的关系，进而促进伦理审查提高效率、发挥统一协调服务作用和推动伦理审查结果互认。② 在总结我国区域伦理委员会建设经验的基础上，应该通过立法明确区域伦理委员会的法律地位，赋予其对机构伦理委员会的指导职能，以便对伦理审查争议作出决定。同时，应该制定区域伦理委员会管理办法，完善区域伦理委员会运行机制，进一步思考区域伦理委员会未来在国家伦理委员会体系中的地位和作用。

（2）关于司法伦理

司法伦理是法律伦理研究的重要内容。一个制定良好的法律仍然只是“应有”，要使良法之良变为“实有”，司法正义是最根本的保障，而司法伦理是司法正义的前提。学者张剑源指出，中国基层司法常常表现出非法律中心主义的一面。但这并不意味着中国基层司法缺乏规范性。通过调研和案例分析发现，伦理在中国司法实践中，特别是家事司法实践中一直发挥着重要的规范和引导作用。虽然伦理无法作为判案的直接依据被适用，但司法过程一直保有对伦理的敏感性。在法官密切关注法律规定和法律程序的同时，伦理作为文书说理和判案的重要理据，对案件结果产生重要影响。这种蕴含伦理的司法实践样态有历史基础，能及时反映变化了的道德价值和社会需求，在司法参与社会治理过程中发挥了重要作用。当今中国这种司法实践样态较易于实践和彰显某些被社会共享的价值理念，形成对立法局限性的补充，展现出完全不同于西方司法的实践特质。③ 同样有学者认为，行政司法本质中蕴含着丰富的正义价值追求：以制度化的形式保障正义实现、保证公共权力实施的正义性、保证审判过程和结果的公正性；平等地对待每一个当事人、为公正诉求提供实现途径等。在司法实践中，行政司法正义价值的实现仍面临着诸多伦理困境：如制度设计上的权力扩张倾向导致制度正义缺失、运行程序的不正义倾向导致不当行政裁决、行政司法主体的不当作为导致行政相对人利益受损等。因此，保证行政司法正义价值实现的伦理路径需要包括：行政司法制度设计应体现正义价值、行政司法权运行程序应符合法定程序、健全行政司法主体道德约束机制等。④

（3）关于执法伦理

公安机关是维护国家安全和社会稳定的国家行政职能部门，是公平正义的象征，

① 于兆波：《立法视域中的弱势群体保护》，《学习与探索》2018 年第 12 期。

② 蒋海洪、弓志军：《区域伦理委员会建设：定位、现状与路径》，《医学与哲学》2018 年第 23 期。

③ 张剑源：《司法过程中的伦理考量——以家事司法实践为中心》，《北大法律评论》2018 年第 1 期。

④ 刘琼豪：《行政司法的正义追求及其实现的伦理思考》，《齐鲁学刊》2018 年第 1 期。

以忠诚、为民、公正、廉洁为基本的价值观，以“对党忠诚，服务人民，执法公正，纪律严明”的十六字总要求严格要求自身，从人民群众的根本利益出发，解决群众最关心的问题，积极主动预防打击犯罪，热情公正提供服务。现实执法活动中，存在的不和谐因素，如滥用自由裁量权、处罚不公、不遵守法定程序和越权执法、执法人员态度粗暴等问题，都与执法规范缺失有关。实践证明，没有伦理制约或者没有道德约束的执法行为所造成的危害绝不亚于违法所导致的后果。国内学者持续不断逐年深入地对执法伦理进行深入研究，一方面，结合法伦理学、公共管理伦理学和法理学、行政法学的有关理论知识，逐渐形成系统的执法伦理体系，构建执法伦理的基本框架。另一方面，致力于规范执法行为，加强执法监督，实现对执法权的道德约束，解决执法的道德缺失问题，从而提高我国执法者素质，促进社会公平正义。① 综合来看，学者们多从公安文化为视角，探讨公安队伍规范化建设的价值、原则和相关路径，均认为警察信仰法律是对最高权威的法治和传统道德文化的弘扬，培育警民价值理性的德治才是破解我国执法伦理社会困境之道。

（4）关于守法伦理

公民的守法问题是法伦理学科的一个重要理论命题，在西方文明史的各个时期，尤其是近代以来，这一问题始终备受关注。围绕公民的守法理由问题，西方不同的法哲学流派分别提出不同的学说，其中，较有代表性的学说主要有社会契约论、功利主义论、暴力威慑论和法律正当论四种。除此之外还有习惯论、社会压力论、公平对等论、感激论等诸多学说。每种学说都有一定的解释力，但同时也都有一定的局限性。

国内学者关于守法论题的研究主要集中在：由守法理念出发，从守法义务、守法的理由、守法的精神、守法的限度以及其他方面阐述近年来的守法问题的研究概况。首先，特殊性要求是约束守法义务理论证明的诸多要求之一。如何说明守法义务这一一般性道德义务的效力仅要求一国居民服从其自己合法国家的法律这一具有特殊性的现象，是守法义务理论需要在论证中展现的特性。以西蒙斯为代表的守法义务怀疑者在构建特殊性要求时并未提出清楚的界定，并且其仅有的界定有夸大这一要求效力的嫌疑。弱化特殊性要求对于守法义务理论的限制可以通过三个层面的否定而展开：一是特殊性要求并不是特殊针对守法义务的要求；二是特殊性要求对于守法义务的证成并不存在规范性的约束力；三是特殊性要求的达成并没有西蒙斯所声称的特定程式或要求。② 博登海默曾说过，规范性制度的存在以及对该规范性制度的严格遵守，乃是社会中推行法治所

① 根据学者们的研究整理如下：黄子鸿《探求城管行政执法的伦理维度》，《重庆工商大学学报（社会科学版）》2018 年第 5 期；秦旭锋、李纯《浅析城管执法的伦理建设》，《江南论坛》2018 年第 7 期；王傅《引蛇出洞式执法对社会工作的伦理冲击和规避对策探析——基于民警假扮社会工作者诱捕》，《社会福利（理论版）》2018 年第 5 期。

② 骆意中：《守法义务与特殊性》，《法治与社会发展》2018 年第 5 期；汪雄：《法律制裁论能证明守法义务吗》，《政治与法律》2018 年第 2 期。

必须依凭的一个不可或缺的前提条件。① 有的学者把公民的守法与政府守法联系起来，指出政府的公信力影响着民众对法律的信仰程度，民众在选择做出守法行为时受到来自政府行为的影响。政府的行为代表着国家的意志，政府的一言一行对社会起着引导和示范的作用，政府遵守法律是整个社会遵守法律的外在推动力。其次，在公民守法意识养成方面，有学者认为应当深化法治宣传教育，努力使公民做到信任立法、配合执法、倚赖司法、自觉守法、主动护法，引导公民处理好学法与守法、权利与义务、法律与道德、信法与信访、维稳与维权的关系，不断提升全民守法的意识和境界。② 最后，守法社会的建设需要面向个人、群体、组织三类主体以及社会、政府、国家三个层面。以整体性和过程性的视角，在法律—社会—个人之间、规则—行动—观念之间、行动者的主观意识—客观能力—客观环境之间建立起联系，可以发现，守法社会的基本内核包含守法意识、守法能力、守法条件和环境三个相互联系的方面，而这三个核心维度又分别包含认同、道德义务、知识、资源、法律体系、法律威慑、社会文化心理七个具体构成要素。围绕守法社会的核心构成，能够发展出守法社会的建设路径。在当前以及未来，需要发展全新的守法认识论、守法研究和守法实践。③

四 中国传统法律伦理思想

国内研究学者从传统法律文化精神及其正义观、传统法律的制度设计与文化反思、域外视野与本土资源等方面进行广泛的研究。④

第一，传统法文化的精神及其正义观。中华法文化是世界法文化苑中的一株奇葩。它体系完整、内容丰富、特色鲜明且绵延数千年而未中断，不仅为中华文明的发展与进步提供了智力支持，也为中华民族的复兴保留了珍贵的文化资源和治国理政的

---

① 参见［美］博登海默《法理学：法律哲学与法律方法》，邓正来译，中国政法大学出版社 1999 年版。

② 根据学者们的研究整理如下：史彤彪：《官员守法的西方思想源流考》，《学术界》2018 年第 5 期；郑平：《领导干部要做尊法守法的模范》，《求是》2018 年第 10 期；胡建发、肖周录：《公民守法意识培育的思考》，《人民论坛》2018 年第 23 期；王瑜：《信仰亦或信任——论守法模式的超验与经验》，《河北法学》2018 年第 1 期。

③ 李娜：《守法社会的建设：内涵、机理与路径探讨》，《法学家》2018 年第 5 期。

④ 根据学者们的研究整理如下：张晋藩《中国传统法文化的历史地位与史鉴价值》，《法学杂志》2018 年第 1 期；蒋楠楠《法律与伦理之间：传统中国复仇行为的正当性及限度》，《法学评论》2018 年第 4 期；张中秋《论传统中国的法律关系》，《政法论坛》2018 年第 2 期；张晋藩《中华民族精神与传统法律》，《比较法研究》2018 年第 1 期；张中秋《中国传统法律正义观研究》，《清华法学》2018 年第 3 期；段秋关《传统法律观及其蕴含的法治基因》，《西北大学学报（哲学社会科学版）》2018 年第 2 期；于语和、秦启迪《家法族规中的“无讼”法律传统》，《江苏社会科学》2018 年第 3 期；朱振《作为方法的法律传统——以“亲亲相隐”的历史命运为例》，《国家检察官学院学报》2018 年第 4 期；范一丁《礼制所规范的伦理关系对古代契约法形成的影响——以儒家伦理的基本范畴“智”为中心》，《临沂大学学报》2018 年第 4 期；李若晖《汉代丧服决狱对传统礼俗的破坏与“法律儒家化”之重估》，《北京师范大学学报（社会科学版）》2018 年第 3 期；景风华《亲情与公义的共赢——中国传统家族法视野下的隐亲、告亲与救亲》，《人大法律评论》2018 年第 1 期；秦文《礼法融通德法并治——中国传统法文化资源的创造性转化》，《理论月刊》2018 年第 6 期。

经验。虽然作为具体制度设计的中华法系早已不复存在，但是其对当今法治建设的意义何在？我们从中可以汲取哪些有益的经验？对此有学者认为，中华传统法律凝结着中华民族的优秀民族精神，具有本土性、特殊性、典型性。在中华民族伟大复兴的时代，领悟并复兴中华民族的优秀民族精神，当会增强民族的自信心与自豪感，从而为全面推进依法治国的宏伟目标注入强大的正能量，使中华民族继续傲然自立于世界文明之林。中国传统法律正义观的基本内涵是适宜、恰当、正当、应当、公平、合理，以及在当时与此相通的纲常礼教；其原则是等者同等、不等者不等、等与不等辩证变动的有机统一；其等与不等、变与不变的正当性都在于合理；这是中国人固有的法律正义观，概括起来可以称之为动态的合理正义观。传统中国的复仇行为既是一种需要法律进行约束的犯罪行为，但同时也是儒家伦理所推崇的义举。从传统中国的立法和司法实践来看，直系尊长的生命安全和人格尊严在遭受他人的侵犯时，个人救护亲属的行为具有正当性，只要其行为不超过法定限度，均可免责。传统律典中的复仇条款与现代“正当防卫”制度有一定的相似之处，但古今律文背后所肯定的“正当性”基础截然不同。现代正当防卫制度设立的目的在于弥补“公力救济”之不足，及时维护合法权益。而传统律典中的复仇条款设置的目的在于维护最基本的人伦道德。传统人伦道德作为一种生活原理，从古至今一直影响着中国人的思维方式。重伦理、讲情义仍然是中国人内心所独有的文化气质。当代中国法制建设以良法善治为目标，必然要追寻法律与伦理之间的平衡基点。总体来看，法律儒家化问题是中国法文化研究的重点，以往的研究着重于从立法的角度进行探索，而 2018 年度的研究成果更着重于反映儒学与传统司法实践活动，从不同角度深化人们在这方面的认识。

第二，传统法律的制度设计与文化反思。中国法律制度史的研究，是传统文化研究的基础。本年度的研究成果对制度史进行梳理，或钩玄提要，或考证缜密。“无讼”作为我国最具特色的法律传统，不仅表现在国典朝章之中，而且通过积极劝诫、消极禁止、刑杖房、“宗族法规”及惩罚措施等方式在家法族规中得以展现，发挥着和睦宗亲、友好邻右、安靖地方、契合国法的积极功效。“无讼”传统及家法族规中所蕴含的家国情怀和担当精神对于今天的家风塑造、社会治理乃至国家发展都有着极大的启示与意义。有学者认为，瞿同祖提出“法律儒家化”命题时，以晋律“准五服以制罪”为标志。通过对东汉时期典型案例“何侍搏姑案”的细致分析，可证汉代已存在以丧服决狱，这一决狱方式颠覆了传统礼俗，使丧服由亲疏程度的表征被异化为行为规范。于是，礼所原有的双向性原则被摧毁，代之以法的单向性原则。对于以服制入律的准确评价，不是欺骗性的“法律儒家化”，而是“儒学暴力化”。

第三，域外视野与本土资源。启蒙运动以来，理性在西方思想传统中占据着重要的地位。在法律领域，马克斯·韦伯运用理想类型的社会科学方法对世界文明历史进程中的法律形态做出了不同的划分，韦伯试图展现法的理性化不是由国家的功能需求所推动的，而是由文化和伦理理性化的内在逻辑推动的。有学者从儒家伦理的内在逻辑对韦伯观点予以批判或修正，按照这一思路，儒家展现的伦理理性使得法律亦具有高度的伦理性，因而更接近其理想类型分类中实质理性的法律。[①] 还有学者认为法学家是中西法律传统产生差异的关键性要素，法学家是法的创设者、解释者和传授者，同时也是法的践行者。追溯公元前1世纪到公元3世纪的古罗马，作为独立职业阶层的法学家创设了“公正与善良的技艺”。与之大致对应的两汉魏晋时期，同样也被学者誉为“中国法律学最为繁盛的时期”，涌现出大批具有卓越建树的法学家，完成了中国传统法律从“汉承秦制”到儒家化的转变，为后世中华法系的形成奠定了坚实基础。通过进一步对中西方法律传统中法学家的知识背景、身份地位、价值取向以及活动内容进行考察与比较，说明法治文明的进步离不开法学家群体的兴盛与创造力，而法学家阶层的发展又离不开国家对法学家职业阶层独立地位的认可、对法学争鸣空间的保障和对法学教育的重视。[②]

五　国外法律伦理思想

对国外法律伦理思想的论述，2018年度学术界主要从霍布斯的伦理观、霍耐特对黑格尔正义理论的重构以及哈特与富勒的论战进行了研究。[③]

道德是人类社会的一种特有的精神现象。然而，人类社会为什么需要道德？在西方伦理思想史上，直到霍布斯之前，对于人类社会为什么需要道德并没有从理论上直接提出过。霍布斯从对人类最初为自然状态，然后进入政治社会这样一种对历史进程的理解，提出道德是人类社会生活的必要条件。他通过对人性的分析，提出人的激情尤其是权势欲是支配人类行动的最深层动因，而权势欲就是人类生命自我保存的欲望，也是人的最基本的自然权利。然而，受权势欲等激情驱使的人类由于人的自然平等从而使得自然状态就是战争状态。人对死亡的恐惧以及人的理性使得人们缔结契约，同意放弃一部分权利从而结束战争状态，进入政治社会，以契约为前提，霍布斯提出了一系列自然法，即道德法则。人们由于契约而进入政治社会，从而在主权者即利维坦的统治之下生活，霍布斯进而提出主权者与臣民之间的伦理关系就是服从的论点，而臣民的服从是最大的美德。因而，霍布斯以人性自私为基点提出了两类道德：一是基于权利平等的自然法道德，二是基于主权者与臣民不平等关系的服从道德。[④]

---

① 张玲玉：《理性之辩：韦伯论中国传统法的批判性反思》，《西南政法大学学报》2018年第4期。

② 黄美玲：《论作为法律传统差异性要素的法学家阶层——基于公元前1世纪至公元3世纪古罗马与中国的比较》，《法学》2018年第11期。

③ 龚群：《契约与伦理——霍布斯的伦理观》，《华中师范大学学报（人文社会科学版）》2018年第8期；宋建丽：《正义理论的重构与当代资本主义批判新发展》，《国外社会科学》2018年第5期；余卫东、鲁琴：《法律与道德的二律背反及内在张力——从哈特与富勒的世纪论战谈起》，《湖北大学学报（哲学社会科学版）》2018年第4期。

④ 龚群：《契约与伦理——霍布斯的伦理观》，《华中师范大学学报（人文社会科学版）》2018年第8期。

霍耐特作为法兰克福批判理论第三代的代表之一，以对康德式正义秩序建构路径的批评以及对黑格尔正义理论的重构，重新恢复批判理论的当代生机。在霍耐特看来，当黑格尔的法哲学被置放到批判理论传统中进行阐释，其中蕴含的革命性一面可以通过其承认理论和社会自由的思想而展现。霍耐特对黑格尔正义理论的重构，使正义作为一种社会批判的工具发挥作用，而不再只是一种抽象的理想。但正是囿于黑格尔，霍耐特是否能够真正获得他所诉求的从伦理体系中的解放成为疑问。霍耐特指出，罗尔斯的正义理论只是用于社会结构本身，而没有更进一步运用于社会内部具体的社会制度和生活领域，由此使正义与自我实现之间的关联被切断。在霍耐特看来，正义的制度不仅要能够保证平等的自由，而且要能够使所有人得到自我实现。由此，他从对自由和正义的关系入手进行分析，对实现正义的社会性条件进行重构。

法律与道德独立自恃、各自分离，还是法律与道德相互统一以实现法律道德化或道德法律化？这是关涉现代法治社会建设的重大课题。20 世纪，新分析法学的代表哈特（Herbert Lionel Adolphus Hart）与新自然法学的代表富勒（Lon Luvois Fuller）就法律与道德关系展开的世纪论战。哈特主张法律必须与道德相分离，恶法亦法，由此才能保证法律的独立性和明晰性，坚持是与应当的分离，并主张研究“法律是什么”；富勒主张法律与道德的内在统一，恶法非法，由此才能保证法律的正当性，坚持实然与应然的统一，并主张研究“法律应当是什么”。哈特在承认道德与法律有交叉重叠的领域后，提出了“最低限度自然法”的主张，界定了自然法在法律中的基础地位；富勒在承认法律具有自身独立性的同时，提出了“程序性自然法”的主张，规定了自然法成为法律所应遵循的程序正义。对于法治社会建设而言，要正确看待法律与道德之间的二律背反与内在张力，既要反对泛道德主义以保持法律的独立性，又要反对道德相对主义以保持法律的明晰性，还要反对道德虚无主义以保持法律的合理性。法律与道德既有分歧也有共识，既相背离又相妥协，两者应当互为保障，德法同构，以共建法治社会。

六 法律职业伦理

法律职业伦理是法律职业化的伴生物，[①] 而法律职业化是社会分工不断发展及法律专门化、专业化的必然结果。法律职业具有专业性、公益性、独立性和伦理性的核心特征。因此，从根本上说，法律职业伦理是一种社会伦理现象，它体现并服从伦理的一般性规定。[②] 从 2018 年度的学术成果来看，学者们普遍认为法律职业伦理对于

① 我们所说的“法律职业伦理”，在法律英语中或称“legal ethics”，或称“professional responsibility”，一般作为研究领域时多称“legal ethics”，而作为实际存在的社会规范多称“professional responsibility”。

② 参见唐永春《法律职业伦理的几个问题》，《求是学刊》2003 年第 5 期。

法律职业共同体之建构至关重要，尤其是随着法律职业资格考试的改革以及法律职业内部流动机制的打通，建构法律职业伦理尤其重要。一方面，需要制定科学合理、符合中国法律职业发展的职业伦理规范；另一方面，需要加强法律职业伦理教育，让“未来法官”“未来律师”等“未来法律职业人”形成法律职业伦理意识，明晰法律职业伦理底线，成为合格的、优秀的法律职业人。通过法律职业伦理教育，法律人关于法律的最重要的事实是：一者，法律职业摒弃了商业的成功标准，而对服务国家正义负有特殊义务；二者，是一门需要特殊训练的应用科学。①

法律职业道德既是法律职业存在的方式，同时也为法律职业者自身的存在提供了某种担保。法律职业伦理是一门关于法律职业人的学问，关注着法律职业的需求、权利、利益和尊严，体现着法律职业的价值。公众对于法律职业的信赖不仅取决于法律人的知识，同时也决定于法律人的独立人格。法律职业始终以追求公平、正义这一最高伦理价值为目的。在一个民主国家中，法律职业伦理和道德建设非常重要，我们的法律职业始终要有这样的道德信念。法律职业理念为法律人独立判断奠定了基本的要求和基础，是现代司法应当遵循的关于法律职业伦理的科学认识。善是法律职业所有一切美德的实践理性基础，法律职业必须通过培养意志力来获取这种美德。法律职业的理性智慧就是法律人在实践中做出正确判断和正确行为去实现法治目的。法律职业伦理的道德责任是法律实践的基准。②

目前学术界在研究中国法律职业共同体行为规范的过程中，伦理规范研究较少，为此有学者从伦理规范的视角来认识法律职业行为规范。首先，面临如何合理界定中国法律职业共同体伦理规范的概念问题，职业行为与伦理关系密切，研究行为规范离不开伦理规范。其次，行为规范与伦理规范在规范内容、规范稳定性、规范作用等方面存在差异，可以从原则、规则与价值等方面阐释中国法律职业共同体伦理规范的具体内容。再次，法官、检察官和律师等不同主体的伦理规范有所不同，将法学学者纳入中国法律职业共同体伦理规范的体系中并对其进行规范还需要进一步研究，但法官、检察官、律师和法学学者应该朝着共同伦理规范的方向迈进，这样方能助益法律职业共同体的形成。③ 最后，有学者关注到立法工作者的职业伦理问题。汪全军认为，立法工作者的职业伦理是法律职业伦理体系中的重要内容。立法工作者的职业伦理是指立法工作者在立法过程中所应当遵循的伦理规范。基于立法工作者的工作特征，立法工作者的职业伦理可以从“立法工作者—立法者”、“立法工作者—公众”以及“立法工作者—法律文本”三组关系中提炼。具体而言，立法工作者的职业伦理包括忠实规范、中立规范、审慎规范以及谦抑规范。此外，还应当从培育、惩戒等

---

① 参见［英］科特威尔《法律社会学导论》（第二版），潘大松等译，国政法大学出版社 2015 年版。

② 张燕：《论法律职业伦理道德责任的价值基础》，《法学》2018 年第 1 期。

③ 叶强、徐汉明：《中国法律职业共同体行为规范——以伦理规范为视角》，《哈尔滨工业大学学报（社会科学版）》2018 年第 2 期。

方面建立立法工作者职业伦理的实施机制。①

法律职业伦理具有一般伦理的特征，因此，也具有规范性。当法律职业人员面对伦理冲突困境时，法律职业伦理将提供指引帮助其脱离伦理困境。可通过内在控制和外在控制两种途径完成。法律职业伦理规范作为文化的法律职业伦理，对于法律职业共同体的发展具有重大意义，不仅是法律职业的指标，也指引法律职业人员的行为，使之有章可循，法律职业伦理规范具有以下重要作用：凝聚作用、指引作用、评价作用、强制作用和教育作用。

对于如何培养和教育合格的法治人才，有学者指出需要进一步反思我国法学教育教学，尤其是法学专业本科教育教学中法律职业伦理培养缺失的弊端，法学教育工作者需要不断创新思维，广开路径，大力加强法科学生法律职业伦理培养，为我国法治建设培养职业品德高尚、思想政治合格、法律理论知识和法律实践技能过硬的高素质法律人才。② 同时还总结出我国律师职业伦理规范建设大致经历了从纪律走向规则、从规则确立走向规则实施的转型发展阶段。随着律师队伍的急剧扩大和律师行业整体格局的重大变化，不断涌现的律师执业失范行为对于律师职业伦理规范构成新的挑战。而对于律师职业伦理规范建设来说，新的时代背景也隐含着重大的机遇：律师队伍的急剧扩大提供了基础性条件，律师协会地位的突出为律师职业伦理的规范化执行提供了组织条件，而法律职业伦理课程与研究重要性的提升则奠定了研究力量。与此同时，律师职业伦理问题的中国化进程依然需要从多个方面进一步跟进。③

---

① 汪全军：《论立法工作者的职业伦理》，《法学教育研究》2018 年第 3 期。

② 杜承秀：《法律职业伦理培养的路径分析》，《广西社会科学》2018 年第 6 期；杜晓君：《对我国高校法律职业伦理教育创建的思考》，《法治论坛》2018 年第 1 期；陈云良：《新时代高素质法治人才法律职业伦理培养方案研究》，《法制与社会发展》2018 年第 4 期。

③ 吴洪淇：《律师职业伦理规范建设的回顾与前瞻》，《交大法学》2018 年第 2 期。

2018 年生态伦理学研究报告

苏 静 王 瑜*

2018 年，生态伦理研究领域呈现多种趋势共同发展的良好态势。既能够进一步深入全面发掘传统文化中的宝藏，为时代所用，又能够在多个领域进行探索；既能够高举习近平新时代中国特色社会主义思想的伟大旗帜，进行与时代思想相结合的理论探究，又注重民族文化习俗与地方治理的经验总结，从而呈现出多种特点。

一 马克思主义、习近平新时代中国特色社会主义思想对当代生态伦理建设的指导

国家治理现代化政治理念的提出是当代中国共产党人执政理念自觉提升的体现，意味着政治、经济、文化等方面的全新变革。生态环境领域的现代治理是贯穿于社会各个方面的系统工程，体现了当代中国国家治理理念的现代语境，彰显了国家治理现代化的生态价值取向。廖小平、孙欢认为，生态伦理学在从传统到现代、从西方到中国的话语权建构的过程中，需要结合当代中国生态环境治理的具体情况，建构适应推动国家治理现代化发展要求的现代生态伦理，确立人与自然、人与社会、人与人之间公平正义的价值立场与标准，最终实现创新、协调、绿色、开放、共享的发展理念。① 杨珺则从国家生态文明制度方面，对生态文明观念进行了研究。他认为，在制度与伦理的适度张力中确立适应生态文明时代的生态观念，既有助于解决生态方面的观念问题，更有益于通过政治、经济、社会、文化、生活等各个不同系统对于生态系统的影响，全方位地理解、变革和塑造生态文明新时代的生态观念体系，从而为生态

---

* 作者简介：苏静，1986 年生，河南商丘人，北京林业大学马克思主义学院讲师，研究方向为政治哲学和思想政治教育；王瑜，1984 年生，陕西汉中人，西安外国语大学马克思主义学院讲师，研究方向为现象学解释学和欧陆语言哲学。

① 廖小平、孙欢：《国家治理与生态伦理》，湖南大学出版社 2018 年版。

文明制度的建成提供坚实的精神基础。[①]

作为指导思想，马克思主义仍然有着时代先进性，其生态伦理思想也得到了进一步的阐发。方熹、汤书波认为，在整个世界范围内生态污染日益严重的今天，马克思生态思想为我们认识自然、人、社会的发展提供了全面整体的视角，并提供了一条认识问题、解决问题的基本线索，从根本上为人类的发展指明了前进的正确方向。加快推进新时代生态文明建设，必须深度解读马克思生态思想的伦理精义和深刻意涵，并以马克思生态思想的时代价值为指导，树立习近平“绿水青山就是金山银山”的发展理念，从文本视域和问题视域的实践整合出发，建设人类生存的美丽家园，营造满足人的全面自由发展的生态环境，实现人与自然的“和解”，开启社会主义生态文明新时代，为实现“中国梦”和构建人类命运共同体不懈努力。[②] 武成帮认为，马克思生态伦理思想是人类史上的一笔宝贵财富，凸显人和自然之间的和谐关系，注重全面发展，当代中国要从马克思的生态伦理思想中汲取养分，从理论上为中国生态文明建设提供支持，同时指导我国具体的生态文明建设实践。[③] 李霞则全面考察了马克思主义生态正义观。她认为，马克思主义生态正义观是在深刻反思人与自然以及人与人关系的基础上，以人类整体利益和长远利益为根本尺度的价值理念和实践原则。它揭示了人类在合理利用生态资源的过程中产生的主体之间享有平等生态权利、获得平等生态利益、承担平等生态责任的关系。一方面，通过发展生态经济、生态政治、生态文化、生态科技，尊重生态规律，维护人类活动和生态系统的良性循环，为实现马克思主义生态正义创造前提条件。另一方面，分配型生态正义通过公平的分配制度，确保生态主体享有获得生态资源的权利平等和机会平等，保证起点公平；通过生态民主制度，确保生态利益实现的过程公平；通过实施生态法律制度，确保承担生态补偿责任的结果公平，为实现马克思主义生态正义提供生态民主法治制度的保障。[④] 王维平、王海龙则从《资本论》出发，对其进行解读。他们认为，《资本论》蕴含着深刻的生态伦理思想。生态伦理的哲学起点是人与自然的关系，人与自然关系的本质是物质交换，人与自然之间物质交换的中介是劳动；生态伦理的失范根源在于资本逻辑的反生态性，在资本逻辑支配下人与自然之间关系呈现出尖锐矛盾，物质交换建立在对物的依赖基础之上，劳动力降低为人索取自然物质的生产要素；生态伦理的规范路径在于社会形态的进步，在扬弃了资本主义制度弊端的条件下，人的发展与自然的发展具有一致性，物质交换实现循环利用，劳动主体联合协作实现有机地节约生产。绿色发展理念是马克思主义生态伦理观的必然体现和现实观照，是以人与自然和谐共同体为旨归的时代理念，是以科技引领物质交换为表征的现实理念，是以提高劳动生产率为特

① 杨珺：《制度与伦理张力中的生态文明观念》，山西人民出版社 2018 年版。

② 方熹、汤书波：《马克思生态思想的伦理精义及现代价值》，《伦理学研究》2018 年第 6 期。

③ 武成帮：《马克思的生态伦理思想对当代中国的启示》，《农家参谋》。

④ 李霞：《马克思主义生态正义观及其当代启示》，博士学位论文，中共中央党校，2018 年。

点的经济理念。[①] 纪秀明、柴文娇则认为马克思主义修正了西方生态批评观。20 世纪新兴的西方生态批评，颠覆了现代性理论对人与自然关系的定位，在伦理层面高蹈自然复魅。然而，这一自然伦理关系界定也不断受到自身内部的理论代谢更替及外部理论界的质疑、冲击与补充。中国叙事文本操作实践层面的意义旁出，也挑战了英美后现代既有生态伦理秩序规约的合法性。西方生态批评的伦理观在中国的阐释需要本土修正与补充，而融合马克思主义自然观与发展国情的有机生态伦理观，也具有重要当代启示价值。[②]

党的十九大报告作为我国各方面建设的基本纲领，对生态伦理也作了重要阐述。张晓峰对报告中的生态文明底蕴进行了分析，他认为，党的十九大报告首次提出了现代化是人与自然和谐共生的现代化，明确建设美丽中国。代表了习近平新时代中国特色社会主义思想所蕴含的生态观。其中涵盖了丰富而深厚的传统文化底蕴，汲取了中国古代传统儒家和道家的生态伦理思想中至今仍然合理和有益的元素，为建设内化于心、外化于行的社会主义生态文明指明了方向。[③] 在报告的引领下，各地也积极展开学习。山西省社会科学院在研读报告后提出，习近平总书记在党的十九大报告中关于生态文明建设有许多新的表述，有总结有展望，有全局有微观，有抽象有具体，从理论与实践相结合的高度勾画了新时代社会主义生态文明的美好图景，集中体现了习近平总书记科学、整体和实践地面对人与自然关系的生态文明观。[④] 贵州省中国特色社会主义理论体系研究中心认为，党的十九大报告提出，坚定走生产发展、生活富裕、生态美好的文明发展道路，其核心要义是为人民过上美好幸福生活创造持续健康的外部环境。青山绿水、环境清新、邻里相亲、心态平和是测度美好幸福生活的重要指标。深入推进贵州国家生态文明试验区建设，在营造干干净净优美自然环境的同时，必须构建起宁宁静静的良好心灵生态，实现物质与精神齐头并进、生态与人文交融互济、人与自然和谐共生。[⑤]

习近平生态文明思想也是当前生态伦理建设的宝贵资源。李长真等认为，习近平生态文明思想内容丰厚，涵盖生态建设战略论、生态发展国力论、生态价值绿色论、生态中国特色论、生态环境生产力论、生态伦理论六个方面的内容。这些丰富的生态文明内容形成了一个较为完整的思想体系，不断深化着对我国生态建设特点和规律的认识，进一步推动了中国特色社会主义生态文明建设，对于实现“美丽中国”的目

---

① 王维平、王海龙：《〈资本论〉生态伦理思想价值的时代解读》，《兰州大学学报（社会科学版）》2018 年第 6 期。

② 纪秀明、柴文娇：《论马克思理论对西方生态批评观之伦理修正》，《东北大学学报（社会科学版）》2018 年第 4 期。

③ 张晓峰：《浅谈十九大报告中生态文明观的文化底蕴》，《现代交际》2018 年第 8 期。

④ 《坚持人与自然和谐共生的生态文明观》，《山西日报》2018 年 3 月 13 日。

⑤ 《良好的心灵生态是生态文明建设的提质点》，《贵州日报》2018 年 10 月 9 日。

标具有非常重要的理论和实践意义。[①] 李琳、曾建平认为，习近平生态文明思想是习近平新时代中国特色社会主义思想的重要组成部分。这一系列重要论断、重要思想、重要战略不仅体现了当今世界生态文明发展的新趋势，而且具有深厚的道德价值和伦理旨归。习近平生态文明思想体现了人民至上的伦理价值观；其人与自然是生命共同体的思想包含着可持续发展的伦理目的观；其严格的制度是生态文明建设的可靠保障的主张体现了严密法治的制度伦理观；其环境改善需要共商共建共治共享的看法反映了普惠性的环境正义观。[②]

二　中国传统思想中的生态伦理观新发展

人与自然、人与社会、人与自身是每一个重要文明都必须处理的基本关系。中华民族在数千年的文明历程中，农业始终是重要支柱，因此我们的先民尤其注重与自然和谐相处，也因此积累了丰富经验。而中华文明以儒道佛为主要的三种思想形态，因此围绕传统展开的生态伦理研究也呈现一定的流派特性。但在三家之外，依然流派纷呈，各具特色。下面将分专题进行阐述。

（一）儒家生态伦理思想

儒家是一个思想典籍、代表人物极为众多、内部争鸣非常丰富的学派，因此在多个方面都有呈现。冯庆旭从生态伦理消费的基本问题、先秦儒家伦理思想中的生态关怀、孔子生态消费伦理思想、孟子生态消费伦理思想、荀子生态消费伦理思想、先秦儒家生态消费伦理思想的当代价值等多个方面论述了先秦儒家生态消费伦理思想对于当代人类生态文明建设具有的重要启示意义和借鉴价值。[③]

《礼记》是一部先秦时期重要的儒家经典文献，也是在中国历史文化发展过程中对中华民族文化共同体的形成产生了不可估量影响的古籍。两千多年以来，它影响了中华民族的行为方式、价值观念。翟双萍从《礼记》生态伦理形成的文化背景、礼与物类之理认知、礼与交感学说、《礼记》物象交感与违时灾异、祈年通感与自然生态伦理等方面来展开深入研究。[④]

严丹则认为，先秦时期是中国古代伦理体系的形成时期，先儒从“仁”本的视角，对“仁义礼”进行生态式的逻辑建构，期待实现以诚挚道的生态境遇。这种追求天人一体的理想，是对人类的精神命运共同体的真实写照，更是人在生态层面对

---

① 李长真、王凯平、郗芙蓉：《习近平生态文明思想论纲》，《毛泽东思想研究》2018 年第 5 期。

② 李琳、曾建平：《论习近平生态文明思想的伦理旨归》，《江西师范大学学报（哲学社会科学版）》2018 年第 6 期。

③ 冯庆旭：《先秦儒家生态消费伦理思想研究：以孔孟荀为中心》，宁夏人民出版社 2018 年版。

④ 翟双萍：《〈礼记〉与上古生态伦理研究》，学苑出版社 2018 年版。

“道”的至善追求，目的是对人道与天道进行现实重构，来实现“仁学生态”之境。[①] 薛勇民、党盛文则探究了整个儒家生态伦理学说史，认为从“仁者爱人”到“民胞物与”，从“生生之德”到“天人合一”，儒家哲学始终蕴含着一种可持续发展的生态伦理思想逻辑。这种思想以仁爱为核心，以“民胞物与”为基础，以“生生之德”为导向，以“天人合一”为目标，将仁爱之心自内而外层层推扩，最终升华为万物之爱。为确保自身在物质和精神两个层面获得永续发展的可能性，人类必须与自然休戚与共。这样既构建起人与自然和谐发展的互动关系，利于实现人与自然的真正统一，也对重新反思和处理人与自然的关系具有积极的借鉴意义。[②]

此外，张载的思想受到较多重视。张丽认为，宋代张载从“天人关系、人物关系、人世关系”三个维度阐述“民胞物与”思想，其核心思想就是爱人爱物，这种生态伦理思想是宝贵的思想资源。然而农村生态伦理教育方面欠缺制度保障，尚未形成乡镇政府、村级组织和村民主体协同配合，这些因素共同制约“民胞物与”融入农村生态伦理教育。农村生态伦理教育需要因地制宜逐步推进，要在主体上注重协同性、在内容上注重通俗性、在方法上注重实践性。“民胞物与”的思想精华需要与时代诉求相对接，融入乡村振兴的发展战略中，融入农村生态伦理教育宣传中，才能实现传统文化的创造性发展。[③] 许宁则集中探讨了《西铭》中包含的生态伦理思想。该文以冯友兰、张岱年、蒙培元为例，初步探讨了《西铭》现代诠释中所包含的三个面向：其一，冯友兰所展开的精神境界面向指涉个体生命对宇宙人生的觉解和意义，并从其境界说诠释了《西铭》的天地境界内涵；其二，张岱年所展开的人道主义面向突出了社会生活中的人际关系，分析了古代人道主义的博爱、平等、生死等观念，提倡建构综合唯物、理想、解析于一的新哲学体系；其三，蒙培元所展开的生态伦理面向则彰显了人与自然的关系，认为中国哲学基于价值理性在人与自然之间搭建起伦理关系，因而是一种深层生态学。[④]

郭齐勇探讨了王阳明的生态伦理思想。他认为，从孔子、孟子至张载、程颢的儒家思想，是王阳明强烈的生命关怀与高超的生态智慧的源头活水。王阳明肯定人“以天地万物为一体”，强调天地万物都在良知、灵明等精神性的一体之中，都具有良知、灵明。山川鸟兽、草木瓦石等类也自有其精神、价值。为什么人类可以取用万物？王阳明回答是“良知上的自然的条理”。这就是儒家的“差等之爱”，亲亲、仁民、爱物，是有差别的。“天地万物一体之仁”是“理一”，“差等之爱”是分殊。

---

① 严丹：《先秦儒家生态伦理观——以“仁义礼”为论域》，《广东社会科学》2018 年第 4 期。

② 薛勇民、党盛文：《从“仁民爱物”到“民胞物与”——儒家仁爱思想的生态伦理意蕴》，《晋阳学刊》2018 年第 5 期。

③ 张丽：《农村生态伦理教育的现实藩篱与路径解析——来自“民胞物与”思想的启示》，《西北农林科技大学学报（社会科学版）》2018 年第 4 期。

④ 许宁：《〈西铭〉现代诠释的三个面向》，《儒学评论》2018 年第 12 辑。

王阳明的生态伦理思想渗透着对生命的浓厚关怀。天地万物都有生命，是一个生命整体，人们都要顾惜。知行之所以能够合一，在于人自身就有“知行本体”。这个“知行本体”，既是“心即理”之心，也是“良知良能”。“心即理”表明此“知行本体”自身即为立法原则，“良知良能”表明此“知行本体”本身还是道德认知原则与践履原则。只有“复那本体”，不可使此本体“被私欲割断”，才能真正做到知行合一。做不到是因为还没能理会透，理会透了自然做得到。①

现代新儒家也得到了重视。黄泰轲以牟宗三提出的“道德的形上学”为视角来审视，认为“道德的形上学”这个概念意谓以道德为进路，以道德的眼光来考量宇宙万物。我们从存在与生化两个角度揭示儒家生态伦理智慧：万物一体、生生不息，将道德推及万物，对万物持一保护、关爱之心，助其生存、生长，成己成物。儒家以道德眼光考量自然与西方理智式考量自然和道家审美式考量自然是不一样的。通过比较，我们能更为清晰地看到儒家生态伦理智慧的价值与局限，从而启示我们更好地推进生态文明建设。②

此外，研究人员还从“古为今用”的角度，探讨儒家思想在当下的应用问题。李宇丹认为，孔子开创的儒家思想博大精深，不仅重视人与人之间的关系，也主张人与自然之间的和谐。传统儒家思想文化中所蕴含的“天人合一”“仁民爱物”“取物以时，取用有节”等观点是儒家思想中对人与自然关系最初的考量。传统儒家生态伦理观为推进社会主义生态文明建设的进程提供了经验基础，而社会主义生态文明理念也是对儒家生态伦理观的一种继承和发展。她认为通过对儒家生态伦理观的深入研究学习，不管是从理论层面还是实践层面，都会对推进社会主义生态文明的进程具有重要作用。③ 王建东认为，随着中国特色社会主义新时代的开启，生态文明建设也进入新时代。儒家思想作为我国优秀传统文化的重要组成部分，内含丰富的生态文明思想。主要包括生态哲学观维度的“天人合一”思想；生态伦理观维度的“仁民爱物”思想；生态节约观维度的“朴实理性”思想；生态幸福观维度的“寄情山水”思想。对儒家生态文明思想的深入解读，能够为我国生态文明的新时代建设提供有益的启示。④ 彭陈、李宝艳认为，儒家生态伦理思想深刻意蕴，集中体现在“天人合一”、“和谐共生”和“顺时节用”三个维度。新时代中国共产党对儒家生态伦理思想和马克思主义生态观进行了继承与发展。其当代现实意义具体表现在：有利于转变经济发展方式，实现可持续发展；有利于更新人们的消费观念，践行绿色生活方式；有利于加强生态法治保障，提升生态道德水平。对于儒家生态伦理思想，应当一分为二去看

① 郭齐勇：《王阳明的生命关怀与生态智慧》，《深圳大学学报（人文社会科学版）》2018 年第 1 期。

② 黄泰轲：《从牟宗三“道德的形上学”看儒家生态伦理智慧》，《华中科技大学学报（社会科学版）》2018 年第 6 期。

③ 李宇丹：《论儒家生态伦理观及对社会主义生态文明建设的启示》，《法制与社会》2018 年第 4 期。

④ 王建东：《儒家生态文明思想的四维阐析》，《重庆电子工程职业学院学报》2018 年第 2 期。

待，理性运用儒家生态伦理思想指导现实生活，但同时也要注意其局限性，推陈出新，革故鼎新。[①]

（二）道家生态伦理思想

生态文明建设作为中华民族永续发展的千年大计，尤须坚持中华优秀传统文化的创造性转化和创新性发展，深入认识与挖掘其生态伦理思想。道家思想就是其中重要的一环。陈燕认为，以老庄思想为核心的道家哲学包含了非常丰富的生态伦理思想，特别以天人合一、道法自然、俭啬知足、自然朴真等思想资源独树一帜，绵延数千年而不衰，为人类社会的可持续发展提供了慎终追远的民族胸怀，对于现代人类深刻反思生态危机、正确认识人与自然的关系、建构适应人类未来发展的生态价值体系，具有非常重要的借鉴意义。[②] 徐行将老子《道德经》中的生态思想与当前的环境问题联系起来，一方面，认为人类应该学习老子“道法自然”的生态智慧观，树立少私寡欲的生态伦理观，形成知常曰明的生态保护观，最终实现“天人合一”的和谐发展；另一方面，认为人类也应该认识到老子生态智慧的局限性，要对其进行理性的继承。[③] 何如意提出，全球性生态危机的出现使得生态问题成为人们关注的焦点。回溯我国的传统文化，发现道家的思想中蕴含着丰富的生态伦理智慧。对其生态伦理智慧进行挖掘，不但对于新时代生态文明理念的构建具有指导意义，而且对于个人传统生态观念的转变具有现实的启发作用。[④]

除了从总体上思考道家思想对生态伦理的启示，还有以道家精神为指导的探讨。许建良提出，“和”是老子生态伦理的指针，认为作为老子生态伦理指针的“和”，不是自己的决定者，它必须依归“常”来行为；但宇宙的“常”即真正的宇宙法则，与日常所说的“习以为常”是不同的，这仅是对真正宇宙法则的一个阶段性认识成果，是人类理性的客观现实，是重建和谐生活的前提。本质意义的宇宙和万物，共处和谐的境遇，是第一自然中无名无欲的表征；客观现实的危机，使原有的和谐成为向往的对象，人的价值和责任只能在重建与第二自然相协调的和谐生活的实践中得到体现和落实。远离战争、弱化自我意识、尽快找到养成宇宙万物成为个人价值和生命营养理念的途径，让人在依归万物、接受万物样态的实践中得到自身价值的享受和人生的开发，这正是作为老子生态伦理思想指针的“和”给予我们的启发。[⑤] 黄小珍则认为，老子的生态伦理意蕴核心是“尊道”在于“贵德”，认为从生态伦理角度研究《道德经》，其中的“尊道贵德”可作为生态伦理原则，形而上之道作为天地万物的

---

① 彭陈、李宝艳：《儒家生态伦理思想的当代再阐释》，《农村经济与科技》2018 年第 3 期。
② 陈燕：《道家文化的自然之道与存在之思》，《南通大学学报（社会科学版）》2018 年第 1 期。
③ 徐行：《老子生态思想的哲学思考》，《才智》2018 年第 5 期。
④ 何如意：《道家的生态伦理智慧及其现代启示》，《安徽文学》2018 年第 8 期。
⑤ 许建良：《“和”：老子生态伦理的指针》，《武陵学刊》2018 年第 1 期。

本源，以德的形式内化于它们，从“道”贯到“德”；遵循“道法自然”的规律，即道以自然为内在的根据和原因，决定了自身的存在与运动而无须借助外在的动力；内蕴“为物之德”，强调作为道德主体的人类必须担负起对非人类生命的生态责任，达到物我和谐统一、物我同化、物我共存的深层次道德境界。实践上构建“辅万物之自然”的生态行动准则，其具体构思主要表现在三个方面：确立“辅万物之自然而不敢为”的行为基准，以自然为固有尺度的“知足”“知止”资源保护观以及不偏不倚、一视同仁地泽及万事万物的慈爱思想。在此基础上，诠释老子生态智慧与深层生态学的逻辑一致性，实现老子生态智慧的现代性转化和重塑。在生态平衡持续失衡的当下，挖掘、梳理、诠释《道德经》的生态智慧，可为构建中国生态伦理范式提供一定的参考。[①] 还有学者从文化沟通的方面，探讨了道家思想对于生命的敬畏。如王云、樊小贤认为施韦泽对道家思想进行了深入研究，其敬畏生命的伦理思想亦深受道家思想的影响。施韦泽的整体主义自然观视域、万物平等思想原则、奉献给生命的态度以及对到敬畏生命的理解这四个方面对道家思想有较多的借鉴。[②]

还有学者在探究道教思想的同时，也对道教的生态伦理思想有所涉及。如周建强认为，全真道的生态伦理思想建立在道化万物的理论认知基础之上。全真道“道化万物”的思想将道教神仙修炼理论与宇宙生成论相融合，不仅阐述了宇宙万物的生成问题，还阐明了性命双修、先性后命、以性为宗的内丹神仙修炼之道。在此基础上，全真道认为，人类在处理人与世间万物的关系时，应当效法“道”的规则，遵从“自然”的法则，视物如己，慈悲利物，善待万物，尊重万物的生命。[③]

此外，有学者从与道家相关的自然美育方面探讨了生态伦理与人的德行培育之间的关系。如罗祖文认为，以自然山水为手段的自然美育模式参赞天地之化育，历经“味象”、“观气”和“悟道”的深度转换，促进人的德性养成；以艺术图画为参照的自然美育模式发挥艺术美育与自然美育的互融优势，使人通往德性的完善；以自然为言说载体的自然美育模式营构艺术与自然的意象关联，将人格提升至“天地境界”。中国古代自然美育中蕴含着丰富的生态伦理智慧和道德意蕴，对当下的生态文明建设和人的德性培育都具有一定启示意义。[④]

（三）佛教与其他学派的生态伦理思想

佛教在我国源远流长，而它本身的教义就有保护自然的规定，因此与现代生态伦

① 黄小珍：《“尊道”在于“贵德”：老子的生态伦理意蕴》，《南京林业大学学报（人文社会科学版）》2018 年第 3 期。

② 王云、樊小贤：《施韦泽敬畏生命的道家意蕴》，《佳木斯大学社会科学学报》2018 年第 1 期。

③ 周建强：《全真道伦理思想研究》，博士学位论文，兰州大学，2018 年。

④ 罗祖文：《中国古代自然美育的道德意蕴及其现代启示》，《湖北大学学报（哲学社会科学版）》2018 年第 2 期。

理有相通之处。而其他学派及经典典籍中也包含丰富的生态伦理思想，在如今都得到了重视。金婷、刘中亮认为，佛教中蕴含着丰富而系统的动物生态伦理思想，且其动物生态伦理是以“缘起论”为理论基石。在“依正不二”的整体论自然观的理论框架下，重点梳理了佛教中动物感知观、动物生命平等观和动物保护观三个方面有关动物的生态伦理思想。阐释了人与自然的关系，即生命主体与生存环境是一种相互依存、相互决定的关系，这一关系要求人类对自然有道德责任和道德义务。动物作为自然界一分子，是道德关怀的对象。在缘起论的俗谛层面，佛教通过阐释动物具有感知苦乐的能力，从而承认动物是道德存在物，但因动物愚痴，即智能不高，不能受道德教化，故又不承认动物是道德主体。在真谛层面，佛教伦理的生命观是“众生皆具佛性”，即佛性是所有生命存在的“内在规定性”，因而论证了动物具有作为目的本身的内在价值。佛教伦理中的动物感知观和动物生命平等观为动物保护提供了理论依据。在实践层面，佛教的动物保护观提倡以“大慈大悲”的精神实行戒杀、素食、放生等护生善行，对促进当代动物保护实践有重要意义。① 鲁枢元、张平认为，佛教与生态之间存在多方面的关联：佛教与大自然之间存在原发性的关系；生态学的精神向度是佛法辛勤耕耘的心田；佛教的因缘果报类似生态循环中的因果链；佛教倡导众生平等与生态伦理并行不悖；“低物质损耗的高品位生活”也是佛教徒的生活取向；佛教中的“净土思想”展现了当代人的生态愿景；上求下化、重在实践是佛教与生态共同的行为准则。②

在对其他学派及经典的开掘上，陈小刚关注墨家，认为天人关系是古典生态智慧和现代生态哲学的核心命题。墨家思想的“天”“天志”“明鬼”等概念，蕴藏着天、地、人之间“爱、义、利”和谐统一的生态智慧和生态哲学思想资源。“天”，可以反思生态伦理学的二元对立缺陷而呈现人与自然密切关联的经验事实；“天志”，意在重构生态伦理道德而表征出一种自我服从的生态自由意志和价值理性；“明鬼”，能够在尊重和保护自然生态的知行断裂中构建德福一致的因果保障。③ 王宇祯认为，《淮南子》以老子“道”生万物思想为基础，以阴阳二气化生万物理论为依据，提出了“阴阳和合而万物生”的观点，将“阴阳相济”拓展到万物之“和”的层次，将天地之“道”展开，明细万物之“德”，以此说明“修道理之数，因天地之自然”。《淮南子》继承了庄子“人亦物也，物无贵贱”的观念，进一步提出了“物之与物也，又何以相物也”的生态伦理观点，打破了主客体之间的界限。他提出的“物我同存，物我共生”的观点，强调了万物存在的不可替代性和重要性，使人与万物真正达到了精神层面的平等，力图实现人与万物的和谐共处。《淮南子》以“道法自

---

① 金婷、刘中亮：《佛教中的动物生态伦理思想》，《南京林业大学学报（人文社会科学版）》2018 年第 2 期。

② 鲁枢元、张平：《佛教与生态》，《中州大学学报》2018 年第 2 期。

③ 陈小刚：《“天志”作为墨家生态之道的当代价值》，《商丘职业技术学院学报》2018 年第 5 期。

然”为核心，将“人为”纳入“无为”，指出了“无为者，道之体也”与“执后者，道之容也”的理念，以“无为者，道之宗”的超然态度，承认了人的主观能动性和创造性。只有“遵天之道”“循天之理”，真正做到无为而治，不因己之私欲对自然横加干预，才能实现人与自然和谐共处的美好未来。因此，《淮南子》还提出了生态保护措施，倡导人们合理开发利用自然资源，做到物尽其用，达到人与万物自然和谐的目标。《淮南子》的环保思想向我们揭示了人与自然和谐发展的可行性和必要性，为当代人类社会发展和生态文明建设提供了借鉴与启示。① 潘才宝则注重对农家的重新阐释，他认为贾思勰从“农本”观念出发，结合中国传统天人合一的宇宙观进行反思与整理，最后形成了丰富的农业生态哲学思想，而他的生态哲学又主要凝聚在《齐民要术》一书之中，其内容为：敬天法地的农业环境生态伦理思想、“顺自然”与“骆马首”相结合的农业科技伦理思想、注重主体性的人本伦理思想。因此整合贾思勰农学中所蕴含的生态哲学思想，对当代的生态文明建设具有重要的理论意义和实践价值。② 此外，潘才宝、刘湘溶又对《齐民要术》进行了研究，认为《齐民要术》是我国目前保存最完整的一部综合性的农学著作，其朴素的生态农学观与当代的生态伦理观具有一定价值趋同性，其所推崇的敬天法地的生态观、循物之性的发展观、尽人之性能动观的生态伦理思想是确立人与自然共生、共存理念的理论渊源，并与倡导全球共享生态的价值主旨融合。③

在对传统文化生态伦理的总体认知上，王旭峰对生态美学及其伦理基础进行了全面探究。他首先对生态美学研究进行综述，并探讨了儒、道、佛学的生态伦理思想，国内生态美学研究中的几个问题，人类中心主义、生态道德以及与生态美学研究相关的各个方面。④

翟媛则系统总结了传统文化中的生态智慧，认为中国传统文化中的生态智慧丰富而深邃，其精髓集中体现在儒家、道家和佛家思想中，主要是：善待自然、天人合一的辩证生态思想，取物顺时、仁民爱物的德性生态观念，尊重生命、保护环境的生态伦理精神，道法自然、顺应自然的朴素生态理念。这些生态智慧有其独有的人与人、人与自然、人与社会、人与自我本心的哲学思维，既有直觉感悟，也有经验总结，对于中国实现现代化可持续发展具有重要的现实价值和指导意义，也为全球生态文明建设提供了中国智慧。⑤

---

① 王宇桢：《〈淮南子〉环境伦理思想解析》，《南京林业大学学报（人文社会科学版）》2018 年第 4 期。

② 潘才宝：《贾思勰生态哲学论纲及其当代价值》，《中南林业科技大学学报（社会科学版）》2018 年第 3 期。

③ 潘才宝、刘湘溶：《〈齐民要术〉的生态伦理取向探究》，《长春理工大学学报（社会科学版）》2018 年第 4 期。

④ 王旭峰：《生态美学及其伦理基础》，北京出版社 2018 年版。

⑤ 翟媛：《中国传统文化中的生态智慧》，《西部学刊》2018 年第 3 期。

三 关于生态伦理学在东西方文学作品、电影、绘本等艺术领域的表现与探索

作为调节人与自然关系的生态伦理，它本身就渗透在方方面面的具体领域中，并对人产生潜移默化的示范效果。首先值得一提的就是《沙乡年鉴》。作为生态文学的圣经，该书已多次再版，它是奥尔多·利奥波德的自然随笔和哲学论文集，是他以一生心血记录的关于人类、动植物、土地、自然的观察与思考。在该著作中，作者奥尔多·利奥波德创造了一种新的伦理学——土地伦理学。他认为，新伦理学要求改变两个决定性的概念和规范：1. 伦理学正当行为的概念必须扩大到对自然界本身的关心，尊重所有生命和自然界，一个事物趋向于保护生物共同体的完整、稳定和美丽时，它是正确的，否则它就是错误的。2. 道德上“权利”概念应当扩大到自然界的实体和过程，赋予它们永续存在的权利。为此，他提出“大地共同体”概念。[①] 与此同时，《沙乡年鉴》中的文章还入选语文教科书，如刘栋就分析了《大雁归来》一文的生态意蕴。《大雁归来》于 2017 年被选入教育部统编版语文教科书八年级下册，此前也曾被选入人教版语文教科书八年级下册、鲁教版语文教科书七年级上册。它以充满诗意的文字为读者描绘出自然生态之美，蕴含着意义重大、影响深远的生态思想，是一篇具有丰富生态意蕴的经典之作。利奥波德笔下的大雁，可以让我们重新审视人类与其他生命个体之间的关系，进而观照地球上更多的有情生命，跳脱出人类中心主义的狭隘视角，进而反思、修正人类伦理的局限性。利奥波德以大雁为对象的“动物书写”具有极为丰富的生态意蕴，它书写的是人与真实世界中的动物的互动关系，反映了人类在与动物交往、共处的过程中所呈现的伦理处境与难题。[②] 此外，还有学者比较卡逊与利奥波德的生态思想。曹梦娇认为，利奥波德与卡逊在美国环境运动中都留下了属于自己浓墨重彩的一笔，作为环境保护思想的先驱，两位学者一直为环境保护起着积极的作用。《沙乡年鉴》与《寂静的春天》作为两位学者思想的结晶不断为社会对于环境生态的保护指引着方向。不管是《沙乡年鉴》中所展示的大地伦理，还是《寂静的春天》中所描绘的可怕景象，都为构建人与自然的关系提供了新的思考。两位学者都认为万物平等，并且坚持运用生态整体主义自然观看待事物的普遍联系和永恒发展。[③] 还有学者借助利奥波德的“土地伦理观”解读相关小说。如吉兆荣探究了具有前瞻性生态意识的作家薇拉·凯瑟的三部代表性小说《啊，拓荒者》、《一个迷途的女人》和《邻居罗西基》，解析其中所蕴含的土地伦理观以及主要人物

---

① ［美］奥尔多·利奥波德：《沙乡年鉴》，姚锦镕译，时代文艺出版社 2018 年版。

② 刘栋：《土地伦理的诗性——〈大雁归来〉中的生态意蕴阐析》，《语文建设》2018 年第 36 期。

③ 曹梦娇：《从〈寂静的春天〉与〈沙乡年鉴〉看卡逊与利奥波德生态思想》，《汉字文化》2018 年第 22 期。

身上所体现的人与土地的互动关系，借以审视物化的现代社会使人类面临的生态失衡的困境，从而探寻合乎人类理想的生存状态。[①]

在文学的理论探究层面，欧阳澜、汪树东认为，要关注当代文学的传统回归，最关键的还是要考量传统文化中的生态智慧是如何进入当代文学中的。以天人合一为根基的传统生态智慧恰恰是华夏文化最为核心的精神传统之一，这种生态智慧在当代生态文学中得到坚定而显豁的大面积赓续。天人合一、顺应自然和民胞物与成为引导当代生态文学的基本原则。这种生态智慧使得当代中国生态文学呈现出典型的中国特色。[②] 田媛以生态伦理为切入角度，以"儿童本位"的儿童观为基础，从新时期以来儿童文学中生态伦理意识的确立、表现以及发挥的作用等方面展开研究，并结合具体文本对这一时期我国儿童文学的发展状况进行了一次专题归纳。传达了新时期儿童文学对儿童与自然的关系、生命在自然规律的探索，以及对其中所呈现的生存状态、简约、环保的生活理念和儿童"自然感"生活回归等关系的生态思考，就新时期儿童文学如何更好地担当起肩负的使命进行深入思索和探究。[③] 还有学者探讨了国产影视动画中传统伦理观向生态伦理观的嬗变。如林珍香、张梅认为，一直以来，中国传统道德伦理观念支配着文艺创作及受众对文艺作品的态度，特别是在价值观和行为方式上，其总是渗透着作者对人与社会、人与自然、人与生命关系的理解。在文学、影视、动画等文艺活动中，传统伦理观念总是折射出传统的道德伦理情感追求，体现了中国文艺作品丰富的文化内涵。[④] 尹益轩、吴晓倩还探讨了绘本中的生态伦理意识。他们认为，儿童作为人类社会的储备力量，是解决"人与自然"问题的关键之一。文学在儿童的成长过程中留下了不容忽视的痕迹，引导着儿童的心理健康，从而关系到一个民族、国家甚至人类的未来。作为低龄儿童主要文学阅读形式之一的绘本，通过符合儿童认知发展规律的方式帮助儿童树立正确的生态伦理观念，在强化生态伦理意识方面发挥着具有极大的价值。该文将根据儿童发展心理学理论，从内容、形式和意义三方面探讨法国绘本如何传递生态伦理意识，分析法国绘本的经验和启示。[⑤]

有学者认为，生态伦理主题是"80 后"小说的一大主题。如李张建提出，"80 后"小说的生态伦理观是一大主题。面对动物等生灵，小说中的人与动物、植物出现了和谐或对立的关系。"80 后"小说披露了人类妄自尊大的行为，诉说着人类对自然生态破坏的罪行。面对人类的残忍，一种动物与人的紧张对立关系在小说中出现，而人与动物的关系又体现出了一种共生与吞噬。同时，面对自然环境，"80 后"小说

---

① 吉兆荣：《无法剪断的精神脐带——生态解读薇拉·凯瑟小说中的土地伦理观》，《漯河职业技术学院学报》2018 年第 6 期。

② 欧阳澜、汪树东：《传统生态智慧在当代生态文学中的赓续》，《华中科技大学学报（社会科学版）》2018 年第 5 期。

③ 田媛：《新时期儿童文学中的生态伦理意识研究》，中国社会科学出版社 2018 年版。

④ 林珍香、张梅：《国产影视动画中传统伦理观向生态伦理观的嬗变》，《电影评介》2018 年第 14 期。

⑤ 尹益轩、吴晓倩：《法国儿童绘本中的生态伦理意识》，《法语国家与地区研究》2018 年第 2 期。

展现了人们对于自然美的追求，表达了人们对大自然的热爱与崇敬，并通过对自然的关注来重新阐释生态历史与文化，重新发现自然对于人类的价值，重新回归人与自然的和谐。但同时，小说也揭示了现代化进程中，人们被驱逐出土地后的精神生态危机。在“80 后”小说中，面对人们对自然资源的掠夺与自身生存环境的改造，“80 后”作家发出了痛苦的呐喊之声。随着现代化进程的加快，人的复杂性、在利益面前的欲望膨胀就愈加厉害，人的精神生态出现了危机。①

还有学者探讨了生态女性主义。如桑东辉提出，李宽定在 20 世纪 80 年代创作的女性系列文学作品中蕴含着朴素的生态女性主义伦理意蕴。他把黔北大山作为其生态女性主义的自然意象，把女性与自然的关系融入对黔北大山和乡土人情的考察和解读中。他在塑造女性形象时，撷取大山的那种静默和倔强特性，将其内化为女性任劳任怨、默默承受的勤劳耐受特质和敢于反抗、不甘欺凌的反抗倔强特质。在对待人与自然、城市与乡村、男性与女性等二元对立的问题上，作者更表现出女性回归自然、归隐深山的自然主义倾向。②

丰云则探讨了华人移民文学中的生态意识。她认为，在生态环境发生剧烈变化的当下，如何构建人类与自然环境的相处模式成为当下的热点议题之一。在这样的时代氛围中，注目 21 世纪以来的华人移民文学，发现有不少作者将写作的触角探入对生态问题的关注中，通过散文、小说等不同的体裁，呈现自己的观察和思考。陈河的小说《猹》、李彦的散文《大雁与乌龟》、朱颂瑜的散文《大地之子穿山甲》、袁劲梅的散文《父亲到死，一步三回头》、黄鹤峰的小说《西雅图酋长的谶语》等都蕴含很强的生态意识，涉及生态文学中的动物关切、人类中心主义批判等主题，提出了关于物种关系的新思考，也对现代性的生态悖论进行了反思，倡导生态整体主义，展现出 21 世纪以来华人移民文学所具有的超越性文学视野。③

生态散文是当代文坛最重要的文学类型之一，是关注生态环境的作家对生态危机作出的积极回应。陈想探析了台湾生态散文，认为在台湾生态散文中，自然永远是主体，是第一位的，人的主体性在很大程度上被消解了，进而呈现出“隐形化”的特征；科技被认为是环境污染、生态破坏的重要原因，呈现出“反面化”的特征。事实上，人的需要是一种本能，是生存发展的前提，是实现社会价值的基础；整个生态系统中的所有生物都是平等的，都有其独特的存在价值，既无所谓价值的大小，也无所谓等级的高低。虽然科技给生态带来了一定的危害，但它是一把“双刃剑”，也给人类生活和生态保护带来了福音。④

---

① 李张建：《“80 后”小说五大主题研究》，博士学位论文，吉林大学，2018 年。

② 桑东辉：《大山的女儿——李宽定早期文学作品中的生态女性主义探赜》，《山东女子学院学报》2018 年第 3 期。

③ 丰云：《自然中的人——论华人移民文学中的生态意识》，《东岳论丛》2018 年第 1 期。

④ 陈想：《台湾生态散文中的生态伦理探析》，《喀什大学学报》2018 年第 5 期。

除小说、散文外，生态诗歌也得到了探讨。王胜兰纵观我国当代生态诗歌的作品系谱，认为无论是主题意蕴上对于反生态伦理价值观的极力批判、对于绿色乌托邦的倾心构建，还是艺术特色上关于自然性、整体性、交融性、主体间性等具有生态伦理意识的审美原则，都极为鲜明地体现出我国当代生态诗歌以构建和谐生命共同体为价值依归的诗学精神和品质。由此论之，不管是从发生学和价值诉求的角度来考察，还是从文本现象进行判断，都可以得出同一种结论，就是我国当代生态诗歌本质上属于一种构建和谐生命共同体的生命诗学。因此，研究和阐释我国当代生态诗歌的诗学内涵，便具有现实意义。①

此外，电影作为一种流行媒介，其中所包含的生态伦理也得到了重视。如孙玮审视了中国生态电影的创作观念及审美意蕴。他探索电影文化与生态审美之间的关系：作为自然观念生发出的文化表征，生态电影如何完成对自然形象的建构，以及如何完成对人与自然关系的描绘；生态电影又是以何种方式在受众群体中完成审美表征的建构，从而展现人类文化中的生态美学意蕴。同时，生态电影对于生态之美的表达与建构，故事文本中人类与自然关系的描绘，又是以怎样的方式最终改变了人类生态观念的建构，从而影响人类文化的发展。他认为，21 世纪作为视觉文化与技术狂欢的时代，在信息文化和“互联网 +”的媒介环境之下，形象和影像开始主导受众的审美心理。而这一转变也颠覆了传统文化生活中被文字把持的阐释与表达功能。用文字体现的文学文本例如人与自然的关系、生态危机、生命存在之美，在电影呈现出的直观感受（视觉冲击与影像奇观）面前，变得自惭形秽。受众对生态电影的理解，意味着电影对生态思想的传递，更容易升华为受众个体的生态体验和审美享受。在观看过程中，电影的文化内涵投射于受众情感并引发共鸣，从而发酵潜意识中的生态主义情感。② 郭恒则探讨了少数民族影视作品，他认为，生态伦理关乎人类生存，体现人类对自然的认知态度。从远古走来，中华民族在改造自然的生产实践中摸索出属于自己民族的独特生态哲学。生态环保作为永恒的主题，在近年的影视作品里频频出现。在文本的影视化生产过程中，导演们将“原生态”作为审美的重要标准，尤其是在少数民族题材影视作品里，更是从细枝末节处去阐释对于生态伦理的理解。该文从生态伦理的视角，用技术和艺术的双重审美标准，研究了我国少数民族影视作品的生态价值观。③

对外国文学及艺术形式中的生态伦理探索也硕果累累。作为生态伦理重镇的《瓦尔登湖》及其作者受到了极大关注。倪铭英认为，19 世纪的美国正处于由农业时代向工业时代转型的阶段，面对充斥着拜金主义和享乐主义的工业社会，亨利・梭罗

① 王胜兰：《生命诗学的型构与阐释——论中国当代生态诗歌的价值现象》，博士学位论文，武汉大学，2018 年。

② 孙玮：《中国生态电影的创作观念及审美意蕴》，博士学位论文，西南大学，2018 年。

③ 郭恒：《生态伦理视域下我国少数民族影视作品研究》，《影视研究》2018 年第 2 期。

以超前的眼光预见了工业社会精神失落的后果，并毅然选择在瓦尔登湖畔度过为期两年的“与禽兽相伴，与飞鸟为邻”的农耕生活。《瓦尔登湖》一书便蕴藏着梭罗批判现实社会、回归自然的渴望和探索内心的呼吁。他强烈反对以牺牲自然的方式来发展经济以及用物质享受来代替精神进步的做法，深切地希望像守住瓦尔登湖那样守住人类的精神家园。梭罗呼吁人们勤劳节俭，褪去华丽的装饰，过质朴的生活，找回人类最本真的东西。人类与自然是生命共同体，梭罗认为改变人类心灵深处的价值倾向，可以提升社会风气，最后实现社会整体道德品质的升华，从而使人类自觉地承担起保护生态环境的职责。他呼吁人类减少对欲望的过度关注，将疲于奔命的时间用在思考人类应当如何正确发展、如何与自然和谐相处上，减少一些自己给自己的束缚，让肉体和精神共同回归自由。这种深刻的人性复归的生态思想对于我国的生态文明建设具有重要的借鉴意义，它可以使我们从物质的枷锁中解放出来，做大自然的旅居者而不是占有者，放慢脚步去探索内心深处的“瓦尔登湖”。[①] 乔婧认为，《瓦尔登湖》是19 世纪自然保护主义倡导者梭罗的经典之作，记录了梭罗远离世俗，在瓦尔登湖畔宁静、恬淡的时光里对自然的深刻思考，充满了生态智慧与人生哲理。在环境污染与生态破坏问题日益凸显的当下，重读这部作品，理解作者的生态伦理思想，对培育生态意识，推动生态文明建设具有重要意义。[②] 武云提出，梭罗是 19 世纪美国伟大的超验主义自然文学家与哲学家，与自然形影不离，相伴一生。在他所创作的文集中自然景象大都瑰丽雄奇、宁静致远、恬淡悠美，他对于人与自然之间关系的感悟与思考促使了早期生态伦理学的萌芽，在其文集中闪闪发光。[③]

其他美国作家也受到重视。马克·吐温的《哈克贝利·芬历险记》讲述了两位不同种族的少年在密西西比河上漂流的故事，密西西比河上和河流两岸居民的不同生活状态刻画影响了哈克贝利·芬的性格。郑璞玉认为，作者将众多的社会追求、自然追求以及人与自然和谐共处追求寄寓在了哈克贝利·芬的性格心理上，并借此批判了人性的贪欲。文章围绕生态伦理观的相关内容展开，分析漂流生活对哈克贝利·芬的积极影响和岸上生活对哈克贝利·芬的消极影响，以此来阐述生态伦理观在马克·吐温作品中的体现。[④] 王冬梅、黄驰对福克纳的作品进行了分析，认为福克纳对于以人类为中心主义的否定以及对生态自然环境的价值认定和自然回归声音的呼喊都与现代的生态主义伦理学的基本观点不谋而合。他们认为，福克纳对于自然的歌颂和热爱、对于人类重视自身利益而强夺的内疚之心以及对于融入自然、呼唤自然、保护自然的生态视野的伦理理念，都鲜明地体现了其具有前瞻性的生态伦理观，影响并且告诫着

① 倪铭英：《〈瓦尔登湖〉的生态伦理意蕴》，《南京林业大学学报（人文社会科学版）》2018 年第 3 期。

② 乔婧：《〈瓦尔登湖〉生态伦理思想探析》，《开封教育学院学报》2018 年第 9 期。

③ 武云：《梭罗的自然观及其生态伦理意蕴浅论》，《黑河学院学报》2018 年第 7 期。

④ 郑璞玉：《马可·吐温作品中生态伦理观的体现——以〈哈克贝利·芬历险记〉为例》，《内蒙古财经大学学报》2018 年第 3 期。

我们不要仅仅局限于自身的视角，要懂得扩大并且学会外在转化，成为关爱人与外部世界的生态主义哲学家。① 李常磊则将福克纳与莫言进行了比较。他认为，福克纳和莫言凭借各自虚构的文学王国表达了对自然的热爱和观照，阐释了自然的权利和作用，揭露了自然生态危机和人类的生存危机，展现了人与自然和谐相处的生态伦理理想和构建人类生态伦理共同体的创作取向。借助于福克纳与莫言在大自然的经历、对自然的看法、产生原因、主要内容和在作品中的具体表现，期望透视两位作家生态伦理思想中所包含的自然权利、生命价值、人与自然平等以及和谐共生的生态伦理共同体，为目前生态伦理学的研究提供更多的表现形式和实践例证。② 黄丽清则解读了《愤怒的葡萄》一书。她认为，从生态伦理视角解读《愤怒的葡萄》，有利于追问造成20世纪30年代美国南部大平原沙尘暴的历史原因——人类中心主义思想观念，贪婪的资本主义制度与文化，人与土地的异化，一战时美国独特边疆文化的影响；她提出应从生态整体主义观点出发，尊重土地伦理，实现生态平衡。③

英国作家也受到重视。刘富丽探讨了《呼啸山庄》艺术中的生态共同体。她提出，《呼啸山庄》在自然环境和社会环境的双重视域中描写人—自然—社会的关系，在表现由于伦理选择而形成伦理困境并进而导致伦理悲剧的同时，也表达了人的生命寓于自然，人的终极存在就是与自然融通的伦理诉求。作者艾米莉·勃朗特把书中的世界描摹成一个“人—自然—社会”构成的复合生态系统，其中人与自然亲密无间、协同进化的情形，真切地反映出人类的道德关怀向自然界扩展，人类中心主义通过微妙的辩证法扩大了边界。人—自然—社会三者错综交织，彼此隐喻，自然生态与社会生态交叠，小说《呼啸山庄》于是成为一个显性的生态共同体，其中不仅有爱恨情仇的伦理纠葛，也有呼之欲出的深层生态伦理自觉。这种生态自觉在艾米莉的诗歌中也随处可见，比美国生态学先驱利奥波德提出生态共同体的概念早了一百年。④ 蒋惠珍在生态伦理视域下解析了《德伯家的苔丝》中的人物悲剧，从与环境相关的人际伦理问题入手，翔实地分析了人物的生存空间、生存形式以及精神生态等方面对生态伦理学的背离。她认为，苔丝的悲剧典型地验证了生态伦理混乱造成的人类生存困境，人类本身和其生存空间的延续必须遵循生态伦理法则。⑤

① 王冬梅、黄驰：《福克纳的生态主义伦理观探析——评〈新时期文学中的生态伦理精神〉》，《中国教育学刊》2018年第2期。

② 李常磊：《神性与人性的和谐共存：威廉·福克纳与莫言生态伦理思想共性研究》，《济南大学学报（社会科学版）》2018年第1期。

③ 黄丽清：《〈愤怒的葡萄〉的生态伦理解读》，《江南大学学报（人文社会科学版）》2018年第2期。

④ 刘富丽：《自然叙事与伦理指向——勃朗特笔下的生态共同体》，《湖北社会科学》2018年第1期。

⑤ 蒋惠珍：《生态伦理视阈下哈代悲剧作品解读——以〈德伯家的苔丝〉为例》，《淮海工学院学报（人文社会科学版）》2018年第10期。

四　环保实践中的生态伦理经验总结和探索

实践领域同样也包括方方面面，但相对来说，主要集中在生态文旅、美丽乡村、企业社会责任、地方生态治理经验以及新型的科技领域的伦理问题等。

在生态文旅及美丽乡村方面，肖群忠、姚楠论述了行旅活动的伦理意蕴。他们认为，行旅生活经由步行时代、马车时代到现在的机动时代，逐渐形成了较为系统的行旅伦理，行旅活动中独特的伦理价值和意蕴通过行旅主体与自身、与他人、与社会、与自然等方面显现，分别为行旅的生命与德性意义、行旅人际伦理、行旅社会伦理、行旅生态伦理等。由此，可以将“行旅伦理”的意涵理解为：在人们的日常行旅生活中反映出来的、对个体的人格和人生塑造、人际交往和社会风尚有着影响的价值观念体系，以及行旅生活应当遵循的行为规范和良序美俗。行旅伦理对于主体自身的德性价值体现为：行旅活动有助于主体自然生命的健康和发展，有助于主体精神生命的促进和升华，有助于主体价值生命的追求和构建。[①] 李湘莹结合实际，研究了后沟谷村文化生态伦理与旅游发展如何协调。她认为，随着全域旅游的推进，生态环境对旅游发展的重要性越来越突出，良好的生态环境、独特的文化旅游资源都成为吸引游客前来的核心因素。后沟古村的古村落文明蕴含着丰富的文化生态伦理思想，但在旅游发展过程中依然面临着生态失衡等问题，迫切需要运用文化生态伦理来指导和规范人们的旅游行为，通过明确文化生态伦理与旅游发展的关系、重塑旅游利益相关者进行文化生态伦理观、建立一个良性的人与自然协调发展机制来实现人与自然、社会的和谐统一和可持续发展，以协调处理文化生态伦理与旅游发展关系。[②] 旦珍、尼玛则研究了藏区的生态。她们认为，近年来西藏旅游业飞速发展，进藏游客的数量逐年增加，旅游业在带动西藏经济发展的同时，也涌现出了许多不和谐的因素，其中包括游客的失范行为。这些行为不仅加剧了本地居民与游客之间的矛盾，也影响了西藏旅游业的可持续发展。要实现旅游业可持续发展，需要生态伦理来规范旅游者的行为。藏族生态伦理对规范进藏游客行为有着重要的借鉴和指导作用。[③] 张慧探讨了洱海周边的环境保护。她认为，当前洱海生态环境保护面临危机，很大一部分原因是当地村民的生态价值观在旅游热带来的利益面前有所改变。她深入挖掘了洱海周边传统生态文化的内涵，分析了当前生态文化在保护洱海环境的过程中存在的问题，并在此基础上提出加强生态立法、保护生态文化传承、多方参与共治的解决措施和对策，旨在从生

---

① 肖群忠、姚楠：《论行旅活动的伦理意蕴》，《伦理学研究》2018 年第 3 期。

② 李湘莹：《后沟谷村文化生态伦理与旅游发展协调关系研究》，《度假旅游》2018 年第 11 期。

③ 旦珍、尼玛：《基于藏族生态伦理的进藏国内游客行为规范研究》，《齐齐哈尔大学学报（哲学社会科学版）》2018 年第 9 期。

态文化的视角更好地保护和延续洱海的生态环境。[①]

“美丽乡村”是近年来的重点工程，但在实践过程中难免出现问题。唐晓岚、贾艳艳、包文渊就探讨了美丽城乡建设中的视觉污染问题及其对策。他们认为，美丽城乡建设是推动新时代生态文明建设、实现美丽中国的重要实践，而视觉环境能最直接地反映城乡建设的“美丽”程度。“视觉污染”是在城乡发展建设中产生的一种新型污染问题，是指不和谐景观对人们造成的不良视觉影响，不仅直接影响人们对城乡形象的视觉感受，而且潜移默化地影响人们的身心健康。近年来，过度商业化与城市化开发建设、文化克隆与歪曲城乡特色、管理部门抢夺利益与规避责任、背离社会生态伦理公德底线和缺乏科学的行业技术标准支撑等都是城乡建设中视觉污染的主要成因。美丽城乡的视觉环境建设需要坚持科学求真和形式求美并行、人文求善和寓教于景协同、整体环境和局部环境互动、近期建设与长期建设融合、自然景观和人工景观和谐的五大原则。从大力宣传美丽城乡的景观环境建设目标、加强政府和群众的视觉景观环境保护意识、规范专业层面的评价体系和设计标准、加强制度层面城乡视觉环境管理体系建设、加强对视觉污染行为的处罚措施等方面进行总体治理。建立有益于人类视觉欣赏的视觉环境，是美丽城乡建设和美丽中国建设的目标之一，也是实现人类生存环境可持续发展的目的之一。[②] 汪京序则对乡村振兴过程中的生态伦理进行了探索。他认为，乡村振兴需要坚持人与自然和谐共生，走乡村绿色发展之路。在乡村振兴实践中确立人与自然和谐共生思想、自然价值论以及生态系统整体性循环思维，努力促进乡村发展过程中生产方式和生活方式的绿色化转变。这对于我国农业农村坚持绿色发展导向，推动可持续发展，确保乡村振兴战略的顺利实施具有重要的理论意义和现实意义。[③]

在生态农业方面，毛维国、任凤琴审视了生态伦理观下的绿色农业发展。他们认为，在全球性生态危机面前，无论是人类中心主义、非人类中心主义，抑或是自然中心主义，都无一例外地关注着生态伦理的发展。生态伦理虽然表现为人与自然之间的关系，但归根结底是人与人之间的关系。因此，在绿色农业的建设中，要坚决贯彻“尊重生命、善待自然”的生态伦理原则，充分挖掘绿色农业中蕴含的生态意蕴，并彰显人类对于自然的道德责任，努力实现人与自然协同发展的目标。[④] 孙雯波、刘俊东则研究了农业与食物伦理。他们沿袭世界粮农组织提出的概念，认为在生态文明发展的大背景下，把农业和食物伦理理解为人类广义的农业生产及其产出、衍生产品构成的食物所涉及的关系人与环境、人与人、人与社会的伦理问题及伦理原则、规范

① 张慧：《生态文化视域下的洱海周边农村环境保护》，《西南边疆民族研究》2018 年第 25 辑。

② 唐晓岚、贾艳艳、包文渊：《美丽城乡建设中的视觉污染问题及其对策》，《南京林业大学学报（人文社会科学版）》2018 年第 2 期。

③ 汪京序：《乡村振兴的生态伦理维度探析》，《长白学刊》2018 年第 6 期。

④ 毛维国、任凤琴：《基于生态伦理观的绿色农业发展》，《社科纵横》2018 年第 6 期。

等。在全球化背景下解决食品安全“中国式难题”，从长远和根本上看，借鉴域外的教育理念、模式和方法，结合中国实际探索在全社会范围内开展生态文明视域下的农业和食物伦理教育十分必要，是面向生活的生命伦理和生态伦理实践，对确保人类健康和永续发展，促进社会稳定和谐意义重大。[①]

科技方面的突飞猛进也不可避免地带来生态伦理问题，因此这方面的研究也更为充分。陈首珠研究了环保技术中的生态伦理限度。她认为，中国古代哲人提出了系统的生态伦理思想，现代西方学者也提出了人类保护生态环境的理性生活方式，然而，现代技术的发展引起了诸多生态环境问题，发展环境保护技术成为人类协调经济发展与生态保护之间平衡的必然选择。尽管当代环保技术取得了快速发展，但其要不断接受生态伦理的考量，有些环保技术甚至被质疑“不环保”。人类应该重新审视环境保护技术的发展方向、方式及未来，发展符合生态伦理要求的环境保护技术。[②] 陈爱华则研究了现代科技伦理的应然逻辑。她提出，现代科技伦理的应然逻辑生成及其运作轨迹包括三个相互联系的环节：一是作为“特殊意志的善”，蕴含了现代科技伦理主体的生命德性意识觉醒。二是作为“特殊规定的善”，体现了现代科技伦理主体的意志自律。三是作为“善本身的规定”，构建引导和约束现代科技共同体集体行动和科技活动个体的认知和行为的道德自律与他律的现代科技制度伦理机制，以调控现代科技伦理主体集体行动，超越现代科技伦理悖论，自觉地在现代科技的发展进程中，实现“能做”与“应做”、道德责任与道德责任能力、理性选择与价值选择、自律与他律多元性的辩证统一。[③] 龙翔也讨论了技术伦理生态转向的逻辑必然性。他认为，技术主体是受到传统的人际技术伦理观的影响而设计出来的现代技术，具有明显的反生态性，它既是导致生态危机的根本原因，自身又存在无法解决环境问题的局限性。为此，技术伦理需要生态转向，形成和确立技术主体的生态伦理价值观，进而建构出合乎生态的技术，才能真正、有效地解决当前日益恶化的生态危机。就此而言，技术伦理的生态转向有其现实的逻辑必然性。[④] 詹秀娟则讨论了科技与伦理关系演进的生态指向。她认为科技成果带来的伦理难题把现当代科技发展抛入了悖论之中，让人类自身的发展遭遇了诸多困境。在对难题的不断沉思中，问题的核心导向了在生态视域内研究科技与伦理的关系。科技与伦理作为两个相异的因子，不是决定和派生的关系，而是相与的关系。伦理涵摄着人类总体文明的进步与和谐，科技建构着文明，两者在相与的关系维度内对话，在相互作用中相互发展，共同彰显出人类整体文明的进步与

---

① 孙雯波、刘俊东：《论生态文明视域下我国农业与食物伦理教育》，《中南林业科技大学学报（社会科学版）》2018 年第 2 期。

② 陈首珠：《论环境保护技术发展的生态伦理限度》，《华中科技大学学报（社会科学版）》2018 年第 3 期。

③ 陈爱华：《论现代科技伦理的应然逻辑》，《东南大学学报（哲学社会科学版）》2018 年第 3 期。

④ 龙翔：《论技术伦理生态转向的逻辑必然性》，《岭南师范学院学报》2018 年第 5 期。

和谐。[①] 陈多闻、何祖龄探讨了军事技术伦理。他们提出，军事技术的伦理价值在历史演变中呈现出生命伦理—生存伦理—生态伦理的逻辑框架。当今的军事技术伦理价值是一个综合话语体系，生命伦理是微观支撑，源自人类维持生命和保护生命的天然需求，最基本的问题就是生与死的问题；生存伦理是中观体现，就是国家或阶级以生存为目的所产生和建构的各种伦理关系，关系国家的尊严、自由和独立；生态伦理是宏观存在，是军事技术主体基于自身与周围的人、动物和大自然等环境之间的生态关系所持有的一系列道德观念，它将伦理的范围扩大到了非人的对象。[②] 此外，新兴的人工智能领域的生态伦理困境也得到了关注。王云、刘亚平认为，随着智能机器引发的社会恐慌和伦理道德问题，人们不得不反思自身。为了人类和其他生物的可持续发展，面对人工智能发展中的生态伦理困境，基于马克思主义生态思想对其困境进行成因分析或将受到些许启发。[③]

基因编辑作为热点问题，也得到了探讨。曹顺仙、周以杰认为，近年来人类基因编辑的进展引发了一波又一波关于基因编辑的伦理论争。这种伦理论争实质是对高新科技时代人之所以为人的伦理审问，它既包含着对人与自我、人与人、人与社会、人与自然之间关系互作的全面反思，也包含着基于新的科研进展对世界观、人生观、价值观重构的探索，包含着代内、代际和种际道德正义的整体思考，包含着对未来人的生产和再生产乃至自然和经济社会再生产方式颠覆性转型的深层价值追问。针对人类基因编辑研究和应用对象的复合性以及人类基因编辑伦理问题的交叉性、耦合性和差异性，为克服当下在人类基因编辑问题上显现的共识失灵、伦理失范、法律失守问题，作者尝试提出以复合生态系统思维回应伦理学分支学科因“小 S”化而难以有效应对复合性伦理问题的挑战，以一种复合生态伦理整合相关伦理学分支学科的理论优势，确保伦理学在面对复杂性、复合性、不确定性伦理问题时能拧成一股绳，充分发挥同向同行的软约束力量。[④]

中医、现代医学以及医药企业的社会责任，都直接与生命伦理及生态伦理相关，与此相关的研究随之展开。宋铮、郑晓红认为，中医自然观是在实践中形成的对自然和生命的总体性认识，认为气是自然的本体，同时还是中医自然观所包含的自然认识论的认识方法、自然价值论的价值评价标准、自然伦理观的伦理载体，气决定了中医自然观的非结构性质，是中医学的特色和优势。因此，中医自然观在当代具有重要的

① 詹秀娟：《科技与伦理关系演进的生态指向》，《河北民族师范学院学报》2018 年第 2 期。

② 陈多闻、何祖龄：《军事技术伦理价值的三重形态》，《长沙理工大学学报（社会科学版）》2018 年第 4 期。

③ 王云、刘亚平：《人工智能技术发展中的生态伦理困境和启示》，《长沙理工大学学报（社会科学版）》2018 年第 4 期。

④ 曹顺仙、周以杰：《一种复合生态伦理何以可能——基于基因编辑婴儿的伦理审问》，《南京林业大学学报（人文社会科学版）》2018 年第 4 期。

医学价值、科学价值、生态价值和文化价值。[①] 何裕民认为现代医学本质上是建立在"科学合理"模型上的"干涉主义"。此外，还存在"自然合理"模型。后者遵从自然，讲究"无为而治""以平为期"，此价值尺度基础上的有利原则也是临床需重视的。尤其在慢病及复杂性疾病的应对中，更值得吸取。他进一步指出当今临床既需重视科技之力，更应敬畏自然之势，且应善于"顺势而为"，并强调现代生命伦理需适度拓展，包括吸纳生态伦理的一些精华。[②] 苗泽华研究了生态伦理视角下的制药企业社会责任建设。他认为，制药企业生态伦理建设不仅关系人民群众的生命与健康，还关系制药产业的健康、持续与和谐发展。药企伦理建设的实质是制药企业作为复合生态系统的基本单位，切实承担起维护利益相关者的利益和保护生态环境的责任。制药企业作为社会公民，承担着道义、责任与使命，需要树立"良心、良知、良能"等良善价值观。因此，制药企业应该树立生态伦理与社会责任意识，从而形成"认知→感化→接受→自觉"的社会责任推进模式，促进我国制药业的良性、健康、持续发展。[③]

在地方治理上，陈肖飞、郭建峰、姚士谋以长三角城市群为研究对象，通过分析新型城镇化和生态环境承载力的主要指标，构建耦合协调模型，计算 2010—2015 年新型城镇化和生态环境承载力耦合协调度，在大地伦理观指导下基于主体功能区规划研究了两者协同发展的机制。他们在利奥波德大地伦理指导下，提出了促进新型城镇化与生态承载能力协同发展机制，为建构新型城镇化与生态承载能力的协同机制提供一个新的理论视角。[④] 陈亮探讨了兰州市的绿色消费模式。他提出，兰州市生态环境脆弱、自然条件恶劣，环境承载力有限，是一个以工业发展为主的重工业城市和典型的资源型城市。在建设"美好兰州"进程中，在生态伦理视域下思考兰州市绿色消费模式的构建是推进绿色发展崛起的一个突破口。文章依次对绿色消费与生态伦理之间的关系、绿色消费模式构建中的制约因素以及路径选择三个维度进行了分析，并从消费者、企业、政府三个角度提出了相关建议以供参考。[⑤] 张钰探讨了河西走廊的生态治理。河西走廊位居我国西北边疆甘肃省的西部，水资源极度贫乏。她认为，河西走廊多元协同的生态治理是将人与自然的和谐共生作为实践指向，遵循有机整体主义的统合理念、人与自然互不相胜的统合理念及可持续性的新发展理念，自始至终把人与自然的共生权益统摄于生态治理的全过程。在新时代社会主义生态文明建设的背景下，河西走廊的生态治理需要新发展理念引领实践，创新发展和协调发展为生态治理

① 宋铮、郑晓红：《气与中医自然观》，《中医杂志》2018 年第 6 期。

② 何裕民：《"自然合理"视域下生命伦理"有利"原则之再审议》，《中国医学人文》2018 年第 8 期。

③ 苗泽华：《生态伦理与利益相关者视角下制药企业社会责任建设》，《技术经济与管理研究》2018 年第 3 期。

④ 陈肖飞、郭建峰、姚士谋：《长三角城市群新型城镇化与生态环境承载力耦合协调研究：基于利奥波德的大地伦理观思想》，《长江流域资源与环境》2018 年第 4 期。

⑤ 陈亮：《生态伦理视域下兰州市绿色消费模式的构建》，《改革与开放》2018 年第 19 期。

提供不竭动力和根本保障，开放发展为生态治理提供有利条件，绿色发展本身就是生态治理的实践逻辑，而生态治理的最终归宿是实现优良生态和美好生活的自觉耦合，共享发展的成果。① 褚章正探讨了北极治理以及中国的国家参与意识。他认为，创造北极环境治理的公共价值需要以正义、公平、开放、效率、可持续和生态理念为基本原则。北极环境变化对中国造成了多元化的影响，中国的生态安全、经济安全、能源安全都因北极环境变化而面临重大威胁，中国是北极环境问题的重要利益相关主体。虽然原则上北极环境问题的利益相关主体都应是北极环境治理公共价值创造的合作伙伴，但是只有具有一定贡献能力的主体才能在北极环境治理的公共价值创造中发挥作用。目前，中国在公共资源供给、科学考察与研究、生态文化与文明建设等方面都可以对北极环境治理作出重要贡献，因而对北极环境治理的公共价值创造需要中国的参与。②

法制观念与伦理道德相辅相成，因此生态法治也得到了研究。徐翔探讨了生态环境的刑法保护路径。基于对生态伦理学的理解，联系当前我国生态环境破坏中的水生态、生物生态以及土地生态的问题，再通过比较分析域内外刑法调整生态环境问题的历程，他提出要突出刑法作为法律保护的最后防线对生态环境保护的必要性。为此，在综合考量生态伦理的情况下，提出刑事立法的生态伦理价值建构、以生态环境为中心的刑事立法态度与确立生态法益在刑法中的独立地位三步并进的刑法保护新路径。③ 徐燕飞、余贵忠认为，作为中华民族多元生态法文化的内在组成部分，贵州少数民族传统生态法治理念不仅是贵州建设国家生态文明法治建设示范区的本土资源和智慧源泉，更与当代的生态法治思想不谋而合。基于我国生态文明法治构建的困境，在阐释贵州少数民族传统生态法治理念的基础上，他们从生态伦理、社会优位、生态法治三个方面对贵州少数民族传统生态法治理念对当代生态文明法治的借鉴意义进行了探索和思考。④

此外，高一波探讨了外卖对生态环境的影响。他认为，随着互联网时代的到来，通过网络移动端订餐逐渐在日常生活中兴起，借助餐饮品类多和免费送达宿舍等优势，外卖进大学校园已是屡见不鲜。但在享受外卖带来便利的同时，大量的餐饮垃圾造成了资源浪费和环境污染等问题。该文探究了大学校园外卖订餐现象对生态环境的影响，并提出相应的解决措施，为建设绿色生态环境与可持续发展提供一定的参考借鉴。⑤ 李华明探讨了“河长制”的实施。他提出，实施“河长制”是

---

① 张钰：《生态共同体视域下河西走廊生态治理研究》，博士学位论文，陕西师范大学，2018 年。

② 褚章正：《北极环境治理及其中国参与研究——基于公共价值管理理论的探讨》，博士学位论文，武汉大学，2018 年。

③ 徐翔：《生态环境的刑法保护路径》，《重庆社会科学》2018 年第 2 期。

④ 徐燕飞、余贵忠：《生态法治视域下贵州少数民族传统生态法治理念及其当代价值》，《西华大学学报（哲学社会科学版）》2018 年第 1 期。

⑤ 高一波：《探究大学校园外卖订餐现象对生态环境的影响思考》，《环境与发展》2018 年第 5 期。

新时期治水实践的重大举措，是政府层面推进生态文明建设的有效手段，是符合水的自然规律的管理方式。要使“河长制”取得真正的成效，必须夯实全社会珍惜水、爱护水、保护水的水伦理意识，包括政府、企业、社会公众等三个层面的生态伦理意识。①

绿色消费是当前的重要热点。改革开放以来，我国的经济得到飞速发展，人们的物质生活水平得到很大提高，但随之也出现了自然生态环境的破坏等问题。张晓双从绿色生活方式的角度，研究了绿色消费与生态文明如何协调的问题。她的研究主要分为三部分：第一部分讲述绿色消费的产生和发展，包括消费与文明的概念、消费与文明的演进过程、绿色消费模式的起源和发展；第二部分讲述绿色消费的伦理学解读，包括绿色消费的内涵和本质、绿色消费的伦理学解读（资源观、权利观、价值观、发展观、公平观、幸福观）；第三部分讲述绿色消费模式的实施和推广。② 古璇则对生产性消费的伦理进行了研究。她认为，关于生产性消费的伦理研究主要围绕理论和实践两个维度展开。理论维度，对存在于生产性消费中“资本逻辑”的反生态性进行理性反思，认为生产性消费伦理应体现敬畏自然、保护生态的特质，即适度性、整体性和可持续性的原则；具有全局意识、长远规划的构架，即循环经济、再生资源产业和绿色消费的实践模式。实践维度，从道德主体的塑造与生产性消费伦理的构建两方面展开。一方面，对企业、政府和个人这三个层面的生产性消费道德主体深入分析：与生产消费环节联系最紧密的企业，在实现利润最大化的生产和追求自然环境的生态效益之间如何进行正确的价值认定、利益取舍并塑造企业伦理文化很重要；在整个社会生产消费活动中承担思想引领和道德规范的政府，如何自我定位、如何有效协调各经济活动主体之间的利益关系，并在全社会倡导发展绿色生态消费伦理是关键；作为微观层面直接行为个体的个人，在实践中形成对自身与自然关系的正确道德认识，并使行为顺应人与自然的和谐之道，这是生产性消费活动符合伦理、契合道德规范的最直接因素。另一方面，通过道德教化规范生产性消费行为，实现道德主体从经济理性向生态理性的转换，在全社会形成生态文化认同，并依靠伦理制度和法律制度的有效规范，使得生产性消费活动呈现正确的价值引领和伦理向度，以此构建既促进生产发展又符合生态效益的生产性消费道德规范与伦理秩序。③

五　民族文化及民俗中的生态伦理

我国疆域辽阔，因此很多民族也形成了具有自己特色的生态伦理思想。古春霞探

① 李华明：《实施“河长制”需要唤醒全社会环境伦理》，《湖南水利水电》2018 年第 6 期。

② 张晓双：《绿色消费与生态文明：绿色生活方式的伦理学解读》，中国纺织出版社 2018 年版。

③ 古璇：《生产性消费的伦理研究》，博士学位论文，东南大学，2018 年。

究了萨满文化中的生态伦理。她认为，萨满文化具有多方面的文化价值。它是一种边缘化的文化形态，也是一种充满神秘灵韵的民间信仰，更是透视、了解北方民族文化的一个窗口和媒介。萨满文化凝聚着先民对自然及人类自身的认知，信奉萨满的先民尊重自然及各种保护生命，并通过移情的作用，将自然人格化，让人与自然万物和谐共处、相互依存，体现了一种朴素的生态伦理观，对于今天的生态环境保护具有重要的借鉴意义。①

丹曲探究了羌族的生态伦理观念。她认为，羌族传统的生态伦理观念体现了人类生存的智慧，也是人们注重对自然的利用和保护，尤其是万物有灵的观念，彰显了羌族与自然平等相处、相互依存的密切关系。羌族在历史的发展过程中，虽居住的地域不同，传统的生态伦理观念却相通，对人们的生产生活实践、处理人与自然的关系和传统文化的继承发挥了举足轻重的作用。②

余贵忠、徐燕飞探讨了水族的生态伦理观。他提出，贵州省三都水族自治县现今的生态人文概况，体现了水族传统生态价值观对水族地区生态环境保护作出了杰出的贡献，确保了当地生态系统的稳态延续。他们以水族传统村落、水族歌谣、水族马尾绣、水族生态博物馆、水书等文化事象为切入点，对水族传统生态价值观的多样化表达展开论述，阐释了其所蕴含的生态伦理智慧，有助于破解当今少数民族地区环境法治的难题和生态发展的困境，为建设美丽中国提供新的思路。③

藏区也得到了较多的研究。张辉、吴柔认为，滇西北藏区属于我国的生态脆弱区，生活在当地的民众利用其生存智慧，发展出一套独特的生态伦理思想，成功解决了当地社会中族群繁衍与环境保护之间的矛盾。他们通过对滇西北藏族地方社会和民族传统文化中生态智慧的认识，有助于理解当下社会环境危机的形成并制定正确有效的治理策略。④ 曾仁利则以西藏自治区扎囊县扎西林村为例，研究了西藏中部农村生产与生活的生态文化。她认为，西藏中部地区生态环境脆弱，农村长期面临着农业生产缺乏肥料、畜牧生产缺乏饲料和日常生活缺乏燃料，这是西藏中部的“三料”问题。她主要以西藏中部地区扎囊县扎西林村民生产与生活为研究对象，微观、具体和系统地记录扎西林村物质生活资料的生产与利用情况。最后她认为，西藏中部地区村民在与土地、作物、草植、牲畜、林木等互动过程中，认识自然，遵从自然，创造了一系列与当

① 古春霞：《灵魂深处的吟唱——北方少数民族萨满文化中的遗韵价值研究》，《贵州民族研究》2018 年第 10 期。

② 丹曲：《试论羌族的生态伦理观念》，《青海民族大学学报》2018 年第 4 期。

③ 余贵忠、徐燕飞：《水族传统生态价值观的多样化表达及其当代价值——以贵州省三都水族自治县为例》，《贵州警官职业学院学报》2018 年第 6 期。

④ 张辉、吴柔：《环境危机时代人与自然关系的重新审视——基于滇西北藏区的民族志研究》，《生态经济评论》2018 年第 7 辑。

地自然环境高度适应的生产技术，对生态环境的保护起到了重要的作用。①

还有学者探究了少数民族体育事业与生态伦理的关系。如郭震、王光运用文献资料法、访谈法，探讨桂北少数民族传统体育发展的生态伦理特点。他们认为，桂北少数民族地区传统体育具有回归自然、天人合一，团结互助、民主公平，尊老爱幼、升华自我等生态伦理特征。② 刘明军、吴明华、陈金鳌则认为，少数民族传统体育在其历史发展进程中承载了少数民族人民对自身，对人与人、人与社会、人与自然的独特思考。而生态伦理作为人与自然的道德规范，在生态文明建设中必将促进民族传统体育的生态化发展。他们从文化发展角度对体育生态伦理进行阐释，从新的视角对传统体育现代功能进行深度挖掘，能够促使人类对自身自然生态状况进行重新审视，继而从身心双修的视角对自身的体育行为作出科学抉择。③

六　生态伦理观念教育实践

随着生态伦理的重要性日益凸显，生态伦理价值观念的教育也是当前的重点研究领域。吴美琴以《生态伦理学》教学为基础，探讨了案例式教学法。她认为，《生态伦理学》这一生态道德教育类的课程是高校公共基础选修课，缺乏贯穿整个课程的案例资源，她从选取合适的教学案例、组织学生对案例进行研讨、对案例教学进行恰当的评价总结、建立合理的案例教学考核体系四个方面入手，对生态伦理学这门课程进行了案例式教学的应用与探索。④ 吴金锋分析了当代学生生态文明观教育，认为生态文明观建设不仅是新常态下时代发展和国内外形势驱动的顺应选择，而且是推进学生全面发展和增强国家竞争力的必然要求。政府和学校理当加强顶层设计和制度建设，革新教学内容和教学方式，增加感恩教育，助推生态文明观教育在校园内强根固本。⑤

邓琴则考察了语文教育与儿童生态观的培育。她认为，在语文教学中融入生态观，能够更加有效地培养学生的环保意识，并为其一生的成长提供帮助。优秀的作品能够对学生生态观的培养起到重要的教育、引导和强化作用，语文教育能够有效地提高学生的认识能力、沟通能力和表达能力。教师通过语文教学，借助优秀作品，向学生深刻揭示人与自然的整体性、和谐性的客观规律，不但有助于提高学生的语文学习和应用能力，也有助于培养学生良好的生态观。这对语文教学有益，对学生成长有

---

① 曾仁利：《西藏中部农村生产与生活的生态文化研究——以西藏自治区扎囊县扎西林村为例》，博士学位论文，西南民族大学，2018 年。

② 郭震、王光：《桂北少数民族传统体育发展的生态伦理思考》，《体育文化导刊》2018 年第 7 期。

③ 刘明军、明华、陈金鳌：《少数民族体育生态伦理的文化渊源与价值拓展》，《贵州民族研究》2018 年第 9 期。

④ 吴美琴：《案例式教学法在〈生态伦理学〉教学中的应用与探索》，《科技视界》2018 年第 35 期。

⑤ 吴金锋：《当代学生生态文明观教育论析》，《教学与管理》2018 年第 3 期。

益，值得借鉴和推广。[①]

当代大学生的生态伦理教育受到较多关注。刘梦认为，生态伦理道德培育首先要进行关于生态伦理道德、生态伦理道德培育的相关概念分析，并指出其所包含的教育内容；其次，在此基础上，分析当代大学生群体；最后，他提出了一些针对大学生群体切实可行的、提高生态伦理素养的具体有效途径。[②] 耿品认为，高校作为培养科技人才的主阵地，加强高校生态伦理教育是生态环境改善过程中的重要工作。面临发展力不足等问题，高校生态伦理教育需要通过课程改革设置、高校行政与教学共同努力，改善现状，推进发展。[③]

七 中外生态伦理思想探索前沿

生态问题是当前的全球性问题，因此受到中外各国的共同关注。不仅注重实践等多个层面，理论方面的探讨也必不可少。海洋生态是近代以来国家安全与经济发展的关键，梁纯生探讨了海洋生态问题。他认为，海洋生态和海洋资源的可持续开发与管理，是一直被关注的问题。他的《海洋的德性》一书从伦理学角度对此进行了深入的探究，包括海洋意象中的神性、父性和母性，海洋意象的道德意蕴等，作者认为要构建一种求内务外的海洋伦理，基本条件应包括尊重海洋自身的特性、人类共同价值的支撑、规范本身的不断健全和完善等。[④] 曹顺仙则探讨了水的伦理生态哲学。他从生态、哲学、伦理和历史等相关学科对当代水伦理的生态哲学基础进行了较为系统的研究，包括水伦理的理论形态、思维方式、自然观、德性论、价值观、水伦理与中国的水利实践等，探讨了支撑人水和谐的水伦理的生态世界观所内含的思维方式、自然观、价值观、道德观和实践依据，揭示水伦理产生和发展的历史合理性及其与时代精神的内在逻辑自洽，为建设水生态文明和走向海洋时代提供伦理支撑。[⑤]

在理论探索方面，诸多学者首先进行了概念辨析，以及对生态伦理内部所包含的对象与关系以及发展趋势等进行争鸣。如黄秋妹对生态伦理问题进行分析，她认为，生态问题出现于农业社会时期，凸显于工业社会时期。工业技术的发展，生态保护意识的薄弱，导致各国为了发展经济而不顾生态环境的恶化。她提出，解决全球生态问题要树立生态的思维方式；制定生态保护制度，建立生态的生产方式和消费方式等。[⑥] 张彭松探讨了生态伦理与环境伦理的概念差异。他认为，一般而言，“生态伦

① 邓琴：《语文教育与儿童生态观的培育》，《语文建设》2018 年第 14 期。
② 刘梦：《当代大学生生态伦理道德培育研究》，《三门峡职业技术学院学报》2018 年第 1 期。
③ 耿品：《论高校生态伦理教育》，《理论观察》2018 年第 8 期。
④ 梁纯生：《海洋的德性》，中国社会科学出版社 2018 年版。
⑤ 曹顺仙：《水伦理的生态哲学基础研究》，人民出版社 2018 年版。
⑥ 黄秋妹：《生态伦理问题浅析》，《科技创新与生产力》2018 年第 2 期。

理”与“环境伦理”这两个概念可以交替使用，但实际上存在较大差异。严格说来，“环境伦理”这一概念局限于“现代性”道德的伦理框架内，表面探讨人与自然之间的关系，而最终归结为人与人之间关系的社会伦理。而“生态伦理”概念更适用于超越“现代性”道德的伦理观念变革中，突出强调人与自然的伦理关系。生态伦理与环境伦理的差异，并不是语言上的变化，而是实质性的转变，从“派生意义”上的附属价值走向从“根本意义”上对自然的尊重。① 此外，他还从宏观上进行了探讨。

他认为，从工业文明向生态文明的历史演进，不只是政治与经济的具体形态转变，也需要伦理观念的变革作为思想启蒙和文化先导。生态伦理思想就承担着这一文明形态转型的历史使命而发挥着思想启蒙和文化先导的作用。目前的生态伦理研究往往陷入自然中心主义与人类中心主义的两难处境，一个重要的原因在于没有直面现代的道德价值观，尚未真正触及“现代性”道德的核心问题。恰恰是“现代性”道德的意识形态逻辑使原本具有整体有机论意味的生态伦理思想分裂为自然中心主义与人类中心主义的截然对立，失去了保护自然的道德合理性根据与道德实践的现实诉求。走在文明的转折点上，生态伦理研究需要引入乌托邦视角。在生态乌托邦思想的指引下，走出“现代性”道德的意识形态窠臼，走向超越与整合的生态伦理，在某种意义上发挥生态文明的启蒙价值、思想动力和实践的力量。②

在生态伦理内部各种关系方面，李勇探讨了生态中心主义和人类中心主义的关系。他认为，人类中心主义与生态中心主义尖锐对立的症结在于两种立场背后思考方法的差异。人类中心主义立论的基础乃是实然，即人类目前所处的实际状况；生态中心主义的立论基础则是应然，即人类应该具有的立场与生存状态。生态中心主义应该在人类如何使用自己的智能满足自己的何种需求方面，与人类中心主义展开对话。护生是人类由实然处境到应然理想的纽带。护生作为理念，在人的意识之中增加了生态伦理的道德之维；作为一种行为，它把人的善心扩大到自然万物，以主动参与的方式维护生态系统的平衡与和谐。从护生的角度看待二者之争，护生理念把问题的讨论引导到生态伦理的更高境界之中。人的高贵不在于其有技术手段可以统治其他物种，而在于其有道德意识去呵护其他物种。③ 李蕙岚、孙道进、李勇强探讨了“自然价值论”问题。他们认为，自然有无价值、有什么价值，一直是生态伦理学争论的焦点或热点问题；“自由的自觉的活动”即劳动或实践，是人与自然从“分殊”走向“统一”的基础或桥梁；它为终结自然价值论的纷争与对抗，提供了马克思主义的“历史解释原则”。④ 王云研究了生态与伦理的融合问题。她认为，在生态问题日益严峻的

① 张彭松：《生态伦理与环境伦理的差异及其实质意义》，《理论界》2018 年第 11 期。
② 张彭松：《生态伦理何以需要生态乌托邦》，《深圳大学学报（人文社会科学版）》2018 年第 4 期。
③ 李勇：《护生：生态中心主义与人类中心主义的统一》，《鄱阳湖学刊》2018 年第 2 期。
④ 李蕙岚、孙道进、李勇强：《自然价值论的分殊与超越》，《自然辩证法研究》2018 年第 4 期。

情势和道德伦理的考量下人类不得不面对自身造成的后果。从中西方丰富的伦理思想中挖掘时代的精华——生态伦理，这是人类在生态危机中对人与自然关系的重新认识。生态伦理学是对新时代人与生态环境关系的哲学表达，目的不仅是为化解生态危机注入生命力，更重要的是达成人与自然共生共荣的愿景。将生态伦理理念融入新时代建设，是历史和人民的选择。① 杨玲则从另一角度论述了进步带来的生态危机。她认为，人的主体性实践活动使人的自然器官的功能日益得到延伸与扩展，创造出了如法术一般的生产力，人类凭借技术的力量给自然界打上自己的印迹，并确立了人在自然中的主体地位，极大地推动了人类文明的更迭与进步；但是，进步的步伐日益把人与自然界相隔离，使人类丧失了赖以安身立命的真正家园。自在自然变为异己自然、人化自然、“为我”的自然，生态问题衍生逐步导致生态危机。返回自然、返璞归真与寻找家园成为现代人的呼声。生态危机是在社会进步过程中人类不合理行为引发的问题的累积爆发，要实现危机与文明和进步的和解，推动人类文明的生态转向，必须克服“自我中心主义”实现人与自然的和解、人与人的和解；必须在发展中克服资本逻辑，普及生态伦理。②

绿色发展理念也得到了进一步阐释。刘湘溶、曾晚生认为，绿色发展理念对于中国需要什么样的发展、应当如何发展提供了价值参照。党的十九大报告特别强调人与自然和谐共生；人与自然是生命共同体，人类必须尊重、顺应、保护自然；绿水青山就是金山银山的理念。在绿色发展理念体系中，人与自然和谐共生理念处在最高层面与核心地位，为秉持、坚守、弘扬该理念，必须搞清和谐共生的自然机理，把握人类主体利益的整体性，对生产力作出新的理解。③ 朱凤琴、齐琪则在绿色发展理念下审视传统文化。他们认为，绿色发展就是要在发展过程中实现人与自然和谐共生。他们通过发掘、整理安徽传统生态文化思想资源，从“天人合一”的生态整体思想、生态平等的生态伦理思想、“取用有节”的生态保护思想、“以时禁发”的环境管理思想四个方面加以探析，论述这些思想为推进绿色发展和生态文明建设所提供的重要历史借鉴意义，以及在创新性发展实践中所蕴含的时代价值。④

也有学者探讨了生态情感、生态文化以及生态伦理的基础等问题。如高山提出，荒野在西方是与内在价值和国家公园这两个概念密切相关的。国家公园体系中所强调的荒野保护是以荒野具有内在价值这一环境伦理价值观为基础的。这一伦理基础受三大哲学流派的影响：以爱默生为代表的超验主义；斯宾诺莎的自然观和康德的义务论伦理思维模式。中国哲学对情感的强调使之形成了一种注重关系的思维模式，而荒野因为在这一思维模式的框架之外并不具有道德地位。中国建立环境伦理理论不能从荒

① 王云：《新时代生态与伦理的有机融合》，《西南科技大学学报（哲学社会科学版）》2018 年第 4 期。
② 杨玲：《进步与生态危机——基于人的主体性的视角》，《临沂大学学报》2018 年第 4 期。
③ 刘湘溶、曾晚生：《绿色发展理念的生态伦理意蕴》，《伦理学研究》2018 年第 3 期。
④ 朱凤琴、齐琪：《绿色发展视域下传统生态文化探析》，《林业经济》2018 年第 11 期。

野具有内在价值这一西方的环境伦理价值观出发，而应以生态情感这一核心概念为基础。[①] 王冠文审视了生态文化。他阐述了生态伦理的相关概念，包括生态伦理的概念及产生背景、内涵和要求以及其价值意义。通过生态文化的伦理呼唤，概述了生态伦理对生态文化的研究意义。最后他从伦理角度提出生态文化如何建立正确的伦理新思路、如何建立和谐生态伦理。[②] 谢建华则探讨了生态伦理的基础。他认为，生态伦理颠覆了传统人类视域内的道德关系，将道德概念扩展到了人类与非人类的自然世界。人类中心主义者往往认为只有人类才具有意识，才具有内在价值。各种非人类中心主义据此进行反驳，并提出各自的主张。这些生态伦理流派经常依据传统自然主义理论进行论证，它们既没有超越中心主义的局限性，也没有给予论证对象坚实的内在价值。新兴的意识外在主义理论与道德扩展的进路相吻合。它们组成的意识道德扩展可以作为生态伦理的新自然主义基础。意识的外在主义有具身认知、延展认知、嵌入认知与生成认知等几种新形式，它们将意识的广延由人类的大脑扩展到人类所属的身体和外在的自然环境当中。以这些理论为基础，能够对人类的意识进行有效的自然化建构，也能对自然进行有效的意识化建构。这样削弱物质与心灵的主客二元分化，可建立整体主义的意识观，为生态道德的扩展提供有效的本体承诺。[③]

此外，对于西方生态伦理思想的研究有着较大突破。王国聘等系统梳理了西方生态伦理思想的形成、演进和主要理论形态，内容涵盖西方生态伦理思想产生的文化土壤、科学基础、实践动因、敬畏生命和生物中心伦理思想、动物伦理、整体主义生态伦理、生态神学生态伦理思想和激进主义生态伦理思想等方面。[④] 倪梁康探讨了约纳斯的生态伦理思想。他认为，约纳斯提出著名的“责任原理”和“责任伦理学”，其思想背景便是由他的现象学理论基础以及他的“二战”经历所构成。这一思想与胡塞尔晚年提出的危机问题遥相呼应。事实上，海德格尔的技术问题思考、胡塞尔的科学问题思考、约纳斯的生态问题思考，都代表着 20 世纪哲学警告并抵御自然科学技术无节制发展的重要思想动机。[⑤] 步蓬勃探讨了马尔库塞的生态伦理思想。他从“异化—反抗—超越”三个层面（建构逻辑），“政治—生态伦理”“科技—生态伦理”“自然—生态伦理”“审美—生态伦理”四个向度（伦理内容），“生态危机—异化批判—探寻根源—谋求超越—阐明价值”五个问题（思想铺陈）展开马尔库塞生态伦理思想的整体性研究。作为发达工业社会的目击人，马尔库塞洞察现代性的物化与技术工具化的直接后果——生态危机。在科学—技术—工业—商业—军事庞大体系的支

---

① 高山：《建构中国本土化环境伦理理论的生态情感进路》，《道德与文明》2018 年第 2 期。

② 王冠文：《生态文化的多维审视及建构研究》，博士学位论文，大连海事大学，2018 年。

③ 谢建华：《论生态伦理的新自然主义基础》，博士学位论文，山西大学，2018 年。

④ 王国聘、曹顺仙、郭辉：《西方生态伦理思想》，中国林业出版社 2018 年版。

⑤ 倪梁康：《在现象学—本体论与生态学—伦理学之间 ——约纳斯与胡塞尔、海德格尔的思想联系》，《学术研究》2018 年第 1 期。

配下，人的异化、自然的异化、人与自然关系的异化已成为现实的重大问题。由此马尔库塞转向伦理向度的生态批判，反抗被“量化”“客观化”“祛魅”了的生活世界，试图通过生态向度的伦理重建，激活人原初的、生动的、鲜活的感受力，在审美意义上超越此在“非本真的存在”状态，对发达工业社会理性结构错位、道德意识结构倒错进行矫正，在人类生存单元的道德层面突出自然对人类的价值，恢复生活世界的意义，消除观念世界和生活世界的分隔，使人重回与自然和谐共生的诗意栖居状态。[①] 黄雯怡关注了西方动物伦理问题。她从生态学视角对西方动物伦理的发展历程及其代表性思想进行了解析，特别是从物种和生态系统的角度分析了现有西方动物伦理理论面临的理论和实践困境，展望了其未来发展的走向，初步提出了生态学视域下动物伦理理论和生态友好型动物保护模式的构建设想，并在比较、借鉴的基础上提出了改善我国动物保护现状的措施建议。[②]

陈慧莲关注了美国现代人物德里罗的生态伦理观。她认为，德里罗后现代社会生态观的核心是反科学，即反对滥用科技，反对以科技的名义掠夺和破坏自然，控制社会政治经济乃至操纵个人的精神生活。德里罗认为，科技被社会运行机制操纵，直接或间接地对个人、社会和自然构成暴力和伤害，是人类生态危机的真正根源。德里罗谴责以高科技的手段无限制地攫取自然资源，认为自然生态危机实际上是人对自然实施的暴力。他主张将人类的生活置于自然的极限之内。[③]

对国外最为前沿的生态伦理思想的译介也有进展。如俄罗斯伽·柳比莫娃《西伯利亚新型宗教教义中的生态伦理原则》一文得到翻译。作者以西伯利亚不同地区收集的田野资料为基础，分析20世纪90年代普遍存在的新型宗教活动的特点。作者认为，“新时代”宗教对生态问题给予特别关注，这一问题的解决被认为是全人类赖以生存的最重要的条件。西伯利亚农村作家的创作是西伯利亚新型宗教出现的思想前提。作为社会乌托邦的现代形式，新型宗教活动回应了社会需求，为解决一系列道德与生态问题开辟了新的途径。[④]

① 步蓬勃：《马尔库塞生态伦理思想的现代性阐释》，人民出版社2018年版。

② 黄雯怡：《生态学视域下的西方动物伦理思想研究》，博士学位论文，南京林业大学，2018年。

③ 陈慧莲：《论德里罗反科学的后现代社会生态伦理观》，《天津外国语大学学报》2018年第1期。

④ ［俄］伽·柳比莫娃：《西伯利亚新型宗教教义中的生态伦理原则》，吴斐译，梁坤校，《俄罗斯文艺》2018年第2期。

2018年科技伦理学研究报告

刘武阳*

随着科学技术的持续发展，科技与人的关系也愈加密不可分，科技发展对人的影响也越来越显著。因此，在科技发展与人的发展的相互关系中，日益涌现很多的伦理问题。2018年，伦理学界对于科技伦理学的关注与研究愈加广泛与深入，主要集中在人工智能伦理、工程伦理、科技与伦理的关系、信息伦理、中国特色社会主义科技伦理等方面对科技伦理的各种现实问题与理论形态进行了广泛的探讨，呈现出以人类价值为基础的科技伦理学的多重向度。

一　人工智能伦理

随着人工智能技术的快速发展与人工智能产业的突飞猛进，人工智能在越来越多的领域得到广泛应用，我们人类的生活变得与人工智能息息相关，由此推动了人工智能伦理研究的兴起。

在伦理学领域，很多学者赞同一个观点：对于人工智能领域的发展来说，人们对于其带来的相应的伦理问题的重视程度还远远不够。杜严勇从研究对象、研究主体以及研究内容出发，认为人工智能伦理研究都具有一定的特殊性。在人工智能伦理研究中，需要坚持安全性、主体性与建设性等基本原则。人工智能伦理研究内容十分丰富，需要自然科学与人文社会科学领域的学者共同努力，方能取得成功。同时他也认为在机器人技术高速发展的时代背景中，为了让机器人更好地为人类服务，尽可能地减少甚至消除负面影响，机器人伦理研究必须发挥其应有的重要作用。①

从另一个层面来讲，快速发展的人工智能技术研究及其应用也在最近几年来引起了大众相当程度的恐慌。颜青山认为，科技伦理的悲观人士提议应当禁止那些总体上

---

* 作者简介：刘武阳，1993年生，河南许昌人，中国人民大学哲学院伦理学专业博士研究生，研究方向为应用伦理学与马克思主义伦理学。

① 杜严勇：《机器人伦理研究论纲》，《科学技术哲学研究》2018年第4期。

超越人类能力的人工智能研究，但伦理悲观主义者为了防止有人在禁止的情况下仍然违禁应用某些人工智能技术，从而主张在研究环节就开始禁止，这是很容易被反驳的：既然我们无法阻止有人实际地违禁应用，我们大概也无法阻止有人实际地研究并应用。因此，技术的实际应用和研究这个事实不应当是我们确立规范的基础，即“是”推不出“应该”。况且，研究所获得的知识有可能让我们有能力应对违禁应用产生的后果，因此，研究的好处是平衡了因为研究而便利了后续违禁的坏处；最为重要的是，研究获得的知识在不与人类价值产生冲突的情况下本身具有内在价值。①

从实验室到流水线，从科研精尖到大众生活，从技术突破到创业风口，人工智能悄然改变着我们的生活。人工智能成为国际竞争的新焦点、经济发展的新引擎，带来社会建设的新机遇，但同时人工智能发展的不确定性也带来新挑战。高阶人工智能有没有失控风险？未来的机器会不会挑战人类社会的秩序，甚至获得自主塑造和控制未来的能力？周鹏、和鸿鹏认为，人工智能已经或将来会带来诸如失业、隐私泄露、算法偏见、安全、机器权利和道德代码等问题。但是，他们也认为，在社会各界的努力下，我们有理由对人工智能的发展保持乐观的态度。纵观技术发展历史，人类一边创造新的技术，一边又适应这种技术。核能、克隆等技术的发展过程都曾伴随着各种担忧，随着人们就伦理问题达成共识，技术发展得到有效的监管。解决人工智能的伦理与社会问题，要求相关部门采取必要的监管措施，对新出现的诸如就业、隐私泄露等问题有更好的把握，削弱人工智能的不利影响，努力实现人工智能与人类之间的和谐共生。②

相对于其他技术来说，人工智能是一种远未成熟的革命性、颠覆性的技术，以至于其可能导致的伦理道德后果难以预料。人工智能的研发和应用正在解构传统的人伦关系，引发了数不胜数的伦理冲突，带来了各种各样的伦理难题，在社会上引发了广泛关注和热烈讨论。孙伟平从智能驾驶的道德责任归属、虚拟智能技术的伦理后果、隐私权受到的前所未有的威胁、婚恋家庭伦理遭遇的严重挑战、智能机器排挤人导致的伦理困境的五个方面出发进行了阐释与论证，提出在空前严峻的风险和挑战面前，我们必须立足时代和社会的重大变迁，将伦理、价值因素作为人工智能的重要的影响因子加以考量，进而使伦理、价值因素成为制约人工智能发展的内在维度，从而建立关于人工智能的伦理规制。但同时他也认为，关于人工智能的伦理规制建设与完善必然是一个漫长的历史过程，需要我们解放思想，付出艰苦的、富有智慧的创造性努力才能最终实现。③

从人类历史长河来看，科技的每一次质的发展与飞越，在推动政治发展的同时，

① 颜青山：《确立人工智能技术的伦理规范》，《社会科学报》2018 年 3 月 8 日第 5 版。
② 周程、和鸿鹏：《下篇：人工智能、人类的朋友还是敌人》，《人民论坛》2018 年第 2 期。
③ 孙伟平：《人工智能导致的伦理冲突与伦理规制》，《教学与研究》2018 年第 8 期。

也引发了政治伦理的深入思考。张爱军、秦小琪从人类与人工智能的政治伦理的三种选择——乐观的单向度政治伦理、悲观的单向度政治伦理、平等双向度的政治伦理出发，认为，随着科技的不断进步，将来人工智能可能具有初步的人类情感、认知、思维、性格和理性，具有成为政治人的可能性与现实性。届时，人类应从平等双向度的政治伦理出发，主动应对人工智能的政治挑战，与人工智能共同参与政治，共建新型政治关系和政治伦理。①

人工智能进化到今天，从漫漫历史长河来看，也只不过是人类社会发展进程中技术进步的一部分，由此引起的伦理问题，是技术进步再次对人类伦理的挑战。但为什么要将人工智能行为准则中人类伦理的嵌入作为当前智能技术发展中的关切呢？邓小铁从设计的角度探讨了人工智能进化对伦理的挑战，回顾了人工智能的进化历程及其影响力。从公平需求、个体偏见和群体行动一致性的可能性，以及伦理训练集设计的路线，寻求智能机器人伦理原则以及其与人类融合的可能性。他分别从人工智能进化对伦理的挑战、智能的进化历程及其影响力、智能机器人伦理原则及实现、机器智能的大规模应用基础设施建设四个方面进行了探讨，他认为，人类伦理的嵌入，最终还是要在设计机器计算力和机器智能的大规模应用中推动，但同时也极有可能会付出代价。

随着大数据技术的发展、算法的进步和机器算力的大幅提升，人工智能在众多领域不断攻城略地，赶超人类。同时，围绕人工智能产生的伦理问题也越来越突出，成为全社会关注的焦点。李伦与孙保学认为，我们必将生活在一个人机共生的时代。人类与机器之间势必将发生各种冲突和矛盾，这些很难仅仅靠法律和制度来完全解决，人工智能伦理研究对于人机合作和信任将是必要之物。人工智能的发展应当以人类价值为基础，以人类福祉为目标，这就要求必须给人工智能一颗“良芯（良心）”。这意味着人工智能伦理研究应围绕“机芯”和“人心”两个维度来展开。“机芯”研究主要是指人工智能道德算法研究，旨在使人工智能拥有“良芯”，使之成为道德的人工智能或道德的机器。“人心”是指人工智能研发者和应用者应当具有“良心”，使人工智能的设计合乎道德，避免恶意设计，并确保人工智能的善用，使之造福人类社会，即“人心”研究涵盖人工智能设计伦理和社会伦理研究。“机芯”和“人心”研究存在诸多基础性问题，需要在道德哲学层面做出回应。因此，他认为人工智能伦理研究包括人工智能道德哲学、人工智能道德算法、人工智能设计伦理和人工智能社会伦理四个维度。并最终认为，人工智能伦理研究的目标始终是要给人工智能一颗“良芯（良心）”，使其像人类那样能够明辨是非，进而才能“行有德之事，做有德之机”。从这种意义上讲，“机器之芯”和

① 张爱军、秦小琪：《人工智能与政治伦理》，《自然辩证法研究》2018 年第 4 期。

"人类之心"的研究是相得益彰的。①

二 工程伦理

20 世纪 70 年代以来，西方在自身的工业化进程中，其工程伦理方面的研究也逐渐形成了自身较为成熟的理论体系。21 世纪以来，随着中国工业化进程特别是"一带一路"倡议的不断推进，工程与自然、工程与社会之间的关系与矛盾也日益凸显。2018 年度，国内学者在西方既有工程伦理体系的基础上，根据我国发展现状进行了一定的对比与研究，以期能够探索出具有中国特色的工程伦理的方向、模式与体系。

工程伦理规范作为工程职业发展的重要内容，已成为工程职业化的必要条件。它不仅指出工程师的道德责任，表达工程职业共同对于伦理的义务，而且也强调工程师执行规范的自由。从一定意义上说，工程伦理规范已是工程师职业行为的参考和依据，并且工程伦理规范的完善程度也决定着工程职业化水平的高低。②

通过与现行国际工程伦理相关的概念与案例的比较，何菁等认为作为中国全球化战略的一部分，"一带一路"倡议为中国工程在规模和深度上"走出去"提供了历史机遇和时代动力。中国正不断加大、加深与不同社会和文化背景的国家及地区的交融，这必然会让"走出去"的中国工程和工程师遭遇一些难以预料的境况与风险，这些风险是不同文明、社会、政治、地缘的价值冲突在工程、技术、经济领域的物化表现，其交叠复合构成了中国工程跨文化实践伦理冲突与困境的现实背景。他们提出，在"一带一路"倡议的推动下，中国工程正在进入"走出去的新常态"，为更新中国工程跨文化实践的价值原则、拓展"超文化规范"，提供了"何以可能"和"何以必要"的宏观时代背景。这就要求当前中国工程伦理教育必须克服"超文化规范"的局限性，在中西文化互镜中坚守"人类共同价值"理念，传承中国传统的义利相兼、和而不同、务实有为、诚朴尽责的价值观，并赋予其在跨文化工程实践中的现代性意涵。③

道德敏感性作为关于伦理知识、道德意识、伦理论证能力、职业责任的综合体，已成为工程伦理教育中提升工程伦理教学效果和工程类学生职业责任感的重要内容。张恒力等通过对工程伦理中"道德敏感性"的意义和价值的辨析、"道德敏感性"测度的实证分析，认为各个学校和教师均应认真研究工程伦理教育问题，重视工程伦理教育与工程职业认证制度的结合，大力推进工程伦理教育的改革与发展，使伦理教育

① 李伦、孙保学：《给人工智能一颗"良芯（良心）"——人工智能伦理研究的四个维度》，《教学与研究》2018 年第 8 期。

② 张恒力、胡新和：《当代西方工程伦理研究的态势与特征》，《哲学动态》2009 年第 3 期。

③ 何菁、刘英、范凯旋：《"一带一路"视野下中国工程伦理教育的价值更新与内容拓展》，《昆明理工大学学报（社会科学版）》2018 年第 2 期。

和技术教育能够真正地有机结合起来，切实提升学生的整体职业素养。①

相对于工程伦理在宏观上的发展与应用来说，周川、王旭东则对软件开发过程中的伦理问题进行了较为细致的探讨。软件产品作为人类精神和智慧的一种崭新的存在方式，渗透着软件开发人员的伦理道德观念。在软件开发的过程中应该遵循工程伦理的原则，实现对传统工程伦理道德观的超越，构建和谐的网络虚拟世界。他们首先阐述了工程伦理的概念和内涵，分析了软件开发工程的伦理原则，然后对现阶段软件开发工程中出现的一些伦理问题进行了概述和分析，最后探究了解决软件开发过程中伦理问题的有效策略，从而进一步完善软件开发的职业道德规范，实现软件开发工程的健康发展。②

三　科技与伦理的关系

抛开具体的一些应用，2018 年度很多学者针对科技与伦理的相互关系中产生的一些问题进行了相应的探讨，以期为现代科技不断进步过程中衍生的伦理问题的解决提供一些方向与思路。

为何科技发展需要伦理的规制，其背后的推动力是什么？刘益东认为，在一个快速发展、急剧变化的时代，无论是个人、集体还是人类社会，洞察和预知面临的最大危机与挑战都是头等大事，因为它直接决定处境判断、及时应对和战略抉择。面对什么比拥有什么更重要，因为这决定了自己的安危和出路。他通过对以致毁知识不可逆增长为核心的科技危机是人类面临的最大危机与挑战的讨论，推导出化解科技危机的十大难点与科技危机的严峻程度，认为科技危机将引发新科技革命、新产业革命与社会大转型，重视科技的底线安全极为必要。③

科技的飞速发展在给人类生活带来诸多的便利与福祉的同时，也引发了诸多伦理难题，其中生命科技的无序发展甚至将人类引入极其危险的境地。席书旗、张玉梅认为，西方文化“主客二分”的思维方式、“外向征服”的实践方式、“个人主义”的核心价值观导致了人胚胎干细胞、克隆技术、人类基因组计划等现代生命科技发展的伦理困境。而我国道家文化“天人合一，道法自然，道生德养”的哲学思想为纠正西方生命科技伦理的困境提供了强有力的思维方式、核心价值理念和实践方式；“轻物重生，见素抱朴，少私寡欲”的价值追求有利于克服物质主义与消费主义的过度泛滥；“慈、俭、不敢为天下先”的处事态度有利于达成人与自然的和谐，维护人与

① 张恒力、许沐轩、王昊：《工程伦理中“道德敏感性”的评价与测度》，《大连理工大学学报（社会科学版）》2018 年第 1 期。

② 周川、王旭东：《软件开发工程中的伦理问题及对策探究》，《科技创新与应用》2018 年第 28 期。

③ 刘益东：《致毁知识与科技伦理失灵：科技危机及其引发的智业革命》，《山东科技大学学报（社会科学版）》2018 年第 6 期。

自然的伦理安全；“反者道之动，弱者道之用”的辩证思想揭示了生命科技发展的正确方向和手段。从道家文化视角出发，建构现代生命科技伦理观应该确立“以道驭技，道技合一”的生命科技伦理精神、“道法自然，审慎先行”的生命科技伦理实践原则、“贵生顺死，视死若归”的超然科技伦理生死观。①

科技与伦理之间是否有其内在的应然逻辑？对此，陈爱华认为，现代科技伦理的应然逻辑生成及其运作轨迹包括三个相互联系的环节：一是作为“特殊意志的善”，蕴含了现代科技伦理主体的生命德性意识觉醒。二是作为“特殊规定的善”，体现了现代科技伦理主体的意志自律。三是作为“善本身的规定”，构建引导和约束现代科技共同体集体行动和科技活动个体的认知和行为的道德自律与他律的现代科技制度伦理机制，以调控现代科技伦理主体集体行动，超越现代科技伦理悖论，自觉地在现代科技的发展进程中，实现“能做”与“应做”、道德责任与道德责任能力、理性选择与价值选择、自律与他律多元化的辩证统一。她通过对现代科技伦理应然逻辑释义、现代科技伦理应然逻辑何以是一种“特殊意志的善”、现代科技伦理应然逻辑何以是一种“特殊规定的善”、现代科技伦理应然逻辑何以是一种“善本身的规定”四个方面的递进分析，认为现代科技伦理应然逻辑就其本质而言，实际上是作为现代科技推进者的现代科技活动主体成为现代科技伦理主体过程，这一过程亦是其追问其发展和应用现代科技成果的初心或本心，进而其生命德性意识觉醒的过程，即反思了现代科技“能做什么”及其所产生的危及人—自然—社会生命共同体的“是其所是”本然生存与可持续发展后果，进而生成了对于现代科技“应做什么”即推进人—自然—社会生命共同体和谐可持续发展的“是其所应是”的生命伦理责任。②

四　信息伦理

21 世纪是一个高新技术迅猛发展的时代，在这个发展过程中，信息技术已经渗透到了现代社会的方方面面，在信息技术的推动下人们享受到更多的高效便利，但也衍生出了一些伦理问题。2018 年度，国内相关学者在信息伦理方面主要对网络暴力、公共管理信息技术应用的边界、计算机勒索病毒等问题进行了一定的讨论，为相关问题的解决提供了一定的见解与思路。

当今时代是以科学技术为主导的信息化时代，网络已然成为人们生活中不可或缺的一部分。在这种大背景下，“网络暴力”始终是学术界争相研究的社会现象。刘永金从网络伦理学角度浅析网络暴力现象，论述了网络伦理学的一般理论界定，后以此为出发

---

① 席书旗、张玉梅：《道家文化视角下现代生命科技伦理观的构建路径——以老庄思想为切入点》，《山东大学学报（哲学社会科学版）》2018 年第 6 期。

② 陈爱华：《论现代科技伦理的应然逻辑》，《东南大学学报（哲学社会科学版）》2018 年第 5 期。

点，在相应的案例与数据的支撑下，对网络暴力现象的产生原因进行探析，并在此基础上尝试从政府、社会以及网民层面，提出对网络暴力现象的应对策略：从政府层面来讲，应建立健全的网络法律法规，惩治侵权的行为；从社会层面来讲，应增强网民道德意识，倡导文明上网；从网民层面来讲，应提高网络行为素养，规范自身行为。①

在当代公共管理工作中，为了实现高效精准的管理行为，公共部门在管理信息技术的选择上必然实行由简单技术向复杂技术系统的迁移，使得信息技术依赖成为现代公共管理的常态。倪东辉、程淑琴认为，我国现有的法律法规在技术伦理领域的规范较少，公众、研发者、运营者和管理部门的技术伦理意识薄弱，在信息技术的选择上往往强调实现提升公共管理水平和提升公共事务精细化治理能力等方面的价值，而普遍出现单纯技术崇拜、强技术弱人性的现象。比如，过度收集公开数据忽略个人隐私保护，随意扩大监控对象、时段和范围。从表面上看，是工作流程和技术规范层面的问题，但深入思考后发现，这些技术行为折射出的是技术伦理和技术边界问题。建立在增强信息技术基础上的公共管理效能和精细化需求在追求公共利益的目的性时，可能与现代技术伦理形成冲突，公共管理信息技术应用产生的技术伦理困境也必然引发对公共管理应用信息技术边界的思考。对于由此产生的矛盾，迫切需要梳理公共管理领域的信息技术伦理意识和社会各主体的技术伦理责任，对各种类型的信息技术应用进行技术伦理评价，使公共管理领域的信息技术边界控制在社会公允的伦理范畴之内，实现公共管理有效性与技术伦理性的平衡。②

2017 年两次网络勒索病毒事件袭击全球，引发了社会各界对科技研发与应用的理性化思考：一方面，试图从病毒本身技术出发来研讨对新技术进行制约；另一方面，从根源上和广度上思考如何降低这一类似科技的社会风险。潘军、罗用能梳理了这两次病毒事件破坏力及其呈现的科技伦理问题，剖析了其主要的四种应对措施及效度缺陷，并以“区块链”提升技术本身治理的多样性与可能性。最后他们倡导人们秉持“科技伦理 + N 科技措施”的应对策略，在原有科技处理技术及措施上，一是要消解科技与人文分离的思想；二是科技伦理教育要终身制；三是落实科技发展要“好一点”、科技伦理建设要“快一点”。③

五　中国特色社会主义科技伦理

科学技术深刻影响着国家前途命运，也深刻影响着人民生活福祉。因此，从国家

① 刘永金：《伦理学视域下网络暴力现象研究》，《改革与开放》2018 年第 5 期。

② 倪东辉、程淑琴：《伦理视域下公共管理信息技术应用的边界》，《海南大学学报（人文社会科学版）》2018 年第 6 期。

③ 潘军、罗用能：《勒索病毒事件的科技伦理隐忧与消解》，《长沙理工大学学报（社会科学版）》2018 年第 3 期。

宏观层面上来说，根据国情来确定科技发展事业的方针政策、明确科技工作的价值与目的、探索科技活动的规范要求以及其伦理意蕴，形成具有中国特色社会主义的科技伦理思想，是十分必要的。

国家的发展离不开科技，科技的发展也不能不讲伦理，科技伦理是指科技活动中的思想准则与行为规范，也就是科技工作者、其共同体在科技发展过程中应该遵循的价值观念、社会责任及其行为准则。邱若宏、郑佳群认为，毛泽东在领导我国科技事业发展过程中，深刻阐述了科技工作的目的与价值、科技活动的规范要求以及核技术的伦理意蕴，形成了内涵丰富的科技伦理思想。首先，毛泽东继承马克思主义“科技服务于全人类”的根本立场，结合我国社会经济发展的具体情况，提出科学技术要服务于生产、服务于人民大众的伦理思想。其次，毛泽东结合我国科技工作的实际，提出了科技人员在科技活动中应当遵循的实事求是的负责精神、谦虚好学的进取态度、敢于质疑和创新的勇气等伦理规范。最后，毛泽东在继承马克思、恩格斯关于科技异化的相关原理的基础上，结合 20 世纪前叶世界尖端科技发展状况尤其是第二次世界大战中原子弹等核武器利用的历史与现状，提出了发展核技术是为了维护人民利益、为了世界和平而制约他国使用核武器。他的核技术伦理思想，为维护世界和平作出了极大的贡献。毛泽东的科技伦理思想体系是对马克思主义科技伦理观的继承与发展，是对现代科技事业发展规律的深刻理解与高度概括，对我国科技事业长期健康发展具有重要的指导意义。①

党的十九大取得一个重大成果就是确立了习近平新时代中国特色社会主义思想。王茂诗提出，习近平关于科技创新的重要论述思想内涵丰富，涵盖了人才、保障、动力等多个维度，具有鲜明的时代性、系统性和前瞻性特征。特别是其包含的伦理学思想，与马克思主义科技伦理思想一脉相承，它提出科技工作者要坚守伦理道德底线，科技工程要关注民生、造福人类，加大对科技人才的关怀爱护力度、坚决走绿色科技的发展道路等。习近平关于科技创新的重要论述所包含的伦理意蕴具有重要的当代价值，已成为引领我国科技事业健康发展的行动指南。②

① 邱若宏、郑佳群：《毛泽东科技伦理思想探析》，《党政干部学刊》2018 年第 5 期。
② 王茂诗：《习近平科技创新思想的伦理意蕴》，《中国高校科技》2018 年第 4 期。

2018 年传媒伦理学研究报告

陈雪春*

在我国传媒环境快速变迁的过程中，新技术、新主体和新实践带来了诸多传媒伦理①新问题。2018 年，学界对传媒伦理问题研究成果颇丰，截至 2018 年 12 月 31 日，在中国知识资源总库中，以“传媒伦理”“媒介伦理”“传播伦理”“新闻伦理”等为关键词搜索，其结果为 200 篇，其中，期刊类文章共计 172 篇，硕、博士学位论文 28 篇。学界对传媒伦理基本问题的探讨主要集中在传媒伦理的理论建构、新技术条件下引发的传媒伦理问题、传播主体伦理、新媒体伦理、网络伦理五个方面。

一 传媒伦理的理论建构

传媒伦理的理论建构是传媒伦理研究的基础性问题。在 2018 年对该问题的讨论中，学者们从不同角度探寻传媒伦理建构的路径，并重点关注了构建全球传播伦理的问题。

在传媒伦理的建构方面，周挥辉梳理了网络新媒体环境下传播伦理的内涵建构问题，认为传统媒体下形成的“新闻伦理”已不能解释网络新媒体环境下传播主体、互动主体以及传播内容所产生的问题，学界亟须以新闻伦理为直接基础，以当前网络新媒体环境为背景，综合考虑政治伦理、经济伦理、文化伦理等若干领域的伦理要求，全面建构一套合理的传播伦理体系。② 张永刚从美德伦理的角度分析了传媒伦理的建构问题，主张传媒伦理的建构需要摆脱单一的规范伦理模式，借助美德伦理学资

---

* 作者简介：陈雪春，1993 年生，湖北武汉人，中国人民大学哲学院伦理学专业博士研究生，研究方向为传媒伦理。

① 目前学界对于“传媒伦理”“传播伦理”“媒介伦理”等概念的定义、研究对象和研究范围还没有统一的界定，每个伦理范畴之间有区分也有联系。（李鹏涛对此作了有益的探讨：李涛《改革开放以来我国媒介伦理的研究及反思》，《伦理学研究》2007 年第 5 期。）鉴于此，本综述以研究问题为导向，对于上述概念不作具体界定与划分。

② 周挥辉：《论传播伦理的内涵建构》，《理论月刊》2018 年第 4 期。

源为其提供新的理论依据。他引用英国学者尼克·库德瑞等媒介专家的观点，认可了以亚里士多德主义立场建构传播伦理的可行性，这包括将“美好生活”作为传播伦理追求的目标，以“实践智慧”为传媒实践的伦理标准，确立传媒伦理的具体“德目”等内容。① 蒋艳艳则从元伦理学的角度思考媒介伦理建构问题，认为媒介伦理学的元问题是媒介技术如何影响现代文明的道德哲学路径，而“信息方式—伦理方式”的路径能够对此予以回应。一方面，信息方式通过具体的语言构型和交往行动影响伦理方式的立场、价值特征以及存在形态，从而生成伦理方式的不同道德哲学形态；另一方面，信息方式影响下的伦理方式能够影响精神世界、生活世界的状态，进而造就整体文明的走向。这一解释框架不仅能揭示媒介技术发展的伦理规律，为建构媒介伦理提供哲学基础和价值引导，还有助于媒介技术与伦理价值的良性互动，推动生活世界与精神世界的共同发展进步。②

在全球传播伦理的建构方面。江作苏和孙志鹏探讨了建构全球传播伦理的必要性，认为传统媒介伦理正面对外部和内部两方面的挑战：外部挑战来自全球网络空间的变化，内部挑战则源于“祛魅”媒介功能极致化、数字技术重构议程设置和“后区前置”的媒介情景所导致的传播伦理危机。面对逆全球化思潮和新媒体环境的冲击，两位学者主张中国需要在加入全球治理的基础上，参与建构一个“去西方中心化”且尊重各民族文化的全球媒介伦理规范。③ 谢丹和杨小彤认为，全球传播伦理建构有两方面的基础：其一是人类道德感的普遍存在，其二是文化和伦理道德的动态发展。基于此，他们提出建构以平等、自主为基本准则，以宽容、互重为基本理念，以共存、共赢为基本目标的全球传播伦理规范。④ 刘国强和汤志豪则从民族主义和世界主义这两种看似矛盾的理论资源出发，试图重构全球传播伦理。他们认为，以“民族国家”为文化身份的刻板预设是造成世界主义和民族主义理论冲突的根本原因。如果将世界主义视作一种主体间的“理解—合作”原则，将民族主义视作“情感关怀”的精神，在此基础上重构一套底线伦理准则并对跨文化传播的参与主体提出次序性与程序性要求，倡导各跨文化传播参与者在拥抱世界主义精神的基础上保障对民族同胞的情感关怀，则全球传播伦理的建构将成为可能。⑤ 吴隽然还从西方媒体报道切入，聚焦全球传播领域中“他者”报道的伦理问题。他指出，西方媒体在“他者”报道中存在意识形态色彩浓厚、双重标准以及挑战民族国家自主权等伦理问题，解决

① 张永刚：《美德伦理与现代传媒伦理的建构》，《广东社会科学》2018 年第 1 期。

② 蒋艳艳：《“信息方式——伦理方式”诠释框架的道德哲学解读》，《道德与文明》2018 年第 6 期。

③ 江作苏、孙志鹏：《伦理的彷徨：逆全球化思潮与媒介伦理情绪化话语境的分析》，《新闻大学》2018 年第 1 期。

④ 谢丹、杨小彬：《跨文化传播中的伦理缺失及全球伦理的构建》，《现代传播（中国传媒大学学报）》2018 年第 5 期。

⑤ 刘国强、汤志豪：《世界精神与民族关怀：全球化时代的跨文化传播伦理构建》，《国际新闻界》2018 年第 12 期。

这些问题的关键在于建构一种去“西方中心主义”和“种族中心主义”的、尊重不同文化价值观的全球传播伦理。[①]

二 新技术条件下引发的传媒伦理问题

新技术条件下引发的传媒伦理问题主要集中在四个方面：算法应用于新闻领域时所产生的算法伦理问题；“后真相”时代引发的舆论伦理问题；大数据时代的信息伦理问题；以及智能化媒体、智能化传播导致的伦理问题。

学者对算法引发的伦理问题的研究主要集中在新闻领域。陈昌凤与师文在考察目前应用的三种新闻推荐系统原理时发现：基于内容的推荐算法容易引发“信息茧房”的后果，基于协同过滤的推荐算法会导致用户丧失阅读决定权的问题，基于时序流行度的推荐算法会诱发“黄色新闻潮”的风险。因此，她们呼吁用丰富立体的人文价值对算法价值观进行外部矫正。[②] 赵双阁和岳梦怡也指出，与传统新闻相比，算法新闻背后的价值逻辑从强调公共利益的公共新闻转移到基于用户属性和兴趣的个性化新闻，同时“把关人”的权利也从编辑让渡给算法工程师，最终导致信息真实性偏差、价值观异化、公共性缺位和算法偏见与歧视等伦理问题。她们进一步认为，这些问题的产生源于技术理性和价值理性之间的失衡以及算法多样性与精准性的矛盾，因此建立多指标推荐系统和提升算法透明度是行之有效的应对方式。[③] 袁帆和严三九就新闻传播领域中算法伦理的建构提出了具体路径。首先，算法需要以公正性、尊重性、预防性、透明性和导向性为基本准则，在算法的设计和应用过程中应恪守这些价值观念。其次，算法的组织主体、管理主体和设计主体都要培养道德想象力以提升预估伦理问题的能力。最后，对算法主体制定相应的法律规范和职业道德规范以尽可能杜绝算法伦理问题的产生。[④] 彭兰则侧重讨论了算法与数据之间的关系，认为数据样本偏差、“脏数据”污染、分析模型偏差、解读偏差等问题，使看似客观的数据成为“后真相”的幕后推手。因此，彭兰提出社会需要加强数据素养的培养、加快数据资源“基础设施”的建设、建立数据质量评估体系以及完善信息伦理规范以对抗数据时代的伦理风险。[⑤]

网络舆论问题方面，赵金和郑满宁对新技术条件下催生的网络舆论极化和“后真相”问题进行了探讨。赵金指出，互联网和媒介技术的发展对传统新闻专业化传

---

① 吴隽然：《全球传播视域下西方媒体他者报道中的伦理问题探究》，《东南传播》2018 年第 9 期。

② 陈昌凤、师文：《个性化新闻推荐算法的技术解读与价值探讨》，《中国编辑》2018 年第 10 期。

③ 赵双阁、岳梦怡：《新闻的“量化转型”算法推荐对媒介伦理的挑战与应对》，《当代传播》2018 年第 4 期。

④ 袁帆、严三九：《新闻传播领域算法伦理建构》，《湖北社会科学》2018 年第 12 期。

⑤ 彭兰：《假象、算法囚徒与权利让渡：数据与算法时代的新风险》，《西北师大学报（社会科学版）》2018 年第 5 期。

播产生了巨大的冲击，导致网络“舆论审判”现象频频发生。这种乱象的发生不但源于相关法律法规的缺失和滞后，还源于以“后真相”为代表的舆论生态对社会伦理观念的冲击。应对这类问题需注重提升传播者的媒介素养，包括尊重客观事实、尊重他人权利和增强对信息的分析判断能力。① 郑满宁认为，后真相时代新闻生产与分发的社会化使得传统媒介伦理受到挑战，导致舆论场污染、新闻失实以及新闻“情”“理”背离等问题，后真相时代中需要重塑新闻客观性、重构新闻事实核查机制、重建机器伦理与媒介伦理。②

大数据改变了传统信息生产和传播方式，也带来了相应的信息伦理问题。董军和程昊发现，数字身份引发的伦理问题包括数字身份的盗用和泄露、数字身份的可追溯性对身份主体权利的违背、数字身份建构与认同的矛盾。这些问题的产生主要源于身份主体对数据风险的感知不足，自身网络言行缺乏道德约束，大数据技术发展的负面效应以及社会环境等主客观原因。为此，应当从克服技术负面效应、完善社会制度、强化信息安全教育等方面控制与克服数字身份伦理问题。③ 李伦指出，大数据时代追求数据流最大化和连接最大化的数据主义导致用户自由权利遭到侵犯的现象频频发生，必须建立基于权利的数据伦理，包括要求有规范的数据共享、算法具备透明性以及以人为本的价值观念，由此重构人类在大数据时代的主体地位，建构人与技术、人与数据的自由关系。④ 陈仕伟在运用了制度伦理、责任伦理、义务论、契约论、功利伦理和德性伦理等理论对大数据技术、数据提供者、数据收集者和数据使用者进行伦理反思后主张，大数据时代未必意味着对数据隐私的侵害，只要对大数据技术运用恰当并对个人数据隐私进行妥善保护，不仅可以保存完整的数据链条，延长个体数字生命；还能够有助于公共政策的制定，推动公共事业的发展。⑤

新技术的应用促进了智能媒体与智能传播的发展，由此引发的伦理问题也引起了学界的关注。陈昌凤认为，智能技术不但重塑了媒介生态格局，也导致了深度假新闻的生产、算法习得人类偏见、价值观赋予“黑箱化”等媒介伦理困境。她主张通过对“黑匣子”内部运算程序进行价值观测试、介入算法技术价值观、引导算法技术价值观等手段，促进人工智能价值观的形成。⑥ 李雅林指出人工智能技术的发展引发了诸如新闻内容失真、舆论监督缺失、新闻同质化等传播伦理失范问题。面对这些问题，首先应当提升新闻机构的责任意识，加大公众监督力度；其次，要加强技术革

---

① 赵金：《从媒体审判到舆论审判——信息社会化传播中的传播伦理和法律建设反思》，《青年记者》2018年第36期。

② 郑满宁：《后真相时代新闻舆论场健康度及优化对策》，《中国出版》2018年第3期。

③ 董军、程昊：《大数据时代个人的数字身份及其伦理问题》，《自然辩证法研究》2018年第12期。

④ 李伦：《“楚门效应”：数据巨机器的“意识形态”——数据主义与基于权利的数据伦理》，《探索与争鸣》2018年第5期。

⑤ 陈仕伟：《大数据时代隐私保护的伦理反思》，《甘肃行政学院学报》2018年第6期。

⑥ 陈昌凤：《媒介伦理新挑战——智能化传播中的价值观赋予》，《新闻前哨》2018年第12期。

新，从源头加强信息过滤；最后，通过健全相关法律法规，促进人工智能的良性发展。① 许根宏从人工智能传播的伦理依据和伦理主体的确定角度对人工智能传播伦理进行了讨论。他指出，规制人工智能传播，实现人工智能传播规范化或法治化的基础是人工智能传播的伦理依据、伦理主体的确立。其中，伦理依据主要由人工智能传播伦理立场来源、价值生成和现实诉求决定；人工智能传播的伦理主体由基础设施提供者、信息提供者、信息处理者和系统协调者四个“类主体”构成。② 邵国松也关注了媒体智能化发展中的伦理与法律问题。他认为媒体智能发展不仅衍生出机器化写作、算法推荐、沉浸式传播等领域的发展，同时也导致了个人数据泄露和假新闻泛滥等社会问题，进而引发对既有伦理和法律法规的挑战。在媒体智能化迅速发展的背景下，我们迫切需要构建一套适应媒体发展需求的并被广泛接受的伦理框架和法律法规，确保人工智能驱动下的新闻传播活动在法律范畴内进行。此外，在人工智能传播的发展过程中，应考虑将重要的新闻伦理和法律准则嵌套到人工智能系统中，保证社会规范的技术执行。③

三　传播主体伦理

媒介融合背景下传播主体趋向多元化，非职业传播者成为传播的显著力量。学者对此问题的研究主要集中于两方面：一是新闻工作者的职业伦理规范；二是非职业传播者在传播过程中所面对的伦理挑战及应对方式。

张炳兰认为新媒体技术的发展改变了信息的生产和传播方式，部分新闻工作者为了迎合受众而漠视新闻职业道德，导致新闻娱乐化趋势明显、新闻创新精神缺位、虚假报道屡禁不止、新闻商业寻租严重等现象。面对这些问题，重构新闻职业道德体系成为亟待解决的问题，具体措施包括采取内外结合的监督与纠错模式，建立新闻道德和政府监管的融合机制，提高新闻从业者的媒体修养和树立以马克思主义新闻观为引导的新闻导向。④ 范玉吉重点讨论了记者的职业伦理与受访者传播权的关系。她认为记者在采访时，一方面，需要遵守记者的职业伦理，不应在采访过程中强迫、侵扰甚至伤害受访者；另一方面，应重视受访者的传播权，即受访者有拒绝采访和报道的权利，记者不应将受访者作为完成报道的手段。在追求热点和点击率的新媒体环境下，尊重受访者的传播权应成为记者职业伦理体系的重要组成部分。⑤

---

① 李雅林：《如何规避人工智能对新闻传播的负面效应》，《人民论坛》2018 年第 20 期。

② 许根宏：《人工智能传播规制基础：伦理依据与伦理主体的确立》，《学术界》2018 年第 12 期。

③ 邵国松：《媒体智能化发展的伦理与法律问题初窥》，《现代传播（中国传媒大学学报）》2018 年第 11 期。

④ 张炳兰：《新媒体时代我国新闻职业道德体系建设》，《中国广播电视学刊》2018 年第 2 期。

⑤ 范玉吉：《职业伦理与传播权》，《青年记者》2018 年第 13 期。

随着传播主体的多元化，业余传播者的数量逐渐增多，他们在传播过程中面对的伦理困境也成为学者关注的焦点。彭华新和郝金华则关注自媒体环境下的“边缘媒体人”，即在媒体职能、社会话语权和经济地位等方面均不占主流优势的人群所经历的职业变迁和伦理调适。他们认为，从传统媒体的“爆料人”到自媒体时代的“拍客”，以售卖新闻的为目的的“边缘媒体人”在收集新闻素材的过程中出于功利性目的遵守政治伦理、社会伦理和经济伦理，但在利益的驱动下会偶尔违反伦理要求，如收取“封口费”等。面对媒介环境的变化，对于“边缘媒体人”在传播过程中所应遵循的伦理规范还有待研究。① 王丽和李理主要关注网络主播被污名化的伦理困境。通过网络民族志的方法，两位学者发现网络主播特别是网络女主播在直播过程中更容易遭受直播观众因性别和职业偏见而产生的性羞辱。然而，网络主播通过严格分割主播身份和现实身份、降低主播身份的伦理标准等策略，主动放弃主播身份下的“羞耻感”从而迎合观众喜好，这实质上鼓励了污名行为的产生。两位学者认为，反污名仅仅依靠被污名者的媒介使用策略是难以实现的，应从社会结构和制度现实层面解决对女性主播群体的污名化的问题。② 周建青和邓慧玲关注公民在网络影像传播中所应遵循的伦理原则建构问题。她们指出当前传播主体已经从职业记者扩大到广大公民，公民在行使传播权时应遵循怎样的伦理规范已经成为迫在眉睫的问题。两位学者基于公共道德理论和责任伦理学提出不伤害、公正和前瞻性责任这三个公民网络影像传播的伦理原则，并运用融贯主义的权衡模式从个体价值、功利原则和道德策略三个层面细化这三个伦理原则，从而构建公民网络影像传播伦理原则的分析框架，为相应伦理问题的解决提供指导。③

四　新媒体伦理

学者对新媒体伦理的研究主要包含两个方面。其一是从不同角度讨论新媒体伦理建构问题；其二是针对新媒体实践中出现的伦理问题进行反思并提出应对措施。

新媒体伦理建构方面，江雪华讨论了新媒体赋权对伦理建构的作用。她提出新媒体通过赋予用户获取信息、自由表达、行动与实践的权利，解构了传统伦理世界，并建构了一种去中心化的伦理关系、一种多元化的伦理场域和一种实践性的伦理情感，从而实现伦理变革。她指出，对个体新媒体赋权不仅充分激发了社会个体的伦理权

---

① 彭华新、郝金华：《“边缘媒体人”的职业变迁与社会阶层——基于新闻民族志的观察》，《现代传播（中国传媒大学学报）》2018 年第 11 期。

② 王丽、李理：《网络主播的污名化及其伦理困境：一项网络民族志研究》，《新闻与传播评论》2018 年第 4 期。

③ 周建青、邓惠玲：《公民网络影像传播伦理原则分析框架的建构》，《现代传播（中国传媒大学学报）》2018 年第 7 期。

利，还推动了公共领域中关于伦理性集体记忆的建构，并通过伦理策划促进现代社会的发展。[①] 于孟晨和梁华平则从生态学视角关注新媒体伦理。生态学视角下，新媒体的生态圈包含不同圈层，每个圈层都有独特的伦理问题，例如互联网产业圈层中平衡利益导向与伦理调适问题，内容圈层中传播内容的正能量价值问题，用户圈层中的道德自觉问题，政府与市场圈层中的监管与平衡问题。认识不同圈层的生态位和对应的伦理问题对互联网新媒体伦理建设有重要的作用和价值。[②]

新媒体实践方面，学者们主要关注新媒体内容、短视频传播以及新媒体使用者的伦理问题。新媒体内容方面，余筱瑶对新媒体内容“低俗化”现象进行了伦理反思。她认为，从传播者的角度而言，受众中心论的转向和媒体市场化的现实使得传播者过度追求娱乐化内容，一味迎合受众喜好，从而导致传播者社会责任意识、自律意识不强。从受众角度而言，与日俱增的生活压力、对群体认同的需求和传播方式的变化无疑为低俗内容的滋生创造了条件。面对新媒体的内容乱象，她提出应重建新媒体传播的伦理框架：在思想层面上弘扬社会主义核心价值观，坚持正确的舆论导向；在法治层面上加强法治管理、加大打击惩治力度；在工作环节上提升新媒体专业素养与新闻伦理；在传播环节上提升受众的媒介素养。[③] 任渝婉对自媒体“洗稿”现象进行了伦理角度的探讨。她认为，自媒体“洗稿”现象侵犯了原创作者的合法权益，严重污染了互联网文创生态，是通过骗取用户流量进行的商业欺诈和不正当竞争。治理“洗稿”现象不仅需要相关法律法规的完善，还需要组建行业伦理和自律性组织，发挥参与主体自主、自律和自治的作用，以伦理制约“洗稿”行为。[④] 李鹏飞则聚焦汽车自媒体这一垂直领域，认为汽车自媒体中的“充值”与“被充值”表面上是有偿新闻现象的恶化，实质上反映出自媒体聚众效应下各方话语权的交锋，以及媒体人职业素养与受众媒介素养的退化。解决汽车自媒体道德悖论与媒介冲突的路径在于摒弃利益取向的目的论，建立义务论和美德论兼容的伦理学理念，加强媒介素养教育和强化媒体把关人角色，从而重建健康的汽车自媒体媒介生态。[⑤]

短视频传播中的伦理问题也成为学者们讨论的热点。张婷认为，短视频目前主要存在三种伦理失范的表现。一是传播平台为满足受众偏娱乐化的使用需求而鼓励泛娱乐化、同质化内容的生产；二是算法仅以用户兴趣为内容衡量标准，加剧短视频低质甚至违规内容的泛滥；三是受众以玩乐为出发点使用短视频平台，从而间接推动了色情、暴力等违背媒介伦理的短视频的出现。[⑥] 靖鸣认为短视频传播失范的四种表现包

---

① 江雪华：《论新媒体赋权的伦理意义》，《齐鲁学刊》2018 年第 6 期。
② 于孟晨、梁华平：《生态学视角下互联网新媒体伦理解析》，《理论导刊》2018 年第 5 期。
③ 余筱瑶：《新媒体内容低俗化现象之反思与伦理重构》，《中国编辑》2018 年第 4 期。
④ 任渝婉：《自媒体“洗稿”的治理难题及其多元破解》，《出版发行研究》2018 年第 11 期。
⑤ 李鹏飞：《充值与被充值：汽车自媒体的传播伦理困境》，《当代传播》2018 年第 3 期。
⑥ 张婷：《视觉传播场域中的短视频伦理探讨》，《青年记者》2018 年第 9 期。

括违法侵权、对弱势群体的消费狂欢、对高风险行为的模仿以及“眼见未必为实”的伪真实语境。应对短视频传播中的伦理问题，应通过自律与他律的结合，在平台、政府与受众三方之间构建有机互动的长效管理机制。具体而言，一是传播主体，特别是短视频平台的责任意识要加强；二是监管部门对移动短视频监管要到位；三是用户要增强媒介素养，自觉监督短视频内容。①

还有学者侧重关注新媒体使用者的伦理问题。王煜和施威认为大学生群体本身部分心智尚不成熟，且普遍缺乏媒介素养教育，因此他们在使用自媒体时容易受到物质主义和消费主义影响，遭到技术泛滥对人性的抑制，从而产生自我伦理危机。消解大学生网络自我伦理危机主要有四条路径，包括加强网络媒体的舆论引导、深化法律和技术管控、开展高校媒介素养教育以及加强校园网络文化建设。②

五 网络伦理

学者对网络伦理的探究主要集中在三方面，其一是对网络生活进行伦理学分析；其二是对网络生活的特殊现象进行伦理探讨；其三是探讨网络空间治理的伦理规范。

网络生活方面，唐魁玉指出网络美好生活概念的提出具有深刻的伦理蕴含，有助于我们在后真相时代从伦理维度审视网络生活。网络美好生活的伦理建构包括伦理价值建构和伦理秩序建构，前者需通过网络角色伦理、网络关系伦理和网络行动伦理进行建构，并以主体自由、关系和谐与行为适度为对应的伦理规范；后者需从提高道德认同水平、增强国家治理能力、培育文明健康精神方面进行建构，实现网络社会质量的提升和虚拟现实双重美好生活世界的创造。③ 王金元认为，网络生活的伦理困境是伴随着科学技术的进步出现的，这种困境主要体现为传统道德观念淡薄、理性反思缺乏和网络价值泛滥。然而，自然科学知识不能直接处理人的自由意愿问题，因此网络生活主体通过自身反思来获得道德认识显得更为重要。通过借助康德对道德与幸福的分析，他主张引导网络行为主体对自身行为进行反思，在实践中将幸福统摄于道德之下，从而突破网络生活伦理冲突与价值危机。④

网络生活的特殊现象方面，吴阳和李晓红对网络围观这一独特的网络现象进行分析，认为网络围观行为具有行为隐蔽性、围观主体的多元性、围观方式的互动性以及围观过程的扩散性等特征。网络围观的这些特征在一定程度上导致了网络围观的伦理

---

① 靖鸣：《短视频传播伦理失范及其对策》，《中国广播电视学刊》2018 年第 12 期。

② 王煜、施威：《自媒体时代大学生的自我伦理危机及其消解》，《学校党建与思想教育》2018 年第 22 期。

③ 唐魁玉：《网络美好生活的伦理维度》，《西北师大学报（社会科学版）》2018 年第 6 期。

④ 王金元：《网络生活的伦理困境——基于康德哲学的网络生活伦理分析》，《西北师大学报（社会科学版）》2018 年第 6 期。

困境，包括为伸张正义而伤害被围观对象，因舆论监督而引发信任危机，将言论自由演变为网络暴力。针对网络围观的伦理问题，他们主张首先要完善网络制度建设，明确围观道德底线，这包括细化网络道德行为规范、区分公私界限、划清信息界限；其次，要建立信息收集、分析和监管机制等网络围观预警机制及时处理问题；再次，要发挥主流媒体的引领和导向作用，坚持真实客观原则，还原事实真相；最后，网民要提升自身素质，在加强自律的同时增强信息辨别能力，网络意见领袖还应发挥正面带动作用。① 马燕则以“玉林狗肉节”为例，从话语逻辑与伦理表达角度对民间、官方和媒体三个角度进行分析。她认为，玉林狗肉节一方面涉及国内民间层面的普遍伦理和道德的社会讨论，另一方面也涉及中国饮食文化与外国饮食观念的冲突。因此要弥合双方的情感和价值裂痕，必须基于主体间性的表达，提倡建立相互理解、沟通的交往理性，并建立与国外舆论场相通的媒介话语体系。②

网络空间的治理方面，赵丽涛从伦理秩序的视角审视网络空间治理，指出当前网络空间中伦理失序问题的产生源于网络技术重塑了个体赋权的交往环境，打破了传统组织结构及制度规范，最终触及伦理秩序变革。因此，要着力构建网络空间治理的伦理秩序，包括重视网络技术本身的道德反思，加强网络伦理调控机制建设，提升网络舆论的自我净化能力，并积极培育网络空间的社会资本。③ 杨怀中和朱文华亦从伦理秩序角度关注网络空间治理问题。他们指出，网络空间治理是推进国家治理现代化的必然要求，而其中伦理治理作为网络空间治理的重要维度，对营造风清气正的网络空间具有重要作用。建构网络空间良性伦理秩序，需要坚持社会主义核心价值观引领，建立健全多元联动、协同共治的伦理治理长效机制，明确网络空间行为主体的伦理责任，着力培育网民的自律精神以及以健康向上的网络文化形成为落脚点。④ 刘海霞从传播伦理的角度为网络治理提供路径。她认为网络传播者要发挥道德自律，把尊重他人、尊重社会作为网络传播活动的日常状态，将真实准确、诚信透明、慎思慎行、责任担当作为具体的行为准则。不仅如此，网络治理需要探索互联网伦理综合治理体系，具体言之，首先，需要政府作为综合治理的主体，处理好表达与自由的关系；其次，互联网企业和组织要尊重用户，不损害用户权利和暴露用户隐私，对网络传播内容自查自纠；最后，社会公众要通过自律做合格的传播者。⑤

① 吴阳、李晓红：《网络围观的伦理思考》，《理论导刊》2018 年第 2 期。

② 马燕：《网络媒介事件舆情话语逻辑与伦理表达——以“玉林狗肉节”事件为例》，《传媒》2018 年第 4 期。

③ 赵丽涛：《网络空间治理的伦理秩序建构》，《中国特色社会主义研究》2018 年第 3 期。

④ 杨怀中、朱文华：《网络空间治理及其伦理秩序建构》，《自然辩证法研究》2018 年第 2 期。

⑤ 刘海霞：《网络传播治理中的伦理建设》，《中国广播电视学刊》2018 年第 5 期。

2018 年经济伦理学研究报告

张伟东*

总体来看，2018 年中国经济伦理研究相比于往年取得了更为丰硕的成果，以中国知识资源总库检索为例：首先，检索“经济伦理”“经济伦理学”“经济道德”“企业道德”等相关经济伦理学的关键词，2018 年中国共发表经济伦理学研究主题及相关主题论文共456 篇，2017 年为415 篇，往年研究成果均少于400 篇。其次，研究层次也更加深入，已经有更多的专家学者开始关注市场经济活动中凸显的道德问题的深层次原因，例如周颖在《循环消费信用类型化规范研究》① 一文中分析讨论了循环消费信用的正当性和制定特殊规范的必要性，顾肃在《经济社会差别中的平等原则辨析》② 中探讨了互联网金融伦理研究存的问题。其中绝大多数专家针对这些问题作出了深刻的研究，并提出了具有针对性的解决策略。这些研究成果十分珍贵，为我国市场经济伦理规划提供了有力的抓手。最后，研究水平也有很大的提升，发表了许多高水平的著作和论文，对于许多前沿的理论问题提出了高水平的见解，比如王小锡、张霄、陆晓禾等一批学者针对全球市场经济的去价值化趋势作出了深刻的批判——反对市场原教旨主义的滥觞，这对于构建我国经济伦理学具有重要的基础作用，这些成果奠定了我国经济伦理学建设的基调，甚至可能基于中国的文化传统为全球化的市场经济提供更优异的解决思路。

就经济伦理思想研究范式而言，我国也取得了较为显著的成绩。陆晓禾在《以中华文化的“双创”融入市场经济》③ 中认为：“来自资本的危机为传统文化融入市场经济提供了契机。与改革开放前相比，中国的经济基础发生了翻天覆地的深刻变化。造成这种变化的根本原因，就是我们不仅利用了市场，而且利用了资本来发展社

---

* 作者简介：张伟东，1989 年生，内蒙古赤峰人，中国人民大学哲学院伦理学专业博士研究生，研究方向为经济伦理学。

① 周颖：《循环消费信用类型化规范研究》，《大连理工大学学报（社会科学版）》2019 年第 1 期。

② 顾肃：《经济社会差别中的平等原则辨析》，《中国人民大学学报》2018 年第 3 期。

③ 陆晓禾：《以中华文化的“双创”融入市场经济》，《社会科学报》2018 年 4 月 5 日第 3 版。

会主义。也就是说，我们是在中国共产党的领导下进行一场‘利用资本’的伟大实践。”目前就全球范围来看，中国的经济伦理思想研究范式是非常独特的，它具有鲜明的意识形态特征和文化烙印，这种特质与我国经济发展的历史是息息相关的。如柴毅、施晴在《感性与理性、道德与法理：基于演化视角下中西经济思想的渊源比较》[①] 中认为：“经济思想的演化具有连续性和传承性。我国经济问题的解决对策是‘西为中用’，当前强调西方经济思想的中国化而忽视传统思想的现代化，使西方理论在现实经济面前产生‘水土不服’的情况，如何立足本来、吸收外来、面对未来是经济学界需要解决的问题。”

但就目前中国的经济伦理研究状况来说，总体的研究范式尚未脱离近代以来马克思主义经济伦理研究范式、中国传统经济伦理研究范式和西方经济伦理研究范式三分天下的局面，且三者之间有巨大的差异和激烈的争鸣，但就研究路径而言这三种研究范式正在以中国经济面临的道德问题为导向逐步走向融合。比如张志丹认为作为新时代中国的指导思想，习近平新时代中国特色社会主义思想中蕴含着丰富的马克思主义经济伦理思想，从某种意义上也可称为新时代中国的主流经济伦理学。[②] 张志丹提出的新时代经济伦理思想的“四梁八柱”就具有以马克思主义经济伦理为主、兼顾中西的特点。

但就总体的研究方向分布来看，我国的经济伦理研究范畴较广，但由于研究比较分散，成果水平参差不齐，尚未构成共同的学术研究规范和学术话语体系。例如，经济伦理、经济伦理思想和经济伦理学概念的混淆，对于经济伦理核心问题的研究太少等。以知网为例，2018 年学术期刊上发表的研究论文 296 篇，首先以经济伦理为主题的共有 25 篇，是研究成果最多的研究主题；其次是以经济伦理思想为主题的，共有研究成果 23 篇；再次是以经济伦理学为主题的，共有研究成果 7 篇；余下研究成果所涉及研究主题不同且均在 5 篇以下。

在经济伦理学学科建设上，尤其是在具体的经济活动过程中产生的道德问题上的专业应用性建设，我国尚属于起步阶段。因为学科建设和人才培养的落后，对于市场经济中的道德问题、伦理规划和行业伦理机构建设也是薄弱的，比如规避道德风险的金融伦理委员会、跨国企业的合规部门建设等。就此来看中国的经济伦理尚不能够称为经济伦理学，尤其是相比于美国的经济伦理学，中国经济伦理学尚处于一个亟待完善的阶段——尚未完成系统的学科建设。美国自 19 世纪 50 年代着手建设经济伦理学，至今已经形成了完备的经济伦理思想研究范式、经济伦理学科建设体系、经济伦理应用性指导及指导规范、经济伦理人才培养机构和相关经济领域的伦理委员会。就

① 柴毅、施晴：《感性与理性、道德与法理：基于演化视角下中西经济思想的渊源比较》，《学习与探索》2018 年第 8 期。

② 张志丹：《新时代中国特色社会主义思想的经济伦理意蕴》，《学术界》2018 年第 2 期。

中国经济伦理的发展状况而言，上述几个方面或初具雏形，或仍有争议，或尚为空白。

一 经济伦理思想史探究

1767年亚当·斯密的《国富论》的发表，为经济学的诞生打下了基础。该书被誉为“第一部系统的伟大的经济学著作”。它涉及历史、伦理、经济和政治所表现的社会行为的各方面，是影响人类历史进程的划时代巨著之一。《国富论》中译本最早由严复在1902年以《原富》书名翻译出版。1917年俄国进行了十月革命，毛泽东说：“十月革命一声炮响，给我们送来了马克思列宁主义。十月革命帮助了全世界的也帮助了中国的先进分子，用无产阶级的宇宙观作为观察国家命运的工具，重新考虑自己的问题。走俄国人的路——这就是结论。”我国在1950—1978年近30年的经济建设中都是跟随苏联模式进行计划经济的，计划经济的影响并没有随着市场经济的全面开展而被画上句号，比如仍存在集体主义观念、单位制度等。至今我国在许多经济领域依然或多或少地受到计划经济的影响，这些影响是复杂的，并不能简单地用好或者不好来评价。真正开启我国传统经济伦理的研究之路是在1990年之后，当时“亚洲四小龙”的崛起被认为是儒家资本主义[①]的成功。这一事实证明，传统的儒家文化是可以为经济建设发挥巨大的作用的。就今天看来，尤其是用宏观的历史视角来看，儒家文化的巨大作用是源远流长的，甚至是可以影响整个世界的。中国作为儒家文化的发源地要更加要珍视和利用这笔资源。

2018年恰逢中国改革开放40年，我国的市场经济从无到有，从弱小到强大。无疑，马克思主义的指导、中国传统的义利观和西方的市场经济制度对于今天中国特色的社会主义市场经济都有巨大的影响。如徐锋、刘魁在《中国新时代共享经济的伦理意蕴与实现路径》[②]中认为，新时代中国特色社会主义共享经济的伦理思想渊源包括中国传统的“民本”与“修睦”思想、马克思的共享正义思想、中国特色社会主义的“共同富裕”思想、发展伦理学的可持续发展理念，以此为基础主张构建人类命运共同体，反对逆全球化；陆晓禾在《以中华文化的“双创”融入市场经济》[③]中认为，来自资本的危机为传统文化融入市场经济提供了契机；杨丽珍、毛华兵在《〈资本论〉及其手稿中的正义思想》[④]中指出，马克思的正义概

---

① 以余英时为代表的儒家资本主义学派认为亚洲国家和地区的经济成功与儒家思想有密切的关系，余英时在其著作《中国近世宗教伦理与商人精神》中详细阐述了他的观点。

② 徐锋、刘魁：《中国新时代共享经济的伦理意蕴与实现路径》，《河海大学学报（哲学社会科学版）》2018年第6期。

③ 陆晓禾：《以中华文化的“双创”融入市场经济》，《社会科学报》2018年4月5日第3版。

④ 杨丽珍、毛华兵：《〈资本论〉及其手稿中的正义思想》，《华中师范大学学报（人文社会科学版）》2018年第1期。

念不仅包含了比政治学、法学、伦理学、经济学意义上的正义概念更多的内涵，而且是对这些领域正义概念的超越和扬弃。但以这三种范式在一个国家同时进行研究和应用的情况在全球是非常独特的，尤其中国还是儒家文化的发源地和为数不多的社会主义国家。这些特殊性为这种多元的研究范式留下了研究基础和研究空间，尤其是改革开放以来这些研究范式不断地在进行争鸣和交融。然而这些研究范式究竟会按照怎样的路径发展还需拭目以待。

（一）中国传统经济伦理思想创造性转化

中国传统经济伦理思想的创造性转化在2018年的表现尤为突出。这与中国国内和国际的经济形势以及世界市场化程度加深有关。第一，对中国传统经济伦理思想转化的最先使用并不在中国内地，而是在20世纪90年代的中国台湾、中国香港和新加坡、韩国等率先运用市场经济的国家和地区，这些国家和地区对于传统儒家经济伦理思想的转化是转化中国传统经济伦理思想的开端。但时至今日这种转化已经渐露弊端，比如广受批评的“李光耀理论”，且中国内地市场经济的发展无论是在规模、体量、实现机制和构成体系上都要高于以上国家和地区，因此要利用中国传统经济伦理思想就必须走创造性转化的路径，陆晓禾教授对于这个问题进行了深入的探讨。第二，2018年国际金融危机自阿根廷比索贬值开始蔓延至多个发展中国家。这次危机再次警醒了中国，难以预测和控制的金融风险与经济伦理的管控能力低下有直接关系。金融是现代经济发展的命脉，而金融的核心依据是信用关系，可以说信用关系是市场经济运行的基础。公民的道德素养和国家的伦理规划与信用直接相关，因此面对2018年的国际金融危机和经济市场低迷，响应政府构建经济“合理增长”① 的号召，中国许多专家学者开始重视中华文化的经济作用，就像北京科技大学经济管理学院教授赵晓所说的，国人对市场经济的认识还远远不够，对市场伦理和财富伦理还缺乏认识，建立在市场经济基础上的现代文明不仅要讲究“挣钱”，更要讲究“伦理”。第三，随着对中国传统经济伦理的深入研究和国际化的需要，中国传统经济伦理思想的研究层次更加深入，许多专家学者开始转向对中国传统经济伦理思想创造性转化的深度研究，以期寻找中国传统经济伦理思想的价值根源，为中国的经济发展提供源头性依据，构建适应新时代和全球市场的具有中国特色的经济伦理。此外，周中之、苏令银、周治华等深入研究了明清时期的经济伦理，潘宇以《盐铁论》为依据研究了汉武帝时期的经济伦理，这两个历史时期的经济伦理都具有代表性意义。

基于构建适应新时代和全球市场的具有中国特色的经济伦理体系，陆晓禾在

① “合理增长”中提出经济发展了不能有后遗症，不能破坏环境，不能有损社会公平，也就是说，发展不再是简单GDP数字的增长，而是变成了一个衡量国民社会总福利改进的综合性指标。

《以中华文化的“双创”融入市场经济》[1] 中认为，来自资本的危机为传统文化融入市场经济提供了契机。与改革开放前相比，中国的经济基础发生了翻天覆地的深刻变化，产生这种变化的根本原因，就是我们不仅利用了市场，而且利用了资本来发展社会主义。也就是说，我们是在中国共产党的领导下进行一场“利用资本”的伟大实践。马克思所说的利用资本消灭资本，是从消灭资本的更高阶段来看的，因此，这一所谓的利用资本阶段，还是一种自在的经济阶段。但是，从一个更高社会阶段的观点来说，把前一种生产阶段或方式说成工具是相对容易的，而对当下社会来说，要把一种生产方式作为一个工具来利用就不是一件容易的事情了。因为这种工具一旦被使用了，就成为一种现实过程，有其自身的因果联系或者说逻辑，并作为隐性的道德价值或文化趋向而对社会产生影响。

段宜廷认为“分配”概念以及“利民”“富国”等是荀子经济思想的核心。其在《儒家经济伦理：从荀子礼学谈起》[2] 中探寻了荀子绾合物质生活的必需性以及儒家精神的必要性。荀子论礼的起源带有经济学的意涵，即经济学基本概念里的“稀缺性”（Scarcity）。稀缺性是欲望和资源之间的相对概念，当欲望大于资源的时候，稀缺性才会出现；反过来说，当资源少于欲望时，稀缺性也会出现。因此要解决这个问题，就必须“开源”“节流”。而荀子提出的解决方法就是以“礼义”分之，一方面可以调节欲望；另一方面可以养之，使欲与物“相持而长”。如此看来，欲望是荀子界定人性的第一义。在中国经济思想史里，荀子的欲望论时常被提及，并被认为是荀子突破孔孟的地方。原因正在于经济学理论中，“经济人”意指有“自利心”的人。再者，荀子对人们“能群”的解释，也同样具有经济学意义。

周中之等深入研究了中国资本主义经济萌芽的明清时期，在《明清经济伦理思想的特点、贡献及其现代价值》[3] 中认为中国的经济伦理思想史源远流长，经历几千年的发展。先秦时期，以孔孟为代表的儒家为中国经济伦理思想的发端做了开创性的工作，他们提出的义利之辨、奢俭之说等成为中国经济伦理思想的根基。后来的古代经济伦理学家大多继承他们的思想，并且在新的历史条件下作出新的阐发。明清时期的思想家提出了丰富的经济伦理思想，回应社会发展中来自内部和外部的挑战。这些经济伦理思想体现了各个思想家的智慧，反映了他们的道德人格，并打上了鲜明的时代烙印。明清时期是中国传统社会总结和批判的时期，也是中国经济伦理思想走向转型的时期。在这一时期，中国的经济伦理思想在对传统的总结和批判的基础上有了突破性的进展。主要体现在以下几个方面：第一，突破了传统的“重义轻利”的观点，提出了以义利兼顾为基础的社会功利主义观点；第二，突破了传统的“崇俭黜奢”

---

① 陆晓禾：《以中华文化的“双创”融入市场经济》，《社会科学报》2018 年 4 月 5 日第 3 版。

② 段宜廷：《儒家经济伦理：从荀子礼学谈起》，《孔子研究》2018 年第 6 期。

③ 周中之、苏令银、周治华：《明清经济伦理思想的特点、贡献及其现代价值》，《伦理学研究》2018 年第 4 期。

的观点，提出了在伦理评价和经济评价相结合的基础上鼓励消费的观点；第三，突破了传统的“农本商末”的观点，为资本主义民族工商业的发展做伦理辩护。

潘宇以《盐铁论》为依据，深入研究了汉武帝时大一统国家形成之后的财富观念和经济哲学。在《儒家的财富观念与经济哲学：以盐铁论为中心》① 一文中，他认为《盐铁论》一书反映的经济问题是汉武帝大一统的国家形成之后，儒家经济思想的一些新的变化。第一，国家治理应基于道德还是要追求富强？义利问题是儒家经济思想的最核心议题，因此在《盐铁论》中首先体现为国家的主要功能是为社会提供公平的环境还是追求富强。第二，酒榷、平准、均输等国有经济政策是否造成了“国与民争利”？这里儒家比较倾向一种放任主义的经济政策，即不主张政府过多地干预民众的经济活动。第三，人们应追求什么样的生活方式？第四，治理之道应在义利和德刑之间。作为中国历史上最为经典的治国之策的辩论，《盐铁论》给我们留下了丰富的资料，有助于我们理解汉武帝时期的经济政策以及昭帝以后的政策转向，最为关键的是，我们可以从中了解儒家的经济哲学和政治伦理的发展轨迹。

“双创”是中华优秀传统文化发展的规律性总结。中华优秀传统文化通过“双创”融入社会主义市场经济，是一个实践和学术的新课题，这一课题的研究要求有系统的文献梳理和实践研究积累、交叉学科或跨学科的研究分析。从市场和资本对社会经济、政治、文化包括道德造成的巨大冲击和影响着手，总结现代企业文化建设实践经验，同时了解西方和同时代新兴市场经济国家从传统到现代转化中文化变化的经验教训，系统梳理和研究中华传统文化文献以及儒商的经验总结，在此基础上，发现为新时代社会主义市场经济所需要的“古今通理”，作出创造性转化和创新性发展的分析，以探讨丰富、涵养和融入社会主义市场经济的文化支撑。这里，中华优秀传统文化能否以及如何通过“双创”，应对市场和资本的巨大冲击和影响，实现它在现代的凤凰涅槃，从而显示它的现代性价值，是贯穿始终的主线和核心问题。

（二）马克思主义经济伦理思想创新性发展

马克思主义的伦理思想一直存在一个巨大的争议，即马克思本人一方面深入地批判了资本主义的伦理思想，另一方面也承认了资本主义的进步性，这一问题被命名为“伍德难题”。在伦理层面体现为马克思反对资本主义伦理道德的一切形式，同时又对资本主义深恶痛绝，对劳苦大众关怀同情。无论是在伦理层面还是在经济制度层面，这两个问题都指向了经济伦理。这一问题是以《资本论》为中心的，我国学界对于这一问题的研究一直没有停歇，2018 年杨丽珍等对这一问题进行了更为深入的研究。

① 潘宇：《儒家的财富观念与经济哲学：以盐铁论为中心》，《人文杂志》2018 年第 11 期。

杨丽珍、毛华兵在《〈资本论〉及其手稿中的正义思想》[①] 中指出马克思在《资本论》及其手稿中从唯物史观的高度考察正义概念，认为真正的正义（也即社会正义）是指在物质生产和生产力不断发展基础上每个人的物质生活状况的根本改善，每个人的自由、平等等各种社会权利的真正实现和每个人的个性、能力的自由而全面的发展。由此可见，马克思的正义概念不仅包含了比政治学、法学、伦理学、经济学意义上的正义概念更多的内涵，而且是对这些领域正义概念的超越和扬弃。《资本论》及其手稿中正义思想的基本内容有以下三点：1. 资本主义的物质生产及生产力水平高于前资本主义社会决定了资本主义正义状况的历史进步性。2. 生产领域的不平等深刻表明资本主义社会不可能实现真正的正义，虽然资本主义的正义状况与前资本主义相比有历史进步性，但与真正正义的实现还相差甚远，资本主义社会从根本上讲是不正义的社会。3. 物质生产及生产力水平高度发达基础上的生产领域的平等决定共产主义社会才能实现真正的正义。

高广旭在《〈资本论〉的"道德"解读何以可能?》[②] 中也持有相近的观点，他认为追问《资本论》的"道德"既不能脱离资本批判、孤立地探讨道德批判，也不能脱离道德批判、孤立地探讨资本批判，应以马克思政治经济学批判的总体性视角阐明资本批判与道德批判的辩证关系。《资本论》蕴含的资本与道德的辩证法深刻指认了现代性道德在理论形态与规范功能上自我革新的内在路径。《资本论》的"道德"形态不是"善"在人性假定基础上的"抽象应当"，而是"善"在现实社会生活中的"具体实践"。《资本论》的"道德"规范不是对资本主义经济事实的"外在规范"，而是对资本主义社会总体的"内在规范"。这种"内在规范"立足资本与道德的张力，完成对资本主义生产方式及其构建的社会权力结构的内在限定。

就以上研究来看《资本论》及其手稿中的正义思想为人们正确认识以伍德等人为代表的当代西方正义观念提供了思想契机。伍德等人停留于马克思上述论断的表面，从而得出马克思主张资本主义是正义的，并进而得出马克思认为资本主义的剥削是正义的等错误的结论。不仅如此，除伍德以外，罗尔斯等人的当代西方正义理论也仍然没有超越马克思的正义思想。马克思的正义思想对当今资本主义社会的正义状况的根本改变仍然具有重要而深远的指导意义。因为它仍然是指导人们把握当代西方正义观念的科学的思想武器，也是指导人们分析当代资本主义社会正义状况的科学指南。

（三）当代西方经济伦理思想批判性继承

市场经济是以西方经济思想为基础的，对市场经济的伦理规范的研究也离不开对

---

① 杨丽珍、毛华兵：《〈资本论〉及其手稿中的正义思想》，《华中师范大学学报（人文社会科学版）》2018 年第 1 期。

② 高广旭：《〈资本论〉的"道德"解读何以可能?》，《南京社会科学》2018 年第 8 期。

西方经济伦理的研究。市场经济伦理研究则离不开亚当·斯密的两本举世名著《国富论》和《道德情操论》。《国富论》中的“经济人”假设为市场经济伦理规范的制定提供了可靠的基础。但关于“经济人”的争论自《国富论》问世以来就未曾停止，甚至随着经济发展的不平衡这一争论正在变得更加激烈。布坎南将“经济人”这一研究推向了新的高度，他反对实证经济研究方法，批判新古典主义将事实与价值完全分离的研究方式。刘登森深入地研究了布坎南的“经济人思想”，并对这一思想作出了批判。徐峰则通过重新回溯“自由主义”之父洛克的社会契约论传统讨论了当代著名伦理学家罗尔斯和诺奇克的财产理论。陶日贵则基于欧陆古典哲学的传统重新讨论了鲍曼对于技术与文化、伦理、资本的关系的观点，这一研究路径与马克思主义的研究路径有很多相同之处，可以为我国经济发展提供借鉴。总体而言，我国对于西方经济伦理的研究还没有构成伦理学的思想体系和研究系统，尽管在经济学视域这种研究已经十分成熟，但在伦理学视角下这种研究还需要进一步系统化，以便为我国经济伦理建设提供支撑。

刘登森在《布坎南“经济人”思想研究》① 中认为，布坎南把经济学方法应用于政治过程研究，把古典经济学的经济人假设方法论作为分析集体或非市场决策的理论起点。因此在布坎南看来传统的政治与经济截然对立的善恶二元论并不成立，人的本质须统一于“经济人”，“经济人”思想亦成为后人剖解其学术理论脉络的一把利刃。布坎南也曾表示，“我们在80年代对经济学的渊源——政治经济学方面的研究，较少是思想的更替，而更多的是方法论方面的革命”。布坎南以独特的观察视角把斯密的“经济人”由经济领域拓展到政治领域，并认为公共选择与私人选择实质上相融相通，政治家、官僚、投票的选民等公共选择者也是追求自身偏好的利益最大化者。传统主流经济学说在看待“政治人”时，通常将其视为心无二虑、尽公不顾私的“公共人”。布坎南却以冷峻的理性意识、坚定的批判精神认为“经济人”与“政治人”是同一人性的不同表现形式，经济人假设引入政治领域后演绎为政治人范式。布坎南“经济人”思想提供了经济与政治同质化解释的统一工具，有利于克服对于“政治人”的盲从性认知，同时也为优化公权领域制度设计奠定了人性基础。但另一方面布坎南也勾除了经济活动与政治活动的互异性，以片面抽象的自利性替换人的本质，进而也否定了“经济人”为历史范畴的存在。

徐峰在《在罗尔斯和诺齐克之间：略论洛克财产理论的当代位阶》② 一文中认为，洛克论证财产权的策略分为两步：首先是讨论货币出现前在“自然状态”中的初始占有，其次分析货币出现以及进入“政治社会”的合法持有（包括占有和转让等）。为了维持生存，人们可以通过自己的劳动将“身外的”自然资源“拨归私用”。

---

① 刘登森：《布坎南“经济人”思想研究》，《南通大学学报（社会科学版）》2018 年第 4 期。

② 徐峰：《在罗尔斯和诺齐克之间：略论洛克财产理论的当代位阶》，《现代哲学》2018 年第 2 期。

"拨归私用"让人们可以通过劳动占有果实，但其间必遵守一系列约束条件：第一，占有时要给其他人留下足够多且一样好的资源（Leave Enough and As Good to Others，下文简称"E&AG 条款"）；第二，占有后要以享用为度，不能糟蹋或损害所占资源（Spoilage Condition，下文简称"损害条款"）。在自然状态中，初始占有至少要满足上述"E&AG 条款"和"损害条款"，才称得上正当占有。许多学者认为在政治社会中，由于引入货币和人们的（默示）同意，"E&AG 条款"和"损害条款"的效力似乎有些式微。作者认为"E&AG 条款"和"损害条款"在政治社会完全失效的说法只是夸大其词。洛克的本意只是坚持正当的财产都要受法律保护，他同样不希望社会财富的不平等发展到不可控制的地步。而诺齐克不像洛克那样区分"自然状态"和"政治社会"，而是引入资源持有的两个环节："初始占有"和"自愿转让"。论及初始占有时，诺齐克指出洛克的"E&AG 条款"可以有"强的约束"与"弱的约束"两种解读。洛克本人在阐释"E&AG 条款"时语焉不详，诺齐克认为洛克既可能主张"强的约束"，也可能主张"弱的约束"。考虑到"强的约束"对占有要求太过严苛，容易遭受"回溯论证"的反驳，进而永远不可能生成财产权，所以诺齐克相信只有"弱的约束"才更符合现实。拥护私有制是诺齐克理论逻辑的直接结果，任何组织或个人都不能侵犯正当占有的个人财产。完成初始占有后，就进入第二个环节：资源（财产）的自愿转让。诺齐克认为，持有财产的人自愿向他人转让自己的持有物，无论最终结果如何，都是公正的。即便搁置颇有争议的"E&AG 条款"，我们也可以从洛克的相关论述中找出依据，证明洛克非但不会置贫富不均于不顾，反而可能支持财富的平等分配。这些论据体现以下三个方面："损害条款"一直发挥着作用；上帝的存在与自然法的支配；共同体的假设。如果作者关于上述三个方面的描述无误，我们可以指出洛克和诺齐克在财产权的证成上有着根本性差别。因此在财产权的证成上，从洛克到诺齐克有着一个断裂的平等叙事。

陶日贵在《文化·伦理·资本：鲍曼技术理性批判思想探析》① 中认为与鲍曼现代性反思的内在逻辑相一致，鲍曼对技术理性的批判，也是依循文化、伦理和资本这三个维度逐步展开的。首先是文化维度。作为一种现代性世界观对技术理性的批判，鲍曼分析的独特性在于，他把技术理性与现代性对秩序的追求联系在一起，揭示并阐明这一追求带来的现代性后果及其社会根源，进而从伦理和制度层面探讨文化转型的可能性。鲍曼以"对秩序的追求"来指称现代性，在他看来，现代性秩序建构的自毁性源于技术理性碎片化的思维方式。"碎片化越是确然，作为结果的混乱便越是杂乱和不可控制"，这就是当今时代由贝克所描述的全球化风险社会的主要特征。在鲍曼看来，贝克的"风险社会"仍然是现代性的合法模式，并强调贝克、吉登斯所谓

① 陶日贵：《文化·伦理·资本：鲍曼技术理性批判思想探析》，《华南师范大学学报（社会科学版）》2018 年第 4 期。

的自反性现代化只会增加而不是减少技术规则的自毁性趋势。在鲍曼那里，现代性建构不会停止，只是置换了主体而已。为此，鲍曼把目光投向了个体的道德责任，希望通过开掘人类与生俱来的内在财富来寻求对这一世界观的突破和重建。其次是伦理维度。作为一种生活策略的技术理性从伦理维度来反思技术理性是鲍曼现代性批判思想的一个重要特征。在鲍曼看来，道德的真正诞生地是“社交”领域，而并非社会；只有在道德结构完备时，社会才起步。通过确立为他者负责的道德观，鲍曼深刻揭示了现代性机制中理性策略对道德自我的压制。最后是资本维度。在鲍曼看来，现代技术的背后是权力，而权力的背后是资本。归根到底技术理性是资本的自我意识：技术理性的特点代表着资本的现实诉求，技术理性的独断本质上是资本专制的意识形态。鲍曼对技术理性、资本及现代社会三者复杂关系的考察，特别是当今全球化人类困境的分析，目的在于告诉我们，若要解决资本逃逸问题，就必须先超越技术理性的视野，在技术理论视野的框架内，资本逃逸问题是无解的。鲍曼的思路在于，通过倡导为他者负责的道德，重修“脚手架”，恢复和重建共和政治。

西方经济伦理思想体系是庞大而复杂的，目前我国伦理学的研究能力还十分有限，尚不能对其作出系统化的伦理学阐释，且对于市场经济的前沿问题敏感度不足。在建设中国特色的市场经济伦理治理体制之中不可避免地要研究、利用和优化西方经济伦理思想，在这方面我国的经济伦理研究还有很大的基础性欠缺。

二　经济伦理原理研究

就世界市场经济的发展来看，对于经济活动的伦理指导目前还存在两个重要的基础性问题亟待回答。第一个问题是道德和经济究竟有没有内在的必然联系，第二个问题是伦理指导在经济活动中究竟处于什么地位。就国内而言，第一个问题是非常好回答的，而且国内的经济伦理基本遵循了伦理指导是经济发展的必要条件这一原则。但就全球市场经济而言“祛伦理”指导的经济理论及实践是主流的经济观点，这就给我国经济的全球化带来了一系列问题，要回答这些问题还需要经济伦理深入全球经济实践中去探索。如果经济活动与伦理指导的关系是内在的、必然的，那么二者应该以何种关系维系经济活动的合道德性呢？就目的而言二者是统一的——为人的好生活而存在，但就现实的冲突来说，这一目的很难给予确切的答案，因此将这种目的细化成原则是必要的。如中国在改革开放之初提出的四项基本原则，实质上就是基于这个目的的细化，并且尝试通过马克思主义的路径达成这一目的。但将这些原则细化为干预经济活动的伦理手段还需要更长的时间。美国自 19 世纪 20 年代开始建立独立的经济学科，到 19 世纪 70 年代开始规划市场经济的伦理指导，直至 2000 年初基本完善了经济伦理学的系统建设。中国的经济伦理之路与美国是不同的，无论是四项基本原则还是社会主义核心价值体系都决定了中国经济伦理与美国经济伦理是有极大的差别的。目前中国经济伦理的规划大概处于美国19世纪80年代的规划时期，有了基本的原则和对于宏观经济伦理问题的基本一致的意见，但要完善整个经济伦理指导的系统规划还需要更长的时间。

（一）道德是经济发展的必要条件

经济与道德有着十分密切的关系。近年来在经济领域出现的食品问题、医药问题、工程问题等都说明发展经济不能忽视道德的作用，一旦道德出现问题，经济的发展将会受到严重影响，甚至会形成灾难性的后果。有人担心，用道德去支撑经济发展，甚至让道德帮助赚钱，是将道德工具化甚至亵渎了道德。其实不然，道德的存在意义就在于促进人的全面发展和人际和谐，进而促进经济社会的进步。离开了具体的包括精神文明建设在内的经济社会发展效果，道德的觉悟等都只能是空谈。

王小锡在《道德是经济发展不可或缺的支撑力量》① 中指出：首先，好产品取决于“道德含量”，道德因素决定企业产品的价值指向和人性化程度等，这是产品质量的灵魂。其次，产品成本取决于劳动者的道德觉悟，企业营造和谐的氛围，可以减少无谓的摩擦消耗，有效缩短单位产品的个别劳动时间，增强企业产品的市场竞争力。再次，提高市场信誉度取决于道德经营，在互联网和物联网时代，道德作为资本要素的重要性更加凸显。可以说，不讲道德就不要想赚钱，要赚钱就必须讲道德，社会将毫不留情地随时葬送任何道德缺失的企业，这说明道德也是资本。最后，企业家道德是企业发展的精神引领，经济发展在很大程度上要依靠企业的发展，而企业的发展又在很大程度上依赖于企业家的综合素质，尤其是企业家的道德素质。因此爱国情怀是企业家办好企业之本；承担社会道德责任是企业家办好企业之根；人本管理是企业家办好企业之源。

（二）伦理是经济治理的内在标准

向玉乔认为经济治理既是经济学问题，也是伦理学问题。这两个维度并不是截然分开的，而是相互关联、相互作用、相互影响、相辅相成的关系。它们的融合和贯通不仅使人类经济治理活动实现了经济性和道德性的统一，而且使人类在人格上实现了“经济人”和“道德人”的统一。经济治理的主要伦理问题是一个具有深厚伦理意蕴的问题，经济治理主要由三个子问题构成：1. 如何保全国家公共权力的内在善性？2. 如何将人类经济治理活动纳入合乎道德要求的轨道？3. 人类的经济治理活动应该实现什么样的道德价值目标？② 首先，作为国家治理的一个重要维度，经济治理的状况也从根本上取决于国家公共权力的内在善性能否得到保全的事实。当经济治理者用

---

① 王小锡：《道德是经济发展不可或缺的支撑力量》，《光明日报》2018年11月26日第15版。

② 向玉乔：《经济治理的伦理意蕴》，《华中科技大学学报（社会科学版）》2018年第6期。

于经济治理的国家公共权力的内在善性能够得到保全，则他们的经济治理活动就更容易被引上向善、求善和行善的轨道。因此，经济治理的首要伦理问题是必须同时借助经济治理者的个人道德修养和合理的社会制度安排，保护、维护和捍卫国家公共权力的内在善性。其次，经济治理必须确保人类经济治理活动合乎伦理要求。人类经济治理活动应该受到道德价值观念的有效支配。最后，经济治理应该以实现经济正义为道德价值目标。经济正义是分配正义的一种重要表现形式，它意指经济发展成果分配的公平性。如果经济治理能够以经济正义为伦理价值目标，它就能够朝着公正的方向运行，并且契合人类对经济活动的道德价值诉求。

经济治理中的问题大多与人类的道德价值诉求有关。人类总是要带着一定的道德价值观念进行经济治理，也总是希望自己的具体经济活动经得起一定道德价值观念的检验。将人类经济活动纳入伦理化轨道，并使之应有的伦理特性得到充分凸显，是经济治理的内在要求。今天如果人类不能从国际伦理的角度来审视、认识和理解经济治理问题，人类经济活动造福人类本身的功能就不可能充分发挥。

（三）马克思主义经济伦理是中国经济制度的内核

张志丹认为作为新时代中国的指导思想，习近平新时代中国特色社会主义思想中蕴含着丰富的马克思主义经济伦理思想，从某种意义上也可称为新时代中国的主流经济伦理学。① 新时代经济伦理思想的“四梁八柱”主要包括：以人民为中心的经济伦理核心理念，批判与建构相统一的经济伦理方法论，以中国特色社会主义经济制度为架构的经济制度伦理，以党和政府、个人和企业为主体的经济责任伦理，以新发展理念为核心的经济发展伦理，以生态文明为坐标的生态经济伦理，以人类命运共同体为指向的全球经济伦理。这些经济伦理思想是马克思主义经济伦理学的立场、观点和方法的集中体现，它不仅可以提升新时代马克思主义经济伦理学研究水平，而且有助于实现中华民族伟大复兴的中国梦以及推进和谐世界建设。

张霄认为商业伦理精神的培育，从根本上说，就是要破除所谓的“商业无道德神话”，改变“利润至上”的商业环境和商业观，塑造“价值优先”的商业文化。② “商业无道德神话”支持这样一种观点：“商业行为与道德无关。商业活动无须考虑道德问题。对企业来说，追求经济利益才具有实质意义，谈论道德问题就是不务正业。”为了破除这一“牢固的成见”，近半个世纪以来，商业伦理学一直在艰难的环境中争辩“企业为什么要讲道德”和“企业如何讲道德”。但商业伦理学在今天之所以受到人们的重视在很大程度上是因为屡屡发生的企业失德行为一次又一次地突破社会道德的底线，人们不得不重新审视企业追求经济价值的意义，不得不在更高的价值

---

① 张志丹：《新时代中国特色社会主义思想的经济伦理意蕴》，《学术界》2018 年第 2 期。

② 张霄：《培育商业伦理精神》，《光明日报》2018 年 11 月 26 日第 15 版。

层面上重新评价和规范商业行为。历史地看，现代商业社会不自然的“无道德”特征是与现代商业文明起源于伦理观念这一事实和传统背道而驰的。如今，有越来越多的投资人更愿意把资本投向那些富有社会责任感并重视组织文化经营的企业，也即“有道德的企业”。长远地看，许多这样的战略性投资最终并没有让投资人失望。这些投资不但给投资人带来了可观的经济效益，也在客观上产生了不小的社会效益。这说明，重视商业伦理精神的培育，完全有可能实现商业价值和社会价值的双赢。

习近平在2015年中央政治局第二十八次集体学习时的讲话中指出，要坚持以人民为中心的发展思想，这是马克思主义政治经济学的根本立场。要坚持把增进人民福祉、促进人的全面发展、朝着共同富裕方向稳步前进作为经济发展的出发点和落脚点，部署经济工作、制定经济政策、推动经济发展都要牢牢坚持这个根本立场。新时代中国特色社会主义经济伦理思想的方法论特色在于，主张在批判旧世界中发现新世界，在理论与实践的辩证互动中，消灭“少数人富有、大多数人贫穷”的旧的社会制度，建设社会主义制度，并为最终建构“每个人的自由发展是一切人的自由发展的条件”的理想社会制度夯实基础，以此彰显科学经济伦理学的批判与建构相统一的方法论。

三　经济活动中的伦理问题

经济活动中的伦理问题有自身的特殊性，这种特殊性即我们衡量一个经济活动中的主体是以信用为单位的，这种道德并不是常规意义上的个人品德，而是对一个经济主体的经济行为的评价，这种评价是以客观记录为依据的。因此这种评价需要特殊的伦理规范。但这种特殊的道德评价又是与经济主体的品德是息息相关的，从宏观的历史视角看二者是正相关的，即良好的道德风尚会为经济主体赢得更好的利益回报。因此信用作为市场经济的特殊产物可以说是整个市场经济的基石，无论是货币、债券、股票、基金、信贷还是其他经济活动，在现代市场中没有任何经济行为能够离开信用而单独存在。也正是信用的存在引发了一系列的经济伦理问题，以下涉及的三类问题是互联网金融快速发展带来的问题，究其本质来说就是经济杠杆的使用规范，再进一步说就是一个经济体的信用到底能够利用多长的经济杠杆。反过来说我国的信用惩治机制和措施还有待完善，尤其在经济伦理上亟待完善，社会主义市场需要建立起这样一种伦理机制，即遵守道德规范的经济体能够获得良好的效益，不遵守道德规范的经济体要受到应有的惩罚。

（一）亟待伦理规范的循环消费信用

信用是整个市场经济运作的基石，尤其在现代社会中，信用成了社会生活的必需品，还是撬动金融的杠杆。信用消费大大地推动了资金的流动，方便了结算和消费。

但对循环消费信用的正当性和制定特殊规范的必要性必须加以严肃的伦理学讨论，使其符合经济伦理规范。

周颖分析讨论了循环消费信用的正当性和制定特殊规范的必要性。她在《循环消费信用类型化规范研究》① 中认为，信用卡的特殊性，不外乎两点：其一，信用卡向消费者提供的是循环消费信用；其二，信用卡具有支付功能。那么带有循环特质甚至被称为“类信用卡”“虚拟信用卡”的消费信用产品与信用卡在概念逻辑上有什么关系？它们是否均属于消费信用产品？其业务内容又能否都归属于消费信用以及循环消费信用的范畴？我国市场上为消费者提供消费信用服务的金融产品，即消费信用产品，数量已十分庞大。而且依其发行主体、信用模式、用款方式、还款方式、消费场景以及所涉垂直行业的不同，可以有多种、多重的分类。“信用额度循环”赋予了循环消费信用特殊的法律属性，引发了循环消费信用在实践中的特殊规范需求，这决定了循环消费信用作为与固定数额消费信用相区别的消费信用法定类型的正当性和必要性。因此需要对循环消费信用在如下几个方面制定特殊的规范：信息披露义务与会计义务，合同内容的变更，被未经授权的第三人支取的损失负担，套现行为人民事责任的认定。

（二）有待伦理规治的投机牟利行为

企业伦理规范制定中面临的最大问题就是规范的漏洞。在激烈市场竞争之中许多企业在进行投机牟利。这种行为在本质上是违反商业伦理精神的。商业伦理精神和企业文化的中心问题就是机会成本与道德的关系。

李欣隆在《机会成本与道德的关系探微》② 中认为：对机会成本发生作用的变量既有经济因素，也有道德因素。当代企业社会责任的道德属性已然决定了企业道德经营方式和规避失德风险的社会经济发展趋势与要求。虽然机会成本一般难以估算，也难以被计入企业的会计账面，但它确实是客观存在的成本，也是影响企业经济效益的重要成本因素，是企业不得不重视的一个经济伦理问题。就企业的内生因素而言，“道德资本”有助于调动员工的生产积极性和提高企业的经济绩效。因此构建机会成本与道德协调发展的社会机制要遏制投机牟利的行径，促进道德经营的获利性，避免有悖社会正义的经济发展与道德堕落的二律背反现象，需要构建机会成本与道德协调发展的社会机制，发挥好法律制度的强制性、信用信息的传散性和社会排斥力，提升市场主体违法背德的风险与代价。

（三）急需伦理规划的互联网金融行业

互联网金融是全球市场经济的新动向，对于传统金融行业而言互联网金融行业的

① 周颖：《循环消费信用类型化规范研究》，《大连理工大学学报（社会科学版）》2018 年第 1 期。

② 李欣隆：《机会成本与道德的关系探微》，《道德与文明》2018 年第 1 期。

优势是压倒性的，如更加快速和方便的资金筹措，例如，2018 年《西游记之大圣归来》的启动资金筹措就是依靠众筹形式，水滴筹等 App 对于困难人员的救治金的筹集等不胜枚举。但这种优势所带来的问题有些已经凸显，如不良贷款、非法集资等。可以说互联网金融是一把锋利的“双刃剑”，哪一个国家率先将其合理运用，哪一个国家就将占领金融的制高点。

顾肃在《经济社会差别中的平等原则辨析》① 中认为，互联网金融伦理研究存在以下问题：1. 研究方法较为单一，学科交叉深度不足，目前不少研究方法停滞于规范分析的层面。2. 研究目标不够精准，路径构建尚未完善，当前互联网金融伦理的相关研究多停留在伦理缺失或道德风险等问题上，并未更进一步为监管部门提供解决方案或对策，互联网金融中的一系列市场公平性问题、职业道德问题、金融垄断问题没有得到很好的解决。3. 研究体系有待梳理，总体框架亟须搭建，互联网金融伦理属于经济伦理学的研究范畴，是涉及互联网、金融、伦理三者的交叉学科，其研究对象是传统金融与互联网技术相结合的新兴领域的伦理活动、伦理关系等，所以其研究范围既包括宏观层面的互联网金融活动的总体伦理规范，亦包括微观层面的互联网金融活动中各方所应遵循的伦理准则构建的中国特色互联网金融伦理体系。

杨旸、刘霞在《金融监管中的道德风险探究》② 中指出，在互联网金融、理财产品、信托基金、保险基金等领域，由于消费者、投资者与资产管理机构以及资产管理机构和金融监管者之间信息严重不对称，利益冲突不断显现。引致金融监管过程中的道德风险问题主要来源于以下三个方面。一是金融监管需求与供给的矛盾。当今金融创新日新月异，现有的监管法律规则明显无法适应金融市场发展、金融产品创新的需求。二是金融监管的委托—代理矛盾。从金融契约的角度看，金融监管蕴含在委托—代理关系中的主要金融伦理问题是信息不对称造成监管者目标偏移，信息的不对称会使金融监管者在机会主义和追求自身利益最大化的“暴利”诱惑下滥用职权谋取灰色收入。三是金融监管的权责失衡。当金融监管主体的行为与利益脱钩，不需要承担相关行为后果，同时缺少市场竞争机制约束以及监管成本很高时，监管权力的实施就会摆脱责任束缚，失去内在的自律力量，权责失衡的金融监管道德风险就会发生。

总体而言，经济伦理问题是层出不穷的，但这些问题要归结到经济运行的特点中研究，否则难以做到对症下药，可以说我国的经济伦理研究水平远远落后于我国的经济发展速度，其中许多前沿的急迫的问题还没有解决。就研究情况来看，我国的研究人员对这些现实问题非常敏感，但研究不成体系、研究人员缺乏、应用研究不足的状况依然普遍存在。

---

① 顾肃：《经济社会差别中的平等原则辨析》，《中国人民大学学报》2018 年第 3 期。

② 杨旸、刘霞：《金融监管中的道德风险探究》，《伦理学研究》2018 年第 6 期。

论文荟萃

【再论马克思为何拒斥、批判正义】

林进平 《学术研究》2018 年第 1 期

马克思对于“正义”这一概念的使用，表现在三个方面：首先，马克思将“正义诉求”的出现，视为社会有机体存在亟待诊治的症候，并将这些症候归结于社会生产方式的深层缺陷。其次，马克思曾将正义视为一种与宗教思想相关的产物，而这种将正义视为意识形态的表述模式，恰恰是马克思基于历史唯物主义视角的独特之处。最后，马克思曾将正义视为一种意识形态，因此马克思并未以某种正义观批判资本主义的不合理性，或直接指认资本主义为不正义。这恰恰是马克思基于历史唯物主义视角的深刻洞察和独特之处。

【《莱茵报》时期马克思对“利益”的伦理思考】

张丽君 《价值论与伦理学研究》2018 年上半年卷

在经办《莱茵报》时期，马克思对于物质利益与物质生活的关系发起了反思，并指出物质生活关系总和以及物质利益本身因为财产占有而导致矛盾和冲突。马克思对“物质利益”发表意见，不单纯是个人的行为，还是一种报刊的行为，而发表意见的内容和对象涉及报刊、国家、法，涉及报刊、国家和法如何对待私人利益和普遍利益。虽然，马克思遇到的疑问来自理论和现实的冲突，但就现实问题而言该话题事涉物质利益领域，尤其是私人利益问题。对此，马克思并不是不加区分地否定或者肯定利益，而是肯定人的普遍利益，辩证地否定等级利益。从而把利益与等级、智力联系在一起进行考察，构成了唯物史观产生和发展的价值观基底。

【马克思主义宗教伦理观：宗教中国化方向的一种指引】

李志雄，阳国光 《世界宗教研究》2018 年第 2 期

马克思主义宗教伦理观是马克思主义宗教观的组成部分，其中蕴含了马克思主义关于宗教伦理的起源、性质和功用的探讨。马克思主义认为宗教伦理起源于人类的生产实践，其创造主体是没有进行彻底革命实践批判的人，其演变根源在于人类社会历史的曲折发展。其性质折射了人的社会本性，是以超人间的力量的形式来反映人的力量的一种幻想。由于马克思主义宗教伦理的对象为现实社会的人，因而在一定程度上有助于人与人、人与社会以及人与自然的协调。其积极作用与消极作用的区别，关键在于对人的现实关怀。马克思主义宗教伦理观是对宗教中国化方向的一种指引，而宗教中国化的方向是指包括信徒在内的中国人民能够做到在行动上始终趋向于国家建设的基本需求和发展愿景。

【论马克思道德哲学建构的多重维度】

周启杰 《道德与文明》2018 年第 2 期

马克思的伦理观包括劳动伦理、制度伦理、日常生活伦理和科技伦理等多重道德维度。其中，劳动伦理解决的是人类对自身劳动伦理关系的道德评价问

题，也是马克思伦理道德批判的核心道德价值诉求；制度伦理是任何社会组织关系赖以维系的价值基础，当中包括个体伦理、家庭伦理、氏族伦理、阶级伦理、民族伦理、国家伦理和国际伦理；日常生活伦理表现为对日常生活实践中的具体问题作出道德上的合理审查，道德教育是实现道德价值的有效途径，更是确保日常生活正常运行的重要手段；科技伦理从科技观入手来说明生产、交往关系、环境和生态问题，从而说明生产伦理、制度伦理及社会生活伦理的合理性。

【马克思社会正义思想的主题】

郑元叶 《道德与文明》2018 年第 6 期

马克思通过对黑格尔的批判，发起了对资本主义生产方式的批评和对共产主义生产方式的建构，具体表现为：第一，马克思主张变革资本主义生产方式下的正义观思想，并指出这种正义观是以资本剥削和驱使人力为动机的不合理的诉求。第二，马克思提出以共产主义的生产方式为正义观的主要内容，建构生产资料公有制、劳动过程的民主参与制和劳动产品按需分配为主要内容的生产模式。这启示当代中国在正义观的建设过程中，既要淡化以资本逻辑为视角的财产权，使之与精神需求、文化传统等因素联合；还要淡化资本的决策、支配和驱使他人劳动的权力，使之转化为以人为核心的生产与运作的权力结构，最终使劳动者的潜能和个性得以充分地激发。

【道德、伦理和共同体——解读马克思伦理思想的一种思路】

李培超，周强强 《伦理学研究》2018 年第 2 期

通过考察马克思文本中关于道德、伦理和共同体这三个概念的内涵可知，马克思不仅明确了道德的本质及其局限性，而且将关于道德的理念蕴含在共同体思想之中。第一，马克思通过对西方近代启蒙思想家的道德观进行比较，指出道德应当以人的现实物质活动和社会交往为前提。第二，马克思始终关注个人的发展完善问题，而且这种关注始终是与对“共同体”的发展完善密切联系在一起的。第三，相较于黑格尔对于道德的阐述，马克思在把握道德伦理问题的方法上则更加丰富，结合了实证研究和历史主义的方法。因此，马克思关于道德和伦理问题的阐发，体现了独特的研究进路，展示了独特的范式特征。

【当代中国马克思主义伦理思想的精神特质论】

王泽应 《道德与文明》2018 年第 5 期

当代中国马克思主义伦理思想是一个内容博大精深且不断发展的开放的理论体系，本质上是适应改革开放和社会主义现代化建设的形势和任务而不断创新发展的伦理思想。当代中国马克思主义伦理思想应当具有四个基本特征：第一，遵循道德生活规律与坚持人民主体地位的有机统一；第二，弘扬民族伦理精神与荟萃时代伦理精华的辩证结合；第三，立足中国的本土意识与面向世界

的开放意识相互兼容；第四，扎根传统的继承性与面向未来的创新性相互涵容。

【“伦理正义”的解释力——马克思正义观研究的思想背景和可能视角**】**

高广旭 《道德与文明》2018 年第 6 期

“伦理正义”作为马克思正义观研究的思想背景和可能视角应加以重新考察。第一，“伦理正义”是古典政治哲学研究的重要范畴，体现了古希腊城邦生活中的个体与共同体的关系。第二，“伦理正义”是对“法权正义”的超越，从而个体理性通过主体间承认所生成的伦理精神。第三，马克思通过对资本主义生产方式的科学考察，揭示了资本与劳动之间的辩证关系，完成了资本批判和劳动解放的双重任务。马克思政治经济学批判内蕴的从异化劳动到自由劳动的人类解放逻辑，既是对现代性“法权正义”的根本批判，更是对正义的伦理意蕴的理论重构。

【马克思恩格斯的友善思想及其当代价值】

高炳亮 《道德与文明》2018 年第 4 期

马克思恩格斯的友善思想以唯物史观为基础，以“现实的个人”为逻辑起点，具有鲜明的价值指向和理论特质，是一种真正的人文关怀。马克思恩格斯友善思想的道义性是一个科学的体系，这主要体现在关于友善思想的实践养成、“亲诚惠容”、情感认同和集体主义四重维度上，这些观照维度一方面以“现实的人”为逻辑起点和出发点，另一方面以唯物史观为理论基础，进而凸显对无产阶级和人民大众的友善与关怀，宣扬了为实现全人类的解放而奋斗的决心，从而为践行社会主义核心价值观提供理论指导，并为构建人类命运共同体凝心聚力。

【马克思道德思想的层次跃迁以及语境分析】

李梅敬 《伦理学研究》2018 年第 1 期

马克思道德思想的理论分为三个层次：第一个层次是对人的生存发展的道德关切；第二个层次是唯物史观建构下的道德遮蔽；第三个层次是追求人类幸福的共产主义道德理想的未来实现。另外，就马克思道德思想理论层次的语境而言，也包括三重语境：一是日常生活层面的道德语言；二是资本主义生产方式下的道德批判；三是人的自由全面发展的道德维度。正是通过在这些不同层次和不同语境中的调试，反映了马克思道德思想的理论层次跃迁，以及马克思对不同层次道德的不同态度，从而更加细致地阐释了马克思的道德世界和精神境界。

【马克思伦理学的“哥白尼式革命”】

由田 《道德与文明》2018 年第 4 期

马克思的伦理学不是以“个体的人”为基础的“抽象的人道主义伦理学”，而是以历史唯物主义为基础的“社会批判伦理学”。马克思通过对社会历史科学和政治经济学批判，建立了一种富有特色的“制度伦理”。实现了从个体本位的“抽象人道主义伦理学”向社会关系本位的“社会批判伦理学”的转变。正是因为马克思实现了上述伦理学的根本性变革，这一变革被称为“哥白尼式革命”。这一变革为共产主义的人类自由和解放的伦理承诺提供了历史唯物主义的伦理学原理。但马克思并非“伦理中心主义”的，在其现实性上，马克思的伦理学是以历史唯物主义的社会科学和政治经济学规律为基础的“制度伦理学”。

【马克思新闻法治与新闻伦理思想初探】

汪振军 《现代传播》2018 年第 2 期

马克思通过对普鲁士书报检查制度的批评，阐述了新闻法治是对于人民精神自由的保障。而马克思、恩格斯在长期的理论探索和新闻实践中，指出新闻工作者应当秉持的职业道德包括四个方面：第一，站在人民的立场，在思想上、感情上与人民息息相通；第二，捍卫真实，是新闻工作者从事新闻工作的道德底线；第三，坚守人格尊严，作品不是手段而是目的，新闻媒体和新闻工作者不能为了手段而忘记目的；第四，要弘扬自由而崇高的精神，为造福人类而不懈奋斗。

【回到马克思：中国社会工作专业伦理的政治困境及目标重塑】

邓玮 《中共天津市委党校学报》2018 年第 3 期

社会工作的职业伦理在中国的本土化建构中面临着嵌入性困境，一方面要回应本土文化伦理的挑战，另一方面又要适应国家的政治伦理观念。在社会工作的实践中，宗教伦理与政治伦理差异明显。该文认为，要以马克思主义伦理思想及中国政治伦理来整合及重塑中国社会工作伦理。首先，要从马克思伦理思想中汲取平等观，在服务过程中持守助人自助的理念；其次，从马克思伦理思想中汲取人权观，辅助社会工作者与案主之间建立平等的信赖合作关系，通过福利支持、工作延伸，辅助社会和政府完成“福利守夜人”的职责；最后，从马克思伦理思想中汲取人性观，帮助案主拓展社会支持系统，发掘个人优势和能力，坚信案主“本能的完善趋势”。及时将以人为本、助人与自助、公正与平等、和谐包容与发展作为目标选择，由此可为建构中国社会工作专业伦理提供有利契机和实现对接转换。

【正义的张力：马克思与阿马蒂亚·森】

李翔 《社会科学辑刊》2018 年第 1 期

马克思和阿马蒂亚·森关于正义的思想存在一定程度的相通与交融。首先，他们将个人与社会的正义观作为逻辑起点，通过对抽象正义的批判，最终把人的发展作为共同的价值旨归。其次，阿马蒂亚·森对于马克思的正义观进行了一定程度的补充，使马克思正义观的研究视域、思维路径以及自由与发展的关系有所改观。另外，阿马蒂亚·森的正义观存在一些明显的局限和不足。阿马蒂亚·森仅仅是在表层成因分析之上对正义诉诸改良，因而他所阐释的正义图景仅限于一种静态的分析模式视角，缺乏人类历史的发展维度。

【周秦时期具有“戏剧”性质的“乐”如何承担道德教化】

王顺然 《中国哲学史》2018年第3期

从“乐”的艺术形式来看，它具有“戏剧”表演的性质，而古代的“乐”以歌颂圣王功绩和个人修养为主题，融合了政治、道德的元素，能够对受众产生教化影响。乐教是以“和”为核心，与“天地”和为“美”，与“伦常”和为“善”，二者互通互持，调理性情，助长良善之志。而且乐教在周代主要通过“学校”、“乐官”和“采风”三种制度落实到对士人和百姓的教育中，融入日用伦常和道德生活中，从而形成了良好的文化氛围和传统。

【意境空间与性情涵养——清末修身教科书插图中的德育内涵**】**

王独慎 《湖南师范大学教育科学学报》2018年第1期

清末修身教科书中的插图保有传统德育中以人文审美涵容道德修养的精神内涵，通过故事情境、居室建筑、人文意向的描绘来展现人物品格，反映传统“修身”观念在日常生活中的具体表现形式。民国时期，文字成为主要的教化渠道，教科书插图数量和品质下降，简化场景，凸显人物，故事情境性降低，涵养意味逐渐淡化。但是在信息技术高速发展的今天，图像再次成了文化的主要载体，其对人心的教化和塑造作用不可忽视。教育工作者们在进行教育图像和教科书插图制作时可以从清末修身教科书中学习有益的经验。

【立德树人：教育伦理的根本原则】

王正平 《道德与文明》2018年第4期

立德树人作为中外教育伦理思想的精髓，是一切有价值的教育活动的最终目的。把立德树人作为教育伦理学的根本原则，是维护和保障社会教育所追求的各种正当利益的基本需要，其内容包括教育工作者的教育职责和其履行职责需要满足的素质要求。新时代立德树人的教育原则要求增强教师的主体责任心和道德自觉性，国家和社会也要创建促进教师立德树人的教育政策和社会环境。

【新时代道德评价与师德建设的应有维度】

糜海波 《伦理学研究》2018年第2期

基于中国特色社会主义新时代的教育环境、教育矛盾和教育任务的变化，当代师德发展呈现出顺应素质教育和创新教育的要求，彰显现代教育伦理精神，向教师专业伦理延伸和拓展的趋势，因而要求完善相应的师德评价体系。师德评价应坚持评价主体的自我与他人相结合、评价依据的动机与效果相结合、评价方法的定性与定量相结合。在师德建设方面，我们要坚持义利统一的价值观念引领、评价与教化相结合的内在动力机制、规范与制度提供的外部保障，遵循教育改革和发展的规律，树立新时代的师德师风。

【论教师道德责任的有限性及其尺度】

赵虹元 《当代教育科学》2018 年第 4 期

对教育工作者提出的道德要求是基于教育工作者本身具有的道德责任，该文在对教师道德责任的来源进行分析的基础上，指出了这种道德责任的有限性及尺度，反思目前存在的教师道德责任无限扩大的现象。教育法律法规、教育实践中的合意契约、社会发展与家长关注、教师自身的道德品性和专业能力以及外部的环境条件和权利保障都是影响教师道德责任的重要因素。而教师行为角色的泛化、学生对教师的过度依赖、片面重视知识的评价方式等现象不断加重教师的道德责任，增加了教师职业的生存危机。强调教师道德责任的有限性就是要为教师"减负"，专注于其教育能力的提升，同时要培养学生的责任担当意识和主动发展意愿，形成学校、家庭、社会"三位一体"的责任共同体，形成行业标准、职业伦理和学生发展相结合的衡量尺度，建立对教师道德责任的科学评价体系。教育伦理的不断发展，要求我们更深入地了解当代教育事业发展的过程和其中出现的问题，关注教育工作者的现实困境和需求，并从伦理学的角度提出切实可行的解决方案。

【政治忠诚的核心问题】

左高山，涂亦嘉 《伦理学研究》2018 年第 5 期

政治忠诚意味着政治行为体对某种政治事业、政治信念、政治理想和政治原则的矢志不渝和彻底奉献，其核心问题是忠于谁和忠于什么。在政治组织内部，政治忠诚可以分别从对政治领导者的忠态和对政治组织的忠诚两方面来讨论，前者是人身依附式忠诚，其合理性取决于领导者的政治信仰；后者是人格物化式忠诚，实质上是以自我人格的外化来追求个体自我与政治组织的统一，其合理性由政治组织的性质决定。超越具体忠诚对象来看，政治忠诚的实质是对政治事业或政治信念的忠诚，意味着要坚定不移地追求和实现政治信念指向的政治目标，把这些目标变成现实。

【荀子与法家：援法入儒及理念分合——兼论荀子与韩非、李斯之关系】

李峻岭 《理论学刊》2018 年第 5 期

荀子与法家的关系是一个历来争论不休的问题。对这一问题的回答可以从梳理荀学与法家之学，荀子与韩非、李斯的关系，荀子与秦政的关联入手。首先，荀子"礼以养欲"、"明分使群"和"重法尊君"的观点皆对前期法家有所吸纳，却又与法家有着本质的不同。其次，荀子与其弟子韩非、李斯"道"不同、"术"亦不同。荀子以礼统法，韩非则法即为道；荀子由"霸道"上升为"王道"，韩、李则由"霸道"下坠为武力强权。最后，虽然荀子对法家之下的秦国的大一统给出了较高的评价，但其理想的治国方略是"节威反文"，主张治国的根本仍是儒家的仁义文治的王道，这一点对于理解荀子十分关键。

【中国天下观与西方国际观的伦理视差】

靳凤林 《伦理学研究》2018 年第 4 期

中国王道政治的天下观与西方霸道政治的国家观之间存在巨大的伦理差别，在本体论上，二者呈现出共生共在与主客对立的差别；在国家治理层面，凸显出隆礼重仪与法律至上的异质性；在处理与周边国家的关系上，彰显出德性濡化与契约正义的区别；处理利益冲突的方式上，显现为贵中尚和与崇力尚争的特质。

【儒家顺天应人的社会管理思想】

孙聚友 《孔子研究》2018 年第 6 期

从以孔孟荀为代表的先秦儒家思想中蕴含了基于天人合一理论的以顺天应人为核心特质的社会管理思想。儒家的天人合一思想将天与人作为对立统一的整体来认识和把握，其演变的过程展示了作为主体的人在对自然、社会和人生等客体的认知中对主客体内在深层关系的理性认识，经历了由神向人倾斜，由轻天命向重人事转移，神的地位下降和人的地位上升的转变。孔孟荀在继承前人思想的基础上，形成了新的天命观，认为天道是人道的本根依据和终极来源，人道是天道的具体流行和现实体现。管理不仅要顺应天道，而且要合于人道，天人合一的思想为社会秩序、道德行为和政治法律制度提供了根本的依据。儒家顺天应人的社会管理思想，其实质是主张管理者在管理活动中要发挥自身的能动作用，持守顺天应人的管理行为，满足和实现人的生存发展需要的同时，保证社会和谐有序的发展。

【儒家伦理与社会儒学——儒学义理与中国社会的互动】

赵金刚 《道德与文明》2018 年第 5 期

该文着眼于儒家伦理的纵向发展，分析了历史上具有代表性的儒家思想对社会发展的重大影响，并指出当代社会儒学要立足实际，积极响应传统文化要进行创造性转化和创新性发展的号召，为当今中国社会存在的问题提供切实有效的方案，让儒家的价值理想落实到社会生活中。儒家思想思想内部一贯包含民生、制度和伦理的互动，其中以孟子关于“养生丧死无憾”以及“王道”的相关论述表现得最为明显。王道政治始于对百姓养生丧死的基本伦理需求的满足，完善于儒家伦理教化自上而下的施行；反过来，民生和制度又为伦理教化的实行提供了保障。汉代儒学占据正统，儒家道德伦理得以落实到社会生活的具体方面。其后，理学在融合释道的基础上发展为宋以降中国思想的主流，作为集大成者的朱熹重视民生和民间的基层建设，推广乡约，兴建学校和书院，重建地方礼俗，逐步使儒家伦理在民间推广通行。但是面对近代社会的巨大变革，儒学未能提供有效的方案供历史选择，走向了衰微。为了应对儒学面临的挑战，推动儒学复兴，众多学者提出了社会儒学的概念，强调儒学对民生、礼俗建设的积极意义。只有真正面对当代社会的现实问题，努力服务于社会，儒学才能够“活”起来。

【我国乡村振兴战略的伦理之维】

李皓 《伦理学研究》2018 年第 4 期

振兴乡村道德文化、建立健康有序的乡村伦理秩序是乡村振兴战略的核心任务之一，而实现这一任务的关键在于充分激发乡村自身发展的内在动力。乡村道德文化建设内在的根本动力是村民对于良好的乡风民俗的诉求和渴望。构建乡村伦理共同体，要基于乡村成员共同享有的利益和目标、共同的乡村情感和价值认同。只有村民认同自身作为道德文化建设的主体，自觉进行道德实践活动，才能够提升乡村道德建设的实效性。

【现代学校治理的制度之善】

胡金木 《华东师范大学学报（教育科学版）》2018 年第 2 期

在工具理性和功利主义的影响下，学校为了追求效率，其制度安排出现了追求标准化、强调控制的“非人化”治理倾向，造成了学校生活去道德化的危机。首先，面对这种危机，我们要重新审视学校制度应该具备的伦理道德精神和其内在的伦理价值追求。学校作为教育活动这一典型的伦理实践的主要活动场所，其制度安排首先应该满足“善”的要求，尊重学生的独特性和多样性，为学生的成长创造良好的秩序，维护学生的自由全面发展。其次，学校的制度安排要合乎“正义”，最大限度地保护每位学生的自由和平等，消除特权，一视同仁，赏罚分明。最后，在多元化背景下，良序的学校生活需要一种主体间的共识。通过公开、平等的理性协商和对话，多元主体形成关于理想的学校生活的共识，建立在这个共识上的制度具有其伦理正当性，能够得到大家的认可和遵守。现代学校治理，甚至社会治理都离不开良善制度的支撑，只有在良善制度的保障下，社会治理才会趋向善治，人性才能够获得自由全面的发展。

【超越义务：儒家责任伦理辨析】

吴先伍 《道德与文明》2018 年第 3 期

义务是与权利相对的法律概念，我们之所以要承担义务，一方面是因为根据契约的公平公正原则，我们享受的权利决定了我们必须承担与之相应的义务；另一方面是因为我们特定的社会角色决定了我们要承担特定的义务，二者都具有强制性和被动性。根据以往的研究和定义，责任直接被理解为义务，或者是没有承担义务所导致的后果，但是二者实际上存在主动和被动的区别。履行义务是出于外在的强制，人们考虑的主要是自我的权利，基本上只满足义务的基本要求；而承担道德责任是出于内在的自愿，关心他者的利益，可能以或多或少地牺牲个人利益为前提。儒家的伦理学强调的是要积极地突破分内分外的界限，为他人、为社会勇敢地担当责任。

【责己和责人：儒家责任伦理主体指向的二元结构】

涂可国 《中国哲学史》2018 年第 4 期

历代儒家既讲责人又讲责己，但是更重视责己的维度，强调自讼、自省、自求、自检、自思。责人具有对他人进行督促、规劝的含义，孟子还提出臣子要敢于“责君”、敢于劝谏。但是总体上看，儒家在认识和处理人我关系问题上更为强调责己，体现了“严于律己，宽以待人”的道德品质和重责己、轻责人的价值导向。儒家以己任为枢纽的责己和责人思想，不仅有利于我们思考在社会实践中如何处理人我关系，更是当代中国推动人们履行社会责任的重要传统资源。

【论先秦儒家对“家”的执守、突破及依归】

李友广 《东岳论丛》2018 年第 9 期

传统小农社会下，人们生活在由家庭、家族、村落所构成的共同体之中，对家族血缘亲情有着深刻的认同。“孝”伦理和“悌”伦理源于家庭和家族，然后不断推衍到社会领域，先秦儒家共同体实际上是血缘共同体的延伸和投影，其关于血亲复仇的相关论述就体现了儒家对于血缘伦理的维护与对“家”的执守。但是面对家庭伦理和社会公义之间难以调和的矛盾，先秦儒家逐渐意识到了以“家”为核心的血缘亲情伦理在公共领域的有限性。尽管如此，先秦儒家在应对情与理、私恩与公义的冲突造成的诸多伦理困境时，仍会倾向于向“家”精神与文化依归。对此，我们应承认家庭伦理情感存在的历史传统和继续存在的必要性，同时要结合当下的具体问题对这一伦理情感的局限性进行反思。

【儒家真的主张家庭伦理的外推吗?】

李海超 《孔子研究》2018 年第 3 期

儒家主张将家庭伦理外推于社会领域之中，这似乎早已成为定见。但事实上，这里存在着对儒家义理的误解。误解的根源，在于人们没有对原始儒学中的家庭伦理观念、社会伦理观念以及作为两者共同基础的元伦理观念作出区分。若对三者作出明确的区分，就会发现，原始儒家所主张的伦理道德的外推，并不是孝、悌等家庭伦理观念本身的外推，而是在家庭伦理生活中培养起来的，作为孝、悌等观念之构成基础的爱、敬、信、义等元伦理观念的外推。这些元伦理观念是既适用于家庭关系，也适用于社会关系的。因此对它们的外推非但不会妨害反而有助于推进儒家公共伦理观念的建构与开展。而学者们在指责儒家将家庭伦理外推到社会领域，进而阻碍了公共道德发展时，其实是混淆了原始儒学中的家庭伦理观念、社会伦理观念以及作为二者共同基础的元伦理观念。首先，家庭伦理观念是由家庭角色关系、特定义务主体、特定元伦理观念三大要素结合而成的，社会领域中这些必要因素的缺失限制了家庭伦理观念的外推。其次，儒家原本并不主张家庭伦理观念本身的外推，而是外推更为根本的元伦理观念。以《孝经》为例，儒家并不主张外推“孝”，而是外推构成孝的“爱”与

“敬”。学者们将“天下一家”这种文学性的表达当作儒家的义理表达，因而造成了误解。对近代学者对儒家伦理的批评进行再批判和反思，有助于我们更新和拓展对儒家传统伦理观念的理解，具有深刻的学术意义。

【朱熹对《论语》“父子相隐”的解读——兼论“父为子隐，子为父隐”并非要隐瞒】

乐爱国 《湖北大学学报（哲学社会科学版）》2018 年第 5 期

在朱熹那里，“父子相隐”并非被理解为要隐瞒父亲的过错，而是要通过“不称扬其过失”以及“事父母几谏”的方式解决父母有过的问题。朱熹还分别从“形而上”和“形而下”对“父子相隐”合乎天理人情进行了论证。而关于“父子相隐”与“直”的关系，朱熹认为“直在其中”是对“父子相隐”的要求，即要在不向外告发父母的过错的同时，做到尽力地劝谏父母，其中就包含了正直。朱熹这一解读对前人有所发展，也为后世多数学者所赞同，具有重要的参考价值。

【儒家女性观及其对女性主义的可能应对——以《礼记》为中心的考察】

曲宁宁，陈晨捷 《厦门大学学报（哲学社会科学版）》2018 年第 6 期

在先秦儒家的理论中，男女之别被视为人伦之始，《礼记》基于“男女有别”形成了“男主外，女主内”，及“男主宰，女顺从”的关系格局，进而建构起以男性为中心的道德—社会—政治体系。在生活空间上，“男子居外，女子居内，……男不入，女不出”；在社会活动领域上，男性以政治、军事等公共领域为主，而女性主要从事家内劳务；在社会角色与道德教化上，男性是夫妻关系的主宰者，是道德教化的主体，而女性则是被塑造的“客体”。儒家对女性的角色定位受制于其所服务的制度，表现了对女性的轻视或压迫。当代儒学复兴应该在自我批判中正视并回应女性主义的挑战，发扬家庭关系中被传统儒家压制的情感因素，致力于改善当代女性在家庭中的处境，建构更为健康合理的两性关系。

【改革开放 40 年乡村家庭伦理研究：背景、视域和方向】

李桂梅，张翠莲 《伦理学研究》2018 年第 5 期

改革开放后乡村家庭伦理研究是在传统乡村家庭伦理改造未完成、新型家庭伦理建设具有局限、当前乡村家庭伦理处于困境的情况下蓬勃兴起的。改革开放打破了乡村固有的组织结构和惯习，乡村家庭在走向现代化的过程中承受巨大压力以至伦理规则的规范力量被严重削弱，乡村家庭伦理面临现代转型的诸多问题。改革开放的深刻性决定了乡村家庭伦理的改造需要从历史、现实和未来的角度进行多重审视。从研究视域看，乡村家庭伦理研究囊括了社会主义家庭伦理理论研究、乡村家庭伦理的社会文化生态学研究、乡村家庭伦理问题研究、农民工家庭伦理研究、乡村家庭伦理现代转型研究和乡村家庭伦理阶段性研究

等多个方面。围绕不断出现的问题，乡村家庭伦理研究内容不断丰富，研究视角不断拓宽，研究深度不断增加，但是与乡村社会的整体转型对乡村家庭伦理的要求而言，研究还需要在整体性、系统性、针对性和对策性上进一步增强。

【儒家生态哲学的元理论体系建构及其意义】

乔清举 《中共中央党校学报》2018年第2期

儒家哲学本质上也是生态哲学。儒家生态哲学的元理论体系包括天人关系论、生态本体论、生态德性论、生态工夫论、生态境界论、生态范畴论等。较之通常的儒家哲学研究，儒家生态哲学研究所涉及的史料范围更为广泛，其采用的“从根源出发的语境还原”“视域的移置重合”等方法更加具有突破学界自觉或不自觉地广泛运用的主客对立原则的特点，有利于深化对中国传统文化与哲学的认识、促进中国哲学参与世界哲学话语体系建构、确立中国文化与哲学的世界地位。

【论先秦儒家自然观对先秦儒家技术思想的“基础”作用】

阚迪，吴智 《东北大学学报（社会科学版）》2018年第5期

先秦儒家自然观是先秦儒家技术思想的重要组成部分和“基础”。先秦儒家自然观主要表现为“天行有常”、“制天命而用之”和“仁民而爱物”三个方面，分别为先秦儒家技术思想奠定了本体论、主体性和生态性的“基础”，强调作为技术主体的人对作为对象的自然及其客观规律的认识，改造自然、从自然中获取生活和生产资料必须以人与自然可持续发展的生态和谐为基础和前提。阚迪认为面对生态环境日益恶化的挑战，我们既要坚持马克思主义生态观的指导，也要从先秦儒家自然观汲取能够弥补当代技术思想人文性和生态性缺失的有益成分，丰富马克思主义生态观。

【王阳明的生命关怀与生态智慧】

郭齐勇 《深圳大学学报（人文社会科学版）》2018年第1期

王阳明的生态思想，在继承儒家“仁民爱物”思想的基础上又有独特的发挥，体现了其强烈的生命关怀和高超的生态智慧。王阳明讲“一体之仁”，将动植物视为人的身体的延伸，对万物都保持深切的仁爱、关怀。但是在要求一种普遍的道德关怀的同时，王阳明也指出了人与万物的差别，对待物的态度区别于对待人的态度，即在强调物的工具价值的同时也不忽视其内在的价值。最后，“知行合一”则强调要将天地万物一体之仁在日常生活中发用出来，切实地做到爱护动植物、保护环境、节约资源。

【王阳明的自然观探析】

高剑平，杨兴升 《自然辩证法研究》2018年第8期

从王阳明对理心关系、心物关系和万物关系的论述中，可以探究其自然观。首先，王阳明提出“心即理”，确立了心的本体地位。本体的“心”是一切感觉意识、人伦道德和宇宙万物及其运行

的根源。其次，“心生万物”，王阳明认为，人心中之天理和良知的发用流变，生成并主宰了自然万物，而天地万物也彰显和实现着人心中的天理，二者相互促成，不可孤立存在。最后，“万物一体”的思想集中地体现了王阳明的自然宇宙观和社会理想。“万物”都产生于人心之“天理”即“良知”，因而都具有“心之仁”。“大人”通过去除私欲，实践和外推自身之仁，最终能够实现“一体之仁”，达到“万物一体”的境界。王阳明的自然观认为人与自然本为和谐一体，其中蕴含着深刻的生态哲学思想，值得学者们进一步思考和挖掘。

【明清经济伦理思想的特点、贡献及其现代价值】

周中之等　《伦理学研究》2018 年第 4 期

明清时期，中国社会经历了从传统向现代的重大转型，为了应对社会发展中来自内部和外部的挑战，思想家提出了丰富的经济伦理思想。这一时期的经济伦理思想的主要贡献在于，突破了传统的“重义轻利”的观点，提出了以义利兼顾为基础的社会功利主义观点；突破了传统的“崇俭黜奢”的观点，提出了在伦理评价和经济评价相结合的基础上鼓励消费的观点；突破了传统的“农本商末”的观点，为资本主义民族工商业发展作伦理辩护。这些经济伦理思想具有鲜明的时代特点，也具有重要的现代价值，其中体现的爱国主义精神、对公平分配的追求和对奢俭问题的突破为我们当下思考如何实现中国梦、发展社会主义市场经济等问题提供了宝贵的思想资源。

【伦理道德：如何造就现代文明的“中国精神哲学形态”】

樊浩　《江海学刊》2018 年第 5 期

造就现代文明的“中国精神哲学形态”，需满足三大精神哲学期待：守望“伦理”、回归“精神”、建构“伦理精神”的文化自立的理念与概念系统。其中，守望“伦理”必须“学会伦理地思考”；回归“精神”不仅应当扬弃“理性”对“精神”的僭越，而且必须回归中国的“精神”传统；中国精神哲学形态是“伦理精神形态”，它与宗教文化背景下精神哲学的“理性主义形态”相辉映，其文化自立期待关于中西方文化关系的一种“新的评判态度”，建构“文明自生—精神生态—伦理共和”的理念和概念系统。

【回到“道德生活”：当代伦理学研究的主题变奏】

赵浩　《道德与文明》2018 年第 4 期

当代伦理学研究呈现越来越明显的经验趋向，这一趋向的实质可以概括为回到“道德生活”，以日常生活中的道德实践为理论建构的基石。它肇始于美德伦理学对传统规范伦理学的批判，兴盛于后现代伦理学，并在当代多元社会现实中继续深化，逐渐形成崭新的研究范式。回到“道德生活”将为以儒家伦理为核心的中国伦理学提供参与当代伦理学理论形态建构的主体机遇，推动西方伦理学理论的本土化与中国伦理学理论的全球化。同时也需要对这一趋向进行反思，避免研究的碎片化，将研究提升到本体论层面上继续探讨。

【当代美德伦理——古代儒家的贡献】

黄勇 《四川大学学报（哲学社会科学版）》2018 年第 6 期

曾经被看作古代人伦理的美德伦理，在英语世界，经过几十年的复兴，不仅可与在近代世界占统治地位的道义论和功用论并驾齐驱，甚至有压倒后者的趋势。有鉴于此，不少做中西比较哲学的学者也努力论证儒家伦理实际上是一种美德伦理。这固然有意义，但更重要的是，如果我们真的觉得美德伦理具有优越性，我们应该看古代儒家思想对当代美德伦理的发展能够作出什么贡献。这包括儒家是否能够帮助当代美德伦理有效地回应外来的批评，帮助当代美德伦理克服其自身存在的一些问题，帮助当代美德伦理对当代哲学的相关领域作出有效贡献。事实上，儒家在这三个方面都大有可为。

【我们应当如何确认自己的仁性？——关于儒家生生伦理学逻辑起点的思考之三】

杨泽波 《复旦学报（社会科学版）》2018 年第 1 期

仁性是儒家道德学说的核心内容，但如何确认仁性一直是一个难题。受到笛卡尔、胡塞尔、唯识宗的启发，以内觉作为儒家生生伦理学的逻辑起点，并以此分别确认智性和欲性之后，作者对这个问题有了新的认识。“内省”和“反求”是儒家一脉相承的思想，学界一般认为，这一思想的关键之处是强调成就道德时眼光不能向外，而必须向内。这种理解虽然也有道理，但还停留于表层，有欠深入。该文指出，人有一种内觉的能力，在思考问题的同时可以觉知到自己正在思考，在需求物欲的同时可以觉知到自己正在需求，人的道德根据在发动的过程中，内心有一种能力可以对其有所觉知，从而觉察到自己的道德根据，这就是“内觉”。通过“内觉”可以确认自己的仁性，而这个过程需要两个步骤，一是当下呈现，二是自我觉知。这样一来，我们通过“内觉”不仅确认智性和欲性，同时也确认了与成就道德相关的第三个要素，这就是仁性。

【论孟子之“义”】

周海春，荣光汉 《哲学研究》2018 年第 8 期

孟子的“义”由性所发，以“羞恶之心”为“端”，隐含于其中并关联性之本然，超越了对象性关系的内外之分而具有普遍性。作为“人路”的“义”，也是性善之动能的展开，既表现为对善的思、求，也表现为对恶的自然抵制。义路既落实到按照心性要求的人伦关系，同时也承认身体性的角色人伦关系，孟子以此勾画了“义”的人伦秩序。义通过生出的浩然之气，构成了人成为天民的条件和通向获得天爵的道路；义路最终又归结到“性”“心”上来，当义路得以完成的时候，就是圣人成就之时。

【说“义”——儒家伦理的选择正义】

陈清春 《哲学动态》2018 年第 12 期

“义”有原理正义、原则正义、选择正义和行动正义四重伦理内涵，其中处于中心地位的是选择正义，即意志在伦理实践中的目的、目标和方法三个环节的选择正确性。目的选择的正确性是“仁”的道德体现，是根据自爱原理选择仁爱作为实践的目的；目标选择的正确性是“义”的道德体现，是根据忠恕原则选择适当的他人价值作为实践的目标；方法选择的正确性是“智”的道德体现，是根据最大效用原则选择最有效的技术手段作为实践的方法。在总体上而言，每一个环节的选择正确性都是“仁”“义”“智”的道德体现。

【复礼与正名：孔子思想的一个符号学视角】

祝东 《孔子研究》2018 年第 6 期

晚周以降，儒家孔子面对礼崩乐坏的社会现实，提出复礼与正名的主张。礼乐的分节对应着身份秩序的分层，礼乐文化系统其实是建构的一套等级符号体系，孔子倡导复礼，其实是为了重新捋顺礼乐与政治名分之间的指谓关系；孔子的正名论，注重的是名分的对应，遵循的是符号双轴操作原理，其实乃是其恢复礼乐秩序的施政纲领，目的在于使失序的社会恢复到既定的轨道，这也正是其正名的深层意蕴。

【论荀子对“礼”之道德基础的重建】

李国斌 《社会科学战线》2018 年第 10 期

荀子重建了“礼”的道德基础：通过建构人间社会的人性—政治结构消除了德性的自然主义观念和态度的影响之后，荀子成功地将儒家政治观念中“自然的支配”转化为“德性的统治”，支配和统治关系的正当性也从“权威与等级”转化为“道德与理性”。在此基础上，“礼”的含义和形式也发生了根本性的转变，从早期作为仪轨和秩序表征的人文形式转化为具有正当权威的规则与规范。在“学以成圣”的普遍道德要求下，“礼”展现出了强烈的理性主义取向，它是对儒家“修己以治人”的教义更具现实性的解释和重建。

【“德命”与“时命”：孔子天命观新论】

陈晨捷 《东岳论丛》2018 年第 2 期

孔子相信天命对于人事具有主宰意义，认为德由天赋，天人之间存在良性互动，人通过德性可以致福，其理论本质为德命或德福一致说，但孔子落寞一生的遭遇，使其晚年难免对“德命观”产生怀疑，即现实中人的德性善恶与其命运臧否之间并无必然关联。由此导致孔子之后的儒家天命观发生了重大转变，即由原来肯认德福一致的“德命观”转而为坚持德福未必一致的“时命观”。

【论儒学人性论的四个维度】

郭小军 《社会科学》2018 年第 10 期

儒学作为一种为己之学和成人之道，其人性论思想中蕴含着四个不同的维度：一、天人合一、继善成性的理论架构指向着天成性的维度（作为儒家人性论主旨的性善论思想，其论证方式主要基于天人合一的理论框架，即承认性善的天成性，人具备天赋的仁心善性，通过尽心尽性的工夫，可日臻完善与超越的境界）；二、显体、学以成人的工夫进路蕴藏了生成性的维度（儒家所理解的“性”是能动的，可转化的，有待完成的，始终处于不断的生成与完善之中，没有止境与上限，这使得修养的工夫成为终生的需要）；三、仁礼并重、内圣外王的价值系统展现了构成性的维度；四、德性的完成、人格的完善必然是个体与整个生存共同体一起转化的过程，儒学人性论由此展开了其圆成性的维度。

【论儒家哲学的两个传统】

沈顺福 《周易研究》2018 年第 1 期

在儒家发展史的早期，儒家哲学包含两个不同的甚至是常常相互冲突的传统，即以孟子为代表的性本论传统和以荀子为代表的人本论传统。性本论传统的主要立场有两点：其一，以自然人性为本源；其二，率性自然，率性即扩充本心、善性，即主张以善性为本，倡导顺其自然，扩充本心、善性。人本论传统的基本立场也有两点：其一，它将人文教化看作成人之本；其二，强调学习、教化与规范，即教化、学习、规范是成人的基础，是本，这便是人本论。而到了宋代，儒学家们用体用论模式重新处理了二者的关系，即将性本论归为体部分，人本论归入用的部分，由此统一了性本论与人本论，使二者成为和谐的整体，并发展出新儒学。

【论人性本善及其自我捍卫机制】

李景林，马晓慧 《哲学动态》2018 年第 1 期

“人性本善说”中的性本善，包括肯定和否定两个方面，即对善的肯定和对非善的排拒，换句话说，如果“四端”之“不忍恻隐之心”表现了人性对善的肯定性一面，那么“羞恶之心”或羞耻心则表现了人性对非性之恶的排拒与否定性一面。也就是说，肯定善、排拒恶的人心，实为一体两面，两者共同构成了人性的总体。只有统合此两者，才能全面把握儒家“性本善”理论的完整内涵。

【《荀子》“性朴”“性恶”续辨】

刘亮 《道德与文明》2018 年第 1 期

《荀子》的人性观是“性朴”或“性恶”论，学界对《荀子》“性朴”说、“性恶”说的论争，源于现存《荀子》文本中内在的矛盾，因此，笔者对性朴、性恶二说的性质、本质差别进行了辨别。《礼论》主张人性“本始材朴”，提出“非道德”的人性观，认为人性无固定的道德方向；《性恶》则试图论证人性为“不道德”的。《礼论》

之性朴说背后的善恶评判，将人类行为分为善的、恶的、善恶之外的三类；《性恶》的人性说则建立在一种非善即恶的二元评判上。

【“四端”与“思诚”——王船山对孟子性善说与为学工夫的重释】

陈明 《哲学动态》2018 年第 11 期

明清之际的学者王船山，为回应晚明尚情思潮，建基于他对性情所作之分辨，针对朱子以“四端”为情的观点，提出“四端”为性而非情。船山认为对于儒家性善说之理解，不应局限于直觉中的良知善念，并指出只有将为善的初衷与动机，在实践中落实为恰当其可的善行，方能彰显儒家性善之义。由此，船山认为孟子四端之说，乃专为良心牿亡之人所施之教诲，仅一时之权辞，不足以言性善；而“思诚”之论，才体现出孟子个人为学的工夫要旨。船山以“思”来界定道心之功能，指出人只有运用“思”方能明善以行；他还结合《大学》《中庸》，对孟子“思诚”工夫作出了新的诠释。

【阳明心学的定性及良知的公共性与无善无恶】

董平 《哲学研究》2018 年第 2 期

在王阳明那里，良知作为人的本原性实在，实际指向人的类本质共性，是必然具有“公共性”的。道的唯一性与绝对性，正是良知本体之所以体现为个体存在实性之唯一性与绝对性的根据；道的普遍性，则是良知之所以必然具有公共性的根据。良知的公共性，是多样的个体性在共相上体现为天道的唯一性与绝对性，是为分殊而理一；正因此故，良知的个体性的实现，才可能成为在公共性维度上对于天道之普遍正义的表达。在存在的本原性意义上，良知的个体性与公共性、绝对性与普遍性是交相圆融的。这样看来，作为“本心”而存在的良知，在它体现为个体性的同时，又深刻地内含了人之类的本质共性。同时，良知即“心之体”作为价值绝对的原在，乃超越于经验价值世界中的任何相对价值形态，既超越于任何“善的”，同样也超越于任何“恶的”，故谓之“无善无恶”。且正因心体本身是“无善无恶”，既超越于“善恶”二边，同时又统摄“善恶”二边，它才可能“知善知恶”，成为经验中一切相对“善恶”的终极判断者，而体现出永恒的价值正义。

【君子、理想人格及儒道君子文化的相异互补】

洪修平，孙亦平 《哲学研究》2018 年第 4 期

君子与理想人格相比，有区别也有联系。理想人格作为道德楷模，是人们学习的榜样，“虽不能至，然心向往之”；君子则是不断追求并自觉践行理想人格的优秀人格，是不断趋向于理想人格的现实人格，是每一个普通人在日常生活中都应该努力做到的。儒家将“君子”设定为道德榜样人物，将完美的理想人格定位为“圣人”，但“圣人”过于“高大上”，一般人难以企及。而道家是以随顺自然来诠释“君子”，以掌握

"道"的智慧治理天下来描绘"圣人"，以"与道合一"的真人、至人、神人为向往和追求的理想人格。此外，在中国传统君子文化中，儒、道两家的君子文化各具特色：一、儒家注重培养君子的道德修养，道家注重提升君子的思想境界；二、儒家树立的君子榜样是内在德性与外在事功的统一，道家所说的君子则将奉行无为而无不为原则的圣人作为榜样；三、道家的君子是"天之君子"，儒家的君子是"人之君子"，即儒家的"君子"是现实社会伦常关系中有道德的人，是在上通下达中为普通人树立的一个有血有肉的榜样人物，道家则强调"君子"应是超越世俗、顺自然之化的得道行道者。因此，儒家的君子观从道德修养出发，循着"修齐治平"，层层递进，以更好地治理天下，表现出强烈的入世精神。道家则以退为进，采取避世逍遥和效法自然的态度，后来的道教更是追求长生久视甚至得道成仙。

【梁漱溟对孔子思想的解读和转化】

柴文华，姜楠　《江淮论坛》2018年第3期

梁漱溟受激于中国近代社会之颓势，以救亡图存为目标致力于学术研究。他以东方文化为根，又能出入中西，客观地审视各种文化的优缺点，形成了世界文化"三期重现"说。他认为中国文化并不劣于西方文化，而中国问题的解决方法是对中国文化的改造而非全面西化。梁漱溟持改良主义态度，对孔子思想进行了重新解读并以此为解决中国问题的方案。在对孔子思想的解读中，梁漱溟将自己的学术体悟与孔子学说融会贯通，裨补传统儒学之不足，构建了自己的儒学体系。他将生命本体论引入孔子学说，以生命本性解释孔子的"仁"，将孔子学说的主旨总结为"践形尽性"，将儒家的道德修养工夫概括为"修己尽伦"的实践内容和"乐"的实践态度，将孔子的政治理想概括为以"伦理本位"建构社会。如此，通过人的生命本性向上联通宇宙本体，通过人的道德实践向下联结社会生活，以人心为核心，将宇宙、人生、社会三者统合为一体，形成了梁漱溟的新儒学体系，在一定意义上对孔学进行了创造性转化和创新性发展。

【先秦儒家道德自由思想的当代价值】

谭培文　《伦理学研究》2018年第6期

中国并不缺乏自由意志道德自由的思想观念。先秦儒家自由思想的核心命题是"从心所欲不逾矩"，"从心所欲"即自由意志的道德自由。通过对该命题的系统论述，揭示出先秦儒家道德自由思想的基本内容包括三个方面：一、明确地提出了自由与"矩"的必然限制相联系的思想；二、揭示出自由的四种类型、三种境界；三、自由的实现是一个渐进的历史过程。最后指出，先秦儒家自由思想的当代价值与启示是：要探索"从心所欲不逾矩"的文化内涵，明确自由与限制的辩证关系；要重视"欲"的人性基础，探索市场经济"不逾矩"的自由实现路径；探索"从心所欲不逾矩"与仁的关系，明确自由意志道德自由的三种境界，处理好社会主义自由的

现实与理想的关系。

【儒家生生伦理学对休谟伦理难题的破解】

杨泽波 《社会科学》2018 年第 10 期

所谓休谟难题即休谟所提出的“是”与“应该”的问题。麦金太尔、赫斯特豪斯对解决休谟难题虽作出了努力但仍然存在的局限，而在孔子思想系统中，道德动力是由仁性提供的，仁性是连接“是”与“应该”的桥梁，有了这个桥梁，“是”与“应该”就有了内在的关联，不会产生所谓的休谟伦理难题。孔子思想的殊特之处就在于多了仁性。按照儒家生生伦理学的诠释，仁性有两个来源：一是生长倾向；二是伦理心境。这两个来源虽有不同，但都有仁性。所以，在儒家看来，人是一个先在的道德存在，原本就有道德的要求，因此人本身就有行善的动力，顺此而行，就能体会到道德之乐。

【理想类型的美德伦理学家：亚里士多德还是朱熹?】

黄勇 《哲学动态》2018 年第 9 期

以儒家与亚里士多德主义关于美德伦理的比较研究为例，先从美德伦理学与后果论、道义论伦理学的本质区分中构造一种理想类型的美德伦理学。在这种理想类型的美德伦理学中，美德具有首要性，即它是最基本的概念，而这个伦理学体系中的所有其他概念都来自美德概念、从属于美德概念、服务于美德概念。在此基础上，以这种理想类型的美德伦理学为标准来考察儒家（以朱熹为例）和亚里士多德的伦理学。其结论是，以这样一种理想类型的美德伦理学来衡量，亚里士多德的伦理学不是一种美德伦理学，而朱熹的则是。理由在于：虽然朱熹对美德的说明跟亚里士多德一样，也从人性即人之异于其他事物的独特性开始，但在这两者之间存在着一个明显的差别。在亚里士多德看来，人之为人的独特性是积极的理性生活，也就是所谓的幸福，而美德只是让理性活动具有卓越性的性格特征。由此，美德便成了从属于理性活动和幸福的东西，不再是首要的了。而在朱熹那里，作为人之为人的特征的，不是别的，正是仁义礼智这些美德。

【程颐经权观对道德准则普遍性的维护】

赵清文 《道德与文明》2018 年第 6 期

程颐反对汉儒释“权”为权变、变通的经权观，提出了“权即是经”的理论。他将“经”视为必须普遍遵循的道德准则，而从“权衡”的意义上来理解“权”。他认为，通过“权”的方式来实现行为合理化的过程，正是具有普遍性的“经”在现实道德生活中落实和展开的过程，“经”的普遍性是不容置疑的、绝对的。这样，道德准则不但在抽象的形而上的层面上具有了普遍性，而且在现实的道德生活中也成了具有普遍约束力的行为标准。尽管程颐的经权观在理论上存在着一定的缺陷，但他通过经权问题对道德准则的普遍性的强调，反映了中国传统伦理思想发展的必然，对于道德准则约束力的提升具有积极的启发意义。

【从子夏问《诗》看《论语》中所见文质观——兼论先秦儒家道德哲学的价值转向】

张继军，段澜涛　《中国哲学史》2018 年第 4 期

孔子及其弟子、时人所提出的“质先文后”“质该文末”“重质弃文”“文质一体”“文质彬彬”等思想代表了先秦儒家早期文质观的主要观点。总的来看，孔子在对弟子、时人的文质思想给予批判、肯定、辨析的基础上，提出了以“文质彬彬”为核心内容的文质观，其中所包含的主要原则即“以质为本”和“文质相济”。孔子试图以仁义来重新阐释和丰富西周以来的礼乐文化传统，通过对于文质关系的说明，赋予了礼乐文化以内在的情感基础和德性价值，体现了原始儒家道德哲学由仪式伦理、规范伦理向情感伦理、心志伦理的转向，代表着原始儒家思想从强调制度导向向心性涵养的过渡，即一种以德性的自我内化和自觉提升为目的的由外而内的深化和拓展，这种思想对于孟子和荀子的文质观，甚至整个儒家思想体系都产生了重要的影响。

【孟子的伦理选择论——从“可欲”到“能”和“为”】

王中江　《哲学研究》2018 年第 7 期

为了促成人们的伦理实践，孟子提出了一个比他的性善论更为复杂的伦理选择论。这一伦理选择论既有抽象的一般性的正当选择原则，也有比较具体的可欲之善和更具体的作为“良贵”的仁义等价值；既有对人性的相似性和人能够做什么的说明，也有如何实践伦理的方法。在层层推论和类比中，孟子令人信服地向人们证明，在不同的价值选择中，伦理选择是最好的选择。它不仅是可欲的最高的善，而且也是人完全能够获得的价值。

【早期儒家的德行论——以郭店楚简《六德》《五行》为中心】

陈来　《北京大学学报（哲学社会科学版）》2018 年第 2 期

郭店楚简中《五行》篇主张“仁义礼智圣”五种德行，《六德》篇主张“圣智仁义忠信”六种德行。《五行》篇重在从内在化、普遍化、性情化的方向去理解并处理德行问题，而《六德》篇强调德行的角色化、社会化。可以说，《五行》属于德行伦理，《六德》属于角色伦理，显示出早期儒家伦理内部包含了不同的发展取向。《六德》应早于《五行》，但其思想既体现了早期德行论的特点，也体现了早期角色伦理的特点。从文化继承的角度说，德性伦理因其普遍化性格，比较容易处理其继承的问题；而角色伦理中与特定时代特定社会的特殊性相联结的成分，在现代继承时就必须加以明确扬弃。

【作为道德心理学范畴的灵魂概念——基于古希腊伦理思想史的梳理与考察】

李义天　《湖北大学学报（哲学社会科学版）》2018 年第 4 期

道德心理学是伦理思想的重要组成部分。行为者的心理结构与心理功能，从来都是伦理学研究的重要主题。在伦理思想史，尤其是古希腊伦理思想史上，

这方面的讨论典型地表现为关于灵魂概念的内涵与功能的探究。作为道德心理学范畴的灵魂概念，在早期希腊哲学中经历了一个从存在论向伦理学、从描述物质实体向描述心理实体的转变。在古典时期，灵魂概念的结构及其内容得到了更加丰富的建构，灵魂概念的心理意义和伦理意义更加突出。在希腊化时期，当人们面对一个极具不确定性的世界图景时，越发强调内心的安宁。此时的伦理思想不仅“收敛于”心理层面，而且试图进一步“收敛于”单一的心理要素。这种策略虽然有助于满足灵魂概念的安全性和稳定性，却牺牲了其多样性和真实性。

【普罗米修斯与民主的秘密（上、下）】

刘小枫 《古典学研究》第1、2辑，华东师范大学出版社2018年版

埃斯库罗斯笔下的普罗米修斯是否有现实原型？柏拉图的《普罗塔戈拉》让我们看到，普罗塔戈拉这样的智识之人是普罗米修斯的现实原型，在普罗塔戈拉心中有着普罗米修斯式的冲动。在埃斯库罗斯的普罗米修斯与柏拉图笔下的普罗塔戈拉之间，阿里斯托芬的《鸟》起到了承前启后的作用。《鸟》的剧情设计与埃斯库罗斯的《被缚的普罗米修斯》有很多明显的影射关系，而这部喜剧的主角佩斯特泰罗斯被认为是一个普罗塔戈拉主义者，也有可能是阿里斯托芬心目中的苏格拉底，这样看来，柏拉图在《普罗塔戈拉》中让苏格拉底与普罗塔戈拉交锋，就有了更加深刻的用意。

【色诺芬著作《居鲁士的教育》的性质与素材来源】

吕厚量 《政治思想史》2018年第2期

在古典学研究史上，色诺芬的《居鲁士的教育》向来是一部难以定性的独特作品。《居鲁士的教育》同色诺芬的另一部作品《斯巴达政制》存在着许多相似之处，应被视为一部描述如何在理想王政下推行社会道德教育的叙事性作品。作品中的核心人物——对社会进行理性管理与德化教育的完美君主居鲁士大帝——是在色诺芬生活时代的若干优秀历史人物言谈举止的基础上提炼整合而成的；居鲁士大帝式的英雄人物承载着将色诺芬本人为他身处的四分五裂、道德败坏的希腊世界量身定做的乌托邦式治理模式付诸实践的使命。

【《欧德谟伦理学》中的“功能”概念与“功能论证”】

魏梁钰 《哲学门》第37辑（2018年第一册），北京大学出版社2019年版

该文讨论了亚里士多德在《欧德谟伦理学》Ⅱ.1中基于“功能”概念来定义幸福的论证。学界的主流观点受到发展论的影响，认为《欧德谟伦理学》中的功能论证是介于柏拉图的《理想国》和亚里士多德的《尼各马可伦理学》之间的版本，深受柏拉图的影响，不如《尼各马可伦理学》中的论证成熟。该文试图表明《欧德谟伦理学》中的“功能”概念与柏拉图的“功能”概念差别很大，不具有柏拉图论证中的那种工具性的含义，同时澄清

了柏拉图的“功能”概念在结果与活动之间的歧义性。由于亚里士多德的“功能”概念强调事物的自然目的，是一个完全规范性的概念。

【哲学中的人文主义传统？——文艺复兴人文主义的哲学史反思**】**

吴天岳 《外国哲学》第35辑，商务印书馆2018年版

该文结合宏观的视野与微观的文本分析，探讨了文艺复兴时期人文主义与哲学思考之间的内在关联。作者认为布克哈特等人以人文主义为现代开端存在历史上的错误，人文主义在中世纪思想中有着深刻的根源和丰富的发展，文艺复兴的人文主义延续的是西方古典的修辞传统。在文艺复兴时期，人文主义与经院学术并存，并不存在一个独立的“文艺复兴人文主义哲学传统”，严肃的哲学思考并不需要这种文人化的思想传统，而是需要立足理性求真求知。

【马基雅维利论党争】

霍伟岸，谈火生 《学海》2018年第3期

马基雅维利的党争理论具有辩证的逻辑和丰富的意涵。三对关键的概念使我们可以澄清马基雅维利有关党争论述的一些表面矛盾，并深入体察他对现代政党观念之形成所可能产生的深刻影响。罗马式党争与佛罗伦萨式党争这对理想类型化的概念有助于我们准确理解马基雅维利对于党争的积极评价；必然性与野心这对概念有助于我们把握党争的不可避免性与派系之害的可消除性或可控制性之间的关系；而贵族与平民这对概念则有助于我们思考人民在共和政治中应当具有怎样的宪制地位。

【激情自主的自然人及其灵魂的恐惧和分裂——基于霍布斯和卢梭构想的自然状态**】**

林壮青 《江苏社会科学》2018年第1期

对自然状态的反思事关该以何种方式解决人类灵魂理性与激情之基本冲突才是适宜的问题。古典政治哲人既以理性为政制的正当性源泉，又给激情以一定的合法性空间，较好地处理了两者的冲突。近代政制的奠基者霍布斯却通过自然状态假设，驱逐理性，把政制的正当性转换为所谓自主的激情；然而，激情自主的自然人却通过自己的同意，建立一个君主专制政府，致使他们自身的灵魂永远生活在恐惧的折磨之中。鉴于此，卢梭试图通过修正霍布斯的自然状态，以发现在激情上真正自主的自然人；但卢梭所发现的自然人还只是前政治的亚人，而如果要让其发展为人，则又必然造成其灵魂的分裂；为修复分裂的灵魂，卢梭试图把自然状态之纯粹性的两个条件作为政制的范型，然而，这一范型也必将被历史时间所粉碎，在历史时间中被重新塑造为新自然状态。

【派系及其治理：休谟社会政治理论研究的一个视角】

徐志国 《社会》2018年第9期

基于历史观察和其思想的内在逻辑，

休谟将“派系”问题及其治理作为社会政治理论的核心内容。休谟分析了“派系”产生的人性基础和基本类型，进而提出派系治理的三种路径。首先，商业、科学和艺术的发展可以促进人们理性的增长以及相互之间的同情，从而可以瓦解极端的信念和增进社会的团结；其次，文明的政治秩序的构建不应当依赖于道德，而应当建立起派系之间的相互制衡；最后，宗教派系的极端性对社会秩序构成了重大威胁，为了保持社会秩序的稳定，必须在宗教宽容的基础上保持世俗政府对宗教的控制。休谟的派系治理思想具有立足商业社会的现代视野，既致力于减弱和消除极端派系对社会秩序的破坏，又使温和的派系成为促进社会繁荣与发展的动力，在近代西方社会秩序理论中具有重要的历史影响和理论价值。

【亚当·斯密重商主义批判的政治学维度】

张江伟 《政治思想史》2018 年第 4 期

斯密的重商主义批判具有极为丰富的政治学含义。首先，在他看来，重商主义对经济与政治及国家主权之间的关系不甚了了，没有将经济看成自成一类的存在。重商主义过度强调国家主权和政治家的功能，忽略了民间力量和财富增长的自然之道。与之不同，斯密将原本集中在政治精英手中的国家富与强的政治责任，以经济化的方式分散到了整个经济体上。其次，斯密在理论上实现了经济的非疆域化，从而在现代的民族主权国家体系中发现了一种不同于重商主义的可能性。这种新安排没有触动原有的民族国家体系的政治主权，但是大大地扩充了经济的空间。最后，在英国与美洲殖民地之争的问题上，斯密表现出以经济脉络和走向为基础设计政治体系的政治智慧，提出了一种不同于重商主义帝国的自由贸易帝国计划。这种计划同样没有否定民族国家体系或仰望世界大同，但大大超越了重商主义民族国家体系的局限。总而言之，斯密重新界定了政治和经济的相对位置，使得经济开始占据相对主导的位置，并在相当程度上使得经济成了对政治的超越。这就是他对现代人的政治经济视界的贡献。

【世界城邦为什么不可欲？——论卢梭的普遍意志问题】

任舒怀 《政治思想史》2018 年第 1 期

如果政治正义要求“给每个人以他配得的”，那么逻辑上正义似乎应当超越特殊社会的边界而普涉万民，因此绝对正义将要求一种世界城邦的理想图景。18 世纪的启蒙运动推进了这一诉求，而同时代的卢梭却站在其对立面，拒斥普遍启蒙而坚决捍卫封闭社会。卢梭对世界城邦的拒斥来源于他对其公意和普世意志理论的修正：普世意志，因其不能满足政治社会必要的激情的要求，退居至内心和道德领域。普世意志和政治社会的分离意味着普遍正义无法在政治秩序中实现，这一问题的根源在于卢梭理解的独立自由的幸福生活与政治生活之间不可化解的张力。

【论康德哲学对儒家伦理的救赎】

邓晓芒 《探索与争鸣》2018 年第 2 期

两千多年来儒家对乡愿的批判有个一脉相承的特点，即都把乡愿看作有意骗人、向别人伪装成有德的假象，却没有指出其中“自欺”的心理结构，更没有看出它与一般人格的深层次的联系。与之相反，康德对伪善的批评则是从人性和人格中生来就伴随着的自欺结构入手的。儒家的大部分道德范畴在康德那里都可以保留，但它们的根基应该变成理性和自由意志，而不是那种狭隘的自然情感（孝悌等）。这样一来，儒家的道德观就不再是那种自我纯洁感和自恋，而是包含彻底的反躬自省成分。儒家伦理在今天日益走入困境，特别是日益暴露出其乡愿的本色，其根本症结在于他们的人性观中缺乏自由意志的深层次根基，因此需要经过一番理性的加工和阐释，而这种加工在康德哲学里面可以找到更多的理论工具和资源。

【论一种康德式的至善后果主义】

张会永 《哲学研究》2018 年第 6 期

许多伦理学研究者把康德看作反对目的论的极端义务论者，这是基于对康德伦理学的片面理解。康德伦理学包含两种重要的道德目的概念，即作为道德法则的客观基础的自在目的概念和作为纯粹实践理性终极目的的至善概念。康德的至善学说蕴含着一种从后果主义角度进行解读的可能性。至善作为德性与幸福的综合，可以被解读为“理想的道德世界”或“一切道德目的的全体”，它蕴含着一种追求“理想事态”的后果主义价值论思想。而康德关于“人有义务促进至善”的主张，非但不像伍德和贝克等人认为的那样与康德关于“应当意味着能够”的主张相冲突，反而包含着从目的出发来理解义务之可能性的后果主义规范论思想。

【自然与契约的彼岸——黑格尔“抽象法”中的人格财产权概念**】**

陈浩 《哲学动态》2018 年第 4 期

一种理想的财产权理论，应当既可以充分地尊重私人财产权，以便维护个体自由；又可以考虑到财产在不同个体之间的分配，从而适当地兼顾社会平等。洛克等人所代表的自然（劳动）财产权立场强调了自由而忽视了平等；与之相反，费希特等人所代表的契约财产权立场则强调了平等而忽视了自由。针对上述困境，黑格尔试图依据“普遍人格”概念，构想出一种全新的人格财产权理论。它一方面借助普遍人格的“自我决定”能力，证成个体占有对象、确立排他性财产权的合理性；另一方面，依靠普遍人格的“主体间性”特征，阐明将他者纳入考虑、与他者分享财产的重要性，较好地兼顾了自由和平等两个方面，在自然权利与契约权利之外，开辟了第三条道路。

【人工智能“革命”的“近忧”和“远虑”——一种伦理学和存在论的分析**】**

赵汀阳 《哲学动态》2018 年第 4 期

人类的技术发展正在取得多种革命

性的突破，其中一些技术在给人类带来巨大利益的同时也蕴含巨大风险。该文分析了人工智能在不久的将来可能导致的严重而尚不致命的危险，以及在较远的将来可能导致的致命危险；同时还分析了人工智能的安全条件，提出需要为超级人工智能设置确保自毁的程序以保证人类的存在地位。

【“伦理”与“道德”之辨——关于“再写中国伦理学”的一点思考】

朱贻庭 《华东师范大学学报（哲学社会科学版）》2018 年第 1 期

长期以来，伦理学界将“伦理”与“道德”视为“相近相通”，并“互相替用”。然而，史实并非如此。在古希腊“伦理”与“道德”就有区别，黑格尔更将两者“严格分开”；在中国古代，早有“伦理”（“人伦”）与“道德”这两个用词。“伦理”是既亲亲又尊尊的客观人际“关系”，“道德”是由“伦理”关系所规定的角色个体的义务，并通过修养内化为德性。“伦理”正则道德兴，“伦理”乱则道德衰，所谓“道德失范”，原因正在于“伦理失序”。辨析“伦理”与“道德”的区别与联系，具有重要的理论价值和实践意义：既是总结古典中国伦理学的前提和切入点，并为论述“天人合一”“心性之辨”“义利之辨”“和同之辨”等道德哲学提供逻辑的和经验的根据；通过批判地继承，又能为当代中国伦理学找准研究的对象，因而也是再写中国伦理学的一个不可或缺的理论前提，从而可为道德建设提供学理性的理论依据。“‘伦理’‘道德’之辨”是再写中国伦理学的一个重要的“理论范式”。

【人物、人际与人机关系——从伦理角度看人工智能】

何怀宏 《探索与争鸣》2018 年第 7 期

传统的社会伦理一向是以调节人与人的关系为中心，现代伦理学近年来则开始比较系统地反省人与物之间的关系，而未来的伦理学大概还需要将人与智能机器的关系纳入其考虑范围。这主要是因为人赖以获得对其他所有自然物的支配优势的智能，将可能被机器超越。关于人机关系的伦理思考，一种思路是倾向于做减法而非做加法，即优先和集中地考虑规范智能机器的手段和限制其能力，而不是考虑如何设定和培养机器对人类友好的价值判断，亦即尽量将智能机器的发展限制在专门化、小型化尤其是尽可能非暴力的范围之内。

【论意志与法则——卢梭与康德在道德领域的突破】

黄裕生 《哲学研究》2018 年第 8 期

奥古斯丁提出自由意志概念并将其确立为行为归责的最终根据后，便在西方哲学史上开启了意志与行为法则之间关系问题的讨论。在卢梭之前，外在关系说主导着对于这一问题的思考。但是无论是把法则视作来自意志之上的神，还是视作来自意志之外的理性或情感，都会使得自由意志成为一个自相矛盾的概念。而卢梭对“普遍意志”及其与法则的关系的发现，则使得意志成为万法之源，从而与法则内在地关联在了一起。卢梭的这一开创性工作，为康德进一步完成道德领域的三大突破奠定了基础。

【习近平的道德治理思想】

向玉乔 《伦理学研究》2018 年第 1 期

道德治理思想是习近平新时代中国特色社会主义思想的一个重要内容，在习近平总书记治国理政思想中占据非常重要的位置。它以统筹国内和国际两个大局的道德治理为出发点，以社会主义核心价值观统领道德治理的总体格局和价值导向，追求以人民为中心的道德治理价值目标，采取先公德、后私德的道德建设路径，强调德治和法治的有机结合，从而展现了道德治理思想的深刻性、系统性和感召力。

【论生活与伦理的关系】

肖群忠 《中国人民大学学报》2018 年第 3 期

生活是人谋生的活动以及对其存在意义和价值、合理活动方式的追求。对生活价值与意义的探索，必然会使人们形成一定的人生观、价值观和生活观，也必然会以一定的观念、规范、文化传统、生活方式的形式固定下来。这些规范、文化传统与生活方式，就是生活伦理。伦理源于生活，是生活观念与价值规范的凝结。因此，生活对于伦理来说具有存在的优先性，而伦理则赋予生活价值与意义。生活是事实存在，伦理是价值意义。日常生活与伦理有着更为直接与密切的联系，而且通过风俗直接交集在一起。日常生活伦理就是指直接产生于日常生活中的与习俗、礼仪、行为方式及生活方式保持高度一致性的伦理观念与行为规范。日常生活伦理具有基础性与先在性、实然性与应然性高度统一、习而不察的自发性与世俗性、经验性与具体性等特点。

【略论道德情感在道德推理中的作用】

杨宗元 《伦理学研究》2018 年第 6 期

该文从道德情感论与道德理性论的分歧谈起，把道德情感界定为德性的重要组成部分，分析其特征，阐明在道德推理的过程中，虽然道德情感看似不在场，但对道德推理产生着深刻的影响。道德情感中的情绪性因素会对道德推理的进行产生一定的冲击，而其中相对稳定的社会性因素会对道德推理产生正向的稳定的作用。道德情感是道德推理的固化，是道德推理成果的体现。道德情感又对道德推理起到推动作用。

【舍勒伦理学与儒家的关系——价值感受、爱的秩序和共同体**】**

张祥龙 《世界哲学》2018 年第 3 期

舍勒认为价值感受先于客体感知，由此将伦理学建立在情感质料的先天基础上。儒家“亲亲而仁”的伦理学与之相通，并可以从舍勒的“情感的价值先天性”“善恶的非现成性”“爱的秩序”“人格生成”“榜样追随”等思路中，找到表达自己独特学说的新话语。但双方关于共同体的看法有重大分歧，反映出其在看待爱的源头、价值等级化方式和家庭中的本己人格诸方面的深刻差异。

【意志的缺席——对古典希腊道德心理学的批评】

聂敏里 《哲学研究》2018 年第 12 期

无论是在柏拉图那里还是在亚里士多德那里，在他们颇具代表性的灵魂二分或三分学说中均没有意志概念的位置。我们可以说，在古典希腊道德心理学中并不存在一个意志概念。而当我们进一步考察与意志概念相关的行为道德责任问题，特别是考察亚里士多德的自愿与不自愿概念时，我们可以发现欲望和理性二元结构是古典希腊道德心理学解释行为道德责任的主要思想资源，在这样的一个结构中意志概念是缺席的。赖尔与威廉斯等人所代表的极端观点认为，没有意志概念的古希腊道德心理学比有意志概念的现代道德心理学在解释与说明人的行为上可能更为成功。这种观点值得商榷，意志概念不是一个心理官能和心理活动的概念，而是同行为的主体性相关。古典希腊道德心理学在根本上是一种自然主义行为心理学，它所根本缺失的恰恰是行为的道德责任概念。

【中华文明伟大复兴的伦理蕴含和道德气度】

王泽应 《湖北大学学报（哲学社会科学版）》2018 年第 1 期

中华民族的伟大复兴内在地包含并强烈地呼唤中华文明的伟大复兴。中华文明的伟大复兴，是一个拥有五千年文明传统的伟大国家精神、民族意志和伦理品质的全面复兴，而其所彰显的伦理蕴含、道德气度必将呈现出历久而弥新、“致广大而尽精微，极高明而道中庸”以及健全自我而又协和万邦的文明特质。中华文明的伟大复兴不是如同福山所言的历史的终结或文明的终结，而是中华文明与其他文明并辉以及人类诸文明真正进入一个和而不同、共同发展的新时代。中华文明的发展本质上是在“等闲识得东风面，万紫千红总是春”的境况和气韵中不断实现自己的创造性发展和形态更新的。

【伦理学与话语体系——如何再写“中国伦理学”】

高兆明 《华东师范大学学报（哲学社会科学版）》2018 年第 1 期

“中国伦理学”是一个文化特殊性概念。它立足中华民族的生活世界，以中华民族的运思与认知方式，用中华民族的语言概念，围绕普遍问题，揭示普遍之理。今天要努力探究与揭示的“古今通理”，一定不是宗法等级礼制秩序的，而是当今人类文明主潮流的。没有统一的“中国伦理学”，它是复数的。百花齐放、百家争鸣、富有个性地书写，站在时代的高度，基于自身历史现实，当今“中国伦理学”才会有属于这个时代的自己的“话语体系”。书写有生命力的当今中国伦理学理论应坚持区分“实然”与“应然”，坚持道德价值标准的客观确定性，坚持“伦理”与“道德”、心灵秩序与生活秩序的统一，坚持既有中国问题意识又有人类情怀。

【新时代的中国伦理学使命】

李建华 《中南大学学报（社会科学版）》2018 年第 1 期

当我们进入建设中国特色社会主义新时代的时候，需对新时代这一概念的内涵有科学的把握。新时代不仅是一个描述当代中国客观实际的概念，而且蕴含了深刻的伦理价值，体现为强国、利民、自信、担当、共享等。由于现代科技与社会变迁的特殊性，我们也应该看到新时代所面临的伦理挑战，如伦理主体日益被解构、伦理关系日益复杂化、伦理整合日益弱化、伦理预期日益模糊等。这就需要在新时代构建一种适应社会全面转型发展的伦理大思路，完善中国特色社会主义的伦理道德规范体系，提供中国伦理精神和中国伦理价值，构建具有中国特色、中国气派、中国风格的伦理学。

【现代中国伦理道德的文化自觉与文化自信】

樊浩 《东南大学学报（哲学社会科学版）》2018 年第 1 期

改革开放四十年，中国社会相当时期处于伦理道德的文化焦虑之中，这是集体理性中对文明转型所遭遇的伦理道德问题的清醒而敏锐的问题意识，然而过度的文化焦虑，也是缺乏关于伦理道德的文化自觉的表现。走出过度焦虑，必须达到关于现代中国伦理道德的文化自觉，借此达到文化自信和文化自立。伦理道德忧患是中国文化的终极忧患，它是伦理型文化的基因表达，往往在文明转型期以强烈方式表达出来。现代中国伦理道德应当达到何种文化自觉？伦理型文化的自觉。何种文化自信？“有伦理，不宗教”的自信。何种文化自立？伦理道德的“精神哲学形态”的自立。为此需要走出“治病式”或“疗伤式”的被动的问题意识和文化策略，走出“应用伦理”的文化盲区，在人的精神世界的宏大高远建构中履行其文化使命和文明天命。

【道德思维的逻辑结构】

甘绍平 《伦理学研究》2018 年第 1 期

以前的道德世界中根本就没有“权利”的说法，而今天再谈及道德，则一定要从“权利”的立场出发，权利已然强势进入了道德的语境。这要归因于所谓道德思维的逻辑结构的存在。道德思维的逻辑结构让我们能够在思考道德问题时，首先从对人的本真图景出发，以对人的本质属性、现实需要和价值地位的认知为开端，本着这样一种前提条件，在尊重人的意志自由的基础上来建构和遵循道德规范的内容。对道德思维的逻辑结构的把握，就如同我们在医学里掌握了人体构造精确图谱那样，使我们能够对道德现象的认知与塑造建立在一种科学和规范的基础之上。因而，对道德思维的逻辑结构的掌握与运用，不论是对于我们的伦理理论的探索还是对于道德实践的推展都具有不容忽视的意义。

【国家正当性与国家证成——对西蒙斯政治正当性理论的一个检讨**】**

杨伟清 《道德与文明》2018年第2期

在西蒙斯的政治正当性理论中，国家证成与国家正当性的区分是其核心内容。这一区分代表着对政治正当性基础的某种理解。按照这种理解，国家的正当性只能来自个人真实的同意；国家所具备的客观道德成就无关于其正当性。这种理解过分强调了政治正当性基础的主观面向，忽视了客观面向的重要性。事实上，政治正当性必定同时存在主观与客观两个评价维度。主观维度指向的是民众真实的态度和意向，而客观维度指的是政治组织和机构呈现的客观道德业绩。正因如此，国家正当性与国家证成的区分并不完全合理。国家正当性与国家证成并非两个全然孤立的变量，确立国家正当性的道德根据包含了证成国家的道德根据。

【人类命运共同体及其正义维度】

龚群 《哲学分析》2018年第1期

“构建人类命运共同体”是习近平新时代中国特色社会主义思想的重要组成部分。人类社会本身是作为大大小小的共同体而存在的，“人类命运共同体”应当被看作在概念外延上最大的共同体，它强调不同国家、民族之间共同生存于这个星球上，有着利益休戚与共的生死相连的关系。随着网络信息科技的发展以及地球村、全球经济一体化的到来，合作、发展、共赢成为时代潮流，各国逐渐形成你中有我、我中有你的利益交融格局。构建人类命运共同体已经成为当今人类世界的重大课题。构建人类命运共同体，其根本的准则是正义准则。当代世界正义涉及国际正义、普遍正义（全球正义）与生态环境正义三个层面。首先，就国际正义而言，涉及国际交往的正义和经济秩序的正义。民族国家不论大小，其主权权利平等，是处理国际政治事务和经济事务的根本准则。其次，世界正义还有着全球个人层面的正义。在当代世界中，最为重要的是全球所有人口的最基本生存权和最基本生存需要的满足问题。最后，生态环境正义。以正义准则对待环境和保护环境，是人类命运共同体在这个星球上赖以生存的条件。

【论“无人为恶”与动机善】

吴西亮，葛晨虹 《齐鲁学刊》2018年第2期

道德评价是社会道德活动的一项重要内容，科学、客观的道德评价对形成良好的道德风尚具有积极的促进作用。在道德评价中对动机的评价占有重要地位。动机具有主观性、内隐性的特点。思想史上“无人为恶”的观念主要是基于动机的个人行为选择与自我评价。对动机的善恶评价还必须有社会评价；同时，我们还需要明确和统一什么是善、善的标准等问题。善是善和善的事物的统一；善的标准具有历史性、阶级性，是相对性和绝对性的统一。科学、准确地认识善和善恶评价标准，不断提高我们的认识能力、分析能力、人生社会阅历，在实践中我们就能对动机进行客观

准确的分析，对行为善恶作出公正客观的评价。

【现象学伦理学的基本问题再论——尼古拉·哈特曼与伦常价值质料的现象学】

倪梁康　《道德与文明》2018 年第 3 期

尼古拉·哈特曼属于现象学运动的边缘人物。但他的确可以被视为现象学的伦理学或质料的价值伦理学主要的和系统的构建者。他的伦理学通常会带有两个不同的名称：伦常价值的现象学和质料的价值伦理学。这两个名字指称的是同一个对象，但重点不同：前者强调方法，后者偏重内容；前者主要与胡塞尔有关，后者则更多源自舍勒。哈特曼本人的相关伦理学思考既有助于对现象学的价值伦理学的基本要素的把握，也有助于展开一门价值回应的现象学研究。

【视角·习俗·平等——尼采奴隶道德批判的三重维度】

胡志刚　《西北民族大学学报（哲学社会科学版）》2018 年第 5 期

尼采认为主人道德是一种存在等级秩序的道德，它以好坏为道德评判的依据，在奴隶道德实现道德视角转换之后，以善恶为核心的奴隶道德取消了主人道德内在的等级秩序，奴隶道德通过强制和心理控制从而成为社会普遍遵守的规范和法则。道德是在对习俗的信仰中形成的，扼杀人的个性和创造性是习俗的最大功用，习俗让人屈从和服从，使人“非自身化”。道德是一张普罗克拉斯提斯之床，平等的道德诉求致使高贵的人类理想不再可能，要培育高贵种族必须实行等级制。尼采的道德哲学竭力摆脱奴隶道德的限制，也对以德性为核心的理性主义道德和基督教道德构成了一定挑战。

【道德知识论的核心问题及其争议】

王奇琦　《厦门大学学报（哲学社会科学版）》2018 年第 2 期

道德知识论是元伦理学和知识论的交叉研究，着重探讨道德知识是否可能以及如何可能等基本问题。对道德知识怀疑论的回应、道德知识的性质以及道德知识的确证，是道德知识论的核心问题。道德知识论在当代元伦理学和知识论研究中之所以长期未受重视，与人们对道德知识在知识论意义上的理解过于狭隘有关。从更为广义的知识论视角来理解道德知识，有助于回应道德知识怀疑论，并解决或消解关于道德知识的性质和确证的诸多争议。重视道德知识论研究，既能够为道德理论提供更为坚实的知识基础，又能够为知识论在其分支领域的发展提供有益的借鉴。

【道德现象学：缘起、内涵与方法】

王云强，郭本禹　《伦理学研究》2018 年第 2 期

兴起于 20 世纪初的道德现象学主张采用现象学方法分析道德经验。道德现象学涉及两个方面的含义：处于现象学传统中的道德哲学和道德经验的现象学研究。道德现象学的研究目的有二：实践研究目标是帮助人们更好地面对和处

理道德冲突，而哲学目标则是为达成实践目标的成功而提供道德理论的基础。道德现象学研究必须满足四个标准：关于道德经验的、广泛的、独立的和坚定的。其研究方法分为两类："内容"的方法和"泛型"的方法，具体研究形式是问卷法和内省法。道德现象学研究已经取得了较为丰富成果，为解决道德研究之争论提供了较为新颖的视角，对道德哲学、道德心理学以及道德教育实践具有重要启发。当然，它也存在着现象学与道德研究的关系仍存在争议等局限。

【功利主义、平等待人与理性选择】

李晓冬　《自然辩证法通讯》2018年第1期

功利主义与"平等"之间的传统联系主要是平等待人，即在计算整体效用时，每一个体只被视为一个单位而得到考虑。如今分配正义问题的研究扩展了传统平等待人理念的内涵，使其逐渐包含一种平等份额要求。因此，功利主义的分配方式被批评为没有能够实现人与人之间在结果上的平等分配。在该文中，作者打算放弃功利主义传统上所强调的"（整体）效用"概念，转而从"边际效用"概念入手建立功利主义与"平等"之间两种新的联系：首先，所有人的边际效用相等是整体效用最大化的必要条件，这说明功利主义的分配方式平等对待了每个人对物品的珍视态度；其次，边际效用递减规律与"无知之幕"结合后可借助理性选择理论为传统功利主义提供一种平等份额主张。

【从诗性正义到能力正义——玛莎·努斯鲍姆正义论对罗尔斯三大未解问题的补充与解决】

魏飞　《当代中国价值观研究》2018年第2期

玛莎·努斯鲍姆正义论的相关思想最初起源于亚里士多德式的人的观念。结合斯多葛学派的"世界公民意识"与康德式的"人是目的而非手段"的理念，在批判经济学功利主义"成本—效益"模型的基础上，她通过预设"明智的旁观者"作为其正义的裁判，提出了包含同情与爱的情感和包含移情想象的畅想的诗性正义，强调人作为感性在场的理性主体，为社会公平正义提供内在驱动力。这超越了功利主义者对于正义的狭义理解，重建了亚里士多德主义"人是目的"的维度。在与阿玛蒂亚·森合作的过程中，她意识到能力的实现依赖于世界的全面发展与已被转化的实际机能，进而，她超越诗性正义走向能力正义，构建了自己独特的"能力路径"以及"人类核心能力列表"，强调人类自身的"机能性活动"与"能力平等"，使其"能力正义"的观点得到进一步深化。此能力路径既是对传统社会契约论思想的挑战，也是对罗尔斯正义论中所遗留的三大未解问题，即残疾问题、跨国正义问题以及非人类物种问题的补充与解决。

【全球正义的进路与人道主义关怀】

龚群　《世界哲学》2018年第2期

全球正义与全球贫困现象内在关联。全球正义是一种世界主义的理想追求，当代全球正义的追求是以最基本的人的需求为对象的正义诉求，在人权清单中，全球正义把生存权看成最根本的权利。全球正义理论从最基本的人的生存需要出发，提出了当代人类社会的紧迫问题。人道主义援助是解救当代全球贫困的另一进路。首先，人道主义援助的困难在于人们把责任看成分内应当承担的，而把仁慈捐赠看成超义务的。其次，从权利与义务的相关性来看，作为人人具有的生存权，需要一定的机构或个人承担相应的义务。然而，仁慈捐赠的义务并非完善的义务，不具有强制性；最后，国际人道主义援助与民族主义以及同胞偏爱并非完全是一种制约关系。但是，全球正义作为一种建构人类命运共同体的理想具有重要的理论价值与现实意义。

【情境主义挑战为什么不成功？——基于现代美德伦理学立场的辨析与回应】

李义天 《哲学动态》2018 年第 5 期

现代美德伦理学强调和重视道德心理问题，但面临现代心理学的严重挑战。其中，作为一种在理论上可以追溯至社会心理学乃至行为主义心理学的伦理知识立场，情境主义不仅试图取消美德的独立性，而且试图取消美德的实在性，从而对那种相信在行为者内部存在某个与其行为构成因果关系的心理实体的美德伦理学的基础观念提出质疑。然而，在论证上，情境主义依据社会心理学所提供的经验证据而进行的推理和解释在逻辑上并不完备；在方法上，情境主义所赖以成立的心理学实验的设计环节也存在问题，不足以在证明“情境”是“行为”的充分必要条件的同时，证明“品质”是“行为”的既非充分亦非必要条件。情境主义的挑战有助于人们重视情境的伦理意义，但对于否认美德的必要性和实在性并不成功。

【论斯洛特道德情感理论中的“先天”】

李家莲 《伦理学研究》2018 年第 6 期

迈克尔·斯洛特是美国当代规范道德情感主义和德性伦理学的代表人物，他所创立的道德情感主义既不属于传统经验主义，也不属于传统理性主义，而是融合了经验主义和理性主义并具有独立身份的情感哲学的一个分支，集中体现了西方传统道德情感主义在当代哲学语境中的创新性发展。之所以能做到这点，关键原因在于斯洛特给道德情感主义注入了“先天”成分。若无“先天”，传统英国道德情感主义就不会在当代得到复兴，更不会在复兴过程中把自身理论建设推向前所未有的历史新高度。以“先天”为对象，该文分析了它的含义，并探讨了它对道德情感主义理论构建所具有的特殊功能与意义。

【马丁·布伯的对话伦理】

王务梅 《道德与文明》2018 年第 1 期

以“我—你”关系为基础，布伯建构了他的对话伦理。对话伦理具有“呼唤”和“回应”的关系结构，它要求人敞开自身，经由对生命中所遭遇的他者的“呼唤”之“回应”来实现对他者的责任。布伯强调上帝在对话伦理情境中的在场，由此，对他者回应的对话伦理同时也是对上帝负责的宗教伦理。对话伦理将对他者的关怀与责任和对上帝的追求结合在一起，使得人们在凡俗中发现神圣，在当下遭遇永恒，在对有限他者的责任中实现对上帝的绝对责任。

【和合伦理道德论——中华传统道德精髓与人工智能】

张立文 《社会科学战线》2018 年第 8 期

中国古代思想家以伦理道德开启于原始礼仪仪式，有其内在逻辑的合理性。这是因为原始礼仪仪式是人赋予的有意识、有目的的活动。它虽以群体意识为前提，但礼仪仪式的差分次序，就为自我意识的滋长提供了条件，也是人己区分的觉醒和伦理道德产生成为可能；伦理道德的产生，是人自身生命和繁衍生命活动的必需，以及为这种需要以改变生命存在和繁衍生命的环境、条件的需要。人类创造了人工智能机器人，初心是为人类谋福祉，想不到却研制了自己的敌对者——杀人机器人，使人类生命受到严重威胁和挑战。人类必须摆脱生命危机的恐惧，维护生命存在的尊严。因而人工智能机器人的伦理道德问题，就成为突出的核心课题，有良知的人都为其忧虑。人工智能机器人研制的价值取向和伦理道德考量，是人工智能机器人分殊伦理道德上的善恶、对错的关节点。和合伦理学是指人与自然、社会、人际、心灵、文明之间内在秩序以及什么是道德关系标准的原则与规范的和合。和合道德学是指和谐、协调人与自然、社会、人际、心灵、文明之间共生、共处、共立、共达、和爱的原则与规范的和合。伦理与道德不离，或以伦理学为道德社会化与共识化，或以伦理学的同义语是道德哲学，两者相得益彰。

【马克思与道德】

艾伦·伍德 《马克思主义与现实》2018 年第 1 期

该文认为，哈灵顿强调自由在马克思思想中的地位和价值，的确深有见地，但自由对于马克思来说，并不是一种道德的善，而是非道德的善，且马克思的批判也不仅是基于自由，而且是基于自我实现和共同体等非道德的善。相较于道德的善（正义、权利等）来说，非道德的善对于人类福祉和人的解放具有更为根本的意义。当马克思宣称历史唯物主义“对任何一种道德宣判死刑”，而道德只是资产阶级用来掩盖其利益的成见时，我们不能试图由此推出，马克思认为历史唯物主义削弱了诸如自由、共同体和自我实现这些价值——他正是以这些价值之名抨击资本主义；我们也不能试图因此总结得出，马克思正在指责的是作为资产阶级成见的那些价值本身。当然，马克思并不反对以道德评价个人行为，但他反对以道德评价社会制度和社会关系，因为道德实质上是一种意识形态。

【道德特性的辨析】

彭怀祖 《江苏社会科学》2018 年第 2 期

任何一类问题都有其特性，它能清

晰地将此类问题与其他问题区分开来，它能凸显此类问题的存在价值、研究进路、实践方向。道德特性，即道德问题的特点规定性。彰显道德特性有助于明晰道德的本质内涵，也有助于厘清道德在社会治理和个人发展中的重要作用。诸多学者对道德特性作了有益的探索，归纳起来得到广泛认同和响应的道德特性为利他性、非刚性、理想性。利他性是道德特性最重要的内核，是道德问题有别于其他问题的根本标志。非刚性旗帜鲜明地把道德问题和法律问题区分开来，它强调道德源自人的内心，是人的自愿表达。理想性揭示任何时期的道德状况总有不尽如人意的地方，道德建设永远在路上，道德发展从来不会止步。对道德特性的解读，重要的是注重三者之间的融合，注重它们的整体效应。对道德特性的融通解读，会给我们这样的启示：放弃对任何个人行为和社会现象给予道德导引是不恰当的，对所有的个人行为和社会现象，用统一的道德标尺去衡量和要求也是不妥当的。

【共同体与道德】

李荣山 《社会学研究》2018 年第 2 期

该文从滕尼斯对马克思的误读出发，在德国历史主义取向的共同体传统视域中考察了共产主义的道德意涵。总体来看，马克思的共产主义学说在起点上同历史主义路向的德国共同体传统具有很强的亲和性，也是为了维护人的整全个性，但与后者的进路判然有别，并最终在道德问题上超越了后者。德国共同体传统批判启蒙理性在政治上和经济上的制度设计，试图通过文化途径重建共同体精神。他们试图牺牲适度的政治经济“平等”来为道德意义上带有“等级性”的“良知自由”开辟空间，从而保全人的整全个性。这种文化取向未能给政治经济结构以合理的位置，始终无法跳出“在用社会力量塑造的社会中恢复共同体”的循环怪圈。马克思通过政治经济学批判指出这个怪圈的症结所在，试图从根本上推翻导致这个怪圈的政治经济结构，从而达到彻底解放人的个性的目的。马克思和恩格斯认为，必须在真正的政治经济平等的基础上，为道德自由开辟新的空间，这样既能消除人的等级差别，又能维护人的整全个性，从而超越了德国共同体传统，把共同体提升到了一个新的境界。

【中国传统“尊道贵德”观念及其现实意义】

江畅 《华中师范大学学报（人文社会科学版）》2018 年第 4 期

“尊道贵德”是中国最古老的根本价值观念，并成为中国传统价值观首要的基本精神。这一观念最早包含在《易经》之中，在老子那里首次得到了理论上的表达，并为春秋战国时期大多数学派所普遍认同。《易经》所表达的就是天地人“三才”之道以及通过占卜问卦的方式顺应“三才”之道，特别是天道。在古人看来，“道”是宇宙万物之根本，它是与人性相通的，而“德”是对“道”的“得”，因而就有了“道德”的概念。儒家的道德观对道的理解逐渐人道化，实即仁义化，使道演变成了天下之道。因此，“尊道贵德”实际上就是尊崇、珍视道德。今天大力弘扬“尊道贵德”观念，有助于从根本上克服我国道德生活乃至整个社会生活中的严重社会问题，构建具有形而上根基的道德体系；也有助于在现代条件下重建中国人的道德信仰，确立源自天道人心的道德在人们心目中的崇高地位。

【道德动力源自何处?】

杨泽波 《哲学研究》2018 年第 9 期

牟宗三提出，伦理道德学说须有内部动力，但是他并没有具体说明心为什么有活动性，也没有对心的内在运行机制作出解释。作者高度评价牟宗三的这一思想，认为它蕴含着重要的价值，实际上开辟了一个新的学术研究方向，我将其称作“道德动力学”。从儒家生生伦理学的角度出发，这两个问题可以得到较好的答复。心之所以有活动性，是因为人有生长倾向，有伦理心境，是一个先在的道德存在，原本就有道德的要求，并有满足这些要求的动能，从而心甘情愿成德成善。心的内在运行机制有两种情况：一是就仁性自身而言，这涉及的是心学；二是就仁性和智性的关系而言，这涉及的是心学与理学的关系。在一门完整的伦理道德学说中，智性虽然有重要作用，但其本身是一个“懒汉”，需要由仁性提供动力。一旦这个环节留有瑕疵，道德动力问题就无法解决。荀子、朱子学理的困难透过这个视角可以看得更为清楚明白。

【何为情感理性】

陈真 《道德与文明》2018 年第 2 期

西方道德情感主义者主张人类天生的情感或情感反应能力是理解、解释和辩护道德的最终根据。但如果情感自身的合理性得不到说明，或者需要情感以外的理性概念来加以辩护，那么，以情感来理解、解释和辩护道德的道德情感主义路径从根本上来说就是难以成立的。我们需要一种有别于西方传统理性概念的情感理性概念来为道德情感主义做根本的辩护。情感理性既可以界定为一种推理能力，即通过情感反应从某些事实前提推出规范性判断或价值判断的能力，也可以界定为规范性或应当性的来源之一。所谓“何为作为一种规范性概念的情感理性”，实质上问的是：情感能否成为行为理由，能否成为规范性的来源？自柏拉图以来，西方主流的哲学家一直认为情感是与理性相冲突的，情感既不可能说明认知理性或认知的应当性，也无法说明实践理性或行为的应当性。因此，情感本身并不能成为理由或理性的来源。情感理性的思想为近期认知神经科学的实验研究所证实。历史经验也表明，恻隐之心所产生的道德情感往往是我们判断道德是非更为可靠的标准。自然选择的理论也为情感理性的思想提供了进一步的支持。

【论国家的品德】

刘拥华 《河北学刊》2018 年第 5 期

在现代性的情境下，人们对国家的

界定建立在对“普遍的人”的想象和相应的伦理基础上，这是界定国家道德义务的重要方面，现代国家不能离开此种界定而得到确认。涂尔干认为，国家首先是一个道德纪律机构，其活动具有浓厚的道德性质。国家指向内部的活动，不是商业活动，也不是单纯的行政活动，而是道德活动，因为它为个人主义提供保障，为个人自由提供空间，为公平、平等的社会秩序提供依靠。可以说，政治结构和道德结构共同存在于一个社会中，没有政治结构支撑的道德结构是难以存在的，没有道德结构赋予意义的政治结构则不具有正当性。国家的品德在于成就“普遍的人”。这意味着，国家应以其反思性的思维和客观姿态，将社会世界中的“具体的”“特殊的”“人”提升为“普遍的人”，提升为具有“人之为人”的价值的“人”。与此同时，也需要一种对这种精神界定的制度化设计，即一种关于政治公民身份的现代成就。在此基础上，我们确立的便是一种国家与社会建构性的权力关系，一种国家与社会协调性能力的建构过程。

【青年网络集体行动的社会心理路径分析】

雷开春　《青年研究》2017 年第 4 期

网络集体行动拥有巨大社会影响力。它不但能催生出新的社会政策，导致政府官员下台，甚至还能影响司法判决。大多数学者认为，网络集体行动与现实集体行动并无本质差异，只是形式有所变化而已。不过学者一般还是偏爱研究现实集体行动，倾向于把网络集体行动看成前者的特殊现象。该研究检验并构建青年网络集体行动的社会心理路径。研究发现：集体情绪、工具理性、身份认同和道德信念对网络集体行动影响显著，其中道德信念和身份认同起间接影响作用，集体情绪和工具理性起直接影响作用；工具理性和集体情绪是身份认同的完全中介变量，身份认同和集体情绪是道德信念的完全中介变量；集体情绪和工具理性是相互独立的影响路径，无相互增强效应；工具理性是激发网民参与网络集体行动的最重要的社会心理机制。研究表明，道德信念是整合网络集体行动的关键因素，网络效能是推动网民参与网络集体行动的关键因素。

【道德教育的空间思维】

孙彩平　《教育研究》2018 年第 6 期

空间是哲学的基本问题之一。19 世纪 80 年代末，康德在《纯粹理性批判》中把空间界定为人把握经验世界的先天能力及可能前提，但并没有将这一先天能力引入实践领域。20 世纪 20 年代末，海德格尔在《存在与时间》中指出，“空间存在的阐释工作直到今天还始终处于窘境”，并开创性地论述了“在—世界—中”的人的时空存在论格局，阐释了此在本身的空间性特征。1974 年，列斐弗尔发表了《空间的生产》，拉开了社会空间研究的序幕。其后，空间作为一种思维方式与结构理论、权力理论、场域理论等相结合，在某种意义上成就了近年来社会学研究的空间范式。伦理是人的普遍性的延展，具有空间性蕴含；伦理的空间性首先意味着伦理空间的结构化整体图示；伦理的空间性昭示组建完备的各层次伦理实体即现实伦理空间的各类地标；伦理实践即伦理的空间化过程，空间伦理表象即个体内心的道德地图。以此为基础，针对当前中国伦理重建的困境与道德教育的现实状况，有效的德育目标要呈现结构化的整体伦理格局，将学校组建为示范性中介伦理实体，把道德地图作为学生道德成长表征的学校道德教育理论设想。

【公民的养成：在政治与教育之间】

王建华 《现代大学教育》2018 年第 3 期

公民既是一种身份，也是一种资格，既有享受法定权利的正当，也需要习得与作为合格公民相匹配的能力。公民的养成既需要政治的教化也需要学校的教育。政治的教化赋予公民身份以政治合法性，学校的教育则奠定公民身份的道德底蕴。从“关于公民的教育”到“为了公民的教育”，学校公民教育与政治教化既存在一致性，又隐藏着不可避免的冲突。在组织与制度设计上，学校的发明原本是为了知识的生产与传播而非意识形态的灌输；但在民族国家的框架下，学校教育又是政治教化不可分割的组成部分。一方面，公民教育指向人的政治社会化，天然具有政治和意识形态性；另一方面，学校空间过度的政治化又会压抑人的天性，不利于人性的培养。基于此，公民的养成需要保持政治与教育之间的平衡，学校的公民教育既要满足人的政治社会化的需要，又不能有违“通过教育让人成为人”的初心。

【德性论视域中的榜样教育】

高国希 《伦理学研究》2018 年第 4 期

德性理论中的“榜样”，作为道德教育的典范，体现了学习者的理想人格追求，作为一个整体，“征服”人心。人格的影响力是全面的、综合的、难以分离抽析的。榜样，带给人情感的激发，发乎情，给人以情感的吸引力、感染力，因而榜样体现了道德之美，是审美的体验，触动心灵深处。其实无论是古希腊时代的自由公民，那种优雅大度的精神，那种卓越、过得好的优雅生活，还是在现代的法治社会制度公正的大环境中，个体的好生活与群体的好社会，都需要美德的涵养。榜样，体现了道德“楷模”“范式”“模范”“标准”，是应有的“知”“情”“意”“行”。这是与规范伦理风格迥异的视角，构成了德性伦理学的主旨。榜样之能够成为榜样，必有其特有的要素或结构，在某些方面表现出突出的特色和优势，而成为人们竞相效仿的范例。雷锋精神在多方面是德性伦理的卓越体现。

【基层社会治理中的德治：功能定位、运行机制与发展路径】

施远涛，赵定东，何长缨 《浙江社会科学》2018 年第 8 期

社会治理的概念起源于 20 世纪末，

其内涵丰富并具有弹性。按照全球治理委员会的界定，社会治理是各种公共或私人机构和个人管理其共同事务的诸多方式的总和，社会治理是使相互冲突的或不同的利益得以调和并且采取联合行动的持续过程。国内有学者在总结他人对“治理”概念理解的基础上将治理界定为：政府、社会组织、私人部门等治理主体，通过协商、洽谈和谈判等互动、民主的方式共同治理公共事务的过程。中国基层社会治理实践与西方社会所强调的社会中心主义和公民个人本位有很大的差异。温州通过慈善文化润人心完成道德约束、通过榜样力量化德行实现道德施教、通过公益服务安邻里主导道德建构的德治模式是新时代完善基层社会治理中的重要实践和有效探索。它既是对中国传统社会行之有效的基层治理方式的继承，也是本土性资源和地域性规范的最佳结合，同时又有利于实现基层治理理念从“为民作主”向“由民作主”的转变。通过党建引领构建立体的新德治格局、通过规范伦理制度推动“德治”向“德制”的转变以及通过树立新型社区领袖权威实现法治、自治与德治有机融合是其未来进一步发展的方向。

【中国与转变中的世界秩序】

安乐哲　《探索与争鸣》2018 年第 2 期

中国“一带一路”倡议是为了推动世界经济以史无前例的规模发展，在落实这一倡议的过程中，中国要想坚持走好自己的发展道路，就必须深入、透彻地阐述“一带一路”倡议背后的文化历史和思想内涵。在这方面，儒家价值观与杜威民主“思想”的对话与共鸣，可以消除对“一带一路”倡议的一些误解。杜威以思想家、哲学家深邃的思考，认为虽然东西方对全球人类的关系有不同的认识，但是基于共享、共赢理念，谋求人类共同体并在这个基础上相互合作还是很有必要的，尤其是东方的儒家学说与西方的民主理念，更是人类契合的共同点。此外，对于整个西方文化来说，“家庭”从未被视作秩序的重要来源，而儒家思想的特点在于，将人类道德视为家庭感情的自然表达，儒家的家庭逻辑对于发展真正的国际主义有着重要的价值和意义。通过对“一带一路”倡议的文化历史语境进行阐述，中国学界将帮助人们对该倡议正当且高远的目的形成更加清晰的认识。这样一来，评价及认可“一带一路”成就的标准也会随之确立。从典籍中取义、全面认识文化中国的价值观，可以为实现中华民族的伟大复兴和世界各国人民的共同发展提供思想资源。

【神经伦理学的新思路】

邱仁宗，寇楠楠　《医学与哲学》2018 年第 2 期

邱仁宗等通过与瑞典神经伦理学领域的学者卡辛卡·埃弗斯对话，提出了“我们是否能够在表观遗传学上预先采取行动”这一有趣问题，即我们是否有可能在表观遗传学上预先采取行动，来影响儿童和成人的大脑神经元网络结构，从而改善个人的素质和社会的结构。

【国际医联体的概念和实践概述】

雷瑞鹏，邱仁宗　《医学与哲学》2018 年第 9 期

雷瑞鹏等介绍国际医联体的概念及其实践运用，即“整合医疗卫生系统”或“整合医疗组织”的理念与相关问题。指出这一关于诊断、治疗、康复和健康促进等服务的投入、配送、管理和组织结合在一起的概念，其原则应该是国家指导的、聚焦公平的、以人为中心的、依赖有效的信息和财务系统的、以证据为基础的、以结果为导向的、以伦理学为基础的且可持续的。

【数据共享是道德律令】

雷瑞鹏，邱仁宗　《自然辩证法研究》2018 年第 1 期

雷瑞鹏等对“Biobank”一词的译名提出独到的见解，界定人体生物样本数据库（Biobank）的性质、定义、特色、社会价值和概念模型，以及相应的效用、知情同意、保密、公平可及、透明、共济六个伦理原则。数据共享引发的关切、影响数据可及的可能障碍、保护隐私与数据之间的平衡等问题是需要不断探讨的。

【对人类增强的伦理反思】

甘绍平　《哲学研究》2018 年第 1 期

甘绍平对人类增强问题予以伦理反思，考察父母对后代的基因干预如何形成了对后者自主性权利的严重挑战，强调自由或自主性根源于一种不可支配的、不可再回溯的基点，这种基点就是人们在出生时被赋予的各种因素组合的随机性与偶然性。若后代的这种起点受到干扰与损害，其长大后的自主性、自由选择的能力也就从根本上受到了限制与制约。

【生命医学伦理学如何应对大数据健康革命】

田海平　《河北学刊》2018 年第 4 期

在大数据的时代，医疗领域期待通过数字化人体推进医学健康革命。田海平认为大数据对个人和集体之相互关系的重新定位是大数据时代生命医学伦理学最引人瞩目的方向，它最终凸显了以“人口健康”或“人群健康”为主题的生命伦理学的拓展方向，推动生命伦理学关注更广泛和深层的健康问题。

【精准的医学与不精准的后果】

李磊，王国豫　《中国医学伦理学》2018 年第 9 期

李磊和王国豫反思精准医学这一新的医学模式和医疗模式，个人的权利与责任、社会公正问题、监管与治理的挑战等问题都变得需要慎之又慎地考量。理论方法、策略与框架原则需要创新，以确保精准医学的发展有利于个体和公共卫生保健。

【从世俗人文主义到“正统”神学：恩格尔哈特生命伦理学的精神实质及其思想述评】

张舜清　《国外社会科学》2018 年第 5 期

从“世俗生命伦理学”到“基督教

生命伦理学”，张舜清反思了恩格尔哈特生命伦理思想的一以贯之，指出其实质是借助世俗生命伦理学为提出基督教生命伦理学创造条件。真正有价值的生命伦理学只能存在于特定的道德情感和思想文化传统之中。因此我们需要以开放的精神坚持自我的生活特点，坚持自我的生活方式以及正式自我的文化传统。

【**驳生命无意义论**——基于分析伦理学的考察】

谭杰 《伦理学研究》2018 年第 3 期

基于分析伦理学的考察，谭杰回顾以往基于对人生命有限与时空无限对比的感受，而产生的虚无论和无意义论。借助帕斯卡之赌的分析，指出相信生命价值和生命意义的存在是更好的选择。

【**海德格尔论身体、疾病与医学**——兼论其与中国传统医学的对话可能】

王珏 《中国现象学与哲学评论》2018 年第 1 期

王珏尝试以海德格尔从人的身体性存在、疾病的现象学意义、现代医学的本质等角度对现代医学模式批判为基础，寻找生存论医学与中国传统医学对话的可能性。提出医学应当铭记作为生命自然节律的健康不能被还原为与身体的工具性关系；克服现代医学技术主义对身体、生命与存在的狭隘理解，从医学根基处重整医学的既有发展与未来；把生命之医学更多地视为对生命显且微的“意象”而非生命纯显性的“征象”的把握。

【**世界是分裂的吗？**——关于病人自主权、医学专业承诺和医患关系的中美比较研究】

程国斌 《东南大学学报（哲学社会科学版)》2018 年第 4 期

程国斌等进行病人自主权、医学专业承诺和医患关系的中美比较研究，以对话的形式描述中美两国“病人自主权”的主要观念、历史发展和当前主要问题。指出将美国医学伦理学视为个人主义和采用“家庭主义”来界定中国医学伦理学的核心特征，都存在一定的误读和误解。从两国对医学伦理学思考和道德实践呈现的相似的内在发展规律出发，就有可能超越一种文化的语境找到合作的基础。

【**信任在生命伦理学中的价值及构建策略**】

娄瑞雪 《自然辩证法研究》2018 年第 12 期

娄瑞雪指出建立医患关系的前提和基础是信任，而值得信任包括医方值得信任以及医疗整体环境值得信任。因此需要医方在专业能力及人文关怀等方面努力，同时需要社会信任文化、信用机制、生命伦理委员会等方面的建设。

【**道德义务如何可能？**——历史语境下的康德“自律原则”】

［德］H. F. 克勒梅 《复旦学报（社会科学版）》2018 年第 3 期

该文目的在于更好地了解康德的“自律原则”以及“道德法则”两个概念，作者将其放入 18 世纪关于道德义务和约束性争论的背景下，主要与沃尔夫、后沃尔夫主义者埃伯哈德的相关观点进行对比，最后回到康德关于义务约束力的思想。沃尔夫创立了“一般实践哲学”，他认为，我们受到自然法的约束并不是因为上帝，而是因为它是理性的。我们越理性，同时也就越自由。沃尔夫的义务概念中最重要的一个方面在于并不在“自然法”之外将“人法”和“神圣法”作为义务的来源。一个理性的人既不需要认识神圣法，也不需要认识人法。理性之人做出善的行动并非因为立法者或上帝的意志，而是因为其本身就是善的。理性的人自身就是法则，只有非理性的人才需要附加的动机性依据。埃伯哈德作为沃尔夫主义者，对义务的认知并不能作为充分的动机性依据，道德情感和审美情感都能深深感觉理性。与沃尔夫不同的是，他相信理性只有同时能作为情感展现出来时，才能驱动我们做出行动。康德的义务概念与自律概念结合在一起，但这里的义务概念并不直接等同于实践必然性之概念，其留给了偶然人类意志去遵循纯粹实践理性的可能性。同时，康德将表达在道德义务种的强制性解释为一种通过理性概念而产生的敬重的情感。从沃尔夫的“自治”到康德的“自律”，道德义务的问题通过自我立法的理念得到很好的解决。

【法律权利的性质：它与道德权利必然相关吗?】

陈景辉 《浙江社会科学》2018 年第 10 期

法律权利作为一个在法律领域种极其普遍的现象，对法律的建立与实行都有着巨大的作用。人们总是将法律权利一词用于生活中，但法律权利仅指可以让人享受的权利吗？答案是否定的。陈景辉认为，权利人权利的行使需要特定或不特定的其他人作为义务人行使相应的义务，由此得出权利本身也蕴含着义务的存在这一命题。同时，他根据行为的实施是否针对同一主体将“侵害权利”与“违反义务”区分开来。侵害权利是指向某个具体主体的行为，故称其为“指向性义务”，而违反义务并不指向某一个具体的主体，所以将其称为“非指向性义务”。从非指向性义务的角度来看，违反义务受到的处罚多在公法领域规定；从指向性义务的角度来看，一个人拥有了权利即意味着在一定范围内有了自己的主权，他可以决定和控制相对义务方的行为，以更好地维护自身权利。然而，并非所有的权利皆对应指向性义务，有些权利生来就附着在人的身上，是所谓的“不可放弃的权利”。这样的权利是否还能像指向性义务般对其进行控制？从文章中所举事例来看，这一问题是复杂且深奥的，需要在法律权利之下引入道德权利的相关概念。因为在某些条件下，法律权利已经不能够直接和完全地转化为义务。在功利主义看来，整个社会多数人的利益已经能够满足社会的管理需要，但道德权利更加强调分立个人的选择。道德权利的有无决定着一个人是否能够主宰自己的生活。综上，法律权利与道德权利息息相关，法律权利之中必然蕴含着道德权利，只有两者相辅相成，人们才能在更高的程度上追寻自由，成为自己生活的主人。

【法律与伦理之间：传统中国复仇行为的正当性及限度】

蒋楠楠 《法学评论》2018 年第 4 期

近来，于欢刺死辱母者一案引起了社会的轩然大波，尽管该案已终结，但不得不让人深思，在伦理与法律中究竟应该如何选择。蒋楠楠将于欢刺死辱母者的行为类比为中国古代所说的“复仇”，由此对中国古代的相关立法以及案例进行解析，找到法律与伦理应该相互平衡的答案。首先，传统中的复仇行为有其合理的正当性。从儒家思想来看，无论是天理、人情还是礼义之道，都肯定了合理性。同时，古代传统律典也通过从简到繁的规定肯定了其合法性。然而，复仇行为虽被认为是孝义之体现在一定程度上得到认可，但该行为也需要有限度地实行，否则照样会引来杀身之祸。从不同朝代法律的规定可以看出，随着时间的推移，对复仇行为的限制包括对复仇者、救护对象、复仇对象的主体限制，对侵害行为和复仇行为的时空限制，对复仇行为造成的后果限制等，反映了自由须在一定边界内行使的法理学原理，也体现出我国立法的不断完善。在司法实践中，针对此类案件展现出“重罪轻刑”的特点。尽管法律规定的某些复仇行为所定之罪较为严重，但古代法官在断案中往往对复仇者的情况表示同情，对其行为表示谅解，从而判定其所受刑罚低于律法的规定。由此可见，古代伦理的思想深深根植在人们心中，作为儿女无法眼睁睁看着自己的亲人被人凌辱而袖手旁观，法官在遇到此类案件时也会动其恻隐之心。于欢刺死辱母者这一案件之所以引起一片哗然，就是因为人们在法律与伦理中间无法抉择。这是自古伦理道德洗涤和陶冶人们心灵和情操的结果。因此，法律与伦理应当相互作用、相互平衡，这样才能更好地实现良法善治之目的。

【赋权与说和：当代中国法律对个体—家庭关系变迁的回应】

张剑源 《思想战线》2018 年第 2 期

当代立法和法律实践领域呈现出“赋权”与“说和”两种景象。前者是指国家通过立法等方法赋予家庭成员的权利；后者指的是法官在法律的具体适用过程中会充分将个人与家庭的关系考虑在内，并以“和睦”为主要目标进行裁决。伦理从中国古代延续至今，家庭的差序特点根植于中国人民的心中。但随着时代的发展，社会中越来越强调个体的平等。由此，个人与家庭存在着一定程度的矛盾与冲突。张剑源通过分析当代中国的立法和法律实践案例分析我国法律对于个体和家庭之间关系的处理方式，以发现当前法律对于个体权利和家庭规定的特点。一方面，我国当前部分法律条文体现出国家引导家庭成员对家庭进行维护的特点；另一方面，一些司法解释条文也在强调对个体权利的保护。在司法实践中同样如此。在这里，有一个问题需要注意，从司法实践来看，个体与家庭的关系并不是非此即彼的，而是相互贯通的。即使在立法中不得不在两者中选择一个着重保护，但在具体的案件中，当时当地的具体情况才是法官裁判的重要依据。在外来观念的影响下，人的个体权利在放大，但受传统文化的熏陶，在我国，权利不太容易仅作为个人的权利，因为个人总与其家庭有着千丝万缕的联系。正如文中所说，“权利”应当被看作一种由社会公德和家庭伦理所滋养的个体所享有的权利，而不应当是一种完全抽象意义上的权利。我国的法律也正在朝着对个人与家庭之间不断融合的方向发展。

【婚姻家庭法中的利他主义】

赵玉 《社会科学战线》2018 年第 10 期

受社会观念的转变以及社会不断发展的自由化特点的影响，婚姻存续时间短、家庭个体化严重等问题接踵而至。婚姻家庭法作为承载婚姻和家庭和谐的法律，在其回归民法典之际，我们需要考虑应当以何种理念为引导，才能改善该现实问题。由此引出了“利他主义”的观念，指出相对于利己主义来说，只有利他主义才能够维护家庭中彼此合作、互惠互利的关系。首先，从夫妻关系来看，我国法律对配偶权的规定较为零碎、财富分配偏离实质公正。由此体现出利己主义与利他主义之间的矛盾。若财富分配强调个体化，对于在体力与精力相对较弱、更以照顾家庭内部为主的女性来说，无疑是不公正的。所以，建立夫妻经济的共同体将更有利于双方之间建立相互扶持的思想观念。其次，从亲子关系来看，随着经济的发展和社会程度的不断开放，年轻人与老人之间的地域、心理距离都越来越远；夫妻与非婚生子女建立亲子关系等的情况也越来越多。这些问题应该如何解决？在利他主义的理念下，针对前者，老年人作为弱势群体，除非无法履行，否则皆需赡养；对于后者，父母则因排除相关不平等观念，给予孩子最大的关怀和保护。再有，利他主义在亲属制度中也有体现。“亲缘利他”的动机帮助亲属之间关系更加紧密团结。综上，婚姻家庭法蕴含着人与人之间的伦理道德观念，关乎社会价值的问题，只有将体现关爱他人、互利共济的利他主义理念融入法律中，才能够维持稳定的婚姻家庭关系，才能使社会更好地发展。

【资本论生态伦理思想价值的时代解读】

王维平、王海龙 《兰州大学学报（社会科学版）》2018 年第 6 期

《资本论》蕴含着深刻的生态伦理思想。生态伦理的哲学起点是人与自然的关系，人与自然关系的本质是物质交换，人与自然之间物质交换的中介是劳动；生态伦理的失范根源在于资本逻辑的反生态性，在资本逻辑支配下人与自然之间的关系呈现出尖锐矛盾，物质交换建立在对物的依赖基础之上，劳动力降低为人索取自然物质的生产要素；生

态伦理的规范路径在于社会形态的进步，在扬弃了资本主义制度弊端的条件下，人的发展与自然的发展具有一致性，物质交换实现循环利用，劳动主体联合协作实现有机的节约生产。绿色发展理念是马克思主义生态伦理观的必然体现和现实观照，是以构建人与自然和谐共同体为旨归的时代理念，是以科技引领物质交换为表征的现实理念，是以提高劳动生产率为特点的经济理念。

【农村生态伦理教育的现实藩篱与路径解析——来自“民胞物与”思想的启示】

张丽　《西北农林科技大学学报（社会科学版）》2018 年第 4 期

宋代张载从“天人关系、人物关系、人世关系”三个维度阐述“民胞物与”思想，其核心思想就是爱人爱物，这种生态伦理思想是宝贵思想资源。随着人们在自在世界和人化世界的中心主体地位不断巩固，形成以满足人们需要和利益为核心的伦理价值观，“越富越光荣”的财富伦理和农民的利己主义导致农民在追求财富与发展的过程中注重经济利益而忽视生态伦理。农村生态伦理教育方面欠缺制度保障，尚未形成乡镇政府、村级组织和村民主体协同配合，这些因素共同制约“民胞物与”融入农村生态伦理教育。农村生态伦理教育需要因地制宜逐步推进，要在主体上注重协同性，在内容上注重通俗性，在方法上注重实践性。“民胞物与”的思想精华需要与时代诉求相对接，融入乡村振兴的发展战略中，融入农村生态伦理教育宣传中，才能实现传统文化的创造性发展。

【建构中国本土化环境伦理理论的生态情感进路】

高山　《道德与文明》2018 年第 2 期

荒野在西方是与内在价值和国家公园这两个概念密切相关的。国家公园体系中所强调的荒野保护是以荒野具有内在价值这一环境伦理价值观为基础的。这一伦理基础受三大哲学流派的影响：以爱默生为代表的超验主义、斯宾诺莎的自然观和康德的义务论伦理思维模式。中国哲学对情感的强调使之形成了一种注重关系的思维模式，而荒野因为在这一思维模式的框架之外并不具有道德地位。中国建立环境伦理理论不能从荒野具有内在价值这一西方的环境伦理价值观出发，而应以生态情感这一核心概念为基础。

【论现代科技伦理的应然逻辑】

陈爱华　《东南大学学报（哲学社会科学版）》2018 年第 3 期

现代科技伦理的应然逻辑生成及其运作轨迹包括三个相互联系的环节：一是作为“特殊意志的善”，蕴含了现代科技伦理主体的生命德性意识觉醒。科技活动主体之所以生成现代科技伦理主体，是通过反思现代科技发展产生的类似于“多米诺骨牌”般连锁反应的一系列伦理悖论与伦理负效应，其敬畏自然、敬畏生命的意识和造福人类的生命伦理责任油然而生，并转化为其“特殊意志的善”。二是作为“特殊规定的善”，体现了现代科技伦理主体的意志自律。为了防止现代科技伦理主体的集体行动产生伦理悖论效应，能以珍爱生命规约其科技研发与应用的顶层设计，以“按照美的规律来建造”引领其科技研发的产品设计与应用，在现代科技发展的进程中，要将科技成果及其应用的量增到生态伦理的质的提升。三是作为“善本身的规定”，构建引导和约束现代科技共同体集体行动和科技活动个体的认知和行为的道德自律与他律的现代科技制度伦理机制，以调控现代科技伦理主体集体行动，超越现代科技伦理悖论，自觉地在现代科技的发展进程中，实现“能做”与“应做”、道德责任与道德责任能力、理性选择与价值选择、自律与他律多元性的辩证统一。

【伦理何以需要生态乌托邦】

张彭松 《深圳大学学报（人文社会科学版）》2018 年第 4 期

从工业文明向生态文明的历史演进，不只是政治与经济的具体形态转变，也需要伦理观念的变革作为思想启蒙和文化先导。生态伦理思想的产生和发展就是承担着这一文明形态转型的历史使命而发挥着思想启蒙和文化先导的作用。目前的生态伦理研究往往陷入自然中心主义与人类中心主义的两难处境，一个重要的原因在于没有直面现代的道德价值观，尚未真正触及“现代性”道德的核心问题。恰恰是“现代性”道德的意识形态逻辑使原本具有整体有机论意味的生态伦理思想分裂为自然中心主义与人类中心主义的截然对立，失去了保护自然的道德合理性根据与道德实践的现实诉求。走在文明的转折点上，生态伦理研究需要引入乌托邦视角。在生态乌托邦思想的指引下，走出“现代性”道德的意识形态窠臼，走向超越与整合的生态伦理，在某种意义上发挥着生态文明的启蒙价值、思想动力和实践的力量。

【《淮南子》环境伦理思想解析】

王宇祯 《南京林业大学学报（人文社会科学版）》2018 年第 4 期

《淮南子》以老子“道”生万物思想为基础，以阴阳二气化生万物理论为依据，提出了“阴阳和合而万物生”的观点，将“阴阳相济”拓展到万物之“和”的层次，将天地之“道”展开，明细万物之“德”，以此说明“修道理之数，因天地之自然”。《淮南子》继承了庄子“人亦物也，物无贵贱”的观念，进一步提出了“物之与物也，又何以相物也”的生态伦理观点，打破了主客体之间的界限。他提出的“物我同存，物我共生”的观点，强调了万物存在的不可替代性和重要性，使人与万物真正达到了精神层面的平等，力图实现人与万物的和谐共处。《淮南子》以“道法自然”为核心，将“人为”纳入“无为”，指出了“无为者，道之体也”与“执后者，道之容也”的理念，以“无为者，道之宗”的超然态度，承认了人的主观能动性和创造性。只有“遵天之道”“循天之理”，真正做到无为而治，不因己之私欲对自然横加干预，才能实现人与自然和谐共处的美好未来。因此，《淮南子》还提出了生态保护措施，倡导人们合理开发和利用自然资源，做到物尽其用，达到人与万物自然和谐的目标。《淮南子》的环保思想向我们揭示了人与自然和谐发展的可行性和必要性，为当代人类社会发展和生态文明建设提供了借鉴与启示。

【《西铭》现代诠释的三个面向】

许宁 《儒学评论》2018 年第 12 辑

该文以冯友兰、张岱年、蒙培元为例，初步探讨了《西铭》现代诠释中所包含的三个面向：其一，冯友兰所展开的精神境界面向指涉个体生命对宇宙人生的觉解和意义，并从其境界说诠释了《西铭》的天地境界内涵；其二，张岱年所展开的人道主义面向突出了社会生活中的人际关系，分析了古代人道主义的博爱、平等、生死等观念，提倡建构唯物、理想、解析综合于一的新哲学体系；其三，蒙培元所展开的生态伦理面向则彰显了人与自然的关系，认为中国哲学基于价值理性在人与自然之间搭建起伦理关系，因而是一种深层生态学。作为哲学家的个性化研究可能带有一定的偶然性，但从哲学史的发展进程看，《西铭》文本的时代诠释却带有逻辑上的必然性，对于张载哲学思想的深度解读无疑具有重要的启示意义。

【佛教中的动物生态伦理思想】

金婷，刘中亮 《南京林业大学学报（人文社会科学版）》2018 年第 2 期

佛教中蕴含着丰富而系统的动物生态伦理思想，且其动物生态伦理以“缘起论”为理论基石。该文在“依正不二”的整体论自然观的理论框架下，重点梳理了佛教中动物感知观、动物生命平等观和动物保护观三个方面有关动物的生态伦理思想。作为佛教理论的根本，缘起论认为宇宙万法皆由因缘所生灭，即世界上一切事物、现象都是互相存在的关系和条件，是一种整体主义的宇宙观。从缘起论中总结出的“依正不二”的思想，阐释了人和自然的关系，即生命主体和生存环境是一种相互依存、相互决定的关系；这一关系要求人类对自然有道德责任和道德义务。动物作为自然界的一分子，是道德关怀的对象。在缘起论的俗谛层面，佛教通过阐释动物具有感知苦乐的能力，从而承认动物是道德存在物；但因动物愚痴，即智能不高，不能受道德教化，故又不承认动物是道德主体。在真谛层面，佛教伦理的生命观是“众生皆具佛性”，即佛性是所有生命存在的“内在规定性”，因而论证了动物具有作为目的本身的内在价值。佛教伦理中的动物感知观和生命平等观为动物保护提供了理论依据。在实践层面，佛教的动物保护观提倡以“大慈大悲”的精神实行戒杀、素食、放生等护生善行，对促进当代动物保护实践有重要意义。

【美丽城乡建设中的视觉污染问题及其对策】

唐晓岚，贾艳艳，包文渊 《南京林业大学学报（人文社会科学版）》2018 年第 2 期

美丽城乡建设是推动新时代生态文明建设、实现美丽中国的重要实践，而视觉环境能最直接地反映城乡建设的

“美丽”程度。“视觉污染”是在城乡发展建设中产生的一种新型污染问题，是指不和谐景观对人们造成的不良视觉影响，不仅直接影响人们对城乡形象的视觉感受，而且潜移默化地影响人们的身心健康。因此，必须把美丽视觉环境建设提到重要日程上来，建设和谐的城乡视觉环境。近年来，过度商业化与城市化开发建设、文化克隆与歪曲城乡特色、管理部门抢夺利益与规避责任、背离社会生态伦理公德底线和缺乏科学的行业技术标准支撑等都是城乡建设中视觉污染的主要成因。美丽城乡的视觉环境建设需要坚持科学求真和形式求美并行、人文求善和寓教于景协同、整体环境和局部环境互动、近期建设与长期建设融合、自然景观和人工景观和谐的五大原则。从大力宣传美丽城乡的景观环境建设目标、加强政府和群众的视觉景观环境保护意识、规范专业层面的评价体系和设计标准、加强制度层面城乡视觉环境管理体系建设、加强对视觉污染行为的处罚措施等方面进行总体治理。建立有益于人类视觉欣赏的视觉环境，是美丽城乡建设和美丽中国建设的目标之一，也是实现人类生存环境可持续发展的目的之一。

【论德里罗反科学的后现代社会生态伦理观】

陈慧莲 《天津外国语大学学报》2018 年第 1 期

德里罗后现代社会生态观的核心是反科学，即反对滥用科技，反对以科技的名义掠夺和破坏自然、控制社会政治经济乃至操纵个人的精神生活。他认为，科技被社会运行机制操纵，直接或间接地对个人、社会和自然构成暴力和伤害，是人类生态危机的真正根源。德里罗谴责以高科技的手段无限制攫取自然资源，认为自然生态危机实际上是人对自然实施的暴力。他主张将人类的生活置于自然的极限之内。德里罗认为以高科技构建的文化环境构成了对个人的精神暴力，呼吁提供个人发展的自由空间。德里罗认为，科学技术被操控和滥用，成为攫取权力和利益的手段，导致了以核战争为最高点的生态危机，因而他呼吁合理使用技术，反对战争和暴力，主张各个国家和文化多元共存。

【一种复合生态伦理何以可能——基于基因编辑婴儿的伦理审问】

曹顺仙，周以杰 《南京林业大学学报（人文社会科学版）》2018 年第 4 期

近年来，人类基因编辑的进展一次又一次地叩响基因编辑人类的大门，引发了一波又一波关于基因编辑的伦理论争。这种伦理论争实质是对高新科技时代人之所以为人的伦理审问，它既包含着对人与自我、人与人、人与社会、人与自然之间关系互作的全面反思，也包含着基于新的科研进展对世界观、人生观、价值观重构的探索，包含着代内、代际和种际道德正义的整体思考，包含着对未来人的生产和再生产乃至自然和经济社会再生产方式颠覆性转型的深层价值追问。针对人类基因编辑研究和应用对象的复合性以及人类基因编辑伦理问题的交叉性、耦合性和差异性，作者认为要克服当下在人类基因编辑问题上显

现的共识失灵、伦理失范、法律失守问题，尝试提出以复合生态系统思维回应伦理学分支学科因“小S”化而难以有效应对复合性伦理问题的挑战，以一种复合生态伦理整合相关伦理学分支学科的理论优势，确保伦理学在面对复杂性、复合性、不确定性伦理问题时能拧成一股绳，充分发挥同向同行的软约束力量。

【传统生态智慧在当代生态文学中的赓续】

欧阳澜，汪树东　《华中科技大学学报（社会科学版）》2018年第5期

要关注当代文学的传统回归，最关键的还是要考量传统文化中的生命智慧是如何进入当代文学中的。以天人合一为根基的传统生态智慧恰恰是华夏文化最为核心的精神传统之一，这种生态智慧在当代生态文学中得到坚定而显豁的大面积赓续。天人合一、顺应自然和民胞物与成为引导当代生态文学的基本原则。这种生态智慧使得当代中国生态文学呈现出典型的中国特色。

【从牟宗三“道德的形上学”看儒家生态伦理智慧】

黄泰轲　《华中科技大学学报（社会科学版）》2018年第6期

“道德的形上学”这个概念意谓以道德为进路，以道德的眼光来考量宇宙万物。我们从存在与生化两个角度揭示儒家生态伦理智慧：万物一体、生生不息，将道德推及万物，对万物持一保护、关爱之心，助其生存、生长，成己成物。儒家以道德眼光考量自然与西方理智式考量自然和道家审美式考量自然是不一样的。通过比较，我们能更为清晰地看到儒家生态伦理智慧的价值与局限，从而启示我们更好地推进生态文明建设。

【给人工智能一颗“良芯（良心）”——人工智能伦理研究的四个维度】

李伦，孙保学　《教学与研究》2018年第8期

人工智能的发展应当以人类价值为基础，以人类福祉为目标，这就要求必须给人工智能一颗“良芯（良心）”。这意味着人工智能伦理研究应围绕“机芯”和“人心”两个维度来展开。“机芯”研究主要是指人工智能道德算法研究，旨在使人工智能拥有“良芯”，使之成为道德的人工智能或道德的机器。“人心”是指人工智能研发者和应用者应当具有“良心”，使人工智能的设计合乎道德，避免恶意设计，并确保人工智能的善用，使之造福人类社会，即“人心”研究涵盖人工智能设计伦理和社会伦理研究。“机芯”和“人心”研究存在诸多基础性问题，需要在道德哲学层面作出回应。因此，人工智能伦理研究包括人工智能道德哲学、人工智能道德算法、人工智能设计伦理和人工智能社会伦理四个维度。

【伦理视域下公共管理信息技术应用的边界】

倪东辉，程淑琴　《海南大学学报（人文社会科学版）》2018年第6期

为了实现高效精准的公共管理，公

共部门在管理信息技术的选择上必然实行由简单技术向复杂技术系统的迁移，这使得信息技术依赖成为现代公共管理的常态。建立在增强信息技术基础上的公共管理效能和精细化需求在追求公共利益的目的性时，可能与现代技术伦理形成冲突，公共管理信息技术应用产生的技术伦理困境也必然产生对公共管理应用信息技术边界的思考。对于由此产生的矛盾，迫切需要梳理公共管理领域的信息技术伦理意识和社会各主体的技术伦理责任，对各种类型的信息技术应用进行技术伦理评价，使公共管理领域的信息技术边界控制在社会公允的伦理范畴之内，实现公共管理有效性与技术伦理性的平衡。

【勒索病毒事件的科技伦理隐忧与消解】

潘军，罗用能　《长沙理工大学学报（社会科学版）》2018 年第 3 期

2017 年两次勒索病毒事件袭击全球，引发了社会各界对科技研发与应用的理性化思考：一方面，试图从病毒本身技术出发来研讨对新技术进行制约；另一方面，从根源上和广度上思考如何降低这一类似科技的社会风险。为此梳理这两次病毒事件破坏力及其呈现的科技伦理问题，剖析其四种主要的应对措施及效度缺陷，并以“区块链”充实技术本身治理的多样性与可能性。同时倡导人们秉持“科技伦理 + N 科技措施”的应对策略，在原有科技处理技术及措施上，一是要消解科技与人文分离的思想；二是科技伦理教育要终身制；三是落实科技发展要“好一点”，科技伦理建设要“快一点”。

【伦理学视域下网络暴力现象研究】

刘永金　《改革与开放》2018 年第 5 期

当今时代是以科学技术为主导的信息化时代，网络已然成为人们生活中不可或缺的一部分。在这种大背景下，“网络暴力”始终是学术界争相研究的社会现象。该文试从网络伦理学角度浅析网络暴力现象，首先论述网络伦理学的一般理论界定，后以此为出发点对网络暴力现象的产生原因进行探析，在此基础上尝试从政府、社会以及网民层面，提出网络暴力现象的应对策略。

【道家文化视角下现代生命科技伦理观的构建路径——以老庄思想为切入点**】**

席书旗，张玉梅　《山东大学学报（哲学社会科学版）》2018 年第 6 期

西方文化“主客二分”的思维方式、“外向征服”的实践方式、“个人主义”的核心价值观导致了现代生命科技发展的伦理困境。而我国道家文化“天人合一，道法自然，道生德养”的哲学思想为纠正西方生命科技伦理的困境提供了强有力的思维方式、核心价值理念和实践方式；“轻物重生，见素抱朴，少私寡欲”的价值追求有利于克服物质主义与消费主义的过度泛滥；“慈、俭、不敢为天下先”的处事态度有利于达成人与自然的和谐，维护人与自然的伦理安全；“反者道之动，弱者道之用”的辩证思想

揭示了生命科技发展的正确方向和手段。从道家文化视角出发，建构现代生命科技伦理观应该确立“以道驭技，道技合一”的生命科技伦理精神、“道法自然，审慎先行”的生命科技伦理实践原则、“贵生顺死，视死若归”超然的科技伦理生死观。

【下篇：人工智能、人类的朋友还是敌人】

周程，和鸿鹏 《人民论坛》2018年第2期

人工智能所引发的一般性伦理与社会问题包括失业问题、隐私问题、算法偏见、安全问题、机器权利和道德代码等。为了应对人工智能带来的伦理与社会挑战，世界各国和相关国际组织都开始致力于推动人工智能伦理与社会问题的研究，积极建立规范与指南，推动社会各界就人工智能的伦理与社会监管达成共识。

【软件开发工程中的伦理问题及对策探究】

周川，王旭东 《科技创新与应用》2018年第28期

文章首先阐述了工程伦理的概念和内涵，分析了软件开发工程的伦理原则；其次对现阶段软件开发工程中所表现的一些伦理问题进行了概述和分析；最后探究了解决软件开发过程中伦理问题的有效策略，从而进一步完善软件开发的职业道德规范，实现软件开发工程的健康发展。

【致毁知识与科技伦理失灵：科技危机及其引发的智业革命】

刘益东 《山东科技大学学报（社会科学版）》2018年第6期

以致毁知识不可逆增长为核心的科技危机是人类面临的最大的危机与挑战。化解科技危机，当前既有认识误区根深蒂固、科技发展模式的内外缺陷等难点，又有科技伦理失灵、“囚车剑魔”（PTSR）四大困境、科技冷战与军备竞赛等制约因素。在知识极易扩散的互联网时代，科技伦理因不能约束所有研发活动而失灵，目前兴起的基因技术伦理、人工智能伦理等尖端科技伦理难以奏效。化解和应对科技危机与科技巨风险，必须大力推进以社会科学与交叉科学崛起为特征的新科学革命、以受控技术崛起为特征的新技术革命、以智库与文创产业崛起为特征的新产业革命及人类社会发展模式大转型。只有这样，才能彻底摆脱修昔底德陷阱，共建人类命运共同体，引领世界的和平发展和永续繁荣。

【工程伦理中“道德敏感性”的评价与测度】

张恒力，许沐轩，王昊 《大连理工大学学报（社会科学版）》2018年第1期

道德敏感性作为关于伦理知识、道德意识、伦理论证能力、职业责任的综合体，已成为工程伦理教育中提升工程伦理教学效果和工程类学生职业责任感的重要内容。基于定性方法，结合问卷法、访谈法和数据统计等定量方法对工

程类学生道德敏感性进行实证测度，结果表明，工程伦理教学内容与方法相互配合共同提升了工程伦理教学效果，同时道德敏感性也得到了显著提升。最后，对工程伦理教育教学进行了反思并提出了改进建议。

【“一带一路”视野下中国工程伦理教育的价值更新与内容拓展】

何菁，刘英，范凯旋 《昆明理工大学学报（社会科学版）》2018 年第 2 期

美国大学工程伦理学课程的经典教材《工程伦理概念和案例》提出了国际工程职业实践的“超文化规范”，但是它们只能为“一带一路”倡议背景下的中国工程跨文化实践提供部分的分析范型和原则性的伦理指南，在理论和实践上都有相当大的局限性。这就要求中国工程伦理教育必须着眼于全球化的价值反思和当前复杂的国际环境，基于“一带一路”倡议所处的特殊历史时期和文明情境，在中西文化互镜中坚守“人类共同价值”理念，传承中国传统文化之义利相兼、和而不同、务实有为、诚朴尽责的价值观并赋予其在跨文化工程实践中的现代性意涵；进一步充实、拓展、丰富“超文化规范”的内容，具体包括：尊重、理解当地的政治发展及民俗文化；遵守中国法律法规、东道国法律法规以及国际规范和惯例；注重当地的生态保护，推进工程与当地社会、自然环境的可持续发展；主动承担起相应的社会责任；遵守国际上通行的既有工程技术标准；分享技术和工程产品，分享“中国制造”带来的利益。

【机器人伦理研究论纲】

杜严勇 《科学技术哲学研究》2018 年第 4 期

随着机器人技术的快速发展与机器人产业的突飞猛进，机器人在越来越多的领域得到广泛应用，由此引发了机器人伦理研究的勃兴。虽然机器人伦理研究可以归为应用伦理学，但称其为机器人技术的“部门伦理学”可能更为恰当。从研究对象、研究主体以及研究内容来看，机器人伦理研究都具有一定的特殊性。在机器人伦理研究中，需要坚持安全性、主体性与建设性等基本原则。机器人伦理研究内容十分丰富，需要自然科学与人文社会科学领域的学者共同努力，方能取得成功。

【人工智能导致的伦理冲突与伦理规制】

孙伟平 《教学与研究》2018 年第 8 期

人工智能是一种远未成熟的革命性、颠覆性技术，可能导致的伦理道德后果尚难准确预料。人工智能的应用范围极其广阔，人形智能机器人正在解构传统的人伦关系，数据搜集和分析、智能机器取代人工作正在引发各种伦理冲突，智能驾驶、虚拟现实正在带来各种伦理难题。我们必须立足时代和社会的重大变迁，对人工智能进行理智的价值评估，对人工智能的研发和应用进行有效的伦理规制。

【人工智能与政治伦理】

张爱军，秦小琪 《自然辩证法研究》2018 年第 4 期

人类与人工智能的政治伦理具有三种选择：乐观的单向度政治伦理、悲观的单向度政治伦理、平等双向度的政治伦理。前两者都没有把人工智能当成人而是当成工具来看待，缺少战略视野。平等双向度的政治伦理把人工智能当成平等的"人"来看待。人工智能具有初步的人类情感、认知、思维、性格和理性，具有成为政治人的可能性与现实性。人类应主动应对人工智能的政治挑战，与人工智能共同参与政治，共建新型政治关系和政治伦理。

【确立人工智能技术的伦理规范】

颜青山 《社会科学报》2018 年 3 月 8 日第 5 版

像所有其他高技术进展引起的担忧和恐慌一样，正在狂飙猛进的人工智能技术研究及其应用也在最近几年来引起了相当程度的恐慌，已经有不少专业人士指出，与实际的进展相比，这些恐慌更可能是不恰当的新闻传播导致的一种心理效应。技术伦理的悲观人士像以往任何高技术有所进展时所表现的一样，提出了他们强烈的建议：应当禁止那些总体上超越人类能力的人工智能研究。

【毛泽东科技伦理思想探析】

邱若宏，郑佳群 《党政干部学刊》2018 年第 5 期

毛泽东在领导我国科技事业发展过程中，深刻阐述了科技工作的目的与价值、科技活动的规范要求以及核技术的伦理意蕴，形成了内涵丰富的科技伦理思想。这一思想体系是对马克思主义科技伦理观的继承与发展，是对现代科技事业发展规律的深刻理解与高度概括，对我国科技事业长期健康发展具有重要的指导意义。

【习近平科技创新思想的伦理意蕴】

王茂诗 《中国高校科技》2018 年第 4 期

习近平科技创新思想作为习近平新时代中国特色社会主义思想的重要组成部分，思想内涵丰富，涵盖了人才、保障、动力等多个维度，具有鲜明的时代性、系统性和前瞻性特征。特别是其包含的伦理学思想，与马克思主义科技伦理思想一脉相承，它提出科技工作者要坚守伦理道德底线，科技工程要关注民生、造福人类，加强对科技人才的关怀爱护等。习近平科技创新思想展现的伦理意蕴具有重要的当代价值，已成为引领我国科技事业健康发展的行动指南。

【美德伦理与现代传媒伦理的建构】

张永刚 《广东社会科学》2018 年第 1 期

现代传媒的发展为人们带来便利的同时，也使人们深受伦理冲突的影响与干扰。学界之前多从单纯规范的角度对传媒伦理进行研究，近年来开始摆脱传统外在的规范模式，从内在美德和善的角度对传媒伦理进行了厘定与梳理。在这一过程中，美德伦理无疑为传媒伦理提供了理论依据。美德伦理的亚里士多

德主义立场，以及“内在善”、实践等范畴为传媒伦理的建构提供了思路上的依据，而美德伦理发展中呈现的规范因素也为传媒伦理提供了实践层面的可操作性。在传媒伦理的构建路径上，英国媒介学者尼克库德瑞提供了直接的建构路径：首先，他以“善”为出发点，以“美好生活”为追求目标，认为传媒伦理应该根植于美德伦理之上。其次，“实践智慧”作为传媒实践伦理的重要标准，使得传媒人在面对具体环境时能够做出正确合理的选择和行为。最后，确立现代传媒伦理的具体“德目”，例如准确、诚信与谨慎。而对于媒介的运作、人与媒介的相处等问题，则需要放置在具体的实践之中分析。

【“信息方式—伦理方式”诠释框架的道德哲学解读】

蒋艳艳 《道德与文明》2018 年第 6 期

当谈及媒介与伦理关系时，人们常常局限于将伦理作为媒介实践的价值指导。然而，媒介与伦理的关系还有另一面，即媒介作用于伦理。“信息方式”是一种创新性的传播学方法论，是一种解读媒介的新方法；“伦理方式”是一种对待伦理的实践态度，是一种演绎伦理建构、伦理达成的行动逻辑。“信息方式—伦理方式”的诠释框架能够从道德哲学的高度复原媒介影响伦理建构的道德哲学图景，从而突破媒介能够作用于伦理的传播学问题。具体而言，信息方式通过具体的语言构型和交往行动，影响伦理方式的意义结构与时空因素，进而影响伦理方式“个体”与“伦理实体”两大概念元素的存在性状，最终在信息方式的文明生态中生成具有特殊立场、价值特征以及存在形态的伦理方式。伦理方式的变革将进一步深刻影响精神世界、生活世界的状态以及两者之间的关系，造就整个文明世界发展的基本走向，这是伦理方式对文明的影响，更是伦理方式对其自身的文明诠释。“信息方式—伦理方式”框架的建构能够揭示媒介技术发展的伦理规律，为媒介技术与伦理构建的合理互动提供哲学基础和价值指引，促进人们在媒介化社会中更好地实现生活的整体意义和生命的总体价值，推动生活世界与精神世界共同发展与进步。

【网络美好生活的伦理维度】

唐魁玉 《西北师大学报（社会科学版）》2018 年第 6 期

“网络美好生活”是指在信息化、网络化和数据化时代，人们都自主地接受丰富而又适当的网络生活资源和服务，并且能够产生一定的网络生活满足感、幸福感和审美道德体验的网络化生存状态。当代网络美好生活的伦理意蕴体现在网络公平正义、网络行为伦理规范、网络事件伦理导向以及网民道德素养的教化上。在后真相时代，从伦理维度来审视网络生活世界有助于认识和把握网络美好生活的逻辑和实践理性本质。根据网络社会的发展规律，网络美好生活价值建构的伦理维度可以归纳为三个，即以网络角色伦理、网络关系伦理和网络行动伦理为建构策略，并以主体自由、关系和谐、行为适度为相应的伦理规范。由此可知，网络美好生活的建设是一个渐进的法治化、道德化的国家治理和网络社会的演进过程。在美丽中国视野下，网络美好生活目标的实现有赖于网络社会质量的提升和虚拟现实双重美好生活世界的创造。

【大数据时代个人的数字身份及其伦理问题】

董军，程昊　《自然辩证法研究》2018 年第 12 期

个人的数字身份是个体参与网络活动行程的、可以表征自己身份的数字信息。个人数字身份具有多元性、可伪性、超域性、流动性和可变性等特征，它不仅是互联网交往中互相保证身份的数字签名技术，还是个人网上活动所产生信息的集合。大数据时代，由于数字身份主体对身份数据化风险感知不足、对自身的网络言行缺乏约束，以及大数据技术发展的负面效应等社会环境因素，大数据技术构建的个人数字身份在为当前社会经济发展提供极大便利的同时，也存在着数字身份被盗用、数字身份易追溯和数字身份认同等伦理问题。这既危害了公民个人的信息安全，也不利于网络社会的发展，造成现代技术与人的自由全面发展的悖逆。要解决这些问题，首先，需要创新技术、克服大数据技术本身的负面效应；其次，需要完善社会规制，规范造成数字身份伦理问题的社会环境因素；最后，要强化信息安全教育，提升国民网络技术素养和网络道德素养。

【论新媒体赋权的伦理意义】

江雪华　《齐鲁学刊》2018 年第 6 期

新媒体是指利用网络和移动通信技术，通过互联网、无线通信网、卫星等渠道以及电脑、手机、数字电视等终端，向用户提供信息和服务的传播形态和媒体形态，它融合了报刊、广播、电视等传统大众传播媒体，能对所有有需求的大众同时提供个性化信息和服务，能实现传播者和接受者平等且多向的实时交流。新媒体的信息传播有不同于传统媒体传播的特点：一是信息传播的无边界性；二是传播方式的多向度性；三是传播效果的消解性。新媒体传播方式的变化不但改变着个体和社会的精神生活方式，还改变个体与其所处世界的同一性方式和同一性性状，并通过对世界的精神气质和精神本质的改变，对我们的伦理世界施加影响。新媒体改变世界的基础是赋权，通过赋予传播内容一定的伦理地位，以全新的传播和对话方式构建伦理话语和伦理共识，为当下的人类文明的发展营造理想的伦理生态。具体而言，新媒体赋权伴随着权力的改造和再分配，形成了去中心化的伦理关系，多元化的伦理场域，实践性的伦理情感，改变了赋权机制和伦理格局，实现了由他人被动赋予到自我主动获取的转变，激发了个体的伦理权利，构建了公共领域的伦理记忆。

【新时代中国特色社会主义思想的经济伦理意蕴】

张志丹　《学术界》2018 年第 2 期

作为新时代中国的指导思想，习近

平新时代中国特色社会主义思想中蕴含着丰富的马克思主义经济伦理思想，从某种意义上也可称之为新时代中国的主流经济伦理学。新时代经济伦理思想的“四梁八柱”主要包括：以人民为中心的经济伦理核心理念，批判与建构相统一的经济伦理方法论，以中国特色社会主义经济制度为架构的经济制度伦理，以党和政府、个人和企业为主体的经济责任伦理，以新发展理念为核心的经济发展伦理，以生态文明为坐标的生态经济伦理，以人类命运共同体为指向的全球经济伦理。这些经济伦理思想是马克思主义经济伦理学的立场、观点和方法的集中体现，它不仅可以提升新时代马克思主义经济伦理学研究水平，而且有助于实现中华民族伟大复兴的中国梦以及推进和谐世界建设。

【如何辨析西方经济伦理思想的真与谬】

王小锡 《光明日报》2018 年 2 月 26 日第 2 版

由商务印书馆出版、乔洪武等著的《西方经济伦理思想研究》（三卷本），系统地研究了从《圣经》开始至 2008 年国际金融危机后的西方经济伦理思想，是一部研究西方经济伦理思想的扛鼎之作，对于推进我国经济伦理学乃至伦理学学科的发展具有一定的启迪意义。从最抽象的意义上说，经济学是关于在人的欲望追求的无限性与世上物品的稀缺性之间怎样作出选择的学说，其研究范式是建立在“稀缺性”和“财产”的概念之上；而伦理学是关于道德的科学，它建立在善、价值、正义、权利和义务等概念之上。但这两大学科本是同源的。自古至今的西方经济学说中蕴含有丰富的伦理思想乃是历史的客观存在。

【以中华文化的“双创”融入市场经济】

陆晓禾 《社会科学报》2018 年 4 月 5 日第 3 版

来自资本的危机为传统文化融入市场经济提供契机。与改革开放前相比，中国的经济基础发生了翻天覆地的深刻变化。造成这种变化的根本原因就是我们不仅利用了市场，而且利用了资本来发展社会主义。也就是说，我们是在中国共产党的领导下进行着一场“利用资本”的伟大实践。马克思说的利用资本消灭资本，是从消灭资本的更高阶段来看的，因此，这一所谓的利用资本阶段，还是一种自在的经济阶段。但是，从一个更高社会阶段的观点来说，把前一种生产阶段或方式说成工具是相对容易的，而对一个当下社会来说，要把一种生产方式作为一个工具来利用就不是一件容易的事情了。因为这种工具一旦被使用了，就成为一种现实过程，有其自身的因果联系或者说逻辑，并作为隐性的道德价值或文化趋向而对社会产生影响。“双创”是对中华优秀传统文化发展的规律性总结。

【培育商业伦理精神】

张霄 《光明日报》2018 年 11 月 26 日第 1 版

商业伦精神的培育，从根本上说，就是要破除所谓的“商业无道德神话”，改变“利润至上”的商业环境和商业观，塑造“价值优先”的商业文化。“商业无道德神话”支持这样一种观点：“商业行为与道德无关。商业活动无须考虑道德问题。对企业来说，追求经济利益才具有实质意义，谈论道德问题就是不务正业。”为了破除这一“牢固的成见”，近半个世纪以来，商业伦理学一直在艰难的环境中争辩“企业为什么要讲道德”和“企业如何讲道德”。但商业伦理学在今天之所以受到人们的重视在很大程度上是因为屡屡发生的企业失德行为一次又一次地突破社会道德的底线，使人们不得不重新审视企业追求经济价值的意义，不得不在更高的价值层面上重新评价和规范商业行为。历史地看，现代商业社会不自然的“无道德”特征是与现代商业文明起源于伦理观念这一事实和传统背道而驰的。

【《资本论》的“道德”解读何以可能?】

高广旭　《南京社会科学》2018 年第 8 期

《资本论》的“道德”既不能脱离资本批判，孤立地探讨道德批判；也不能脱离道德批判，孤立地探讨资本批判，应以马克思政治经济学批判的总体性视角阐明资本批判与道德批判的辩证关系。《资本论》蕴含的资本与道德的辩证法深刻指认了现代性道德在理论形态与规范功能上自我革新的内在路径。《资本论》的“道德”形态不是“善”在人性假定基础上的“抽象应当”，而是“善”在现实社会生活中的“具体实践”。《资本论》的“道德”规范不是对资本主义经济事实的“外在规范”，而是对资本主义社会总体的“内在规范”。这种“内在规范”立足资本与道德的张力，完成对资本主义生产方式及其构建的社会权力结构的内在限定。

【儒家经济伦理：从荀子礼学谈起】

段宜廷　《孔子研究》2018 年第 6 期

“分配”概念以及“利民”“富国”等是荀子经济思想的核心。作者探寻了荀子缩合物质生活的必要性以及儒家精神的必要性，认为荀子论礼的起源带有经济学的意涵，即经济学基本概念里的“稀缺性”(Scarcity)。稀缺性是欲望和资源之间的相对概念，当欲望大于资源的时候，稀缺性才会出现；反过来说，当资源少于欲望时，稀缺性也会出现。因此要解决这个问题，就必须“开源”“节流”。而荀子提出的解决方法就是以“礼义”分之，一方面可以调节欲望；另一方面可以养之，使欲与物“相持而长”。

著作选介

【捍卫规范性：道德与政治哲学论文集】

李义天著 人民出版社 2018 年 8 月 304 千字

该书是以马克思主义为立场和指导，以现代道德哲学与政治哲学的基本理念和基本问题为主题编订而成的一部学术著作。该书共计包括五个部分：第一部分旨在廓清马克思主义伦理学的理论基础，通过国外马克思主义关于道德观的探讨，梳理马克思在文本中的思想脉络与价值旨归。第二部分就政治哲学的关键词展开探析，重点讨论了平等、自由、美德等范畴的具体内容与终极诉求。第三部分依循马克思主义伦理学的研究现状，探讨了现代性进展过程中所面临的伦理危机，指出这当中涉及关于个人认同、核心家庭、科技伦理、生命伦理等诸多领域的延伸，重申了马克思主义道德哲学的合法性依据。第四部分从马克思主义的共同体思想出发，反思当代的生态伦理与生态政治，从而对马克思主义正义理论进行讨论和建构。第五部分通过对经典文本和热门影视的赏析，反思当代道德建设的现实困境与纾解路径。

【马克思主义伦理思想中国化最新成果研究】

王泽应著 中国人民大学出版社 2018 年 8 月 408 千字

该书是马克思主义伦理思想基本原理与中国改革开放和社会主义现代化建设具体道德实践相结合、与中华民族传统伦理文化相结合的产物。内容涵盖物质文明与经济建设伦理思想、政治文明与政治建设伦理思想、精神文明与公民道德建设伦理思想，既包括社会文明与和谐伦理思想、生态文明与可持续发展伦理思想，还包括党的建设与执政方略的阐述。通过对社会主义现代化建设过程中一系列重大伦理道德问题的理性思考和科学解答，表述了中国共产党人的执政智慧和对人类文明的发展、社会主义道德建构、中国特色社会主义事业建设等规律的深刻认识和科学把握。申明了文化复兴的必然要求，从而为建设中国特色、中国风格、中国气派的伦理文明提供一定的参考价值和研究方向。

【日常生活行为伦理学】

肖群忠著 中国人民大学出版社 2018 年 10 月 544 千字

对“生活伦理”进行系统研究或者创立一门贴近中国百姓生活实践的“生活伦理学”，不仅是时代的迫切需要，而且是伦理学走向进步的必由之路，甚至是伦理学实现研究范式重大转型的催化剂。生活伦理学的研究内容大致可包括如下三个方面：（1）日常生活行为伦理；（2）日常生活交往伦理；（3）民众价值心理研究，即行为、交往与价值心理。这三个方面是一个由浅入深、由现象到本质的、相互联系的逻辑体系。生活伦理首先要面向生活行为，对生活行为现象进行伦理分析与诠释，以指导民众建立健康合理的生活方式。人的生活是社会生活，因此，人有其生活和交往的不同场域与交往对象，生活伦理应该从群体的视角和实存现状的角度来研究这些交往伦理，作出描述、分析、评估和引导。人的生活和交往都是在一定的深层价值观指导下进行的，分析当代中国人的价值心理，帮助人们厘清价值冲突，以正确的价值观指导民众的生活，这将是生活伦理学的归宿和目的。按照这个思路，该书从服饰伦理、饮食伦理、居住伦理、行旅伦理、工作伦理、娱乐伦理、生死伦理等方面入手，以历史回溯、伦理分析、哲学反思、价值建构的综合方法与材料运用，建构了一种全新的日常生活行为伦理学，对于社会的道德重建和民众的道德素质提升均具有重要价值。

【儒家生命伦理思想研究——以原始儒家为中心**】**

张舜清著　人民出版社 2018 年 10 月　370 千字

该书结合当代生命伦理学的理论诉求，以原始儒家文献为中心，对儒家思想中蕴含的生命伦理思想的探究。儒家视野中的"生命"不同于现代语境下的"生命"概念，儒家对"生命"问题的阐释具有特殊的言说方式、遵循着特有的一套概念系统。该书首先对儒家言说"生命"问题的这一特殊方式和概念系统进行了探讨。在此基础上，挖掘了《诗经》《尚书》以及孔子、孟子、荀子等人的《易传》《礼记》中生命伦理思想，对儒家生命伦理思想的结构与特征进行了分析，指出儒家生命伦理思想，包括以"天道"或"天命"观念为基础的生命伦理本根论、以"万物有生"为特征的生命伦理价值论、以"万物一体"为核心的生命伦理目的论或境界论和以"中和位育"为原则的生命伦理方法论。最后，结合克隆人的正当性问题、医疗公正问题、养老伦理问题等几个具体的生命伦理问题，探讨了儒家生命伦理的实践与应用意义。

【天生人成：荀子工夫论的旨趣】

王楷著　中国社会科学出版社 2018 年 10 月　240 千字

该书以荀子工夫论为专门研究对象，以"仁"为切入点，系统探讨了荀子的修身哲学。作者力图依据内在于荀子哲学固有的理论脉络来探讨荀子的修身学说，对其存有论基础、心性本体根据及道德践履旨趣等理论问题作一种系统的、整体的审视和考察，从而揭示荀子工夫论的理论取向、架构及特质。人在天地间具有特殊的地位，就可能性而言，人与天地为参，天地生之，圣人成之，人不同于其他存在的特点在于人能"知"且有"义"。从人性的角度看，人性为恶但可化，性伪合而天下治。因而，人可通过处仁以义、积善成德、学以美其身、礼修而行成、乐行而志清、治气养心，成就完美的德性人格。这也是生命最根本的价值和意义所在。同时，该书将荀子工夫论作为早期儒家修养学说的一个有机环节，自觉地在早期儒学的整体脉络之内加以考察，以求更清晰、平实地把握其理论渊源及儒学史意义，进而更加客观地了解早期儒学发展的脉络、系谱及整体图景。

【东西之道：《道德经》与西方哲学】

［德］汉斯－格奥尔格·梅勒著，刘增光译　北京联合出版公司 2018 年 10 月　146 千字

该书作者德国汉学家梅勒受网络思

维启发，创立了“超文本”的阅读方式，对《道德经》八十一章进行了清晰连贯的分析，从十大主题探索了其中的重重意象，以新颖的视角帮助我们理解和欣赏老子哲学。该书通过对道家思想的主要文本《道德经》作历史性的、文献学的深入阅读和分析，与其他学者不同之处在于，作者试图从内部阐释道家哲学，不仅依靠西方哲学的术语来理解道家哲学，而且从道家文本的语义资源出发，形成更普遍的描述“道”的策略，以及关于“道”如何发挥效用的策略。通过东西哲学对比，指出道家思想和西方哲学的相似之处，以及各自不同的哲学特点。梳理了阴和阳、道和德的核心概念，还有人性、道德、欲望、宇宙、情感、时间、生死等意象，并且总结了道家在政治和战争中的独特理念，即“战争与和平”的哲学。作者认为《道德经》最有意思的部分是它对“人的能动性”的质疑。现代西方哲学，从主体性的发现开始，就一直过于关注自我和自我的力量，而老子提出“无为”的准则，是对世界的整体观察，包括人类社会在内，把世界看作一个机制，这一机制不以个体活动为基础，而是以“自然”或自发的运作为基础，是一种“自创生”。

【儒家关怀伦理研究】

韩玉胜著　齐鲁书社 2018 年 12 月　260 千字

该书对儒家伦理与关怀伦理能否兼容，在何种程度上兼容，儒家伦理能否被称为一种关怀伦理进行深入探讨。全书共分五章，第一章主要将儒家关怀伦理置于中国古代文明演进的历史逻辑之中进行考察，认为儒家关怀伦理是中国古代文明演进的历史连续性和孔子文化抉择的合力使然。第二章结合儒家思想文化资源勾勒出儒家关怀伦理的整体肖像，并从人本关怀、情感关怀、差序关怀、终极关怀四个层面进行了分析。从而将儒家关怀伦理定义为基于行为主体道德情感的关怀伦理，即通过行为主体自身德性修养培养关怀之情，并将这种关怀之情不断向外推衍。第三章试图深入探究儒家关怀伦理的内部系统与关系结构。对于儒家关怀伦理内部系统从三个方面进行，其一是道德思想的自然流露；其二是道德境遇抉择中的张力维持；其三是道德实践中的关系结构。儒家在实践操作中展现为自我关怀与群体关怀、物质关怀与精神关怀、特殊关怀与普遍关怀、现实关怀与终极关怀四种关系结构。第四章将儒家关怀伦理进行跨文化的多维透视，将其与西方关怀伦理、宗教关怀伦理进行对比研究，在比较中凸显儒家关怀伦理的理论特色和理论意义，进而实现对儒家关怀伦理的批判反思。第五章通过探求关怀伦理的现实价值，分析儒家关怀伦理在现实社会生活中所能够发挥的作用。

【追溯传统道德思想的两大渊源：从孔子仁学到墨子道义论】

萧成勇著　河海大学出版社 2018 年 1 月　218 千字

作为传统道德思想的两大流派，先秦儒墨两家分别以孔子与墨子为代表，一同出于华夏文明的历史源头。作者认为，孔子的仁学是中华传统道德文化的主流思想，孔子的儒家伦理可概括为情义论，或“私德伦理”。而墨子墨学伦理思想可概括为道义论，或“公德伦理”。该书的主体部分讨论了墨学作为公德伦理的历史地位、基本理念、人性理论，发掘了墨学公德伦理的现代性特质、品德生成逻辑和科学精神，认为在墨家“兼相爱，交相利”公德伦理思想形成中，墨子墨学的科学理性和科学精神体现了其现代性，并起到了价值观和方法论的支撑作用。该书通过比较儒墨两家不同道德思想及其理论根源，用以墨新儒和儒墨结合的观点和方法，取代外儒内法和儒道互补的文化传统。

【张岱年伦理与文化思想研究】

迟成勇著　合肥工业大学出版社 2018年12月　338千字

张岱年先生是一位青年时代就接受了马克思主义世界观，并终身信持辩证唯物论和社会主义的好学深思的学者。他始终坚持用马克思主义观点研究哲学、哲学史、伦理学和文化问题，“直道而行”“修辞立其诚”，为马克思主义中国化作出了多方面的理论贡献，为后人留下了丰厚的学术思想遗产。该书以张岱年先生对道德哲学问题、对道德哲学的时代建构、价值哲学研究、人生哲学研究、文化哲学研究五个方面的思想进行概括研究，阐述了张岱年对中国传统伦理学说及思想的创造性研究，分析其对中国传统价值观、社会主义新道德观、孔子仁学思想、人生信念的诠释，研究其对自强不息精神与厚德载物精神、民族精神、爱国主义精神的诠释。该书是对张岱年及其学术主张、思想的较为系统的研究，不仅全面展示了作者的学术研究成果，而且也集中体现了其在张岱年研究方面深厚的学术功底。

【中国传统忠伦理研究】

孔祥安、何雪芹著　青岛出版社 2018年10月　500千字

该书系统梳理了中国传统忠伦理的起源、演变等脉络和轨迹，深入挖掘了其在不同历史时期的内涵及价值，从而汲取传统忠伦理的尽心尽力、忠心奉公等丰厚滋养，使忠的核心观念与社会主义核心价值观中的“爱国”“敬业”“诚信”“友善”等有机衔接、融通，建构现代忠诚观念，以更好地将忠于国家和人民的社会公德、忠于职守的职业道德、忠于家庭的家庭美德、忠于他人的个人品德等伦理原则付诸实践。就内容安排方面来看，首先，该书对忠观念起源问题进行了探讨；其次，该书探讨了春秋战国时期忠伦理的发展和演变；再次，该书阐释了秦汉以后历朝历代“忠君”思想的不同特色；最后，该书对忠伦理的现代价值与转化进行了有益探讨。该书把“忠”置于广阔的历史和社会背景之下，从历代政治、学术思想、文学作品以及制度、法律、社会等层面进行了多维度的“立体”性探讨，阐释了忠从多层伦理内涵发展成为“忠君”乃至“愚忠”的历史脉络和时代成因，以及“忠”与“孝”、“忠君”与“爱国”的历史统一性和矛盾性，揭示了忠伦理的

时代价值与现代转化。

【王夫之经济伦理思想研究】

谢芳著　中国社会科学出版社 2018 年 11 月　328 千字

王夫之没有系统的经济伦理思想著述，但是王夫之著述中有丰富的经济伦理思想命题、观点和论述。在经济伦理思想方面，他不但“坐集千古之智”，对于他之前的经济伦理思想作出了全面系统的总结，而且以“六经责我开生面”的学术品质及其胆识，对社会经济生活中的诸多矛盾运动进行了“会其参伍，通其错综”的辩证考察。该书首先讨论了王夫之经济伦理思想形成的背景、渊源和理论基石，然后分别从“尊民重农”的生产伦理思想、“裕国富民”的交换伦理思想、“均天下”的分配伦理思想、“俭奢有度”的消费伦理思想四个方面，详细论述了王夫之的经济伦理思想，最后讨论了王夫之经济伦理思想的理论特质、历史地位及现代启示。

【正德立己：和合道德论】

郭清香、王乐著　河北人民出版社 2018 年 6 月　170 千字

《正德立己：和合道德论》是“和合文化丛书”中的一本。“和合”思想在中国文化历史上源远流长，和合是中国文化人文精神的精髓和首要价值，是中国文化之独创。《正德立己：和合道德论》以和合道德为切入点，以专题形式来阐释和合学在历史和现实中如何解决人类所面临的道德问题。在对和合道德基本问题的阐释的基础上，该书分别从心灵和合、人际和合、生态和合及和合国际四个方面，由个人而天下，发掘了和合道德思想的现代意义。该书对弘扬中华和合文化、建设道德中国、增强文化自信起到能动作用。

【修身行世指南——蔡元培国民修养两种注释**】**

肖群忠注评　高等教育出版社 2018 年 3 月　250 千字

《中学修身教科书》《华工学校讲义》是蔡元培先生在 20 世纪初所著的两本有关国民修养的经典著作，从修身、家庭、社会、国家、职业、德育、智育诸方面深入浅出、全面系统地讲述了修身、行世的伦理义务与伦理原则，其所包含的修、齐、治、平的内容和现代文明准则，以及丰厚的传统文化修养，对于当时的人们和今天的我们都有非常有益的借鉴和指导价值。注、述、评这两本著作，有助于广大青少年、德育教师、社会读者阅读、理解，同时对弘扬传统美德，提高青少年道德水平，加强国民道德修养，提高全民族道德素养会发挥积极的推动作用。

【逍遥游：当《庄子》遭遇现实】

熊逸著　北京联合出版公司 2018 年 6 月　203 千字

该书中以《庄子》中的“寓言”为线索，通过对“逍遥”“齐物”“物化”“无知”“不得已”五个关键词的创造性阐发，诠释了作者眼中的《庄子》。作者认为，《庄子》实为乱世之下的过激之语，是“春秋无义战”的年代下对如

何保全生命的审视，渴望“逍遥”恰恰是因为现世生活的不逍遥。逍遥是退而求其次的方案，是将“功利心”美化为“平常心”的心理平衡之法。可以说，《庄子》哲学提出的解决方案并不是解决事情本身，而是改变自己的观点和态度。因此，“不得已”才是《庄子》为切实的概念，也是作者行文中贯穿的主要线索，其对“逍遥”“齐物”等核心年的阐发都围绕“不得已”展开。在作者看来，《庄子》是一部写给好人的乱世生存手册。因此，对当代读者来说，需懂得与时俱进，若仍奉庄子为圭臬，也必将会沦为庄子之笑谈。该书内容通俗易懂，语言生动明快，具有一定的可读性。

【德性文明论：古典儒家礼乐教化及其当代价值】

杨新铎著　知识产权出版社 2018 年 11 月　281 千字

该书接续中华“德性文明”的传统，致力于全球化境遇中的人类文明新启蒙，为人类从现代资本主义“理性文明”中跃升，达至“德性文明”作出了理论构想与阐述。中华德行伦理以“立人之道曰仁与义”为道德价值准则，以中华传统“践履”为本的德行为内核，以马克思主义为指导，系统性地思考了当代人类发展所面临的五大伦理主题：“天地”（自然生态与生命伦理）、“天下”（人类命运共同体与文化际伦理）、“国家”（政治伦理与经济伦理）、“家庭”（作为核心人伦的亲情伦理）、“师道”（文明传承与教育伦理）。

【哲学与人生】

陈先达著　中国青年出版社 2018 年 1 月　320 千字

该书分理解哲学、思辨人生、生活智慧、历史视野、文化反思、叩问信仰六辑，收录了我国著名马克思主义哲学家陈先达教授近年来有关哲学与人生的随笔漫谈 60 余篇、哲思断想百余篇。作者认为，哲学是智慧的大海，是安身立命之学。哲学无处不在，无处不可用，要让哲学走出书斋，走进人们心中。该书结合作者丰厚的人生阅历和观察思考，阐释困扰人们的哲学认知、人生智慧、历史文化、价值信仰等重大命题，让人们在轻松阅读中获得系统的哲学知识，坚定理想信念，不断完善自我，勇敢迎接挑战。该书融会了哲学的深沉、文学的优美、史学的丰富，深入浅出，润物无声，平易畅达，感染力说服力强，为马克思主义哲学中国化、时代化、大众化作出了可贵表率。该书系“十三五”国家重点出版物出版规划项目图书。

【中国伦理思想史】

《中国伦理思想史》编写组编　高等教育出版社 2018 年 9 月　390 千字

该书编写课题组由 12 位专家组成，首席专家是黑龙江大学张锡勤、南京大学杨明、湖南师范大学张怀承。该书以历史发展为主要线索，以重要著作、重要思想家为重点，论述了中国伦理思想史从先秦到清末近代的发展历程，内容包括封建伦理思想的奠基与形成、封建伦理思想的系统化及其统治地位的确立、封建伦理思想的演变以及深化和成熟、封建伦理思想的衰落、早期启蒙主义伦理思想兴起、资产阶级伦理思想的形成和发展，介绍中国伦理思想史发展历史上的重要思想和流派，并力求以马克思主义为指导思想，给予恰当的评价。

【希腊古风诗教考论】

张巍著　北京大学出版社 2018 年 3 月　400 千字

以荷马和赫西俄德为代表的希腊古风时代的诗人，是最早和最伟大的教育家，之后又有梭伦、品达、特奥格尼斯等人继承了这一诗教传统。张巍是国内这一领域最优秀的学者，该书分六章讨论了古风时代的诗教问题：第一章利用从荷马史诗到希腊古典时代的资料，系统梳理了古希腊早期的“教育”（paideia）概念，以及诗教在古希腊教育中的核心地位；第二章讨论诗教如何与哲学教育、演说教育形成三足鼎立、相互竞争的关系；第三章讨论诗人教育家的源头，赫西俄德的《神谱》；第四章至第六章选取了三个典型性的案例进行细致的分析，分别是赫西俄德《劳作与时日》中的农人教育、梭伦的城邦公民教育和特奥格尼斯的贵族教育。该书还提供了《神谱》序诗的译注、梭伦全部诗歌残篇的译注以及特奥格尼斯全部诗歌残篇的译注，为研究这些古风诗人提供了重要的资料。该书既有宏观的论述，又有对具体文本的细致分析，是目前汉语学界研究希腊古风时期诗教问题最重要的著作。

【知识、欲望与幸福：亚里士多德论“不自制”的可能性】

陈玮著　浙江大学出版社 2018 年 7 月　201 千字

不自制如何可能的问题是西方伦理思想史上的一个著名难题，其难点在于能否对人类理性与欲望之间的关系提出恰当的判断与说明。承认不自制的可能性就意味着承认理性能力在实际的人类生活中作用有限，而一种以理性为根基的伦理生活的可能性也将因此遭到质疑。该书主要考察亚里士多德在《尼各马可伦理学》第七卷第三章对这个问题的讨论，同时结合《论灵魂》、《尼各马可伦理学》和《欧德谟伦理学》中的相关文本，以及黑尔、戴维森、高特里布、米利等当代学者的讨论，详细考察亚里士多德如何理解不自制的可能性。作者认为，亚里士多德的理解突破了简单的理性——欲望二分的模型，强调“想望”这种结合了理性的特殊欲望在人类行动中的作用。作者认为，即使如今经验科学研究和伦理理论创新已经取得了重大发展，亚里士多德当初对人类欲望所提出的独特理解，依然能够帮助我们进一步去探究不自制问题，反思人类道德的基础和幸福生活的可能性。

【托马斯·阿奎那爱的学说研究】

张祎娜著　人民出版社 2018 年 9 月　200 千字

该书从宗教哲学和宗教伦理的角度，比较全面系统地讨论了阿奎那思想体系中“爱”的学说。作者首先追溯了阿奎那爱的学说在柏拉图、亚里士多德、

《圣经》和奥古斯丁那里的理论渊源，之后通过考察这一学说的本体论基础，从本性之爱和超性之爱两个基本向度对阿奎那的学说内容和理论特征进行了细致的分析。最后讨论了阿奎那学说的当代价值。该书对于更深入地理解阿奎那的神学——哲学体系，以及阿奎那在整个基督教神学思想史中的地位有重要的意义。

【论可能生活】

赵汀阳著　中国人民大学出版社 2018年4月　367千字

该书（第2版）以无立场方法论重新分析了幸福和公正问题，试图重建一种综合中西理论优势的当代美德伦理学，其中关于幸福的两条原则，自成目的和他人礼物，典型地表达了作者在美德伦理学上的当代推进。该书认为，由于语言分析的影响，现代伦理学特别重视“元伦理学”的研究。但事实表明，对伦理语句和概念的逻辑分析并不能解决传统的规范伦理学问题。伦理学问题最终要求“实质的”而不是形式分析的解决。不过，规范伦理学纠缠于“应该不应该”等一系列问题，这就在方向上注定了它仅限于实质的努力但达不到实质的解决。一方面，由于从“应该做某事”推不出“应该做某事是好的”，义务论的观点注定是错误的，因为没有一条应该的规范是既普遍又公正的。“应该”的规范总是基于利益的行为策略，它表现为劝导或威胁。另一方面，所欲望的事情也推不出“所欲望的事情是好的”，因为这是无穷多元的事情。于是，经典目的论注定是无意义的。作者认为伦理学命题必须既是有实质意义的又是真理，但不是事实真理而是价值真理。或者说，伦理学既是实质的又是中立的。所以，作者从行动而不是从规范的角度去分析道德，并且力求符合一般人的直观而不求与伦理学传统一致。

【理由与道德】

徐向东著　北京大学出版社 2018年12月　332千字

该书从康德、休谟及伯纳德·威廉斯的道德学说起笔，汲取当前西方学界的相关研究成果，围绕如何理解人类的伦理生活及其复杂性，探讨了道德义务与道德怀疑论、道德情感与道德动机、实践理性与道德必然性、内在理由与伦理生活、道德知识与伦理客观性、道德实在论与道德真理、进化伦理学与道德规范性以及伦理生活的可能性等论题。作者从自然主义的角度论证了道德生活及道德行动理由源自人类对自身的认识，道德不仅是人类生活的必要的条件，也是人性内在的构成要素，是人之为“人”的本质标志。

【《哲学笔记》与唯物辩证法】

黄枬森著　中央编译出版社 2018年8月　363千字

该书把黄枬森有关列宁《哲学笔记》有开创性的研究成果，以及他一生对于辩证法研究精华的文章，精心选编，首次结集出版，既是黄枬森有关辩证法研究成果的精品之作，也是改革开放以来辩证法研究的重要成果。

【捍卫规范性——道德与政治哲学论文集】

李义天著　人民出版社 2018 年 8 月　300 千字

该书以马克思主义为立场和指导，以现代道德哲学与政治哲学的基本理念和基本问题为主题，依据当代学术规范和要求，深入分析如下问题：（1）马克思主义关于正义理念的看法及其张力，不仅激起当代主流学界的热烈讨论，而且，其中所提出的问题也构成了我们反思并重新建构马克思主义正义理论的契机。（2）正义观念是规范性的道德观念之一。因此，对马克思主义正义理论的讨论和建构必须建立在马克思主义道德哲学的合法性基础上。后者是马克思主义道德哲学必须首先回答的初始问题。语境主义是当代马克思主义学界为处理唯物史观和道德观念之间张力而提出的一个较有说服力的方案。（3）马克思主义的最终目标是建立平等的自由人的联合体。真正的平等问题是马克思主义道德哲学与政治哲学的核心问题。在马克思主义的设想中，平等不限于生产产品或机会的分配的平等，更在于生产资料与身份的占有的平等。（4）平等的实现需要条件。一方面，在现实中，需要首先强调权利的平等，反对并非基于能力和贡献的特权；另一方面，在理论上，需要谋求“自由人的联合体”的实现方案，即共同体的原则，但同时需对这种方案的历史有效性保持清醒的认识。

【道德与自我意识】

胡真圣著　人民出版社 2018 年 8 月　240 千字

该书立足于现代语境与现代生活状况，从自我意识的维度审视现代道德思想，发掘道德哲学中的自我理论，以期确立与社会道德相对照的自我道德：一是自我意识作为道德的起点之一，是道德发生的精神来源。二是在准则与法则中的道德存在与自我意识相关联。三是道德的形式要素无不是自我意识，因而诸对立的形式要素可能在自我意识中得到融会贯通。四是自由是自我意识的希望，一切对于自由和道德的否定与怀疑都有自我意识的根源，都需要由自我意识的批判而造成意志抵御及意志选择和最终的意志决定，从而在自我意识这里达到克服。五是善意与善行是自我意识达到道德意识后的实践开展。六是消除现实人性混乱和创生理想人性都要经由自我意识向道德意识的提升。七是道德的存在并且自我意识其存在，是一个永无终点的精神过程，也是一个永恒的追求道德实践信仰的过程，存在的意义也孕育于其中。

【态度理论——史蒂文森情感主义伦理学思想】

孙伟平著　社会科学文献出版社 2018 年 3 月　249 千字

史蒂文森是元伦理学家很重要的代表人物之一，情感主义伦理学之集大成者、“态度理论”的创立者。正是他的工作，使一种曾经备受误解、批评与责难的理论——情感主义伦理学——获得了重要的发展和稳固的学术地位。该书在详尽查阅相关文献材料的基础之上，对史蒂文森的情感主义态度理论（主要包括道德语言的意义和功能、伦理判断的两种分析模式、伦理学研究方法等）进行了全面、系统、细致的梳理，在结合元伦理学的发展，进行了客观、中肯的评价。

【现实的乌托邦：罗尔斯的国际正义理论研究】

高景柱著　中国社会科学出版社 2018 年 11 月　216 千字

该书通过对罗尔斯的著作以及相关文献的研读，在分析罗尔斯靠前正义理论的基本理念的基础上，探讨自由人民对待非自由人民的三种方式是否恰当，并揭示罗尔斯的靠前正义理论中的合理成分和不足之处，以及罗尔斯的靠前正义理论如何促进优选正义理论的兴起。对罗尔斯的靠前正义理论进行一种批判性的研究，有助于更加深入地研究政治哲学，有助于为更加深入地研究罗尔斯的正义理论和优选正义理论奠定坚实的基础。

【赫斯特豪斯的规范美德伦理学思想】

周玉梅著　东方出版中心 2018 年 1 月　174 千字

自 1958 年安斯康姆在《现代道德哲学》一书中对规则伦理学进行批判，并提出复兴美德伦理学的研究思路之后，欧美伦理学界出现了美德伦理学复兴思潮。由于历史上美德伦理学思想资源非常丰富，美德伦理学的复兴也有多重路径，其中最重要的是以亚里士多德美德伦理学思想为资源的新亚里士多德主义。其中比较重要的伦理学家有菲利帕·福特、麦金太尔、麦克·斯洛特、赫斯特豪斯等。介绍新亚里士多德主义中最为系统的赫斯特豪斯在她最重要的代表作《论美德伦理学》中提出了假设行动情感主义规范美德伦理学思想。该书论述赫斯特豪斯规范美德伦理学思想的形成、理论框架、历史意义及其受到的挑战。该书是中国哲学社会科学基金重大项目“西方道德哲学通史研究”研究成果的一部分，同时也是教育部人文社科研究项目“弱公度性美德规则思想研究”的研究成果。

【善的脆弱性——古希腊剧与哲学中运气与伦理（修订版）**】**

［美］玛莎·C. 纳斯鲍姆著，徐向东、陈玮（修订）　译林出版社 2018 年 9 月　778 千字

善，为什么不能保护我们免遭恶的侵袭？善的脆弱性到底是一种缺陷，还是一种黄金般的品质？纳斯鲍姆将带领我们探究善的真谛，洞察人性本质。正义之士常常面对如下困境：他们一心追求善和公正，却出于外部因素的干扰，需要在个人的繁盛上作出妥协，甚至彻底否定自我。《善的脆弱性》直面这一道德困境，通过对古希腊文学和哲学文本的探讨，最终拒斥柏拉图关于善能够保护人类免受恶之侵袭的观念，而是站在了古希腊悲剧家和亚里士多德一边，认为善的脆弱性正是实现善的关键所在。该书令纳斯鲍姆一举成名，不仅为她在学术界获得无数称誉，也将她的影响力拓展到公共领域。该书首版于 2007 年，此次再版由首版译者、浙江大学哲学系教授徐向东和陈玮历时两年全面修订，

不仅改正了首版存在的个别误译现象，对相当部分的语句表达也进行了优化。此外，此次修订版还增添了一篇 3 万字的导读，深入浅出地讲明了纳斯鲍姆的整个学术道路，她理解伦理善和运气的独到之处，由此引申的对于人性的阐发，以及她对于学界和当今世界的重要性，帮助读者更好地读懂此书，读懂纳斯鲍姆对于我们的重要意义。

【境遇论在生命伦理学的应用研究】

邵永生著　中国社会科学出版社 2018 年 12 月　327 千字

境遇伦理又被弗莱彻称为“新道德论”，在于一切从实际出发，从尊重人的自由、权利和尊严出发，从人要在具体的境遇面前成为自由、自觉并敢于负责的道德主体出发，以爱为准绳进行道德决断。该书从生命与爱、人道与医道两个方面寻找境遇论与生命伦理学的联结点。同时分析境遇论在生命伦理学的具体应用，对人类辅助生殖技术的境遇道德选择、临床诊疗过程中的境遇道德选择、器官移植的境遇道德选择、公共健康行动的境遇伦理分析、医疗卫生改革的境遇伦理分析以及安乐死的境遇道德选择进行研究，尝试论证境遇论的解释力和解决力，以此体现境遇论在实践中的价值和意义。

【优生学的伦理反思 人类遗传学的历史教训】

张迪著　中国社会科学出版社 2018 年 12 月　310 千字

该书从生命伦理学视角出发，深入分析优生学中的伦理问题。在对中西方优生学历史进行详细梳理的基础上，对历史上的优生学进行伦理反思并指出优生学概念的核心，即如何使用遗传学知识提升人类质量。这一概念不仅是对历史及当下优生学的概括，也有利于人们对优生学的探讨。继而作者归纳法律法规与技术应用中面临的伦理难题，通过对主要伦理学理论的梳理和历史的经验，提出评价优生学问题的伦理学框架：受益、不伤害、自主性、公正、公众参与、学术自由与责任。

【伦理视野下生命权的保障研究】

逯改著　黑龙江人民出版社 2018 年 9 月　124 千字

该书详细探讨生命权及其保障的基本理论问题。作为一种普遍的、最低限度的道德权利，同时也是法定权利，生命权之所以成为基本权利就在于生命本身即存在的理由与根本。国家负有对生命权保障的责任，既要求国家不得随意侵犯和剥夺个体的生命权，又要求国家采取积极措施以切实保障个体的生命权。生命权保障在实施中应遵循尊重生命原则、行善原则和公正原则。在我国的生命权保障中，要加强生命权的法律保障、构建尊重生命权的社会文化、完善生命权保障中的国家责任。

【刑法伦理性研究】

樊建民著　法律出版社 2018 年 3 月　269 千字

该书在国内刑法学界，首次就刑法与伦理道德的关系进行了系统的研究，从理论与实践结合的层面，对刑法的伦理性进行了深入的探讨，以强化刑法伦理性为基点，研究角度立足现实又极具前瞻性；在理论上有一定创新，提出了一些独到的理论见解；很多论述对我国刑事立法特别是刑事司法工作具有重要借鉴作用和指导意义。

【法律、伦理与民间借贷】

王文书、王学博著　河北大学出版社 2018 年 6 月　210 千字

该书从伦理的角度对我国古代的借贷进行解析，首先对中国古代关于借贷之债的法律规定进行梳理，从中可看出，年代越近，法律关于借贷之规定越详细，同时对相关借贷的犯罪处罚也越严格。进而，该书将借贷与伦理相结合，分析在特定社会背景下古代人对于借贷的不同思想，重在解析唐宋时期和明清时期的借贷伦理。该书通过对精英阶层以及古典小说故事的分析，总结出“反对高利贷仍为主流观点，但也出现为高利贷辩护的现象”这一特点。同时，从古典小说的描述中也可以看出民间借贷之不易，但相关伦理如因果报应论和坚守信用理念仍然在交易中发挥巨大的作用，督促着人民恪守欠债还钱的道德观念。

【“昆山砍人案”与正当防卫】

《“昆山砍人案”与正当防卫》编写组编　人民出版社 2018 年 10 月　65 千字

良好的秩序是一切的基础，法律是善良与公正的艺术，人身安全是每个公民最基本的要求，面对不法行为，法律应当引导鼓励公民勇于自我救济。2018 年 9 月，最高人民法院发布《关于在司法解释中全面贯彻社会主义核心价值观的工作规划（2018—2023）》，指出：要在司法解释中大力弘扬正义、友善、互助的社会主义核心价值和道德要求；要适时调整防卫过当的认定标准、处罚原则和见义勇为相关纠纷的法律适用标准，鼓励正当防卫，保护见义勇为者的合法权益，弘扬社会正气。为了更好地贯彻落实的这一精神，更好地唤起公民的社会正义感，组织编写了《“昆山砍人案”与正当防卫》一书。“昆山案”作为公民正当防卫权扩展的标志性案件，体现了司法的担当，让正当防卫权真正从法条“照进”现实。这是“法治的胜利”，也是一堂生动的“法治公开课”。

【司法官职业伦理研究】

廖大刚著　中国社会科学出版社 2018 年 5 月　212 千字

我国当代司法官职业伦理观分为检察官职业和法官职业两部分。随着国家反腐倡廉工作的展开，如何对公权力进行规范与监督成为一个亟待思考和解决的问题。在司法领域，司法官作为维护公正的典型象征，具有一定的职业风险，其一言一行皆存在被社会上人们争议和效仿的可能性。司法官一言不慎则可能招致整个社会道德观念的颠覆。据此，廖大纲从社会伦理学的角度，在借鉴西方大陆法系国家和英美法系国家的司法制度的基础上，主要运用“社科法学”的研究方法，对我国司法官的职业伦理改革发展提出自己的见解。该书认为，

职业伦理强调社会职业角色的定位和作用，我国的司法官是具有包括党员、公务员、司法从业者三重角色统一的角色集合，是中国特色社会主义事业的维护者，也因此，我国秉持着“司法奉献与服从型”的司法官职业伦理模式。然而，关于司法权的制度、司法官的权利保障等方面我国仍有需要改进的地方。廖大刚随后进一步提出我国司法官伦理发展的策略。该书立足中国国情，同时也具有开阔的世界视野，为我国司法官伦理制度提供了向更好方向发展的新的道路。

【环境正义论批判】

苑银和著　法律出版社 2018 年 1 月　254 千字

环境的问题是近代以来人们重视的问题之一。目前环境正义论的理论依据主要由代内正义、种际正义和代际正义构成。苑银和从正义中义务本位的角度入手，对于当前有关的环境正义的理论进行分析和批判，旨在重新构筑环境法律体系。内容包括环境正义的内涵及理论基础、环境正义理论依据批判、环境正义论实践依据批判以及最终对环境正义进行重新定义。针对环境利益的平等分配是否可能等问题，该书认为，地球是一个有限的空间，其容纳能力、承受能力、自然物的再生能力都有一定的极限，处于这样的极限状态下的人类应该遵照“共同但有区别责任原则”进行义务而非权利或者利益的分批，共同担负保护环境的义务，适当限制和放弃私利。环境利益应该是一种以人类为主体的公益，而它的整体性也决定了其不可能仅被某一人独享。由此，环境利益与环境权是无法分配的。并且，在环境领域，建立在保护个人权利和利益之上的罗尔斯的正义论在环境正义中并不能完全适用，因为我们既不能将环境利益与经济利益相等同，也不能将公共利益与私人利益相等同。同时，环境利益的公共性质也需要在对个人权利和利益进行限制的基础上才能实现。最后，苑银和对环境正义进行了重新定义，并且以环境公益诉讼为主对如何通过法律途径来实现环境正义提出自己的见解。环境利益与如今的人类利益息息相关，对于人类而言，我们已不该再片面强调各自的环境权利分配，而应该重在分配环境的义务和责任。法律作为规制人们行为的重要方法之一，也应积极发挥作用，以帮助人们更好地保护环境，实现环境正义。

【法治解决道德领域突出问题的作用研究】

胡玉鸿著　中国法制出版社 2018 年 12 月　336 千字

法律与道德的关系到底是怎样的？分析实证法学派多认为法律的定义应当将道德排除在外以维护法律概念的纯洁性，而自然法学派则多认为法律与道德应是互相联结、密不可分的。胡玉鸿综合各学者的观点，提出自己的见解：虽然法律与道德作为两种不同的社会规范，由于其规范的社会关系以及是否为强制性等问题上有所不同，在一定程度上需要加以区分，但不可否认的是，法律是最低限度的社会规范，而道德是社会生活的高限。法律与道德只有相互支持，才能更好地维系社会的发展。其中，法律原则就是社会中人们共同价值的体现，有强烈的道德色彩。当前道德领域的突出问题根本在于人们仅重视享受权利而不在意承担相应义务。如何更好地解决这一突出问题？由此，该书首先对为何道德领域的突出问题需要通过法治来解决这一问题进行充分说理，接下来对于法律对道德的相关规制包括方式、手段以及限度方面进行阐述。不仅佐证了法律应适当介入道德问题的解决，同时对如何解决问题展示出作者较为详尽的构想。权利与义务问题一直是人们探讨的重要问题，法律作为统治者维护其统治的工具，理应对社会伦理道德进行保护，不仅是为了实现更好的统治，更是为了维护社会的和谐与安宁。

【检察官职业道德与行为规范】

温辉著　知识产权出版社 2018 年 12 月　200 千字

该书在吸纳西方伦理思想源流的同时，充分挖掘和汲取中华文化精华。在中国历史上，孔子在继承前人伦理思想的基础上，提出“克己复礼为仁”“人而不仁，如何礼?”的观点，以“仁”为核心构建儒家的道德理论和人生哲学，并经后人的扩展充实，成为中国传统社会的支配思想，影响着中国古代的政治伦理实践，并形成以忠信、至忠、为民、勤政、务实、清廉等为主要内容的传统官德，为有识之士提供了践行一生的道德标准。中国传统伦理思想内容丰富、内涵博大精深不仅是今天检察官职业道德的思想基础，也是当下检察官职业道德建设文化自信之源泉。检察制度创立以来，人们对于检察官和检察制度的理解上的分歧就一直存在。面对来自四面八方的质疑和诘问，检察官似乎也要问自己一个哲学上人类永远困惑的问题：我是谁？通过对检察官的职权责任义务的分析，也许我们可以找到答案，回答“我是谁”。但接下来的问题是“我该怎样做?”苏格拉底有句名言：“未经反省的人生不值得活。”职业道德就是职业人执业行为的规范；检察官职业道德是检察官的行为指引，更是检察官自我完善自我修炼的“宝典”。在从理论上阐释职业道德的内涵和思想渊源的同时，该书深入探讨检察官职业道德的具体行为规范，为减轻检察官“实践的焦虑”进行了一种努力。

【人权的道德维度】

［美］卡尔·威尔曼著，肖君拥译　商务印书馆 2018 年 3 月　224 千字

该书旨在阐述与辨识人权最重要的道德维度，从探析人之为人所拥有的基本道德权利着手，认为道德权利是基于其拥有最重要的人权道德维度之一。国际法和许多现行国家法律体系讨论人权。尽管这些合法人权一部分作为非制度化道德性人权的保护措施或其类似功能而正当化，而另一部分则反映出国际法或国内法的其他目标，并因此而正当化。作者将人权分为三类，即道德人权、国际人权和国家人权。每一种人权都有其自身的道德维度，道德维度之间存在着错综复杂的交互作用关系。通过对这些

关系的梳理、理解和评估，讨论现有人权道德理论存在的严重不足。比如，我们给人权贴上了诸如“生命权”的不同标签，而这并不能精确表述人权的具体内容。因此，人们无从知晓它们所包含的义务或职责。难道生命权就意味着需要别人为维系生命提供支持依据（我们需要借助他人来提供维系自我生命的方式），或者说，生命权仅仅为了限制我们杀害他人？这一问题以及类似问题的答案，或许取决于道德人权的根基。

但事实上，在文献资料中未能提供相关令人信服的人权根基的理论。作者认为最需要弄清楚的是构成人权的道德理由，只有在知道宣称一种人权的存在意味着什么的时候，才能知道这种人权之证成所需要的证据。因此，该书对道德人权提出了一种新的概念分析方法。首先，人们要将法定权利看作其他具体权利的标准，包括道德权利。其次，人们应该基于霍菲尔德（Hohfeld）的基本法律概念或类似方法去分析任何人权的内容，也才能够认知到任何人权的根基。如果一个人在明确任一权利的基础之后，其可以对权利的内容进行具体化，而反过来又促使其明白该权利对相对方所施加的义务。

【制度与伦理张力中的生态文明观念】

杨珺著　山西人民出版社 2018 年 1 月　170 千字

该书是山西省社会科学院基础研究丛书中的一本，以建设生态文明为研究对象，从分析当前中国的环境情况入手，提出中国生态文明制度概念、内涵及影响因素，指出生态建设的重要性。同时通过对中国特色社会主义“五位一体”总体规划中政治、经济、文化、社会与生态文明关系的阐述分析，为我国现阶段新常态发展指出了一条具体而可行的操作路径。

【新时期儿童文学中的生态伦理意识研究】

田媛著　中国社会科学出版社 2018 年 9 月　220 千字

该书以生态伦理为切入角度，以“儿童本位”的儿童观为基础，从新时期以来儿童文学中生态伦理意识的确立、表现以及发挥的作用等方面展开，结合具体文本对这一时期我国儿童文学的发展状况进行一次专题性归纳。传达了新时期儿童文学对儿童与自然的关系、生命在自然规律的探索，以及对其中所呈现的生存状态、简约、环保的生活理念和儿童“自然感性”生活回归等关系的生态思考，就新时期儿童文学如何更好地担当起肩负的使命进行深入思索和探究。

【先秦儒家生态消费伦理思想研究：以孔孟荀为中心】

冯庆旭著　宁夏人民出版社 2018 年 8 月　200 千字

该书共分 6 章，分别从生态消费伦理的基本问题、先秦儒家伦理思想中的生态关怀、孔子生态消费伦理思想、孟子生态消费伦理思想、荀子生态消费伦理思想、先秦儒家生态消费伦理思想的当代价值论述了先秦儒家生态消费伦理思想对于当代人类生态文明建设具有的重要启示意义和借鉴价值。

【水伦理的生态哲学基础研究】

曹顺仙著　人民出版社 2018 年 12 月　330 千字

水伦理生态哲学基础以当代人与水相交往时追求人水和谐所倡导的生态世界观为研究对象，探讨支撑人水和谐的水伦理的生态世界观所内含的思维方式、自然观、价值观、道德观和实践依据，揭示水伦理产生和发展的历史合理性及其与时代精神的内在逻辑自洽，旨在为建设水生态文明和走向海洋时代提供伦理支撑。该书从生态、哲学、伦理和历史等相关学科对当代水伦理的生态哲学基础进行了较为系统的研究，包括水伦理的理论形态、水伦理的思维方式、水伦理的自然观、水伦理的德性论、水伦理的价值观、水伦理与中国的水利实践等，具有较高的学术价值。

【国家治理与生态伦理】

廖小平、孙欢著　湖南大学出版社 2018 年 11 月　300 千字

该书系“国家治理与现代伦理丛书”，为 2018 年国家出版基金项目，“十三五”重点规划项目，2016 年湖南省重点选题。该书认为，当代中国提出国家治理现代化的政治理念是当代中国共产党人执政理念的自觉提升，意蕴着在政治、经济、文化等各方面的全新变革。生态环境领域的现代治理是贯穿于社会各个方面的系统工程，体现了当代中国国家治理理念的现代语境，彰显了国家治理现代化的生态价值取向。因而生态伦理学在经历了从传统到现代、从西方到中国话语权建构的过程中，需要结合当代中国的生态环境治理的实践的具体情况，建构适应与推动国家治理现代化的发展要求的现代生态伦理，确立人与自然、人与社会、人与人之间公平正义的价值立场与标准，最终实现创新、协调、绿色、开放、共享的发展理念。

【《礼记》与上古生态伦理研究】

翟双萍著　学苑出版社 2018 年 12 月　310 千字

该书系天津师范大学马克思主义学研究丛书之一。书稿共分八个章节：第一章绪论；第二章《礼记》生态伦理形成的文化背景；第三章“礼”与物类之理认知；第四章“礼”与“交感”学说；第五章《礼记》“物象”“交感”与“违时灾异”；第六章“祈年”“通感”与自然生态伦理；第七章“礼”与“同姓不婚”“附远厚别”；第八章“礼”与自然生态管理。

【绿色消费与生态文明：绿色生活方式的伦理学解读】

张晓双著　中国纺织出版社 2018 年 11 月　188 千字

该书分为三个部分：第一部分讲述绿色消费的产生和发展，包括消费与文明的概念、消费与文明的演进过程、绿色消费模式的起源和发展；第二部分讲述绿色消费的伦理学解读，包括绿色消费的内涵和本质、绿色消费的伦理学解读（资源观、权利观、价值观、发展观、公平观、幸福观）；第三部分讲述

绿色消费模式的实施和推广。

【网络传播法规与伦理教程】

黄瑚著 复旦大学出版社 2018 年 9 月 294 千字

随着网络信息技术的发展，网络传播成为当代传播的主要形式之一。然而，网络空间绝非世外桃源，由网络传播引发的诸多问题，理应予以关注、重视与治理，而网络传播法律规范与网络传播伦理规范正是治理这些问题之良药。作为国内首部专门论述互联网网上信息与新闻传播的法律与道德问题的著作，该书突出了互联网作为新媒体代表的属性，注重研究网络传播中的新闻信息传播活动，并以此为切入点，探讨网络传播中的法律与伦理问题。全书融法律规范与伦理于一体，以问题为导向，探讨、阐述了九大问题：网络空间主权与安全，网络虚假信息，网络泄密，网络传播淫秽、色情信息，网络传播危害社会安定信息，网络侵犯名誉权，网络侵犯隐私、个人信息，网络侵权著作权，网络传播虚假、违法广告，并从伦理与法律的视角提出了治理之策，对当下治理网络与新媒体的诸多问题有所裨益。此外，这该书还设了两个专章，对中国台湾、中国香港、中国澳门地区网络与新媒体传播法制及伦理建设状况作了专题介绍与阐述。

【全球媒体伦理规范译评】

牛静、杜俊伟著 社会科学文献出版社 2018 年 1 月 552 千字

作为全面、详细地呈现全世界五大洲近 80 个国家和地区、100 余篇媒体伦理规范的译作，该书一大特点是全局性。现有的媒体伦理方面的著作主要以附录的形式零星收录美国、英国、日本等少数几个发达国家的媒体伦理规范，难以窥见全球媒体伦理规范的面貌。为此，牛静、杜俊伟及其研究团队搜集、翻译、评析了世界五大洲 79 个国家和地区的百余篇媒体伦理规范，涵盖报纸、广播、电视、网络等类型的媒体伦理规范，对媒体实践层面的伦理操作具有很高的指导价值。

该书的另一个亮点是译评结合。其对每个大洲的媒体伦理规范都进行了条文的统计分析，梳理出其中的相通准则和特色准则，如保护消息来源、保护隐私、保障新闻自由与表达自由、避免利益冲突、正当方式获取信息等是五大洲共通的伦理准则，界定公共利益内涵、重视良心条款、保护民族文化、提倡平衡报道手法、注重国际视野、建立良好同行关系等是部分国家或地区的特色准则。

【新闻的边界：《新闻伦理与法规》案例选编】

汪露著 五洲传播出版社 2018 年 1 月 282 千字

《新闻的边界：〈新闻伦理与法规〉案例选编》主要探讨了保障知情权、言论自由的边界、新闻采编的边界、媒体的自律及消息来源等五个方面的问题。每一部分均由案例入手，整合各方面资料对案例进行较为全面的还原，进而进行分析与评价。例如在探讨知情权保障

问题时，作者从政府政务信息公开的三个问题、公民申请政府信息公开败诉居多、记者放弃报道从而损害知情权这三方面对这一问题作了细致的拆解，并通过新闻史上的“深喉”案件和维基解密对政府信息公开案件详细论证了知情权对于新闻报道的重要性。

【媒介伦理学：问题与案例（第8版）】

［美］菲利普·帕特森、［美］李·威尔金斯著，李青藜译　中国人民大学出版社2018年1月　391千字

该书着眼于伦理学在21世纪信息社会的各种媒介中的应用，通过文本、案例、图表来向读者展示如何在使用媒介的过程中更好地、更合乎伦理地完成工作。作者汇编了大量的关于媒介伦理的案例，将讨论锁定在媒介及从业者面临的伦理难题上；同时作者将讨论推向问题的实质，并将适当的理论引入决策过程，通过精心设置的思考题设法使读者能够自主进行伦理判断。

【新闻伦理学】

［美］纳尔逊·安特宁·克劳福特著，王敏译　中国传媒大学出版社2018年3月　403千字

《新闻伦理学》为美国记者、教育家纳尔逊·安特宁·克劳福德（Nelson Antrim Crawford）所著，于1924年在美国出版，是世界上第一部新闻伦理学专著。该书表达了将新闻传播业确认为一项社会行业的观点，也明确谈论了新闻传播业的职业道德。该书与沃尔特·李普曼的《舆论学》、卡斯珀·约斯特的《新闻学原理》共同构成了美国较早的新闻学科代表。然而基于种种原因，该书的中译本直到2018年3月才面世。

《新闻伦理学》从头至尾参考了大量相关新闻以及报纸的具体实践准则，集中展现了新闻职业道德理念如何形成、发展的脉络，对新闻理论的框架中补充职业道德这一部分，具有重要的学术意义。此外，作者在该书中旁征博引，引入大量的史料和翔实的案例，在附录部分更是收集了当时美国各州记者组织或知名报纸的17套伦理守则。此次中译本的问世也为外国新闻史的研究开辟了新领地，其学术价值可见一斑。

【商业伦理与社会责任（第10版）】

［美］O. C. 费雷尔等著，中信出版集团译　人民邮电出版社2018年3月　210千字

该书主要讲述在当今商业世界的快速变化中的商业伦理与社会责任，具体内容包括企业的本质、经济学的基本知识、商业学习的框架体系、商业伦理与社会责任在企业决策中的作用、国家间进行贸易的障碍与推动因素、国际贸易中企业的参与形式及跨国教育的策略。该版保留了原版书中的全部英文及其教材要素，编者对目录以及部分专业词汇进行了翻译。书中还引用了一些新鲜有趣的商业案例、习题。总体来看，该书通篇的研究方向明确，通过具体的实例对企业社会责任与商业伦理进行分析；通过对欧盟、亚太经合组织、世界银行、国际货币基金组织进行专业分析，得出在全球化背景下新型问题出现的时候，

企业应如何更好地承担社会责任、如何更好地构建商业伦理。

【自然之境："消费—生态"悖论的伦理探究】

曾建平著　中国人民大学出版社 2018 年 11 月　153 千字

"消费—生态"悖论是导致生态时代的消费问题的逻辑前提。从思维层面看，它是人类工具理性的高扬；从社会层面看，它是经济发展目标单一化的后果；从个人层面看，它是人的需要异化的特征。"消费—生态"悖论反映了消费自由与消费公正之间的复杂关系。正是消费自由与消费公正之间的失衡造成了"消费—生态"悖论，造成了深重的意义危机、人性危机、生态危机。在建设生态文明的进程中，消费的无限性与生态的有限性的矛盾关系迫切需要从伦理学视野破解这个悖论的理论内涵。该书在理论上试图全面阐释"消费—生态"悖论，揭示生态伦理与经济社会发展、消费方式的内在关联，对生态消费伦理观开展富有创新的理论探讨；在实践上，结合国内外研究的先进成果与我国的具体国情，提出并制定适应生态文明建设需要、体现生态消费伦理理念和中国特色的新型消费模式的发展战略。该书时刻紧扣"消费—生态"悖论，从理论与实践两个角度印证分析，从而探索出能有效化解"消费一伦理"悖论的、具有理论与实践双重意义的实施路径。

学术动态

一　学术会议

【“乡村振兴与乡村伦理”高层论坛举行】

1月20日，由中国人民大学伦理学与道德建设研究中心和南京师范大学公共管理学院等共同主办的“乡村振兴与乡村伦理”高层论坛在南京大学举行。中国伦理学会副会长、中国人民大学伦理学与道德建设研究中心主任葛晨虹出席此次论坛并致辞，来自高校和科研院所的近30名专家学者出席会议并围绕主题展开研讨。

【“第五届分析进路的伦理学”学术研讨会召开】

3月24—25日，“第五届分析进路的伦理学”学术研讨会在武汉大学召开。此次会议由武汉大学哲学学院主办，来自中山大学、山东大学、四川大学、华东师范大学、武汉大学和华中科技大学等全国多所高校及科研院所的20余位青年学者出席了此次研讨会。专家学者们围绕当代英美政治哲学与道德哲学的基本问题进行了研讨。

【第25次中韩伦理学国际学术大会召开】

4月22—23日，由中国伦理学会、韩国伦理学会、山东省伦理学会、曲阜师范大学共同举办的第25次中韩伦理学国际学术大会在曲阜召开，来自全国各高校、研究机构以及韩国的专家学者340余人出席会议。此次大会围绕“儒家道德文化与当代社会发展”的主题展开深入交流与对话，共同感悟儒学文化的博大精深和时代魅力，探究儒学与伦理学的当代价值、儒家伦理思想与社会道德建设的现实意义。

【第二届网络伦理论坛举行】

4月27日，由北京师范大学、中国伦理学会网络伦理专业委员会主办的第二届网络伦理论坛在北京师范大学举行。此次论坛以“新时代美好家庭伦理建设”为议题，各界专家学者围绕当今中国如何建立和谐美好家庭、推动新时代和谐社会的发展进行了研讨。

【“回顾与展望：政治伦理学40年”学术研讨会举行】

5月19日，由中国伦理学会政治伦理学专业委员会主办，江苏省中国特色社会主义理论体系研究中心省委党校研究基地承办的“回顾与展望：政治伦理学40年”学术研讨会在江苏省委党校举行。江苏省中国特色社会主义理论体系研究中心主任、东南大学原党委书记郭广银教授致辞，中国伦理学会会长、清华大学资深教授万俊人作主题报告。

【“新时代德治与法治建设”高层论坛举行】

6月1—3日，由中国高等教育学会马克思主义研究会、教育部重点研究基地中国人民大学伦理学与道德建设研究中心主办，河南财经政法大学马克思主义学院、道德与文明研究中心承办的“新时代德治与法治建设”高层论坛在河南财经政法大学举行。来自全国各地百余位专家学者参加了此次会议。

【“政治哲学视域中的公共理性”学术研讨会召开】

8月27日，由中国社会科学杂志社主办的“政治哲学视域中的公共理性”学术研讨会在北京召开。来自高校和科研机构的专家学者们参加了此次研讨会，与会学者从公共性、实践性和规范性等方面，探讨了公共理性的内涵及其在政治哲学中的作用与意义。

【第四届“首都伦理审查能力建设与发展论坛”举办】

10月13—14日，由北京医学伦理学会主办、首都医科大学附属北京友谊医院和《中国医学伦理学》杂志共同承办的第四届“首都伦理审查能力建设与发展论坛”在北京友谊医院举办。论坛以“统一与融合——医学伦理新挑战新对策”为主题，来自全国各省市医院药物临床试验机构、伦理委员会、临床研究或伦理审查领域的广大医护人员、临床试验负责人、研究者、质量管理人员及北京医学伦理学会委员等相关专家学者200余人参加了此次会议。

【全国科学道德和学风建设宣讲教育报告会举办】

10月15日，中国科学技术协会、教育部、中国科学院、中国社会科学院、中国工程院、自然科学基金委和北京市政府共同主办的2018年全国科学道德和学风建设宣讲教育报告会在人民大会堂成功举办。全国政协副主席、中国科协主席万钢代表主办单位致辞，教育部党组成员、副部长朱之文主持报告会。来自首都高校、科研院所以及部队院校等40余家研究生培养单位的研究生新生近6000人现场聆听报告。全国31个省（区、市）和500余所高校、科研院所设立分会场通过网络视频同步收看了此次报告会。

【“第十一次全国应用伦理学研讨会”在苏州举行】

10月20—21日，由中国社会科学院应用伦理研究中心主办、苏州大学承办的“第十一次全国应用伦理学研讨会”在苏州举行。此次研讨会的主题是

“科技前沿的伦理挑战”，来自全国各地30多所高校及科研机构的80多名专家学者及研究生代表围绕着“大数据社会的信息伦理”“人工智能的伦理问题”“人类增强的道德困境”“技术嵌入的自主性危机”“技术统治论的伦理反思”“技术时代的道德责任”等议题进行了研讨。

【“国际儒学论坛·2018”举行】

11月2—4日，由中国人民大学和韩国高等教育财团联合主办的“国际儒学论坛·2018”在中国人民大学举行。该届论坛的主题为“国际学术视野下的儒家思想”。来自中国、韩国、日本、美国、英国等国的120余位专家学者参加了论坛。该届论坛以文明对话方式，尝试破解儒家思想传播中民族性与国际性的平衡难题，助推儒家思想走向世界，为世界和平发展贡献中国智慧。

【第四届全国马克思主义伦理学论坛举行】

11月3日，由清华大学习近平新时代中国特色社会主义思想研究院、清华大学高校德育研究中心、中国人民大学伦理学与道德建设研究中心主办，国家社科基金重大项目“马克思主义伦理思想史研究”课题组承办的第四届全国马克思主义伦理学论坛在清华大学举行。此次论坛的主题为“新时代马克思主义伦理学：主题、内容与方法”，来自全国30多所高校和科研院所的50余名专家学者参加了会议。

【唐凯麟伦理学奖首届评奖新闻发布会举行】

11月3日，唐凯麟伦理学奖首届评奖新闻发布会在北京举行。著名伦理学家、湖南师范大学教授唐凯麟，人民日报社副总编辑王一彪，中国伦理学会会长、清华大学人文学院院长万俊人，湖南师范大学副校长蒋新苗以及中国伦理学会的专家学者、北京高校伦理学专业的研究生代表参加了此次会议。

【“伦理共识与人类道德发展”国际会议举行】

12月1日，“伦理共识与人类道德发展”国际会议暨纪念改革开放40周年“中国伦理道德发展数据库与研究报告”发布会在南京举行，来自美国、俄罗斯、英国、澳大利亚、德国、印度、韩国、中国的200多位专家学者与会，围绕“伦理共识与人类道德发展”的主题展开广泛研讨交流，系统总结、反思、呈现中国改革开放40年道德发展的历史经验与理论成果，通过发布“中国伦理道德发展数据库与研究报告”的形式纪念改革开放40周年，以科学把握当代中国道德国情，探讨中国伦理道德发展规律，为寻求全球伦理共识和推动人类道德发展，贡献“中国智慧”，提供“中国方案”。

【2018中国伦理学大会召开】

12月15日，由中国伦理学会、中共青岛市委宣传部、青岛市文明办等单位共同主办的2018中国伦理学大会在青岛国际会议中心开幕。该届大会以“伦理学与美好生活”为主题，举办了十个平行论坛以及对话会活动，涉及“伦理学基础理论”“健康伦理”“政治伦理”等多个专题。来自全国的800多名伦理学专家学者参加了此次会议。

二　国家、教育部项目

（一）国家社科基金项目

1. 重大项目

（1）习近平生态文明思想研究，郇庆治，北京大学，18ZDA003

（2）习近平生态文明思想研究，田启波，深圳大学，18ZDA004

（3）近现代中国价值观念史，张曙光，北京师范大学，18ZDA020

（4）中国传统礼仪文化通史研究，杨华，武汉大学，18ZDA021

（5）改革开放40年中国伦理道德数据库建设研究，王珏，东南大学，18ZDA022

（6）近40年中国生态哲学思想史研究，叶平，哈尔滨工业大学，18ZDA028

（7）个人同一性研究的当代发展，费多益，中国政法大学，18ZDA029

2. 重点项目

（1）中国道路之于人类文明进步的价值研究，谭培文，广西师范大学，18AZX003

（2）科学家美德伦理与科技创新研究，吴文清，山西大学，18AZX006

（3）儒家生生伦理学引论（两卷本），杨泽波，复旦大学，18AZX013

（4）改革开放四十年中国马克思主义伦理学的发展及前瞻研究，肖祥，浙江师范大学，18AZX018

（5）当代全球分配正义的理论与实践研究，陈俊，湖北大学，18AZX019

（6）后苏联时代的俄罗斯伦理学研究，武卉昕，东北农业大学，18AZX020

3. 一般项目

（1）当代中国人优雅生存问题研究，杨振闻，中共湖南省委党校，18BZX008

（2）生态虚无主义批判，王平，同济大学，18BZX011

（3）文化气质与文化竞争力关系的哲学研究，崔平，上海师范大学，18BZX014

（4）新时代我国健康人格培育问题研究，徐强，南京师范大学，18BZX016

（5）中华民族共同体意识的现象学研究，谢劲松，华中科技大学，18BZX019

（6）人类命运共同体的世界历史意义研究，张劲松，福州大学，18BZX021

（7）习近平“人与自然和谐共生”理论及其实践研究，皮家胜，广州大

学，18BZX022

（8）习近平人民观研究，熊芳，中南民族大学，18BZX023

（9）习近平新时代中国特色社会主义思想价值哲学研究，栾亚丽，辽宁师范大学，18BZX025

（10）新时代我国政治哲学的理论形态及其文化语境研究，李武装，西安工程大学，18BZX027

（11）21世纪分析的马克思主义政治哲学研究，齐艳红，南开大学，18BZX030

（12）分配正义两个基本原则的协同机制研究，易小明，吉首大学，18BZX032

（13）基于工程伦理规范的工匠精神及其重塑研究，张恒力，北京工业大学，18BZX043

（14）历史唯物主义视野中的资本逻辑与生态危机研究，孙要良，中共中央党校（国家行政学院），18BZX051

（15）绿色发展理念的哲学底蕴与践行路径研究，阎喜凤，中共黑龙江省委党校，18BZX052

（16）生态现象学对人与自然联系的哲学描述及当代重建研究，王海琴，河南师范大学，18BZX053

（17）西北地区乡村振兴战略与“生态宜居”问题的哲理研究，王丛霞，中共宁夏回族自治区委党校，18BZX054

（18）新时代绿色生活方式的系统构建与实现路径研究，张雅静，中共宁波市委党校，18BZX055

（19）中国特色的民生科技发展的公正观研究，吴永忠，哈尔滨工业大学，18BZX057

（20）早期道家的天下观研究，王威威，华北电力大学，18BZX064

（21）蒙古族《智慧钥匙》的哲学思想及教化功能研究，扎拉嘎，内蒙古师范大学，18BZX074

（22）荀子“礼乐之治”的政治哲学及当代意义研究，隋思喜，东北师范大学，18BZX075

（23）中医中和观的哲学渊源与文化精神研究，孙可兴，河南中医药大学，18BZX076

（24）儒家公共性思想脉络及其体系研究，朱承，上海大学，18BZX078

（25）儒家核心价值观研究，李祥俊，北京师范大学，18BZX079

（26）儒家仁学与共同体美德振兴研究，孙邦金，温州大学，18BZX080

（27）中国儒家情感理性思想研究，邵显侠，南京师范大学，18BZX084

（28）中西比较视阈下的天下主义研究，石永之，山东社会科学院，18BZX085

（29）霍布斯政治哲学著作翻译与研究，毛兴贵，西南大学，18BZX090

（30）康德的自由观及其现象学诠释，孙小玲，复旦大学，18BZX091

（31）西方中世纪情感学说研究，黄超，武汉大学，18BZX094

（32）《福乐智慧》中伦理思想与中原传统伦理思想的整合研究，秦碧霞，新疆师范大学，18BZX101

（33）谶纬之学与汉代伦理建构研究，吴凡明，湖州师范学院，18BZX102

（34）历史古城蕴含的伦理资源及开发利用研究，陈光明，湖南城市学院，18BZX103

（35）伦理学论理方式研究，李怡轩，西南政法大学，18BZX104

（36）儒家情感主义视阈下新型医患关系的伦理建构研究，谢瑜，西南交通大学，18BZX105

（37）中国现代伦理话语建构路向研究，付长珍，华东师范大学，18BZX106

（38）《阿尔贝特施韦泽哲学——伦理学文集》翻译及研究，陈泽环，上海师范大学，18BZX107

（39）奥斯维辛之殇与记忆伦理研究，陈旭东，安徽师范大学，18BZX108

（40）博多瓦德行教育思想与构建新时期内心道德调控系统关系研究，丹增顿珠，西藏大学，18BZX109

（41）当代西方自由主义自我辩护的三种路向研究，敖素，贵州大学，18BZX110

（42）古典实用主义现世信仰的义理及其践行研究，董山民，中南大学，18BZX111

（43）罗尔斯政治哲学的康德式基础研究，卞绍斌，山东大学，18BZX112

（44）人格同一性理论最新发展研究，王世鹏，华中师范大学，18BZX113

（45）意大利文艺复兴与转型伦理研究，徐艳东，中国社会科学院，18BZX114

（46）主体性权利与西方现代政治哲学中的“人民”建构问题研究，谭安奎，中山大学，18BZX115

（47）“一带一路”建设中企业社会责任研究，曹凤月，中国劳动关系学院，18BZX116

（48）当代中国医师职业精神困境及其建设路径研究，赵存喜，安徽医科大学，18BZX117

（49）房产税正义问题研究，杨盛军，湖南科技大学，18BZX118

（50）基于新时代“美好生活需要”的城市设计伦理研究，秦红岭，北京建筑大学，18BZX119

（51）人体器官捐献伦理体系构建研究，李恩昌，温州医科大学 18BZX120

（52）生命科学前瞻性伦理问题及中国语境下的原则与规范研究，黄小茹，中国科学院，18BZX121

（53）太空军事利用中的伦理问题及对策研究，黄嘉，国防科技大学，18BZX122

（54）老龄健康公平问题研究，刘喜珍，北方工业大学，18BZX123

（55）人类命运共同体视角下应用伦理学的逻辑结构与实践功能研究，任丑，西南大学，18BZX124

（56）现代中国家庭的伦理支持研究，许敏，东南大学，18BZX125

（57）新时代混合所有制产权正义研究，邵晓秋，江西师范大学，18BZX126

（58）新时代民族团结的伦理研究，杜帮云，云南大学，18BZX127

（59）新时代中国特色社会主义公平正义问题研究，何建华，中共浙江省委党校，18BZX128

（60）新时代中国特色社会主义乡村伦理建构的理论内涵与实践路径研究，李冰，河北经贸大学，18BZX129

（61）新时代中国特色社会主义志愿服务伦理研究，彭柏林，湖南理工学院，18BZX130

4. 青年项目

（1）基于人类命运共同体理念的空间正义重塑研究，赫曦滢，吉林省社会科学院，18CZX004

（2）马克思政治哲学视阈下的“人类命运共同体”研究，唐瑭，厦门大学，18CZX005

（3）命运共同体的理性观基础研究，宋晓丹，西北大学，18CZX006

（4）当代法国马克思主义意识形态论研究，王葳蕤，郑州大学，18CZX007

（5）马克思与吉登斯的社会哲学比较研究，莫小丽，北京大学，18CZX008

（6）政治哲学视阈中的黑格尔与马克思关系研究，任劭婷，中国人民大学，18CZX009

（7）互联网价值论研究，王小伟，北京师范大学，18CZX016

（8）陆九渊道德直觉主义思想研究，俞跃，浙江万里学院，18CZX026

（9）二十世纪中国文化保守主义民族国家建构理论研究，李强，西北大学，18CZX034

（10）中国哲学现代转型中的情感转向研究，李海超，南京大学，18CZX035

（11）先秦儒家“成人”思想的形上意蕴研究，宋健，海南大学，18CZX040

（12）先秦诸子社会治理的思想体系与理论判释，朱光磊，苏州大学，18CZX041

（13）基于生命自身感受现象学的情感伦理学研究，崔伟锋，华中师范大学，18CZX050

（14）现象学视阈下自由与有限性的考察，蔡文菁，上海交通大学，18CZX051

（15）跨文化视角下“美好生活”的价值底蕴及现实构建研究，钟芙蓉，长沙理工大学，18CZX052

（16）中晚明阳明心学民间道德教化与传播研究，韩玉胜，南京大学，18CZX053

（17）当代西方道德和政治哲学视阈中的残疾问题研究，张虎，山东社会科学院，18CZX054

（18）美德伦理学的形而上学基础研究，常永强，陕西师范大学，18CZX055

（19）神经科学中的伦理问题研究，寇楠楠，首都医科大学，18CZX056

（20）国家主义理论研究，陈华文，中国人民大学，18CZX057

（21）基于“承认”的城市空间正义及实现机制研究，袁超，湖南师范大学，18CZX058

（22）人类命运共同体构建中全球分配正义问题研究，吴楼平，安徽工业大学，18CZX059

（23）现代性视阈中美德与规范的融合研究，詹莹莹，华南师范大学，18CZX060

（24）新时代中国社会组织的道德治理研究，蒋玉，海南大学，18CZX061

5. 西部项目

（1）人类命运共同体的政治哲学研究，李长成，广西师范大学，18XZX002

（2）资本金融权力体系的哲学批判及其中国话语研究，宁殿霞，西安翻译学院，18XZX003

（3）科学社会学视野下的科研不端问题研究，张德昭，重庆大学，18XZX004

（4）人类生殖细胞/胚胎基因编辑的伦理风险及社会规则研究，肖妤，四川省社会科学院，18XZX005

（5）象数易学伦理思想研究，文平，贵州财经大学，18XZX006

（6）黄老道家生命哲学的思想内涵与渊源流变，白延辉，内蒙古大学，18XZX007

（7）历代《丧服》诠释研究，邓声国，井冈山大学，18XZX011

（8）“集团与你我分界逻辑”对日该文化的影响研究，张波，延边大学，18XZX014

（9）“一带一路”背景下中国“天下观”创造性转化的价值哲学研究，吕勇，中共广西壮族自治区委党校，18XZX015

（10）自媒体的道德治理研究，刘国云，四川师范大学，18XZX016

（二）教育部人文社科规划项目

1. 规划基金项目

（1）以人民为中心的新时代获得感、幸福感和安全感研究，邵雅利，福建江夏学院，18YJA710040

（2）延安时期党在青年中开展理想信念教育的基本经验和当代价值研究，郑敏，湖北科技学院，18YJA710063

（3）中国共产党实现人民美好生活的历史经验与现实发展研究，刘红英，湖南理工学院，18YJA71003218YJA710032

（4）新时代高校师生伦理冲突及消解研究，李英林，吉林农业大学，18YJA710029

（5）基于分配正义的“美好生活”实践逻辑研究，魏传光，暨南大学，18YJA710049

（6）古代书院个体品德培育对当代高校思想政治教育的启示研究，杜华伟，兰州交通大学，18YJA710010

（7）新时代高校教师道德责任建构研究，廖启云，太原科技大学，18YJA710030

（8）新时代传统文化观与大学生文化素养培育研究，黄军利，中国矿业大学，18YJA710016

（9）精准医学公平问题研究，丛亚丽，北京大学，18YJA720001

（10）谢幼伟孝道思想及相关文化论争研究，胡志刚，常州大学，18YJA720002

（11）社会规范的自然化研究，袁继红，广东财经大学，18YJA720017

（12）马克思人学视域中的正义观及当代价值研究，王金玉，南京林业大学，18YJA720013

（13）信念的理智主义解释研究，刘小涛，上海大学，18YJA720007

（14）帕菲特的康德式规则后果主义研究，易晓波，武汉大学，18YJA720016

2. 青年基金项目

（1）优秀传统家训文化的传承与发展研究，李泽昊，常州大学，18YJC710036

（2）资本主体性批判与共产主义价值观问题研究，郭晶，东北财经大学，18YJC710017

（3）习近平总书记关于培养时代新人的重要论述研究，王宝鑫，东北师范大学，18YJC710066

（4）《资本论》的价值哲学思想及其当代意义研究，李逢铃，福建师范大学，18YJC710025

（5）网络时代集体主义的反思与重构研究，窦畅宇，广东技术师范学院，18YJC710008

（6）中国共产党在构建人类命运共同体中的角色和责任研究，栾欣超，广州大学，18YJC710046

（7）新时代高校学生信仰生成的影响因素及实证研究，由田，哈尔滨工业大学，18YJC710091

（8）新时代红船精神及其价值研究，南大伟，河南理工大学，18YJC710053

（9）马克思社会伦理思想及其当代价值研究，马凤阳，天津师范大学，18YJC710049

（10）教会与国家：阿奎那政治哲学研究，惠慧，北京大学，18YJC720006

（11）规范的合理性及其论证问题研究，刘苏，福建师范大学，18YJC720010

（12）慈善的道德风险研究，黄瑜，广东财经大学，18YJC720005

（13）末期病人自然安息模式研究，左伟，广东医科大学，18YJC720034

（14）道德直觉主义的整合研究，王奇琦，厦门大学，18YJC720021

（15）现象学视域下的遗忘及其形而上学与伦理政治效应研究，黄旺，温州医科大学，18YJC720004

（16）同情伦理学研究，王钰，五邑大学，18YJC720023

（17）当代英美哲学中道德相对主义之认识论基础研究，李勇，武汉大学，18YJC720009

（18）墨家“民本”理念的政治哲学研究，张万强，西安电子科技大学，18YJC720031

（19）王阳明“致良知”理论的行动哲学研究，张晓渝，西南大学，18YJC720032

3. 重点研究基地重大项目

（1）中国德育数据库建设，孙彩平，南京师范大学道德教育研究所，18JJD880002

（2）生活德育视野下的德育课程开发与跟踪研究，张华，南京师范大学道德教育研究所，18JJD880003

（3）人类文明新形态和文化发展理念的哲学创新研究，邴正，吉林大学哲学基础理论研究中心，18JJD720001

（4）多元利益主体参与的公司治理决策机制研究，马连福，南开大学中国公司治理研究院，18JJD630002

三　博士论文

（1）走出泛道德主义：王阳明良知思想辨证，席玥桐，中国人民大学

（2）人文化成与儒家伦理，杨建强，中国人民大学

（3）雅斯贝尔斯哲学信仰研究及其伦理意义，吴西亮，中国人民大学

（4）女权视角下先秦两汉婚姻伦理研究，石珊，中国人民大学

（5）物种保护的基本伦理问题研究，孔成思，中国人民大学

（6）李泽厚伦理思想研究——中国传统伦理的转换性创造，陆宽宽，中国人民大学

（7）伦理学视域下的国际人道主义干涉问题研究，狄英娜，中国人民大学

（8）马克思平等思想研究，司晓静，中国人民大学

（9）多元主义社会正义理论研究——以米勒、沃尔泽为基础，宗民，中国人民大学

（10）康德伦理学的情感与敬重问题研究，颜冬梅，吉林大学

（11）论基本自由的优先性，徐正铨，吉林大学

（12）基于历史与实践的自由，张同功，吉林大学

（13）现代中国社会责任伦理构建研究，解琳那，陕西师范大学

（14）全真道伦理思想研究，周建强，兰州大学

（15）玛莎·努斯鲍姆“好生活”伦理思想研究，郑琪，黑龙江大学

（16）道德主体的精神哲学形态，李小燕，东南大学

（17）生产性消费的伦理研究，古璇，东南大学

（18）生态文化的多维审视及建构研究，王冠文，大连海事大学

（19）道德语句的非认知主义语义学研究，杨征源，南京大学

（20）平等理论历程的当代界标，刘钊，湖南师范大学

（21）网络舆情事件治理中的伦理问题研究，李诗悦，湖南师范大学

（22）曾国藩政治伦理思想研究，曾晚生，湖南师范大学

（23）唐君毅道德自我论研究，朱平，湖南师范大学

（24）马克思政治经济学著作中的伦理思想，韩小敬，中共中央党校

（25）《群书治要》道德教化思想研究，刘红利，中共中央党校

（26）论生态伦理的新自然主义基础，谢建华，山西大学

（27）布莱恩·巴利作为公道的正义理论研究，薛良喜，山西大学

（28）“天”的伦理精神气质，赵浩，东南大学

（29）重塑现代伦理生活的整全性，吴鹏，吉林大学

（30）具有美德的正义，赵天越，吉林大学

（31）斯坎伦道德契约主义研究，周晶，吉林大学

（32）利他主义道德哲学研究，柴琳，吉林大学

（33）现代伦理的“政治经济学批判”，曾俊，吉林大学

（34）为仁由己：孔子德育思想及其人本价值研究，李健，西安科技大学

（35）第二国际理论家的伦理社会主义倾向研究，聂大富，山东大学

（36）生态学马克思主义发展伦理思想研究，蒋谨慎，中南财经政法大学

（37）麦金太尔“追寻美德筹划”的叙事探究观研究，宋薇，大连理工大学

（38）道德反实在论的意义理论基础，张鑫毅，华东师范大学

（39）道德评价的不对称性，王涛，湖北大学

（40）大学生道德自我概念影响道德判断的认知神经机制：来自 ERPS 和 FNIRS 的证据，夏俊丽，福建师范大学

（41）转型期中国乡村治理的伦理问题研究，刘昂，南京师范大学

（42）中华民族传统道德的传承及其当代价值，张晓昀，北京交通大学

主题索引

F

G

R

S

Y

Z